DRAWDOWN

Created by Paul Hawken

ドローダウン
地球温暖化を
逆転させる
100の方法

The Most Comprehensive Plan Ever Proposed to Reverse Global Warming

ポール・ホーケン 編著　　　江守正多 監訳　東出顕子 訳

『ドローダウン』は科学に基づくメッセージだ。そして直面している課題の途方もない大きさを理解し、やさしさと安全と再生を望める未来をめざして全力を尽くそうとする人々が増えているという流れの証でもある。左の写真は、ケニア北部の共同体が管理する自然保護区、ナクプラト＝ゴトゥ・コミュニティ・コンサーバンシー（Nakuprat-Gotu Community Conservancy）に住むボラナ・オロモ人の少女。この子の写真は私たちのお守りのようなもの。「さあ、やるべき仕事をしなさい」と日々私たちに呼びかけてくれる

DRAWDOWN

Created by Paul Hawken

ドローダウン
地球温暖化を
逆転させる
100の方法

The Most Comprehensive Plan Ever Proposed to Reverse Global Warming

ポール・ホーケン 編著

江守正多 監訳　東出顕子 訳

目次　CONTENTS

私たちが調査と『ドローダウン』執筆の過程で当たった参考文献、引用、情報源は通算5,000以上になります。あまりに膨大で本書に記載することはできませんが、詳細についてはwww.drawdown.org/referencesにアクセスしてください。

序文　FOREWORD

気候科学者として、ここ数十年に起きた世界の出来事を目の当たりにすると落胆します。
私たち科学者が地球の変わりゆく気候についてはっきりと正確に警告したことが、
予測どおり現実になりつつあります。温室効果ガスは大気中で熱を封じ込め、
その結果、四季を通じて昔より気温が高くなり、水循環が暴走しはじめています。

　暖かい空気ほど水分を保持し、蒸発率と降水率を高めます。記録的な熱波に激しい干ばつが加わると、大規模な山火事に最適な条件がそろいます。海水温が上昇すると、暴風雨を誘発し、降水量が増え、暴風津波が激しくなります。今後数十年で異常気象が着実に増加して、無数の命が失われ、重大な経済的損失を引き起こす恐れがあると予測されています。

　好むと好まざるとにかかわらず——気候科学を「信じる」ことを選ぶか否かにかかわらず——気候変動の現実は私たちの目の前にあります。それはあらゆるものに影響します。地球全体の気象パターン、生態系、氷床、島々、海岸線、都市だけではなく、今生きているすべての人はもちろん、来たる世代の健康と安全に影響するのです。サンゴ礁や海洋生物に害を与える恐れのある海の酸性化、作物を含めた植物の生化学的な変化など、世界中で関連する兆候が見られます。

　こうなっている理由を私たちは正確に知っています。100年以上前から知っていたのです。

　化石燃料（石炭、石油、天然ガス）を燃やし、セメントを製造し、豊かな土を耕し、森林を破壊すると、私たちは熱を封じ込める二酸化炭素を大気中に放出します。私たちの家畜、水田、埋立地、天然ガス事業はメタンを

放出し、地球をさらに温暖化させます。亜酸化窒素、フロンなど、ほかの温室効果ガスも、私たちの農地、工業施設、冷蔵システム、都市部から漏れ出しており、温室効果を悪化させています。気候変動は、エネルギー生産、農業、林業、セメント、化学工業と多くの原因から生じることに留意することが大切です。したがって、解決策もやはり原因となっている多くの分野から生まれなければなりません。

　地球への損害にとどまらず、気候変動は私たちの社会構造や民主主義の基盤を損なう恐れがあります。特に米国ではその影響が見られます。米国では連邦政府の中枢が気候科学を否定し、化石燃料産業と密接に連携しています。ほとんどの人は何事もないかのようにあいかわらずの日々を過ごしていますが、気候科学を知っている人は、絶望していないにしても、恐れています。気候変動の話は暗く悲観的な話になってしまい、人を否定、怒り、あきらめの気持ちにさせます。

　時には、私もそんな1人でした。
『ドローダウン』のおかげで、私は別の視点をもてるようになりました。ポール・ホーケンたちは、地球温暖化を逆転させる最も確実な100の解決策を研究し、モデル化しました。100の解決策は、エネルギー、農業、森林、工業、建築、輸送など多くの分野に存在します。女性と女児のエンパワーメント、家族計

画、食生活や消費パターンの変更など、社会や文化の面からも重要な解決策を提起しています。これらの解決策が束になってかかれば、気候変動を遅らせるだけでなく、逆転させることもできるのです。

『ドローダウン』は、ソーラーパネルや省エネ電球など、単にクリーンエネルギー関連の解決策にとどまらず、必要な解決策ははるかに多様であり、有効な地球温暖化対策が豊富にあることを教えてくれます。また、冷媒やブラックカーボンなど比較的新しい温室効果ガス、農業からの亜酸化窒素、畜産からのメタン、森林破壊による二酸化炭素、それぞれの排出を削減することで、私たちがどのように温暖化逆転に向けて大きな一歩を踏み出せるのかもわかりやすく説明しています。さらに、革新的な土地利用法、環境再生型農業、アグロフォレストリー（森林農法）によって大気中の二酸化炭素を除去できる可能性も明らかにします。

しかし、私にとってそれより重要なことは、私たちが気候変動をめぐる恐れ、混乱、無関心を克服し、個人としても、住まいの近隣、町や市、州、省、企業、投資会社、非営利組織といった集団としても行動を起こせるように道を照らしてくれるのが『ドローダウン』だということです。本書は気候の不安がない世界を築くための青写真になるはずです。実

践的で、研究が進んでいて、すでに実用規模になっている解決策をモデル化することによって、『ドローダウン』は、私たちが地球温暖化を逆転させ、新しい世代によりよい世界を残せる未来を提示します。

ニュースや報道は私たちが行動しなければどうなるかに焦点を当てるので、私たちはつい気候の未来は厳しいと考えてしまいます。『ドローダウン』の焦点は、私たちに何ができるかにあります。だからこそ、気候変動について書いた本はたくさんあっても、本書は比類なく重要な本だと私は思います。

『ドローダウン』に出会って、私は未来への信頼を、そして途方もない難問でも解決する人間の能力への信頼を取り戻しました。気候変動を阻止するために必要な道具は、すべてそろっています。その道具をどう使うかという計画もポールたちのおかげで手に入りました。

さあ、行動を起こして、温暖化を逆転させましょう。

ジョナサン・フォーリー博士
プロジェクト・ドローダウン
エグゼクティブディレクター

北カリフォルニアの海岸線、ビッグサー。日没が近いゴールデンアワーの絶景。ここでは、大気、海、陸、生物相が絶えず影響し合う気候システムがはたらいている

はじまり ORIGINS

プロジェクト・ドローダウンの発端は、恐れではなく、好奇心でした。
2001年、私は気候分野や環境分野の専門家たちにこうたずねはじめました。
「地球温暖化を食い止め、逆転させるために何をしなければならないかはわかっているのですか?」
私はてっきり"買い物リスト"をもらえるものと思っていました。
私が知りたかったのは、すぐにでも実行に移せる最も効果的な解決策、
それが普及した場合のインパクトでした。"値札"も知りたいと思いました。
返ってきたのは、そんなリストは存在しないという答えばかりでした。
でも、あったらすごいチェックリストになるだろうと異口同音に言われました。
それを作成するのは自分の専門外だけれど、という付け足しはありましたが。
それから数年が過ぎ、私はたずねるのをやめました。
私のほうもそれが仕事というわけではなかったからです。

やがて2013年になりました。いくつかとても危機感を抱かせる論文が発表され、思いもよらないことがささやかれはじめました。もうだめかもしれない。いや、ほんとうだろうか? まだ何とかなるのではないか? ほんとうはどのあたりにいるのか? 私がプロジェクト・ドローダウンの結成を決めたのはそのときでした。大気の用語としてのドローダウンは、温室効果ガスがピークに達し、年々減少しはじめる時点を指します。このプロジェクトの目標は、100の確実な解決策を特定、評価、モデル化して、そのドローダウンをめざして30年でどれくらいのことを達成できそうかはっきりさせることにすると決めました。

本書のサブタイトル『地球温暖化を逆転させる100の方法』は、少々断定的すぎるように聞こえるかもしれません。温暖化を逆転させる詳細な計画はまだ提案されたことがないので、私たちはその表現を選びました。温室効果ガスの排出の鈍化、上限設定、阻止の方法なら合意や提案があり、世界の気温上昇を産業化前の水準と比較して摂氏2度未満に抑

えるという国際的な公約(パリ協定)もあります。195カ国が協力体制で異例の前進を遂げ、決定的な文明の危機が地球の玄関口まで迫っていることを認め、各国の行動計画を作成しました。国連の気候変動に関する政府間パネル(IPCC)は、人類史上最も意義ある科学的調査を完了し、今も科学的知見を磨き、研究を拡大し、想像できるかぎり最も複雑なシステムのひとつをさらに理解しようと努めています。しかし、排出を遅らせる、止めるという以外のロードマップは今のところありません。

誤解のないように言っておきますが、私たちのプロジェクトは計画を立てたわけではありませんし、その力はありませんし、その任務を自ら課してもいません。調査を進めながら、私たちは計画を見つけました。それは人類の集合知として世界にすでに存在している青写真のようなものです。実地に応用された実践的な方法と技術、しかも広く一般に利用でき、経済的に実現性があり、科学的に妥当な方法と技術に、その青写真がはっきり見てとれました。個々の農家、コミュニ

ティ、都市、企業、政府が、この惑星を、その住人を、いろいろな場所を気にかけていることを証明してきました。世界中の熱意ある人々が並外れたことをしています。本書はそんな人々の物語です。

プロジェクト・ドローダウンを信頼できるものにするために、その基盤には協力してくれる研究者と科学者のグループが必要でした。予算はちっぽけなのに野心は壮大な私たちでしたから、世界中の学生や学者に研究員にならないかと呼びかけました。科学や公共政策の分野にいるとびきり優秀な男女からの反応が殺到しました。現在、ドローダウン・フェローは22カ国の70人で構成されています。40％は女性、半数近くが博士号取得者、それ以外の人たちも少なくとも1つは高い学位を持っています。フェローたちは、世界屈指の権威ある機関で幅広く学術的経験や専門的経験を積んでいます。

私たちは一緒に気候変動の解決策を集め、包括的なリストを作成し、排出を削減するか大気中の炭素を隔離する可能性がきわめて高いものを選別しました。次に、関連する文献を調査してまとめ、各解決策の詳細な気候モデルと経済モデルを考えました。本書の根拠になった分析は、モデルのインプット（入力情報）、参照文献、計算を検証する外部の専門家による審査を含む3段階のプロセスを経ています。私たちは120人からなる諮問委員会、すなわち地質学者、エンジニア、農学者、政治家、ライター、気候学者、生物学者、植物学者、エコノミスト、金融アナリスト、建築家、活動家からなる傑出したメンバーの多

様なコミュニティをつくり、本書の文章を評価・検証してもらいました。

ここでまとめられ、分析された解決策のほぼすべては、再生力のある経済的成果につながり、安全、雇用、健康の改善、金銭の節約、モビリティ（移動の自由）の向上、飢餓の撲滅、汚染防止、土壌の回復、河川の浄化などをもたらします。これらは確実な解決策ですが、だからといってすべてが最善の解決策というわけではありません。本書には、少数ながら、その波及効果が明らかに人間と地球の健康に不利益な解決策があり、それについては明記するようにしています。しかし、圧倒的多数は後悔しない解決策で、最終的に排出や気候に与えるインパクトにかかわらず、私たちがぜひ達成したい取り組みです。というのは、どれもさまざまな意味で社会や環境に利益をもたらす方法だからです。

『ドローダウン』本編の最後のセクションは「今後注目の解決策」というタイトルで、生まれたばかりの、あるいは実現の日が近い20の解決策を紹介しています。ほとんどはうまくいくでしょうが、失敗するものもあるでしょう。それでも、この20の解決策は、何かに打ち込む人が気候変動を解決しようと注いできた独創性や情熱の証明です。さらに、著名なジャーナリスト、作家、科学者などの著述を抜粋させていただいたページもあり、本書の個々の解決策に豊かで多彩な背景を添えています。

私たちは学習する組織でありつづけます。私たちの役割は、情報を収集し、それを役に立つ方法で整理して、あらゆる人に配布し、

オレゴン州北部の苔むしたツガの枝に止まるニシアメリカフクロウの生後3週の幼鳥

本書やウェブサイトdrawdown.orgの情報を誰でも追加、修正、訂正、補足できる手段を提供することです。テクニカルレポート（調査報告書）と拡大モデルの結果はそこで閲覧できます。30年間を予測するモデルは、推測の域を出ないものになるでしょう。しかし、私たちは数字が概ね正しいと信じており、読者のコメントや意見を歓迎します。

　干ばつ、海面上昇、容赦ない気温上昇から難民危機の拡大、紛争、混乱まで、間違いなく、自然や社会のあちこちでSOSが点滅しています。それは全体像の一部にすぎません。信念に忠実に断固として対応に当たっている人がたくさんいることを私たちは『ドローダウン』で示そうとしてきました。化石燃料の燃焼と土地利用に由来する二酸化炭素排出は、そうした対応策の2世紀前から始まっていますが、私たちは賭けに出ます。私たちが今経験している温室効果ガスの蓄積は、人間の理解がないなかで起こりました。私たちの先祖は、自ら与えていた損害について悪意がありませんでした。ですから、地球温暖化は私たちに起きていること、私たちは先人の行動によって定められた運命の犠牲者なのだとつい思いたくなります。わずかに言い方を変えて、地球温暖化は私たちのために起きていると考えてみたら、つまり、大気の異変は私たちが何をつくり、どう行動するかすべてを変えなさい、再考しなさいというメッセージなのだと考えてみたら、生きる世界が違ってきます。私たちは100％の責任を引き受け、誰かを責めるのをやめます。私たちは地球温暖化を避けがたいことだとは見ていません。むしろ、建設的になり、革新し、変化を起こすようにという招き、創造性、思いやり、才能を目覚めさせる道への招きだと見ています。それは、リベラル派のアジェンダ（課題・行動計画）でも、保守派のアジェンダでもありません。人類全体のアジェンダなのです。

　　　　　　　　　　　　　――ポール・ホーケン

紀元前196年のエジプトでロゼッタ・ストーンに刻まれた勅令は、ファラオであるプトレマイオ
ス5世の統治を肯定する内容だが、その内容よりも、3種の文字で書かれているという類のない
特徴で有名だ。同じ文章がギリシャ文字（王族の言葉）、古代エジプト語のヒエログリフ（神
聖文字）、古代エジプト語のデモティック（民衆文字）で繰り返されている。19世紀、ヨーロッ
パの学者たちはロゼッタ・ストーンを用いてヒエログリフの解読を研究し、古代エジプトの理解
に端緒を開いた。今日、ロゼッタ・ストーンは、オックスフォード大学エジプト学教授のリチャー
ド・パーキンソンが「解読の象徴」であり「互いを理解したいという人間の願望の象徴」と呼
ぶ存在になっている。言葉を介して伝え、理解することは人間の営みの根幹である

言葉について　LANGUAGE

孔子曰く物事を正しい名前で呼ぶことが知識の始まりです。
気候変動の世界では、名前が混乱の始まりになることがあります。
気候科学には、特有の専門語彙、アルファベットの略語、学術用語、業界用語があります。
それは科学者や政策立案者から生まれた簡潔で限定的で便利な言葉です。
しかし、社会一般の人々とのコミュニケーションの手段としては、
溝や距離感ができてしまうことがあります。

　学生の頃、経済学の教授に「グレシャムの法則」の定義を聞かれ、型にはまった説明をすらすら答えたことを覚えています。教授は私を見つめ──答えは正しかったのに、渋い顔つきでした──今度はあなたのおばあさんにもわかるように説明してみなさいと言いました。それははるかに難しいことでした。私は教授に答えはしましたが、それを私の祖母が聞いてもちんぷんかんぷんだったでしょう。それは専門用語でした。気候問題や地球温暖化にも同じことが当てはまります。気候科学をほんとうに理解している人はめったにいませんが、地球温暖化の基本的なメカニズムはいたって簡単です。

　私たちは『ドローダウン』をどんな背景や考え方の人でも理解できる本にしようとしました。言葉を選び、アナロジー（類推）や業界用語は避け、わかりやすい比喩を用いて気候コミュニケーションのギャップを埋めようと努めました。アルファベットの略語やあまり知られていない気候用語はできるだけ控えています。原則として、略さずに「二酸化炭素」と書き、CH_4ではなく「メタン」と書いています。

　1つ例を考えてみましょう。2016年11月、ホワイトハウスは今世紀半ばまでに大幅な脱炭素化を達成するための戦略を発表しました。私たちの見方では、「脱炭素化（炭素を取り除く）」は目標ではなく、問題を描写する言葉です。たとえば、石炭、ガス、石油の燃焼という形で、また森林破壊や環境によくない農業によって地中にあった炭素を取り除き、それを大気中に放出した場合も「脱炭素化」です。「脱炭素化」という言葉が使われる場合、ホワイトハウスの例のように、化石燃料エネルギーをクリーンで再生可能なエネルギー源に置き換えることを指します。しかし、この用語は気候変動対策の大きな目標として使われることが多く、それを聞いて人がやる気を出すというより、混乱しそうな言葉です。

　もう1つ科学者が使う用語に「ネガティブエミッション」（負の排出、マイナスの排出）があります。この用語は、どの言語でも意味をなしません。ネガティブハウス、ネガティブツリーと言ったらどうでしょう？　何かが存在しないということは何もないのです。この表現は、大気中の炭素を隔離または減らすことを指します。私たちは隔離と呼びます。それはカーボンポジティブであって、ネガティブではありません。これもまた気候特有の言い回しが世の中の言葉づかいや常識とはかけ離れている一例です。私たちの目標は、中高生から配管工まで、大学院生から農家まで、できるだけ幅広い読み手にとってわかりやすく、納得してもらえる言葉で気候科学と解決策を提示することです。

　私たちは軍事用語も使わないようにしています。気候変動に関する表現や文章の大半は、

力に訴える激しい印象です。炭素戦争、地球温暖化との闘い、化石燃料に挑む最前線の闘いという調子です。ナタでも振るうかのように排出量を切り下げることが記事になります。こういう言葉づかいは、私たちが直面していることの重大さと地球温暖化に対処する時間はわずかしか残されていないという緊迫感を伝えようとしてのことだとは理解できます。それでも、「戦争」「闘い」「聖戦」などの表現は、気候変動が敵であり、抹殺すべきものという含みがあります。気候は地球上の生物学的活動と相関関係にあり、大気の物理学と化学です。気候は長期間にわたって優勢な気象状態です。気候は、これまでも常に変化してきたのですから今も変化し、これからも変化するもので、気候の変動が季節から進化まですべてを生み出します。目標は、人間が引き起こしている地球温暖化に対処し、炭素を元の場所に戻して、私たちが気候に与えている影響と調和させることです。

「ドローダウン」という用語にも説明が必要です。従来、これは軍事力、資本勘定、井戸の水位の減少を表す言葉です。私たちは大気中の炭素量を減らすことを指すのに使っています。しかし、この言葉を使うのはもっと重要な理由があるからです。ドローダウンは、気候についての話からこれまでほぼ抜け落ちていた目標を指します。排出に対処する、排出を遅らせる、排出を阻止する。どれも必要ですが、それだけでは不十分です。間違った道を進んでいるなら、ゆっくり進んだところで間違った道にいることには変わりありません。人類にとって意味のある唯一の目標は、地球温暖化を逆転させることです。親、科学者、若者、指導者、そして私たち市民が目標をはっきりさせなければ、それが達成される可能性はないも同然です。

最後に「地球温暖化」という言葉にも触れておきます。この概念の歴史は19世紀にさかのぼります。その頃、ユーニス・フット（1856年）とジョン・ティンダル（1859年）という科学者が、大気中のガスが熱を封じ込め（温室効果）、ガスの濃度変化が気候を変える現象をそれぞれ独自に説明しました。「地球温暖化」という言葉は、地球化学者のウォーレス・ブロッカーが1975年に学術誌『サイエンス』で発表した『Climatic Change: Are We on the Brink of a Pronounced Global Warming?』（気候変動：私たちは顕著な地球温暖化に瀕しているのか？）という論文で初めて使われました。その論文以前は、「inadvertent climate modification」（意図しない気候改変）という用語が使われていました。地球温暖化とは地球の表面温度を指します。気候変動とは気温上昇や温室効果ガス増加に伴って起こる多くの変化を指します。したがって、国連の気候問題機関は「気候変動に関する政府間パネル（IPCC）」であって、「地球温暖化に関する〜（IPGW）」とはならないのです。IPCCは、気候変動があらゆる生命系に及ぼす包括的な影響を研究しています。『ドローダウン』で評価し、モデル化するのは、地球温暖化を逆転させるために温室効果ガスを減少に転じさせる方法です。

——ポール・ホーケン

17

数字について　NUMBERS

各ページの内容

『ドローダウン』の解決策ひとつひとつの背景には、何百ページもの調査と頭脳明晰な人たちが考えた厳密な数学モデルがあります。解決策それぞれのページでは、歴史、科学、代表的な事例、可能なかぎり最新の情報を紹介します。書かれていることはすべて細部まで専門的評価による裏づけがあり、評価の詳細は私たちのウェブサイトで閲覧できます。解決策ごとに、排出削減の可能性に基づくランキングをはじめ、そのモデルのアウトプット（出力情報）もまとめてあります。何ギガトンの温室効果ガスを回避できるか、あるいは大気中から除去できるかに加え、その解決策を実行した場合の増分（差額）コスト合計、正味コストまたは（ほとんどの場合）正味節

減額も示しました。モデルのインプット（入力情報）は、ピアレビュー（同分野の研究者による査読）を経た科学に基づいています。土地利用や農業など、分野によっては裏づけに乏しい事実や数字が多い場合があり、その一部については言及しましたが、計算には用いていません。

巻末に、解決策を分野別にグループ分けし、グループごとにインパクトを合計した表を掲載してあります。

解決策のランキング

解決策をランクづけする方法はいくつかあり、費用対効果はどれくらいか、どれくらい速やかに実行できるか、社会にとってどれくらい有益かが尺度になります。どれも結果を

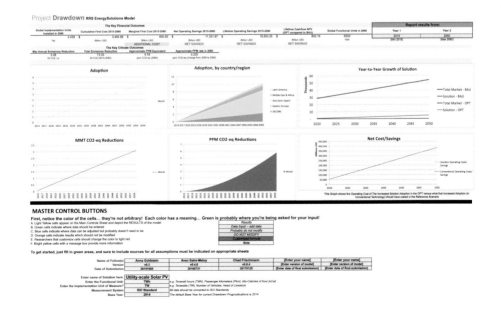

解釈する方法として興味深く、有用です。本書では、私たちの目的に合わせ、その解決策によって回避または大気中から除去できる可能性がある温室効果ガスの総量に基づいてランクづけしています。ランキングは世界全体での順位を指します。ある解決策の相対的な

重要性は、地理的条件、経済状況、分野によって異なる場合もあります。

二酸化炭素削減の単位、ギガトンとは

　マスメディアの注目という点では二酸化炭素が一番目立ちますが、温室効果ガスは二酸

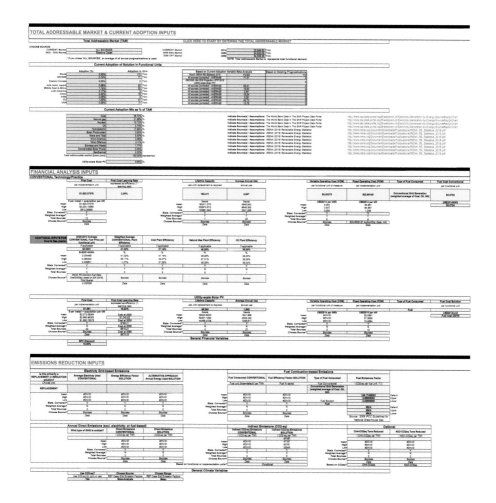

化炭素だけではありません。私たちが評価する温室効果ガスにはメタン、亜酸化窒素、フロンも含まれます。それぞれが、大気中の濃度、大気中に残存する期間、残存期間中に吸収または再放射する熱量に応じて地球の気温に長期的な影響を及ぼします。これらの要因に基づいて、科学者は温室効果ガスの地球温暖化係数（GWP）を計算します。この係数により、いわば温室効果ガスの「共通通貨」をもつことが可能になり、あるガスの温室効果が二酸化炭素に換算すればどれくらいかがわかります。

『ドローダウン』の解決策はそれぞれ、排出を回避するか、すでに大気中にある二酸化炭素を隔離することで（両方の場合もある）温室効果ガスを削減します。ある解決策が温室効果ガスにどれくらい関係するかは、2020～2050年に削減される二酸化炭素が何ギガトンかで表します。すべてを合計すると、固定した対照事例、つまり現状維持の世界と比較して、2050年までに削減可能な温室効果ガスの総量になります。

ところで、1ギガトンとは何でしょう？ オリンピックサイズのプール40万個分と言えば、その多さをイメージできるでしょうか。水量にすると、およそ10億（メートル）トン、つまり1ギガトンになります。さて、これを36倍するとプール1,440万個分になります。36ギガトンは2016年に排出された二酸化炭素の量です。

正味総コストと運用節減額

本書の解決策それぞれの総コストは、それを購入、設置し、30年間運用するために要する総額です。その金額を一般に食料や自動車の燃料、家の冷暖房などに費やす金額と比較して、ある解決策への投資の正味コストまたは正味節減額を算定しました。

計算は控えめすぎるくらい控えめに行ないました。つまり、高額なハイエンドの解決策に伴うコストを想定し、それが2020年から2050年まで比較的一定という条件での計算です。技術は急速に変化していますし、世界各地で多様化するでしょうから、実際のコストはもっと少なく、節減額はもっと多いと予想しています。しかし、控えめに見積もったとしても、本書の解決策の正味節減額は圧倒されるような額になる傾向があります。ただし、解決策によっては、たとえば熱帯雨林を守るとか女児の教育機会を支援するコストのように、コストと節減額を計算できない場合もあります。

全人類に恩恵をもたらす結果を達成するために、私たちはどれくらいのお金ならかかってもよしと思うでしょうか？ 巻末に解決策ごとの正味コストと正味節減額をまとめた表を掲載し、比較できるようにしてあります。正味節減額は解決策の実行後、2020年から2050年まで運用するコストに基づいて算定しました。この計算の結果に本書で提示した解決策の費用対効果の高さがはっきり示されています。恩恵の大きさ、見込める利益と節減額、条件が変わらないという前提で必要な投資を考慮すると、コストは無視してよいほどのものになります。ほとんどの解決策の投資回収期間は比較的短いと言えます。

＊1ドル107円で換算（2020年7月1日時点）

さらに詳しく知るには

『ドローダウン』で紹介する成果は、私たちの知見を裏づけるために行なった全調査の要約にすぎません。私たちの調査方法と計算の仮定条件のより詳しい概要については「調査方法」のページにまとめてあります。また、私たちの調査、情報源、仮定条件についてさらに詳しくはdrawdown.orgでも閲覧できます。

　本書を読めば、書かれている解決策がいかに理にかなった、力を与えてくれるものであるか明らかになるでしょう。解決策となる技術の背景にある科学を生涯かけて研究している専門家でもなければ理解できない、長たらしい専門的なマニュアルではなく、私たちが協力してできること、また個人として一人ひとりが果たす役割を知りたいと思う人なら誰にでもわかる本であること。それが『ドローダウン』のねらいです。

──チャド・フリッシュマン

ENERGY
エネルギー

このセクションでは、化石燃料からのエネルギー生産に取って代わる技術と戦略にスポットを当てます。かつてエネルギービジネスの「骨折り損」とされていたもの、特に風力と太陽光は、予測をしぶとく裏切り、今や石炭、ガス、石油に匹敵するまでになっています。再生可能エネルギーのコストは年々下がりつづけていますが、新しい採掘源からの石油、ガス、石炭の採掘はかなり難しくなり、今後は炭素系燃料のコストは上昇するでしょう。カナダ、フィンランド、ほか4カ国はすでに石炭を禁止しており、その準備を進めている国はもっとあります。政治が主導するのはすばらしいことですが、それがないからといって再生可能エネルギーへの移行が遅れるわけではありません。2001年に米国が京都議定書から離脱しましたが、その行動は再生可能エネルギー産業の成長には影響がないも同然でした。エネルギーに関する経済データに1年も浸っていれば(私たちがそうでした)、うなずける結論はこれしかありません。ライターのジェレミー・レゲットの言葉を借りれば、私たちは史上最大のエネルギー転換の真っただ中にいるということです。化石燃料の時代は終わり、今の問題はいつ完全に新しい時代になるかということだけなのです。クリーンエネルギーは高くない。となれば経済学の原則で、その新時代はいずれ必ずやってきます。

エネルギー
風力発電　WIND TURBINES

風は吹くのではありません。地表面の不均一な温まり方と地球の自転の影響で、風は気圧の高い場所から低い場所へと引き寄せられ、地表面で空気が満ち潮のように波打つのです。その潮流にうまく乗っている変化があります。風力エネルギーは、今後30年間の地球温暖化対策の頂点にあるのです。総合インパクトのランキングでは冷媒に第1位の座を譲りましたが、第2位です。

32基の洋上風力タービンを例に挙げましょう——それぞれ『自由の女神』像の2倍の高さで、英国リバプール沖のバーボ・バンク・エクステンションという洋上風力発電所に設置されています。エネルギービジネスに参入したとは驚きの、おもちゃメーカーのレゴが所有するバーボは国際的なプロジェクトです。タービンのブレード（羽根）は日本企業がデンマークのヴェスタス社の依頼を受けて英国のワイト島で生産します。1基当たりの発電能力は8メガワット。82メートルのブレードは、回転直径がサッカー場の長さのほぼ2倍、重さが33トンです。ブレードが1回転すると1世帯が1日で使用する電気が発電されます。全基を合計すると、このプロジェクトはリバプールの全住民46万6,000人に電力を供給することになります。

現在、31万4,000基の風力タービンが世界の電気の3.7％を供給しています。すぐにはるかに多くなるでしょう。スペインだけでも1,000万戸に風力発電で電気が供給されています。洋上風力発電への投資は、2016年に299億ドル（3.2兆円）で前年比40％増でした。

人間は何千年もの間、風の力を利用してきました。微風から突風や強風までをとらえては、船乗りや貨物が川を下り、海を渡り、水を汲み上げ、穀物をひいて粉にする動力にしてきました。記録に残るかぎり最古の風車は、西暦500〜900年にペルシャでつくられました。その技術が中世にヨーロッパに伝わり、主にオランダ人の手で何世紀にもわたって風車技術が改良されることになりました。1800年代末には、世界各地の発明家が風の運動エネルギーを電気に変換することに成功しました。スコットランドのグラスゴー、米国オハイオ州、デンマークにタービンの試作品が登場し、1893年のシカゴ万国博覧会では、さまざまな製造業者とその設計が展示されました。1920年代から30年代にかけて、米国中西部の農場には主要なエネルギー源として風力タービンが点在していました。1931年、ロシアが発電所規模の風力エネルギー生産を開始し、世界初のメガワット級タービンは1941年にバーモント州で稼動しました。

20世紀半ばに風力エネルギーは化石燃料によって脇へ押しやられましたが、1970年代に石油危機が起こると、風力への関心、投資、発明が再燃しました。この最近になっての復活が、タービン普及、コスト低下、性能向上と追い風の状況にある今日の風力産業の下地になりました。2015年、化石燃料価格の大幅な下落にもかかわらず、世界中で過去最高の63ギガワットの風力発電が設置されました。中国だけでも新たに31ギガワット近い電力が風力で供給されることになりまし

CO₂削減	正味コスト	正味節減額
84.6ギガトン	1.23兆ドル （131.61兆円）	7.4兆ドル （791.8兆円）

CO₂削減	正味コスト	正味節減額
14.1ギガトン	5,453億ドル （58.35兆円）	7,625億ドル （81.59兆円）

た。現在、デンマークは電力需要の40％以上を、ウルグアイは15％以上を風力発電でまかなっています。多くの地域で、風力は石炭発電と競合できる価格か、それより安価になっています。

米国では、わずか3州、カンザス、ノースダコタ、テキサスの風力エネルギー供給能力で全米の電力需要を満たせるほどです。風力発電所は設置面積が小さく、通常は設置する土地の1％しか使いません。ですから放牧、農業、レクリエーション、自然保護と発電の共存が可能です。タービンで電気を収穫しながら、農家がアルファルファやトウモロコシを収穫できるわけです。さらに、風力発電所の建設期間は1年以下と短く、エネルギー生産も投資の回収もすぐに実現します。

風力エネルギーにも課題はあります。天気はどこでも同じというわけにはいきません。風は変化するものですから、どうしてもタービンが回転していない時間が生じてしまいます。しかし、より広い地域にまたがって断続的な風力（および太陽光）発電ができれば、需要と供給の変動を克服するのは難しくありません。相互接続されたグリッド（送電網）で必要な場所に電力を送ることができるからです。タービンは騒音が大きく、景観が悪く、時にはコウモリや渡り鳥にとって命取りになるという批判もあります。こうした心配には、最新の設計ならば低速回転のブレードや渡り鳥の移動経路を避けた設置方法で対処できます。それでも、英国の田舎からマサチューセッツ州の海岸まで、「よそならいいがうちの近所には困る」という感情はまだ障害になって

います。

風力発電のもうひとつの障害は、不公平な政府の補助金です。国際通貨基金（IMF）の推計によれば、化石燃料産業は2015年に5.3兆ドル（567兆円）以上の直接的・間接的補助金を受けました。これは1分間に1,000万ドル（10.7億円）、世界のGDPの約6.5％に相当します。間接的な化石燃料補助金には、大気汚染が原因の医療費、環境破壊、送電混雑、地球温暖化が含まれます。いずれも風力タービンならば生じない要因です。一方、米国の風力エネルギー産業は2000年以来123億ドル（1.32兆円）の直接的補助金を受けてきました。多すぎる補助金は、化石燃料を安価に見せ、風力発電のコスト競争力をあいまいにしてしまいます。そして"現役の強み"がある化石燃料がいっそう魅力ある投資先になってしまうのです。

コスト削減が続いているため、おそらく10年以内に、風力は発電施設のなかで最も安価なエネルギー源になります。現在のコストは、風力では1キロワット時2.9セント（3.1円）、天然ガスコンバインドサイクル発電＊では1キロワット時3.8セント（4.1円）、発電所規模の太陽光発電では1キロワット時5.7セント（6.1円）です。2016年6月に発表されたゴールドマン・サックスの研究論文は、「風力は新しい発電施設の最も低コストなエネルギー源である」と明快に述べています。風力も太陽光も生産税控除（PTC）を前提にしたコストになっています。しかし、2023年に生産税控除が段階的に廃止されるようになっても、風力タービンのコストの持

＊ガスタービンと蒸気タービンを組み合わせた二重の発電方式。

続的な低下がそれを埋め合わせるというのが
ゴールドマン・サックスの見解です。2016
年に建設された風力発電プロジェクトでは、
1キロワット時2.3セント（2.5円）になりつ
つあります。モルガン・スタンレーの分析に
よれば、米国中西部で新しく風力エネルギー
を生産する場合、天然ガスコンバインドサイ
クル発電所のコストの3分の1です。最後に
もうひとつ紹介すると、ブルームバーグ・
ニュー・エナジー・ファイナンス（BNEF）
は「風力と太陽光の耐用期間コストは新しい
化石燃料発電所を建設するコストより少な
い」と算定しています。ブルームバーグは、
風力エネルギーが2030年までに世界的に見
て最も低コストのエネルギーになると予測し
ています（この計算には、大気の質、健康、

汚染、環境破壊、地球温暖化に影響を与える
という意味での化石燃料のコストは含まれな
い）。

　コストが下がっているのは、標高が高い場
所にタービンが建設されているからです。つ
まり、風の強い場所に長いブレードという組
み合わせになり、タービンの発電能力が2倍
以上になるのです。陸上のタービンは、水上
より組み立てがはるかに簡単なのでより大き
くできます。頂点の高さがエンパイア・ステー
ト・ビルディングより高い出力20メガワット
のタービンでさえ構想されています。

　米国は風力で電気をまかなえるでしょう
か？　国立再生可能エネルギー研究所の計算
では、約200万平方キロメートルの土地面積
が40〜50%の設備利用率に適しており、10

英国ノーフォーク沖のシェリンガム・ショール洋上風力発電所を泳ぎ渡るアスリート。この風力発電所は海岸から18キロメートル沖合いにあり、36平方キロメートルの領域にシーメンス製3.6メガワットタービン88基が設置されている

年前の平均設備利用率の2倍以上です（風力タービンの最大発電能力は一定の風速で見積もるが、設置場所の風速は実際には変動するため、フル稼働した場合の発電量に対して実際の発電量が何％かを示すのが設備利用率）。米国が化石燃料と化石エネルギーに依存しない方法はここにあります。しばしば欠けているのは政治的な意志とリーダーシップです。

　議会の批判派は補助金を受けていると言って風力発電をけなし、連邦政府がお金をどぶに捨てていると言わんばかりです。環境への影響によって社会が負うコストを考えると、石炭は社会に"ただ乗り"しています。排出コストを言えば、風力はゼロ、化石燃料は高額

ギリシャのスティリダで組み立てる前の風力発電所のブレード

ですが、その差はさておき、補助金をめぐる議論から抜けているのは、風力と化石燃料の水使用量の差です。風力発電で使う水は化石燃料発電よりも98〜99％少なくなります。石炭、ガス、原子力は冷却のために大量の水を必要とします。農業よりも多い、年間22兆〜62兆ガロン（83兆〜235兆リットル）もの水を消費してしまうのです。多くの化石燃料や原子力発電所が使う水は"無料"であり、連邦政府か州が贈与していますが、無料どころではなく、いわば公認されていないもうひとつの補助金です。化石燃料産業と原子力産業以外に何百兆リットルもの水を使いながら、その代金を払わないで済む米国人がいるでしょうか？

世界の風力発電リーダーとしての中国の台頭は、風力エネルギーの拡大に対する一貫した政府のコミットメントがあれば、特に政治の風向きの変化にかかわらず政府の支援が一定していれば、費用曲線の下降が加速することを示しています。先を予測できる環境であることが風力産業発展の鍵を握っています。政策面では、再生可能エネルギー供給義務化基準（RPS）によって電気事業者に一定割合の再生可能エネルギーの供給を義務づけることができます。助成金、融資、優遇税制も風力発電施設の建設の増加、垂直軸風力タービンや洋上システムといった技術の継続的なイノベーションを促せます。欧州連合（EU）のように政府が風力エネルギーを積極的に支援しているところでは、政治的な行動が再生可能風力エネルギーの成長に追いついていないくらいです。2015年のドイツでは、送電網のボトルネックのせいで4,100ギガワット時の風力発電が無駄になりました──120万戸に1年間ゆうに電力を供給できるエネルギーです。風力ではヨーロッパに十分なエネルギーを供給できないのではという心配は、逆に送電網の統合やエネルギー貯蔵システム（発電所規模、分散型ともに）が風力の供給増に追いつかないのではという心配に変わりつつあります。

風力エネルギーは、ほかのエネルギー源と同様、システムの一部です。その成長にはエネルギー貯蔵、送電インフラ、分散型発電への投資が欠かせません。現在、余剰電力を貯蔵する技術とインフラが急速に発展しています。遠隔地の風力発電所を需要の高い地域に接続する送電線も建設されています。世界にとって決定はシンプルです。未来に投資するか、過去に投資するか、どちらを選ぶ？　ということなのです。●

インパクト：2050年までに陸上風力発電が世界の電気使用量の3〜4％から21.6％に増えれば、二酸化炭素の排出量を84.6ギガトン減らせる見込みです。洋上風力発電に関しては、0.1％から4％に増えれば、排出量を14.1ギガトン減らせるでしょう。陸上と洋上の合計コスト1.8兆ドル（192.6兆円）に対して、両風力発電の正味節減額は30年間の稼動で8.2兆ドル（877.4兆円）になる可能性があります。ただし、これは控えめな見積もりです。コストは年々下がり、新しい技術改良がすでに導入されていますから、同じか安い金額で発電できる容量は増えています。

エネルギー
マイクログリッド
MICROGRIDS

実現技術——コストと節減額は再生可能エネルギーに含まれる

"マ"クロ"グリッド（大規模送電網）は電気エネルギー源の広大なネットワークで、電気事業者、発電設備、蓄電設備、需要と供給を監視する24時間年中無休の制御センターを結びつけています。コンセントにつないだものは何でも、このグリッド（送電網）の集中型電力、つまり大規模な化石燃料発電所で発電され、昼でも夜でも、晴れても雨でも利用できる電気を利用します。この仕組みは、発電が1カ所に集中していたときには理にかなっていました。今となっては、限られた場所で生産されるダーティーエネルギーから、あらゆる場所で生産されるクリーンエネルギーへと社会が移行するのを妨げています。

これからは"マイクロ"グリッドです。マイクログリッドとは、太陽光、風力、小水力、バイオマスなどの分散型エネルギー源、蓄電設備かバックアップ発電、負荷管理ツールを限られた地域内でひとまとめにしたものです。これは独立したシステムとして稼動することもできますし、利用者が必要に応じて大きなグリッドに接続することもできます。マイクログリッドは、大きなグリッドの軽快で効率的な小宇宙に当たり、規模が小さく、多様なエネルギー源のために設計されています。マイクログリッドは、再生可能エネルギーとストレージを結びつけることで集中型モデルを補完し、緊急時には独立して稼動することもできる信頼性の高い電力を供給します。

送電網が今よりもっと柔軟で効率的なものに進歩するにはマイクログリッドが決め手になるでしょう。ローカル需要にローカル供給で応えれば、送電や配電で失われるエネルギーが減り、集中型グリッドと比べて供給効率が向上します。石炭を燃やし、水を沸騰させ、タービンを回して発電すると、エネルギーの3分の2が排熱と送電線ロスとして消失してしまいます。

グリッド接続された地域にマイクログリッドを設置すると、いくつかの点で大きな強みになります。文明は電気に依存しています。供給停止や停電で電気を使えないことは重大なリスクです。先進国では、そんな事態になれば経済的損失は年に何十億ドルにもなりかねません。それに伴う犯罪の増加、輸送の混乱、食料廃棄などの社会的コスト（犠牲や代償、費用）に加えて、ディーゼルを燃料にしたバックアップ発電によって環境コストも生じます。調査によれば、エアコンや電気自動車の利用が一因で全体的な電力需要が増加するにつれて、既存の電力システムは次第に脆弱になり、停電が頻繁に起こるようになるといいます。電気の地産地消システムであるため、マイクログリッドは立ち直りが早く、ローカルな需要に速やかに対応できます。混乱が生じた場合も、マイクログリッドなら、病院など停電してはならない重大な需要を最優先し、重要度の低い需要は十分な供給が回復するまで制限することができます。

低所得国では、マイクログリッドの強みはさらに大きくなります。世界では、11億人が送電網、すなわち電気のない生活をしています。その95％以上がサハラ砂漠以南のアフリカとアジアに住んでおり、しかも大多数は農村部に住んでいます。そこでは汚染度の高い灯油ランプがいまだに主な照明手段であ

29

フライブルク（ドイツ）の「ソーラー集落」。59戸のコミュニティは、世界で初めてエネルギー収支の黒字化を果たし、各戸が太陽エネルギーで年5,600ドル（60万円弱）の利益を出している。エネルギー収支をプラスにする道は、設計者のロルフ・ディッシュが「PlusEnergy」と呼ぶ、並外れてエネルギー効率の高い家を設計することだ

り、食事は原始的なコンロで調理されています。電化と人間の発展との関係は明らかですが、送電網を遠隔地にまで拡張するコストが高いために進歩は遅々としています。アジアとアフリカの農村部では、マイクログリッドで電気を供給するのが最善策です（遠隔地では独立型ソーラー）。

　低所得の農村部にマイクログリッドを整備することは、エネルギーが豊富な高所得地域でマイクログリッドを運営するよりも簡単です。多くの場所で、大規模な電気事業者のビジネスモデルは分散型エネルギーや分散型ストレージとの共存が困難です。電気事業者は時代遅れになりつつある発電と送電のシステムに投資してきました。電気事業者が抵抗する場合、マイクログリッドにとって最大の壁は技術ではなく、独占です。双方に相手から学ぶべき点がありそうです。大規模グリッドは硬直化を脱し、変化する世界に適応しなければなりません。一方、マイクログリッドは、長期的な成功のためにしっかりした技術基準を採用しなければなりません。技術が混乱している時代には、技術提携を結ぶのが賢明です。●

インパクト：現在、電気を使えない地域で、小水力、小型風力、屋上ソーラー、バイオマスエネルギーなどの再生可能エネルギーを導入し、分散型エネルギーストレージと組み合わせた場合にマイクログリッドがどれくらい増加するかをモデル化して分析しています。こうした再生可能エネルギーシステムは、クリーンではないエネルギーの送電網を延長するか、送電網を利用しない石油・ディーゼル発電機を利用しつづけるしかないという現状に取って代わると想定されます。排出インパクトは、重複計算を避けるために個々の解決策で報告します。高所得国の場合、マイクログリッドシステムの利点は「グリッド（送電網）の柔軟性」に分類されます。

エネルギー
地熱　GEOTHERMAL

CO₂削減	正味コスト	正味節減額
16.6ギガトン	−1,555億ドル （−16.64兆円）	1.02兆ドル （109.14兆円）

私たちの地球は活発な惑星です。地球内部から地殻に向かって絶えず熱が流れ、プレート運動、地震、火山活動、造山運動を起こしています。地球の内部熱の約5分の1は、46億年前の地球形成時から残る原始の熱です。残りは、地殻とマントルに含まれるカリウム、トリウム、ウラン同位体の継続的な放射性崩壊によって発生します。発生する熱エネルギーは、現在の世界全体のエネルギー消費の約1,000億倍にもなります。地熱エネルギーは、文字通り「地球の熱」で、蒸気と熱水の地下貯留層を形成します。イエローストーン国立公園の間欠泉は、私たちの足の下にぐらぐら煮えている地熱の鍋があることの象徴的な証拠です。それが時折、外に

防護服を着てパイプの接続を修理するメンテナンスエンジニア。パイプからは摂氏105度の蒸気が漏れている

アイスランドのスヴァルスエインギ地熱発電所（スヴァルスエインギは「黒い牧草地」という意味）。アイスランドのレイキャネース半島にある。発電と地域暖房用の温水供給、2つの目的のために設計された初の地熱発電所。6基のプラントがあり、25,000戸に供給できる75メガワットの電気を発電している。発電の"廃水"である熱水は、年間40万人が訪れる温泉施設、ブルーラグーン・ジオサーマル・スパで利用される

噴出するわけです。火と氷の国、アイスランドの風景に点在する温泉も証拠の一例です。

地熱貯留層内の熱水と蒸気をパイプで地表に送り、タービンを回すことで発電できます。1904年7月15日、イタリアのラルデレッロで初の偉業が果たされました。地熱蒸気を動力にした機械装置で5つの電球を点灯させることに成功したのです。ピエロ・ジノリ・コンティという貴族の発明でした。1世紀以上たった今でも、ラルデレッロの地熱発電所は現役です。世界の13ギガワットの地熱発電のほとんどは地殻プレート境界に沿って存在し、そこでは地熱流体が何らかの形で地表に表出しています。それ以外に22ギガワットに相当する地熱の直接利用があり、地域暖房、スパ（温泉保養施設）、温室、工業生産などの用途に熱を供給しています。

地熱エネルギーは地球エネルギーであり、熱、地下貯留層、その熱を地表まで運ぶ水または蒸気という条件がそろわなければなりません。地熱に理想的な条件がそろった場所は地球の10％未満ですが、新技術の登場によって以前は有用な資源の存在が知られていなかった場所でも生産の可能性が飛躍的に広がっています。従来の方法では、地熱貯留層の位置を特定することが地熱開発の第一歩でした。しかし、地中資源の位置を正確につきとめることは、これまで地熱発電の課題と限界になっていました。貯留層がどこにあるか知ることは難しく、井戸を掘削して見つけるには費用がかかります。ところが、新しい探査法が地熱を利用できる領域を広げています。

その新しいアプローチのひとつが地熱増産

システム（EGS）、一般的には地下深部の空洞をねらって熱水の貯留層を造成する技術です。熱は豊富にあっても、水が乏しいかまったくない場所に、自然の供給に頼らずエンジニアリングを駆使して水を追加し、熱水貯留層として活用するのがEGSです。EGSでは、高圧水を地中に注入して高温岩体を破砕し、岩体の透水性を高め、地熱を利用しやすくします。岩体が多孔質になれば、1つのボーリング穴からポンプで水を入れ、地下で加熱された水を別のボーリング穴から地表に戻すことができます。その熱水で発電した後、使用後の水は注入井戸からポンプで貯留層に戻します。あるいは、アイスランドの地熱スパ、ブルーラグーンの場合、スヴァルスエインギ地熱発電所の廃水が住民や観光客のための風呂水として利用されています。再循環によって、このサイクルが繰り返されます。

こうしたイノベーションは、地熱エネルギーを利用できる地理的範囲を大幅に広げました。場所によっては、ベースロード電力または容易に出力を調整可能な電力を提供するという再生可能エネルギーの重要な課題に対処する手段になります。風力発電は風が吹いていなければ発電量が減り、太陽光発電は夜になれば休止します。中断なく、24時間年中無休で流れる地下資源を利用する地熱発電は、時間に関係なく、ほぼどんな気象条件でも操業できます。地熱は信頼性が高く、効率的で、しかも熱源そのものは無料です。

地熱の可能性を追求しながらも、その欠点は管理しなければなりません。自然発生かポンプ注水かにかかわらず、水と蒸気には二酸

化炭素を含む溶解ガスや水銀、ヒ素、ホウ酸などの有害物質が混ざっている場合があります。1メガワット時当たりの排出量は石炭火力発電所のわずか5〜10％とはいえ、地熱も温室効果への影響がないわけではありません。さらに、地熱貯留層を枯渇させれば地盤沈下を引き起こし、水圧破砕は微小地震を誘発する可能性があります。ほかにも土地利用が変化して騒音公害、悪臭、景観への悪影響が生じかねないことなどが心配されています。

世界24カ国では、こうした問題点に取り組むだけの価値があることがわかってきました。地熱発電ならば、信頼性が高く、豊富で、手頃な価格の電気を供給でき、耐用年数がつきるまでの運用コストは安いという見込みがあるからです。エルサルバドルとフィリピンでは、地熱が国の発電容量の4分の1を占めています。火山国のアイスランドでは3分の1です。ケニアでは、アフリカ大地溝帯の地下活動のおかげで、国の発電のゆうに半分を地熱が占め、さらに増加しています。米国の地熱発電所は、国内発電量に占める割合こそ0.5％未満ですが、3.7ギガワットの設備容量で世界をリードしています。

地熱は蒸気量、発電場所ともにまだ増やす余地があります。地熱エネルギー協会（GEA）によると、地熱エネルギーで電力需要の100％を供給できそうな国は39カ国ありますが、まだ世界の潜在的な地熱発電の6〜7％しか利用されていません。アイスランドと米国の地質調査に基づく理論上の予測では、未発見の地熱資源で1〜2テラワットの電力、すなわち現在の人間の電力消費の7〜13％を供給できるという数字が出ています。ただし、資本要件、その他のコストや制約を考慮すると、その数字は大幅に低くなります。

世界の地熱推進の先頭に立っている人々は発展の可能性を強調しています。推進派は地熱発電を増やすには政府の関与が重要だとも主張しています。実現性のある場所を手にしても、地熱発電所を稼動させるのは高くつくこともあります。掘削の先行投資は、特に確実性が乏しく、複雑な環境では、途方もない額になります。したがって、公共投資、地熱生産の国家目標、地熱を開発する企業から一定電力を買い取る契約が地熱拡大に重要な役割を果たします。こうした対策はどれも投資リスクを抑えるはたらきをします。地熱増産システム（EGS）などの最先端技術が進歩する一方、従来の地熱発電の持続的な発展も欠かせません。特に地球の活動が最も活発で「地球の熱」が豊富な場所、インドネシア、中米、東アフリカではそう言えます。●

インパクト：私たちの計算では、地熱は2050年までに世界の発電量の0.66％から4.9％に増加すると推定されます。その増加によって二酸化炭素排出が16.6ギガトン削減され、エネルギーコストの削減は30年間で1兆ドル、インフラ耐用期間では2.1兆ドル（225兆円）になる見込みです。地熱は、ベースロード電力を供給することで、出力が自然変動する再生可能エネルギー（VRE：Variable Renewable Energy）の拡大も支えます。

エネルギー
ソーラーファーム
SOLAR FARMS

地球温暖化を逆転させるどんなシナリオにも、今世紀半ばまでに太陽光発電を圧倒的に増やすという対策が入っています。それはしごく当然です。なにしろ太陽は毎日輝き、ほぼ無限と言ってよく、クリーンで、決して価格が変動しない無料の燃料なのですから。小数のパネルをまとめて屋根に設置した光景があちこちで見られるのは、太陽光発電（PV）を原動力にした再生可能エネルギー革命の最も目立つ証拠です。もう一方のPV（光起電力）現象は、何百、何千、場合によっては何百万ものパネルの大規模な配列で、発電容量は数十メガワット、数百メガワットに達します。後者はソーラーファームと呼ばれ、大規模に稼動し、発電量の面ではむしろ従来の発電所に近いものですが、炭素排出量の面では大きく異なります。ライフサイクル全体を考慮すると、ソーラーファームは石炭火力発電所が排出する炭素量の94％を削減し、硫黄および亜酸化窒素、水銀、粒子状物質（PM2.5など）はまったく排出しません。これら汚染物質は生態系に悪影響を及ぼすだけでなく、大気汚染の元凶であり、2012年には370万人の早期死亡の原因になりました。

　最初の太陽光発電ファームは1980年代初めにさかのぼります。現在、全世界の太陽光発電の容量増加のうち65％は、この発電所規模の設備です。ソーラーファームは砂漠、軍事基地、閉鎖された埋立地の上にあり、貯水池に浮いていることさえあります。水上の場合は水の蒸発を減らす利点もあります。1986年に大規模な原子力発電所事故が起きたチェルノブイリは、もしもウクライナ当局

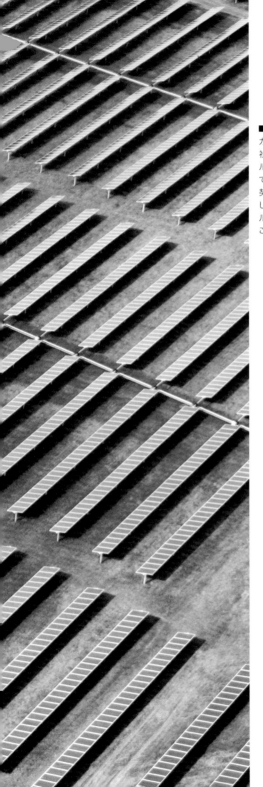

CO₂削減	正味コスト	正味節減額
36.9ギガトン	−806億ドル	5.02兆ドル
	（−8.62兆円）	（537.14兆円）

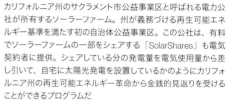

カリフォルニア州のサクラメント市公益事業区と呼ばれる電力公社が所有するソーラーファーム。州が義務づける再生可能エネルギー基準を満たす初の自治体公益事業区。この公社は、有料でソーラーファームの一部をシェアする「SolarShares」も電気契約者に提供。シェアしている分の発電量を電気使用量から差し引いて、自宅に太陽光発電を設置しているかのようにカリフォルニア州の再生可能エネルギー革命から金銭的見返りを受けることができるプログラムだ

が現地を自由に使えるなら、1ギガワットのソーラーファーム用地になるでしょう。そうなれば世界最大級の規模です。太陽光発電は文字通りエネルギーを収穫する手段ですから、場所がどこであれ、ソーラーパネルがずらりと並ぶ広大な場所に「ファーム」（農場）はぴったりな表現です。ソーラーファームを構成するシリコンパネルは、太陽から地球に流れ込む光子（光の粒子）を収穫します。パネルの密閉された環境内で、光子は電子にエネルギーを与え、電流を発生させます——正確に言えば、PV（光起電力）という名前のとおり光を電圧に変えます。光子以外、動く部品は必要ありません。

　シリコンPV技術は1950年代に偶然発見されました。今日使われているほぼすべての電子機器に入っているシリコントランジスタ開発の副産物だったのです。その研究は米国のベル研究所の後援を受けて始まりました。電池が切れてしまえば、送電網も届かず電気を使えない高温多湿の僻地でも動く分散電源を探し求めて、その研究は加速されました。1800年代末以降、セレンが試験的なソーラーパネルの標準でしたが、ベルの研究陣はシリコンならセレンよりすぐれた大きな改良にな

ることを発見しました。シリコンで光を電気に変える効率が10倍以上になったのです。1954年、ベルの「太陽電池」がデビューしたとき、ちっぽけなシリコン電池のパネルがまず53センチメートルの観覧車を、次に無線送信機を動かしました。小さい電池ながら、その実演は報道陣に強い印象を残しました。『ニューヨーク・タイムズ』紙は「新時代の幕開け、ゆくゆくは人類の念願のひとつ──太陽というほぼ無尽蔵のエネルギーを文明のために活用する──が実現」するだろうと高らかに報じました。

当時、太陽光発電は高額のあまり（現在の貨幣価値で1ワット当たり1,900ドル［20万円］以上）、唯一合理的な使い道は人工衛星くらいでした。太陽光発電ははるか宇宙に行きましたが、それ以外は行き先がないも同然でした。皮肉なことに、地上で使う太陽電池の最初の大口購入者になったのは石油産業でした。石油プラットフォームや石油抽出作業に分散型エネルギー源が必要だったのです。以来、公共投資、優遇税制、技術発展、製造力の強化によってPV製造コストが少しずつ下がり、今では1ワット当たり65セント（約70円）までになりました。価格の低下は常に予測を上回ってきました。今後も下がりつづけるでしょう。太陽光発電のコストと成長に関する情報に基づく予測は、太陽光発電がまもなく世界で最も安価なエネルギーになることを示しています。太陽光発電はすでに最速で成長しています。太陽光発電はひとつの解決策ですが、革命と言ってもいいでしょう。ソーラーファームの建設もだんだん安くなっ

ています。しかも石炭、天然ガス、原子力の新しい発電所を建設するよりも時間がかかりません。世界の多くの地域では、太陽光発電は今や従来の発電に引けを取らないコスト競争力があるか、むしろコストがかかりません。開発業者は、数年前にはおそらく考えられなかったほど安いキロワット時当たり価格で選り抜きのプロジェクトを入札しています。燃料不要でメンテナンスに比較的手間がかからないことに加え、ハード面、ソフト面ともにコストが急落しているおかげで、大規模な太陽光発電の成長は最も強気の期待をも上回っています。

屋上ソーラーと比較して、ソーラーファームは1ワット当たりの設置コストが安く、太陽光を電気に変換する効率（発電効率）がすぐれています。パネルが回転して太陽光線を最大限に利用すると発電効率が40％以上向上します。同時に、ソーラーパネルがどこにあっても、太陽が昼間照り、日射量は変動するという性質、また発電量のピークは真昼でも電気使用のピークは数時間後になるという需要と供給のずれは避けられません。だからこそ、太陽光発電が成長していくにつれて、地熱のように変動がないか、風力のように太陽とは異なるリズムの補完的な再生可能エネルギーも成長させなければなりません。エネルギーストレージ（貯蔵）、より柔軟でインテリジェントなグリッド（送電網）でソーラーファームの発電のばらつきを管理することも太陽光の成功に不可欠になるでしょう。

国際再生可能エネルギー機関（IRENA）は、すでに太陽光発電で年間2億2,000万〜3億

3,000万トンの二酸化炭素を削減できるとしていますが、これは現時点での世界のエネルギーミックス（電源構成）の2％にもなりません。オックスフォード大学の研究者が計算しているように、ソーラーは2027年までに世界のエネルギー需要の20％を満たせるでしょうか？　政府の支援策と市場の進歩が功を奏し、有望な兆しはいろいろあります。たとえば、コストが化石燃料発電と同等な「グリッドパリティ」に達し、さらに下落していること、標準的なソーラーパネル工場で年間何百メガワットという太陽光発電容量を量産できること、パネル寿命が何十年もではないにしろ、少なくとも25年はあることなどです。2015年、イタリアでは太陽光発電が電力需要のほぼ8％を満たし、ソーラー革命のリーダーとされるドイツとギリシャでは6％以上でした。太陽光発電には期待を上回り、予想外の飛躍を遂げてきた長い歴史があります。分散型ソーラーと手をたずさえ、適切な実現技術に支えられて、1954年に『ニューヨーク・タイムズ』紙が報じた「新時代」が現実になろうとしています。●

インパクト：現在、世界の発電量の0.4％を占める発電所規模の太陽光発電は、私たちの分析では10％に成長します。実行コストは1キロワット当たり1,445ドル（15万円）、学習率*は19.2％と想定しており、その結果、化石燃料発電所と比較して実行コストが810億ドル節減されます。このソーラーファームの増加により、2050年までに36.9ギガトンの二酸化炭素排出が回避され、運用コストは5兆ドル節減される可能性があります。後者が燃料を使わないエネルギー生産の経済的インパクトです。

*学習率は累計設備容量が倍増するたびに生じる費用低減率。

エネルギー
屋上ソーラー　ROOFTOP SOLAR

最初のソーラーアレイ（ソーラーパネルを複数並べて接続したもの）がニューヨーク市の屋上に現れたのは、1884年、発明家のチャールズ・フリッツが金属板上の薄いセレンの層に光が当たると電流が発生することを発見して、パネルを設置したときでした。どうして光で明かりがつくのか。それはフリッツも同時代の太陽光パイオニアたちも知りませんでした。その仕組みは、20世紀初頭、アルベルト・アインシュタインの現在「光子」と呼ばれている光の粒子に関する革命的な理論に代表されるように、新しい研究が発表されるまでわからなかったのです。フリッツの時代の科学界は発電が熱に依存すると考えていましたが、フリッツは「光電効果」モジュール（ソーラーパネル）がゆくゆくは石炭火力発電所と競合するようになると確信していました。火力発電所の第1号は、わずか2年前、やはりニューヨーク市でトーマス・エジソンによって稼動したばかりでした。

現在、太陽光は化石燃料で発電された電気を代替しつつあります。世界に10億人以上いるグリッド（送電網）を利用できない人々が暮らす場所では、灯油ランプとディーゼル発電機の代わりに太陽光が利用されるようになっています。世の中には電気の環境汚染に取り組んでいる場所もあれば、電気がないことに取り組んでいる場所もありますが、太陽光の波動と粒子は絶えず地表を照らしています。そのエネルギーは世界の総使用量の1万倍以上です。一般的に屋上に設置される小規模な太陽光発電（PV）システムは、地上最も豊富な資源、太陽光を利用するうえで重要な役割を果たしています。真空密封された

ペルーとボリビアにまたがるチチカカ湖上のトトラというアシでできた42の浮島の1つで暮らすウル族の母親と2人の娘。初めてのソーラーパネルを受け取った喜びがこちらにも伝わってくる。ここ標高3,812メートルの場所に設置されたパネルは、灯油ランプに代わって、この一家に初めて電気を供給することになる。ソーラーはハイテクと思うかもしれないが、文化的にはぴったりの組み合わせだ。ウル族は自らを「ルピハケス」（太陽の息子たち）と呼ぶのだから

CO₂削減	正味コスト	正味節減額
24.6ギガトン	4,531億ドル （48.48兆円）	3.46兆ドル （370.22兆円）

チャールズ・フリッツが1884年にニューヨーク市で設置した初のソーラーアレイ。フリッツは1881年にソーラーパネル第1号を組み立て、電流は「直射日光が当たるだけでなく、薄暗く、拡散した日光でも、さらにはランプの光でも連続的で一定しており、かなりの力がある」と報告した

ソーラーパネル内でシリコン結晶の薄い半導体基板に光子が当たると、電子が自由になり電気回路ができます。この電子が、燃料を必要としないソーラーパネルで唯一の動く部品と言えるものです。

　現在、PVが供給している電気は世界の電気の2％未満ですが、PVは過去10年間で急成長を遂げました。2015年には、100キロワット未満の分散型システムが世界中に設置されたPV容量の約30％を占めていました。世界のPVをリードするドイツでは、PV容量の大半は屋上ソーラーで、150万台のシステムが設置されています。人口1億5,700万人のバングラデシュでは、360万台以上の家庭用PVが設置されています。オーストラリアでは、世帯の少なくとも16％に屋上ソーラーがあります。屋上の一部をミニチュア発電所に変えることは逆らえない流れになっているのです。

　屋上パネルは、価格が手頃なために世界中に広まっています。PVはコスト下落の好循環を享受してきました。その推進要因は、開発と導入を加速する優遇策、製造のスケールメリット、パネル技術の進歩、エンドユーザー向けの画期的な資金調達法——米国でPVの主流になった第三者所有（TPO）モデルな

ど——です。需要が伸び、それを満たすために生産が増加するにつれて、価格が下がり、価格が下がるにつれて、需要がさらに伸びてきました。中国のPV製造ブームの影響で世界中に一気に安価なパネルが出回りました。しかし、ハード面のコストは費用問題の一面にすぎません。資金調達、取得、許可、設置というソフト面のコストは屋上ソーラーシステムのコストの大半を占める場合もありますが、パネル自体ほどの下落はまだありません。これは屋上ソーラーが発電所規模のソーラーよりも高額である一因です。それでも、米国の一部の地域、小さな島国、オーストラリア、デンマーク、ドイツ、イタリア、スペインなどの国々では、小規模PVはすでにグリッドから送電される電気より安く発電しています。

　屋上ソーラーには価格が手頃という以上の大きな強みがあります。PVパネルの生産では、製造工程の常で炭素排出を伴いますが、PVパネルは温室効果ガスを排出したり、大気を汚染したりすることなく——唯一、日光という無限の資源さえあれば——発電します。グリッド接続された屋根に設置すると、消費現場でエネルギーを生産し、グリッド送電では必ず生じる送電ロスがなくなります。屋上ソーラーは、余剰の電気をグリッドに供給すれば需要増に対応しなければならない電気事業者を補助することもできます。特に夏、ソーラーが景気よく稼動し、電力ニーズが急上昇するときにはそうです。この「ネットメータリング」という売電制度によって、ソーラーパネルが住宅所有者にとって経済的に実現可能なものになり、夜間や日照不足のときに購

入する電気代も相殺されます。

　屋上PVの経済的利益は双方向で成り立つと多くの研究が示しています。電源構成の一端として屋上PVを持てば、電気事業者は火力発電所を増設する資本コストを回避できます。これは利用者側にとっては、火力発電所が増設されれば電気料金として負担する費用です。また社会全体が環境や公衆衛生に及ぶ影響を免れます。電気需要のピーク時にPVによる供給で補えば、割高で汚染源となるピーク時用発電所の運転も抑制できます。一部の電気事業者は、この案を拒否し、屋上PVは"ただ乗り"しているとして、分散型ソーラーの台頭とそれが自社の利益に及ぼす影響を阻止しようとしています。一方、屋上PVの必然性を受け入れ、それに応じてビジネスモデルを変えようとしている電気事業者もいます。すべての関係者にとって、「コモンズ」（共有財）としてのグリッドが必要であることは今後も変わりません。したがって、あらゆる種類の電気事業者、規制当局、ステークホルダーが、そのコストをカバーするための方法を考え出しています。

　オフグリッド環境では、屋上パネルは低所得国の農村部に電気をもたらします。携帯電話が固定電話を飛び越して、コミュニケーションを民主化したように、PVがあれば大規模な集中型送電網は必要ありません。高所得国は、2014年まで分散型ソーラーへの投資を支配していましたが、現在はチリ、中国、インド、南アフリカなどの国が参入しています。つまり、屋上PVは価格が手頃でクリーンな電気の利用を促進しており、それによっ

て貧困をなくすための強力なツールになっているということです。さらに雇用も創出し、地域経済を活性化しています。バングラデシュだけでも、前述した360万台の家庭用PVが、11万5,000人の直接雇用と5万人以上の下流部門の雇用を生み出しています。

　19世紀末以来、人類は多くの場所で化石燃料を燃やし、電線、送電塔、電柱からなるシステムに電気を送り出す集中型発電所に依存してきました。家庭が屋上ソーラーを採用すれば、家庭は発電とその所有権を一変させ、電気事業者の独占から脱却し、発電を自らの手に握ることになります。電気自動車も普及すると、「ガソリン満タン」が自宅でできるようになり、石油会社にも依存しなくなります。生産者と利用者がひとつになり、エネルギーが民主化されるのです。チャールズ・フリッツは、ニューヨークの屋根が連なる風景を見渡しながら、1880年代にこのビジョンを描いていました。今日、そのビジョンが実現に近づいています。●

インパクト：私たちの分析では、屋上太陽光発電が世界の発電量の0.4%から2050年までに7%に増加すると想定しています。その増加の結果、24.6ギガトンの排出を回避できる可能性があります。実行コストは1キロワット当たり1,883ドル（20万1,500円）で、それが2050年までに1キロワット当たり627ドル（67,000円）に下がると仮定すると、屋上ソーラーによって30年間で家庭のエネルギーコストが3.4兆ドル節約できることになります。

エネルギー
波力と潮力
WAVE AND TIDAL

ランキングと2050年までの成果　29位

CO₂削減	正味コスト	正味節減額
9.2ギガトン	4,118億ドル	−1兆ドル
	(44.06兆円)	(−107兆円)

海は一定のリズムで動きながら、波打ち、渦巻き、うねり寄せ、引いていきます。海面が風に吹かれると波が立ちます。地球、月、太陽の引力の相互作用で潮の干満が生まれます。波と潮は地球上で最も力強く、絶えず繰り返される運動エネルギーに数えられます。

波力・潮力エネルギーシステムは、自然な海水の流れを利用して発電します。さまざまな企業、電気事業者、大学、政府が、一定不変で予測可能な海のエネルギーの将来性を実現するために研究していますが、今のところそれは世界の発電量のごく一部を占めるにすぎません。初期の技術は2世紀以上前にさかのぼり、現代の設計は1960年代に生まれました。それに特に貢献したのが、日本海軍に所属していた益田善雄の研究と彼が1947年に発明した振動水柱（OWC）です。OWCは、波または潮がOWC内で上昇すると、空気圧でタービンが回り、発電される仕組みです。海水の往復運動で空気の圧縮と減圧が繰り返されます。危険な浅瀬や露出した岩の近くで空気圧を利用して警笛を発するホイッスルブイと同じ原理です。現在、世界数カ所にOWC発電所があります。

波力・潮力エネルギーの魅力は、その恒常性です。エネルギーを貯蔵する必要がないのです。また、眺望が悪くなるからと尾根や海岸線に風力タービンが立ち並ぶのにコミュニティが抵抗することが少なくありませんが、この水中という発想、視界に入らない波力・潮力システムのほうが沿岸住民にとって受け入れやすいことがわかっています（ただし、同じ海で生計を立てる現地の漁師には不安を与えることがある）。

エネルギー生産という話になると、すべての波と潮が平等にできているわけではありません。西から東の偏西風は緯度30〜60度で吹き、全大陸の西海岸で波の活動が最大になります。サーフィンの名所は、たいてい波力エネルギーのホットスポットです。活発な潮力エネルギーを利用できるのは、主に米国の北東海岸、英国の西海岸、韓国の海岸線です。多くの専門家は、孤立した地理的条件とエネルギー資源が限られていることを考慮すると、小さい島々も波力・潮力エネルギーの候補地になると指摘しています。

海に永久的な力があるからこそ波力・潮力エネルギーが可能なのですが、それは障害にもなります。過酷で複雑な海洋環境での稼動は難問です——最も効果的なシステムの設計や実用化のための設備建設から長期間のメンテナンスまで課題があります。塩水は機器を腐食させ、波は突風よりも多次元的です——上がり、下がり、荒れ狂う状態ではありとあらゆる方向に動きます。さらに、音や何らかの物質を出すとか、海洋生物を捕獲したり、殺傷したりして、海洋生態系に害を与えないようにすることも重要です。全体的に見て、こうしたダイナミクスによって安定した地面で稼動するよりも、塩水で稼動するほうが要求水準は厳しく、高くつきます。

海洋技術はまだ開発の初期段階にあり、太陽光や風力に数十年遅れています。潮力エネルギーは波力よりは確立されており、動いているプロジェクトの数も多い現状です。潮力

エネルギーが理想的に適しているのは、海水が概日周期で出入りする場所、つまり自然の湾、入り江、ラグーンです——上げ潮と下げ潮を利用して発電するのです。少しダムに似ており、内部で満ちてくる潮と引いていく潮がタービンを動かします。もっと実験的な小水力システムは、水中風力タービンのように機能し、潮がブレードを動かして発電します。

　世界中で、波の運動エネルギーを電気に変換するための理想的な設計を追求して、さまざまな波力エネルギー技術の試験が行なわれ、技術に磨きをかけているところです。黄色いブイが海面で上下に揺れているように見えるものもあれば、波乗りしている大きな赤いヘビに似ているもの、長い腕を前後に振っているように見えるものもあります。さらに完全に水没したフローティングディスクで海中発電を構想しているものもあります。どの技術が最も有効かはまだはっきりしません。しかし、その形状や形態が何であれ、こうしたシステムは波の上下運動、寄せては返す運動を利用して発電します。振動が鍵であるため、波が大きいほど、潜在力も大きくなる傾向があります。

　海洋エネルギーはきわめて大きな機会をもたらしますが、それを実現するには多額の投資と研究の拡大が必要です。支持する人たちは、波力が米国の電力の最大25％、オーストラリアでは30％以上を供給できるのではないかと考えています。スコットランドでは、その数字が70％以上になる可能性があります。波力・潮力エネルギーは現在、すべての再生可能エネルギーのなかで最も高額で、風力と太陽光の価格が急速に下がると、そのギャップはさらに広がるでしょう。しかし、この技術が進歩し、実用化を支援する政策が整えば、海洋再生可能エネルギーも風力や太陽光と同様の道をたどり、民間資本投資や大企業の関心（たとえば、ゼネラル・エレクトリックやシーメンス）を引き付けることも考えられます。そのような軌道に乗れば、波力・潮力エネルギーも化石燃料と競合できるコストになるかもしれません。●

インパクト：波力・潮力エネルギーの2050年までの予測はあまりありません。そのわずかな予測に基づくと、波力・潮力エネルギーは世界の発電量の0.0004％から2050年には0.28％に増加すると推定されます。そうなれば、30年間で二酸化炭素排出が9.2ギガトン削減される計算です。実行に要するコストは4,120億ドル、30年間で1兆ドルの正味損失という見込みですが、その投資は長期的な技術発展と排出削減への道を開くでしょう。

アナポリスロイヤル・ジェネレーティング・ステーションは、ノバスコシア州（カナダ）のアナポリス川にある20メガワットの発電所。1984年に建設された北米で唯一の潮力発電所で、世界一大きい潮差を利用している。満潮時と干潮時の潮位差は15メートルを超えることがある。現在、環境への影響がはるかに少ないシンプルな設計の小水力タービンの試験が近くで行なわれている

エネルギー
集光型太陽熱発電　CONCENTRATED SOLAR

これまでのところ、集光型太陽熱発電（CSP）は「スペイン対米国、2カ国の話」でした。国際エネルギー機関（IEA）は、太陽熱発電とも呼ばれるCSPの歴史の始まりをそうまとめています。最初の発電所は1980年代にカリフォルニアで操業を開始し、現在も稼働しています。太陽光発電のように太陽の光エネルギーを直接電気に変換するのではなく、CSPは従来の化石燃料発電の中核技術、蒸気タービンに依存しています。違いは、石炭や天然ガスを燃料にするのではなく、CSPは太陽放射を主な燃料として用いることです——完全に炭素フリーの燃料です。どのCSP発電所にも必須の構成要素、反射鏡は、湾曲しているか、太陽からの入射光線を集める角度に配置されることで、液体を加熱して、蒸気を発生させ、タービンを回しています。2014年時点で、この技術は世界全体でわずか4ギガワットに限られていました。およそ半分は、CSPが国家発電統計に出てくるほど重要な唯一の国、スペインで、統計値は約2％でした。ユニークな強みがあるCSPは、これから成長し、その統計値も変化するでしょう。サハラ砂漠の端にあるモロッコの巨大な太陽熱発電所、ヌール・ワルザザート・ソーラー・コンプレックスは、すでに太陽熱の情勢を変えつつあり、完成すると世界最大になります。

CSP発電所は膨大な量の直射日光——直達日射量（DNI）——に依存しています。DNIは、空が澄んでいて暑く、乾燥した地域、概ね緯度15〜40度で最大になります。最適な場所は中東からメキシコ、チリから中国西部、インドからオーストラリアの範囲です。学術誌

『Nature Climate Change』に掲載された2014年の研究によれば、CSPの大規模な相互接続ネットワークが実現する可能性が最も高いのは地中海沿岸とアフリカ南部のカラハリ砂漠で、化石燃料に匹敵するコストで電力を供給できる見込みがあります。太陽熱発電に最適な地域の多くで、技術的に発電可能な容量は需要をはるかに上回っています。送電線が進歩すれば、現地住民に供給し、さらにCSPに不向きな場所に電力を輸出するのも不可能ではありません。

やや皮肉なことに、最近の太陽光発電（PV）の成功は、太陽熱発電の成長を制限してきました。ソーラーパネルが急激に安くなり、CSPは脇役になってしまいました。スチールと反射鏡にはまだソーラーパネルのような価格急落はありません。しかし、PVがエネルギーミックスの大きな割合を占めるようになるにつれて、PVがCSPに水をさす要因から後押しする要因に変わることも考えられます。というのも、PVが苦戦し、必要としているエネルギー貯蔵こそがCSPの強みだからです。ソーラーパネルや風力タービンとは異なり、CSPは電気をつくる前に熱をつくりますが、熱は電気よりもはるかに簡単に効率的に貯蔵できます。熱は電気よりも実に20〜100倍も安く貯蔵できるのです。過去10年で、溶融塩タンクの形態で蓄熱設備を備えたCSP発電所を建設することはかなり標準的になりました。日中の余分な熱で温められた溶融塩は、現地のDNIによりますが、5〜10時間は熱を保ち、太陽の光線が弱いときの発電に利用されます。その容量は、人々がまだ起

きていて、電気を消費しているが、太陽はもう沈んでしまったという時間帯に不可欠です。溶融塩がなくても、CSP発電所は短時間なら熱を保存できるため、曇りの日に起こるような日射量の変動に対するバッファー機能を備えることができます——ソーラーパネルにはできないことです。ほかの再生可能エネルギーよりも柔軟で連続性があるCSPは、従来のグリッド（送電網）に統合しやすく、PVの頼もしい補完システムになりえます。一部の発電所は2つの技術を組み合わせて、両方の価値を強化しています。

　風力発電や太陽光発電と比較すると、CSPの大きな欠点は、これまでのところ、エネルギーと経済の両面で効率が劣るということです。太陽熱発電所は、太陽エネルギーを電気に変換する割合がソーラーパネルより低く、特に反射鏡を用いるのできわめて資本集約的です。しかし、専門家は、CSPの信頼性がその成長を促進し、技術が普及すれば、コストが急速に下がる可能性があると予想しています。エネルギー変換効率も改善すると予測されています（現在開発中の技術はすでにそれを立証しつつある）。

　ほかの欠点も注意が必要です。太陽熱発電は一般的に発電のバックアップとして天然ガスを併用しているか、場合によっては、出力安定化のために常時併用していることがあり、二酸化炭素排出を伴います。また、熱を利用するということは、しばしば冷却のために水を利用することを意味し、CSPに理想的な暑くて乾燥した場所では水はともすれば希少資源です。ドライ冷却は可能ですが、効率が悪

く、かえって高額です。最後に、CSP発電所が集光して発生させた高温でコウモリや鳥が死ぬという問題があります。文字通り空中で焼け死んでしまうのです。SolarReserveという会社は、鳥の焼死を食い止める効果的な戦略を開発しました。操業する発電所が増えるほど、そのような反射鏡の運転方法が普及することが重要になります。

　人間は長い間、火を起こすために鏡を使ってきました。中国人、ギリシャ人、ローマ人はそろって「集熱器」、太陽光線を物体に集め、燃焼させる湾曲した鏡を考え出しました。3,000年前、青銅器時代の中国で青銅製の採火器が量産されました。それは古代ギリシャ人がオリンピックの聖火に火をつけた方法です。16世紀、レオナルド・ダ・ヴィンチは、工業用の湯を沸かし、水泳プールを温めるために巨大な凹面鏡を設計しました。多くの技術と同様に、鏡を用いて太陽エネルギーを利用する方法は、失われては発見されることを繰り返し、いつの時代にも発明家や技術屋を魅了してきました——今日またそうなっているわけです。●

インパクト：2014年にCSPは世界の発電量の0.04％を占めていました。近年の採用は停滞していますが、私たちの分析では、2050年までにCSPが世界の発電量の4.3％に増加し、10.9ギガトンの二酸化炭素排出を回避できると想定しています。実行コストは1.3兆ドルと高額ですが、正味節減額は2050年までに4,140億ドル、設備の耐用期間では1.2兆ドル（128兆円）になる見込みです。それ以外のCSPの利点は、簡単にエネルギー貯蔵を統合できて、暗くなってからも長時間利用できるということです。

クレセント・デューンズ・ソーラー・エネルギー・プロジェクトはネバダ州トノパーの近くにある110メガワットの太陽熱発電所。11億キロワット時のエネルギーを貯蔵できる溶融塩貯蔵プラントでもある。10,347基のヘリオスタット（反射鏡）が中央にある195メートルのタワーを取り囲み、その表面積の合計は11万8,916平方メートルになる。総工費10億ドル（1,070億円）の発電所は、1キロワット時当たり13.5セント（14円）で発電し、確かに風力や太陽光より高い。しかし、トノパーは安定したベースロード電力を提供しており、だからこそ再生可能な風力や太陽光からの断続的エネルギーをシームレスにグリッドに統合できるのだ

エネルギー
バイオマス　BIOMASS

ランキングと2050年までの成果　**34**位

CO₂削減	正味コスト	正味節減額
7.5ギガトン	4,023億ドル （43.05兆円）	5,194億ドル （55.58兆円）

　どうすれば化石燃料で回る社会から脱し、風、太陽、地熱、水の運動からのエネルギーだけで回る社会に到達できるでしょうか？　その答えの一端がバイオマスエネルギー発電です。それは現状から望ましい状態へ「橋渡し」をする解決策です——不完全で、注意すべきことがたくさんありますが、おそらく必要な解決策です。というのは、バイオマスエネルギーが需要に応じて発電し、グリッド（送電網）が予測可能な負荷の変化に対応するのを補助したり、風力や太陽光のように変動しやすい電力源を補完したりできるからです。バイオマスは、化石燃料からの転換を助け、柔軟なグリッド制御の解決策が実用化されるまでの時間稼ぎをしながら、環境問題になっていたかもしれない廃棄物を活用できるのです。近い将来、化石燃料をバイオマスで代替することで大気中に蓄積される炭素の増加を防げる可能性があります。

　光合成はエネルギーの変換と貯蔵のプロセスです。太陽エネルギーは、バイオマス（植物体）に取り込まれると炭水化物として貯蔵されます。適切な条件下で少なくとも何百万年も過ぎると、分解されずに残ったバイオマスは石炭、石油、天然ガスに、すなわち現時点では発電と輸送を支配している炭素含有量の高い化石燃料になります。あるいは、バイオマスは採取して熱源にするか、蒸気を発生させて発電するか、オイルやガスに加工することができます。バイオマスエネルギー発電

ドイツの「エナギーヴェンデ」（エネルギー転換）の一環、カーボンニュートラルなバイオマス発電所で使うために成長の早いヤナギを刈り取るシングルパス方式のカットアンドチップハーベスター（伐採機）。ドイツは現在、エネルギーの7%をバイオマスから生産している。木材の収穫と加工の総コストを計算すると、カーボンニュートラルではない。この業界は高額な政府補助金で成り立っている

では、果てしない歳月、地下深くに貯蔵されてきた化石燃料由来の炭素を放出するのではなく、大気から植物へ、再び植物から大気へという炭素循環を利用して発電します。植物を育て炭素を大気中から隔離する。バイオマスを加工し、燃やし、炭素を排出する。この繰り返しです。それは利用と補充のバランスがとれているかぎり続く、ニュートラルな交換です。毎年、バイオマス燃焼由来の炭素が、新しく植えた植物の吸収する炭素と等しくなるか、それより少なくなるようにするには、エネルギー効率化とコジェネレーションが不可欠です。このバランスを維持すれば、大気に新しく排出される炭素は正味ゼロになります。

　1つ条件があります。バイオマスエネルギーは、廃棄物か持続可能な栽培法で育てたエネルギー作物など、適切な原料を使う**ならば**うまくいく見込みのある解決策です。できれば、加工技術も低排出のガス化や嫌気性消化（分解）などの方法を採用すべきです。トウモロコシやソルガムなど、一年生穀物を原料にすると、地下水の枯渇や土壌浸食を招くうえに、肥料や農業機械の運転という形で多くのエネルギーを投入しなければなりません。持続可能な選択肢は、多年生作物か、短伐期の木質作物です。スイッチグラス*やススキなど多年生の草本植物なら、植え替えが必要になるまで15年は収穫できますから、水も労働力もあまり必要ありません。低木性のヤナギ、ユーカリ、ポプラなどの木質作物は、「耕作限界地」でも育ちます。地面近くまで切っても、また伸びるので、繰り返し10〜20年は収穫でき

ます。これら木質作物は、森林を燃料源にすればつきものの森林破壊の回避策になり、大半のほかの木よりも迅速に炭素を隔離します。ただし、森林を木質作物で置き換えた場合はそうはなりません。また、ススキ*もユーカリも侵入植物なので注意が必要です。

　もうひとつの重要な原料は、木材や農産物の加工から出る廃棄物です。製材所や製紙工場から出る廃材は貴重なバイオマスです。食料や飼料として栽培された作物から廃棄される茎、殻、葉、トウモロコシの穂軸もそうです。畑に作物残渣を残すことは健康な土づくりのために大切ですが、その一部ならバイオマスエネルギーに転用してかまわないでしょう。このような残留有機物の多くは、現場で腐敗（分解）するか、積み上げて焼かれることになるはずです。したがって、植物に貯蔵された炭素はどのみち放出されます（おそらくもっと長期間かけてとはいえ）。有機物は分解されるとたいていメタンを放出し、積み上げて焼かれるとブラックカーボン（煤）を放出します。メタンも煤も二酸化炭素より地球温暖化を進行させます。バイオマスエネルギーを活用する以上に、メタンや煤の排出を防ぐだけでもかなり有益です。

　米国には建設中または認可手続き中のバイオマス発電所が115カ所以上ありますが、そのほとんどが燃料として木材を燃やす計画です。推進派は、商業伐採の残材を燃料にすると述べていますが、詳しく調べれば無理がある主張です。ワシントン、バーモント、マサチューセッツ、ウィスコンシン、ニューヨー

---

*米国西部産イネ科キビ属の植物。乾草用。

*ススキは日本では在来種だが、北米では侵略的外来種として分布を拡大している。

クの5州では、伐採作業の残材量は、計画中のバイオマス焼却炉に供給するにはまるで足りません。オハイオ州とノースカロライナ州では、電気事業者は率直にバイオマス発電とは木を伐採して燃やすことだと認めています。木はまた成長しますが、それには何十年もかかります——時間差がありすぎてカーボンニュートラルとは言えず、先のことはわかりません。木に依存したバイオマスエネルギーは真の解決策ではありません。

　バイオマスをめぐっては賛否両論あります。バイオマスを味方とする人もいれば、敵とする人もいます。バイオマスが環境や社会へ与える影響を正確に評価するために、かなりの研究が行なわれています。議論の中心は3つの主要問題、ライフサイクル全体の二酸化炭素排出量、間接的な土地利用の変化と森林破壊、食料安全保障への影響です。多くの場合、後者2つの議論は、森林対燃料、食料対燃料という構図です。現実には、土地の管理、食料の栽培、バイオマス原料生産は流動的な相互関係にあり、これまでの通念とは必ずしも一致しません。三者は互いに補強し合うこともあれば、互いの害になることもあるため、現地事情のなかでバイオマス原料にどうアプローチするかがきわめて重要です。現在、バイオマス燃料発電は、ほかのどの再生可能エネルギーよりも多く、世界の発電量の2%です。スウェーデン、フィンランド、ラトビアなど一部の国では、バイオエネルギーは電源構成の20〜30%を占め、ほぼ完全に木が原料です。バイオマスエネルギーは中国、インド、日本、韓国、ブラジルでも伸びています。もっ

と多くの場所で拡大するには、バイオマス生産施設や原料の収集、輸送、貯蔵のためのインフラへの投資が必要です。規制を設けて、バイオマスエネルギーの欠点を管理することも重要です。バイオマスのために原生林を伐採してペレットを製造するのは、温暖化対策から大きく後退する行為です。ただし、適切な環境保護策を講じたうえで森林から侵入種を抜き取ることは、バイオマスエネルギーのよい供給源になりえます。この方法は、インドでシッキム州政府によって試行されています。クリーンな調理コンロの燃料として「バイオ練炭」を生産するのが目的です。さらに、産業規模のバイオマス発電を進めるための立ち退きから小規模自営農家を保護する必要もあります。心に留めてほしい最も重要な点は、バイオマス——慎重に規制、管理するという条件でのバイオマス——は、それ自体が目的なのではなく、クリーンエネルギーの未来に到達するための橋渡しだということです。●

インパクト：バイオマスは「橋渡し」策、よりクリーンなエネルギー源に移行しながら、段階的に廃止されます。全バイオマスが、森林や一年生植物、廃棄物ではなく、多年生のバイオエネルギー原料に由来し、発電に利用される石炭と天然ガスを代替すると仮定すると、2050年までに、バイオマスエネルギーによって7.5ギガトンの二酸化炭素排出が削減される可能性があります。クリーンな風力発電や太陽光発電が柔軟な送電網で利用できるようになるにつれて、バイオマスエネルギーの必要性は低下するでしょう。

エネルギー
原子力　NUCLEAR

原子力発電所も要は水を沸騰させて発電しています。核分裂は原子核を分割し、陽子と中性子を結合しているエネルギーを放出します。放射能によって放出されたエネルギーで水を加熱し、その加熱された水でタービンを回します。それは、これまで発明された蒸気発生のプロセスのなかでも最も複雑なものです。しかし、原子力はカーボンフットプリントが小さいことから、重要な地球温暖化対策と見なす人々も一部にはいます。それ以外の多数派は、ほかの低炭素オプションと比較して、原子力はもう費用対効果がよくないし、今後も決してよくならないと考えています。蒸気タービンを回すための普遍的と言えるほどの方法は、ガス火力または石炭火力です。発電で排出される温室効果ガスは、石炭のほうが原子力の10〜100倍多いと計算されています。

現在、原子力は世界の電気の約11％を発電し、世界の総エネルギー供給の約4.8％に寄与しています。30カ国に440基以上の稼働中の原子炉があり、さらに60基が建設中です。稼働中の原子力発電所を保有する30カ国のうち、電気エネルギー供給に占める原子力の割合が最も高いのはフランスで、70％以上です。

原子炉は世代によって大別されます。最も古い第1世代は、1950年代に初めて稼動し、現在はほぼ完全に廃炉になっています。現在の原子力発電の大半は第2世代に分類されます（チェルノブイリは第1世代と第2世代の両方で構成されていた。福島第一原子力発電所の4基は第2世代、米国とフランスの原子炉もすべて第2世代）。第2世代が第1世代と異なる点は、核連鎖反応を減速させるためにグラファイト（黒鉛）ではなく水を使い、燃料として天然ウランではなく濃縮ウランを使うことです。第3世代の原子炉は、世界で5基が稼働しており、さらに数基が建設中で、現在研究中の第4世代の原子炉とともに、いわゆる「先進原子力」と見なされています。理論上は、先進原子力は、建設期間の短縮、

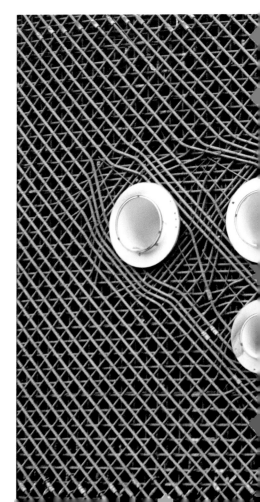

CO₂削減	正味コスト	正味節減額
16.09ギガトン	8.8億ドル	1.7兆ドル
	（941.6億円）	（181.9兆円）

運転寿命の延長、安全機能の改善、燃費の向上、廃棄物の削減を実現する設計が標準化されています。

　原子力エネルギーの将来を予測するのを難しくしているのは、そのコストです。原子力以外のほぼすべての形態のエネルギーは時間がたつにつれてコストが下がってきましたが、原子力発電所のコストは40年前の4〜8倍になっています。米国エネルギー省によれば、

先進原子力は、比較的効率の悪い従来のガスタービンを除けば、エネルギー形態として最も高額です。陸上風力のコストは原子力の4分の1です。

　コスト、タイミング、安全上の理由で原子

核施設だったハンフォード・サイトの原子炉の1つで作業員がスチール棒の格子によじ登っているところ。原子力発電所のスケールがわかってもらえるだろう

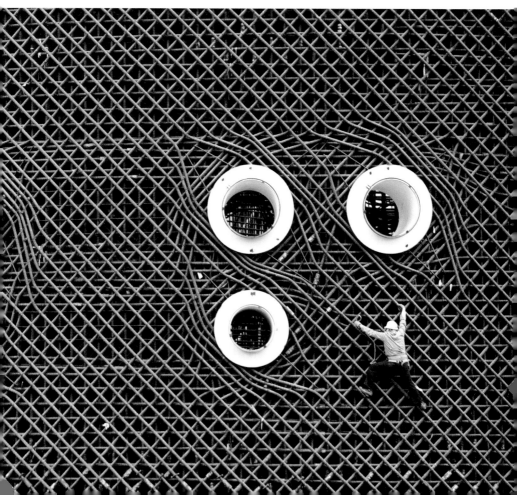

力に反対する人々に対して、一時期あった反論は続々と新しい石炭火力発電所が建設されることでした。主に南アジアと東アジアで数百もの石炭火力発電所が建設中か計画中で、その4分の3は中国、インド、ベトナム、インドネシアが建設する予定でした。石炭ブームが止まらなければ、地球温暖化は適正な限界をはるかに超えて進行するでしょう。だからこそ気候に関する報道はエネルギーに焦点を当てるのです。原子力支持派が新しい発電所建設の遅々としたペースに不満を抱くのも同じ理由です。許認可や資金調達の事情から、米国では原子力発電所の新設がほぼ停止しており、ドイツは原子力発電所の閉鎖と廃炉を進めているところです。一方、中国では37カ所の原子力発電所が稼動中、20カ所が建設中です。中国は2030年を二酸化炭素排出のピークとし、以降カーボンフットプリントを削減していくと公約しています。

　原子力の議論は、炭素排出をめぐる気候問題のジレンマの核心を突きます。原子力発電所の数が増えることは、そのあらゆる欠陥と原子力につきもののリスクをもってしても、リスクに見合う価値があるのか？　あるいは、一部の原子力支持者が主張するように、原子力利用を制限すれば気候問題が一巻の終わりの事態になるだろうか？　というジレンマです。原子力は、支持派と批判派の間で論争の的になってきました。支持の言い分も反対の言い分も興味深く、複雑で、両極端です。3人の科学者を例に挙げましょう。環境問題の分野で広く尊敬され、意見を異にする3人です。

　物理学者エイモリー・ロビンスはこう述べ

ています。「原子力は、災難や悪意があれば多大な価値を破壊し、遠く離れた人々を大量殺害することもある唯一のエネルギー源である。その資材、技術、技能で核兵器をつくり、隠すことができる唯一のエネルギー源でもある。そして核の拡散、大事故、放射性廃棄物の危険を生み出す唯一の気候変動対策案である……原子力は、グローバル市場で数十年にわたって存在価値を失いつづけている。それは著しく競争力がなく、必要とされず、時代遅れだからだ──クリーンかどうか、安全かどうか議論する必要もないほど絶望的に不経済なのだ。原子力は電気の信頼性と国家の安全保障を弱めてしまう。しかも、同じ資金と時間をもっと効果的なオプションに注ぐことに比べて、原子力は気候変動を悪化させる」

　NASAの科学者で、1988年に議会で証言して米国に気候変動を警告したジェイムズ・ハンセンは別の見方をしています。3人の気候リーダーと共同で書いた公開書簡にはこう書かれています。「風力や太陽光、バイオマスのような再生可能エネルギーは、確かに将来のエネルギー経済で役割を果たすだろうが、こうしたエネルギー源は、世界経済が求める規模で安く、信頼性の高い電力を供給できるまで普及するには時間がかかる。理論的には原子力なしで気候を安定させることは可能だろうが、現実には、原子力が果たす大きな役割を含めずに気候安定に至る見込みのある道はない」この公開書簡の提案に従えば、35年間、毎年115基の原子炉を建設する必要があります。

　気候分野のライターやブロガーのなかでも

特に尊敬を集めるジョセフ・ロムは、そう考えていません。原子炉はあまりに高く、手に負えないうえに、まだ急落しつづけている風力や太陽光のコストを考えると、法外な高値になっています。ロムは国際エネルギー機関（IEA）の見方をこうまとめています。原子力は「重要だが限られた役割を果たすだろう。IEAの推定では、発電に占める原子力の割合は、現在の11％から2050年には17％に増加する可能性がある」

ここには、1つではなく、2つの異なる世界があるようです。原子力は高くつき、EUや米国で厳しく規制されている原子力産業は今後も予算超過でなかなか進まないかもしれません。フランスの企業、アレヴァは、フィンランドのオルキルオト原子力発電所の原子炉増設で計画から10年遅れ、予算超過が生じています。ノルマンディーでは、加圧水型原子炉が2012年に操業開始の予定でしたが、2018年まで建設が延期され、修正コストが113億ドル（1.2兆円）になりました。地球の反対側では、世界最大の炭素排出国である中国が、もっと急ピッチで原子炉を建設しています。その動機は少なからず、自動車や石炭火力発電所が原因で都市部の大気汚染が極端に悪化していることです。中国の原子力産業は輸出する立場にあり自立しています。新しい発電所を2、3年で完成できる力があります。しかし、原子力が「うまくいっている」ようでも、再生可能エネルギーへの飛躍的な転換があります。中国は現在、再生可能エネルギーの設備容量で世界をリードしており、数十カ所の石炭火力発電所の計画を取り消し、

風力と太陽光を組み合わせた発電容量を2020年までに320ギガワットにすると公言しています。

あるいは、別の可能性も考えられます。原子力発電所の設計が見直され、今よりも小型、軽量、安全、安価にはならないでしょうか？これは多くの新興企業が取り組んでいる可能性です。第3世代の原子炉があるにしても、原子炉の世界は、過去の原子炉よりは改良されているものの、過去の繰り返しにすぎない大型で高額で、とてつもなく複雑なシステムから先に進んでいません。どんな種類にせよ大規模で集中型の発電所は、安価な再生可能エネルギー、分散型ストレージ（蓄電）、高度なバッテリーが社会にそろっているのに意味があるでしょうか？　50社近くが原子力問題の解決を競い、第4世代原子炉を開発しています。たとえば、溶融塩炉、高温ガス炉、ペブルベッドモジュラー炉、核融合炉（水素―ホウ素炉）が第4世代の技術です。原子力エネルギーをめぐる批判や懸念の一部に対処する新しい原子炉設計があります。こうした原子炉は、誰もいなくても速やかに安全に停止するよう設計されています（walk-away safety／人間の介在不要の安全性）。冷却材もよりすぐれたものが採用され、従来の原子力発電所の500分の1の規模に縮小できます。建設期間は1〜2年に短縮されます。原子力に関しては、世界は遠からず前よりもよい選択肢を手にするかもしれませんが、再生可能エネルギーがコスト面でも建設面でもますます有利になっていることを踏まえると、それでは遅すぎるのかもしれません。●

インパクト：安全性と社会の支持を中心にした原子力をめぐる複雑な力関係は、原子力の今後の方向性——拡大するのか、縮小するのか——に影響を及ぼします。私たちの想定では、世界の発電量に占める原子力の割合は2030年には13.6％に増加しますが、徐々に低下して2050年には12％になります。化石燃料発電所よりも寿命が長いため、結果的に全体的な施設数は少なくなり、1キロワット当たりの実行コストは4,457ドル（約48万円）と高額ではあるものの、原子力発電所の設置に要する追加コストは9億ドルになる見込みです。また稼動30年間の正味節減額は1.7兆ドルになる見込みです。このシナリオでは、16.1ギガトンの二酸化炭素排出が回避される可能性があります。

編集者より：『ドローダウン』の100の解決策のほぼすべてが、炭素インパクトはさまざまながら、社会、環境、経済に多くの有益な影響を及ぼすことは間違いなく、社会が追求すべき何ら後悔のない解決策です。原子力は

悔いを残す恐れのある解決策です。そして、その後悔はすでにチェルノブイリ、スリーマイル島、ロッキーフラッツ、キシュティム（旧ソ連）、ブラウンズフェリー、アイダホフォールズ、美浜、リュサン（スイス）、福島第一、東海村、マルクール、ウィンズケール、ボフニチェ（旧チェコスロバキア）、チャーチロックで起きてしまいました。トリチウム放出、ウラン鉱山の放棄、鉱山の選鉱くず汚染、使用済み核燃料処分、違法なプルトニウム密売、核分裂性物質の盗難、冷却システムに吸い込まれた水生生物の被害、核廃棄物を何十万年間も厳重に監視しなければならないこと、こうした悔いが現実になったのです。

エネルギー
コジェネレーション
COGENERATION

CO₂削減	正味コスト	正味節減額
3.97ギガトン	2,793億ドル (29.89兆円)	5,670億ドル (60.67兆円)

米国の石炭火力発電所や原子力発電所の、発電効率は約34％です。つまり、エネルギーの3分の2が煙突を昇り、空を暖めています。結局、米国の発電部門は日本のエネルギー予算全体に相当する熱量を捨てているのです。エンジンがかかっているときに車の排気管に手を当ててみてください。それも同じ原理です。内燃エンジンが生産するエネルギーの75〜80％は排熱ですから、もっと効率が悪いだけの話です。石炭火力発電所とガスタービン単独のシングルサイクル発電所は、無駄になるエネルギーをコジェネレーションによって逃さないようにすべき筆頭候補です。

コジェネレーションは、失われていたはずのエネルギーを活用して家庭やオフィスを冷暖房したり、さらに発電したりすることです。コンバインド・ヒート・アンド・パワー（CHP）とも呼ばれるコジェネレーションシステムは、発電中に発生する余分な熱を捕らえ、その熱エネルギーを現場で、あるいは近くで地域暖房、その他の目的のために利用します。発電には低効率がつきものですから、コジェネレーションが排出を削減し、お金を節約する機会になるのは意義の大きいことです。

現在稼動しているコジェネレーションシステムは、ほとんどが工業部門のものです。米国では、その87％が化学、製紙、金属製造、食品加工などエネルギー集約型産業で使われています。デンマークやフィンランドのような国では、コジェネレーションが発電の重要な部分を占めていますが、それは用途が地域暖房システムであることが大きな理由です。

デンマークやフィンランドなど、総発電量に占めるCHPの割合が高い国では、エネルギー安全保障への対応を迫られたことが決定的な役割を果たしました。デンマークのCHP普及は大部分が政府の具体的な政策の結果で、フィンランドの場合は市場主導の傾向がありました。フィンランドの大規模な製紙業と林業は、なにしろ木材というエネルギー源が現場にあるのですから、バイオマスを基本にしたコジェネレーションを利用しようとなるのは自然な流れです。さらに、フィンランドの寒冷な気候も、熱供給インフラに投資した場合、健全なリターンの根拠になっています。2013年時点で、フィンランドの地域暖房の69％はコジェネレーションシステムによって提供されています。

デンマークのエネルギー供給へのアプローチは政策主導です。CHP導入は1903年にさかのぼりますが、この技術の採用に拍車をかけたのは、1970年代の石油危機でした。それ以来、地方自治体にエネルギー効率の高い熱生産への移行を促す政策、発電を集中型発電所から分散型ネットワークへ切り替える支援政策、全体としてコジェネレーションの採用を促し、なかでも再生可能エネルギーを利用したシステムの採用を促す税制などの奨励政策がとられてきました。加えて、デンマークは国連の気候変動交渉に積極的に参加し、温室効果ガス排出量の削減を進めています。現在、地域暖房の約80％と電力需要の60％以上がCHPで供給されています。今は家庭用のマイクロコジェネレーションユニットもあります。通常これは天然ガスを燃料とし、燃料電池や発熱装置になり、電気、暖房、換

気、空調を提供します。きわめて効率の高い
ユニットですが、価格をはじめとした要因が
採用を妨げています。

　米国は長い間、コジェネレーションでヨー
ロッパに遅れをとってきました。その一因は
電気事業者からの反発です。20年前には悪
名高い一件があったほどです。マサチュー
セッツ工科大学のCHP計画に地元の電気事
業者が異議を唱え、訴訟沙汰にまでなり、最
終的には大学が勝訴しました。このような妨
害は、今日のエネルギー意識の高い環境では
稀なことになり、MITの最先端コジェネレー
ションシステムは完成に近づいています。

　経済的な観点から見れば、コジェネレー
ションシステムの採用は、多くの場合、工業
用途でも商業用途でも経済合理性があります。
一部の住宅用途でも同様です。再生可能エネ
ルギーを利用できない利用者でも、コジェネ
レーションならば同じ量の燃料で、そして同
じコストでより多くのエネルギーを生産でき
ます。明確な経済的利点に加えて、コジェネ
レーションを採用すれば、化石燃料に依存し
た暖房や発電をコジェネレーションで削減で
きる範囲では温室効果ガスを削減することに
もなります。さらに、再生可能エネルギーを
基本とした分散型スマートネットワークへの
入り口として大きな役割を果たすことにもな
るのです。分散型システムは必ず発電場所に
近接しているため、送電線の必要性が低くな
ります。コジェネレーションシステムは利用
者の選択に適合させやすく、したがってエネ
ルギー源が多様です。それに加え、熱と電気
を燃焼ベースのシステムで別々に生産する場
合と比較すると、コジェネレーションシステ
ムは水使用量と熱水汚染の削減につながり、
もうひとつの不可欠な天然資源である水の需
要を減らします。●

インパクト：私たちの分析では、コジェネレー
ションは商業・工業・輸送部門の天然ガスを
利用したオンサイトCHPを指します。2014
年、天然ガスを利用した産業コジェネレー
ションは、世界の発電量の約3.2％、熱生産
の約1.7％を占めていました。2050年までに
それぞれ5.4％、3.3％に増加すれば、4ギガ
トンの二酸化炭素排出を回避できます。1キ
ロワット当たりの設置コストが平均1,851ド
ル（19万8,000円）とすると、総設置コスト
は2,790億ドルになります。コジェネレー
ションの増加によって送電網ベースの電気と
オンサイトの熱生産がより高効率・低コスト
の技術に切り替われば、運用コスト節減は
30年間で5,670億ドル、設備の耐用期間では
1.7兆ドル（182兆円）になる見込みです。

エネルギー
小型風力発電
MICRO WIND

CO₂削減	正味コスト	正味節減額
0.2ギガトン	361億ドル (3.86兆円)	199億ドル (2.13兆円)

容量100キロワット以下の小型風力タービンは、昔の風車に似ています——カンザス州のトウモロコシ畑にぽつんと立ち、一家の暮らしや小さい農場や商売で使う電気を発電していた風車です。小型風力タービンはしばしば水を汲み上げ、バッテリーを充電し、農村部を電化するために利用されます。大型タービンがずらりと並んだ広大な商業運転の風力発電施設とは対照的に、わずか0.4ヘクタールの土地に1つだけ設置されるのが一般的です。

米国の農村部の多くで送電網がまだ普及していなかったとき、そのギャップを埋めるために自家発電の風力エネルギーがよく利用されていました。風力は今日の発展途上国でも同様の役割を果たしており、主にサハラ砂漠以南のアフリカの農村部やアジアの発展途上国を中心に世界全体で11億人いる電気を利用できない人々に電力を供給できるのは、こうした小規模システムです。小型風力タービンは電化を拡大するすぐれた技術で、家の照明や夕食の調理に電気を利用できる生活を実現する手段になります。そうなれば生活向上と経済発展の両面で幅広い恩恵があります。同時に、高所得国の小型風力発電は、発電所規模の再生可能エネルギーと組み合わせれば、エネルギー生産を補完するものになります。場所はずいぶん異なるかもしれませんが、温室効果ガスを出さないエネルギー生産という点で小型風力タービンが気候変動対策になることは共通しています。

風速に応じて、風には一定量の運動エネルギーがあります。タービンが風から発電する効率を設備利用率と呼びます。小規模な風力タービンの場合、実際の設備利用率は一般に25％以下です。用地選定は出力を最大化するために重要ですが、そのための技術は商業運転の風力産業と比べればまだほんの初期段階にあります。一方、小型風力タービンならではの強みは発電所規模の風力発電によくある問題が起こりにくいことです。規模が小さいということは、美観を損ねるという問題（尾根や海岸沖の自然な風景が台無しになるという主張）が生じにくく、多くは無音に近いので騒音苦情にもなりにくいということです。

現在、小型風力タービンの主な需要はオフグリッド用途です。つまり、風が吹かないときに電気を供給するためにディーゼル発電機と併用されることが多いということです。炭素の観点からは、化石燃料の補助発電に頼ることは望ましくありません。すでに太陽光発電と小型風力発電を組み合わせたシステムが市場に登場しており、それは実りある代替手段のひとつです。バッテリー貯蔵技術の改良も小規模風力発電の実現性を高めることが期待されます。小型風力タービンが送電網に接続されている場合、所有者がネットメータリング制度で余剰電力を大きなネットワークに送電して経済的利益を得ることもできるでしょう。

専門家の推定によれば、現在、世界中で100万基以上の小型風力タービンが使われており、その大半は中国、米国、英国で稼動しています。その数を増やす主な要因は、低所得国でも高所得国でもコストです。小規模風力発電は、個人的に設置されていることもあって、キロワット当たり価格は発電所規模

の風力発電よりはるかに高く、投資回収期間も長くなりがちなのが現状です。小型風力発電技術は大多数の人にとって手が届きません。固定価格買取制度、税控除、購入助成金、ネットメータリング制度などの公的支援策があれば、その現状を変え、小型風力発電が盛んになる環境を整備できます。小型タービンのメーカーがスケールメリットに達するまで、エンドユーザーの費用負担という問題はおそらく残ります。タービン技術そのものが進化していくことも価格を下げることに大きく貢献するでしょう。

建築環境内で小型タービンを大型建造物に組み込んでいる事例があり、ユニークな有望株になっています。超高層ビルなど、タービンを高所に設置できる建造物では、より強く、安定した風を利用できます。今ではエッフェル塔に登ると、シャン・ド・マルス公園を見下ろす地上122メートルの2階に垂直軸ター

ビンがあるのは、それが理由のひとつです。そのタービンはあらゆる方向から吹く風を利用できる設計になっており、エッフェル塔のレストラン、ショップ、展示物に供給する電気を発電しています。工学技術の革新を象徴するエッフェル塔は、クリーンエネルギーの未来を前進させる風力発電という技術にふさわしい場所です。●

インパクト：2050年までに小型風力発電が5倍に増えて世界の発電量の1%になれば、0.2ギガトンの排出削減になる可能性があります。小水力発電と同様に、小型風力タービンは、送電網を利用できない地域で再生可能なクリーン電力を普及させる手段です。

人間活動が原因の気候変動が初めて確認されたのは1800年、
そして再び1831年にも同じ科学者、
アレクサンダー・フォン・フンボルトによって確認された。

アレクサンダー・フォン・フンボルト

アンドレア・ウルフ

今日では忘れられた科学者で研究もされていませんが、アレクサンダー・フォン・フンボルト（1769年9月14日生まれ）は一世を風靡した人物で、今でも史上最も重要な科学者の1人です。フンボルトにちなんで命名された地名や種はたいへん多く、他の追随を許しません。フンボルト生誕100年は世界各地で祝祭やパレードで盛大に祝われました。25,000人以上がセントラルパークに集まって敬意を表し、ピッツバーグで10,000人、シラキュースで15,000人、ベルリンで80,000人、ブエノスアイレス、メキシコシティ、ロンドン、シドニーでもさらに何千人と集まり

ました。地球温暖化に対して生命系がいかに脆弱か世界中の人々が認識を深めるにつれて、フンボルトの洞察と著述は先見の明があったという以上のものに思われます。フンボルトは、1800年に、そして再び1831年に、旅行中の観察に基づいて人間が引き起こす気候変動の現象と原因を最初に説明した人でした。

相互につながった全体としての自然をフンボルトが初めて描いた圧巻のいわゆる「自然画（Naturgemälde）」。このドイツ語は意味としては「自然の絵画」だが、一体性や全体性をも示唆する。それは、後にフンボルト本人が説明したように「1枚の紙に描かれた小宇宙」だった。現代用語で言えば、これはおそらくインフォグラフィック第一号、これもまたフンボルトによる史上初だ

フンボルトの最初の旅は、1799年から5年間のラテンアメリカ冒険旅行でした。それはフンボルトの考え方を、そして世界中の人々の考え方をも一変させた遠征になりました。フンボルトが等温線、天気図上で気圧と気温の変化を描いた線を考案したのもこのときでした。フンボルトの気候帯の概念は、エクアドルの標高6,268メートルの休火山、チンボラソの山頂近くまで登った体験から生まれました。フンボルトは機器でいっぱいのトランクを携えており、出会った植物、動物、森林、人、土地を測定し、記述し、精査し、絵に描きました。その記憶は完璧に近く、フンボルトはどんな種でも前に見た種と比較できる百科事典のような能力を身につけました。5年間というものほぼ手つかずの大自然に浸ったフンボルトは、自然が人智を超えて複雑に関連し絡み合っていることを実感しました。そして、生命系が、それどころか地球全体が人間の行為で乱されることにきわめて弱いことを見届けました。ダーウィン、ミューア、エマーソン、ソローがさまざまな表現で語った「生命の網」の原則は、フンボルトのラテンアメリカ遠征とその後の著述に直接影響を受けたものでした。

　1829年、60歳のフンボルトは最後の旅に出発しました。皇帝ニコライ1世と外務大臣ゲオルク・フォン・カンクリン伯爵から歓迎の招待を受けて手配されたロシアを広く見て回る調査旅行でした。25週間で、フンボルト一行は15,472キロメートルを旅しました。帰国したフンボルトは、地球の大気が地上の変化にどれほど敏感かを認識しなければ文明

がどうなるかを正確に、予言するかのように書き記しました。アンドレア・ウルフの第一級の伝記から、すばらしい一節を紹介します。フンボルトが旅の終わりにモスクワとサンクトペテルブルクに戻る場面です。——PH

　やがて十月末となり、ロシアはもうすぐ冬だった。フンボルトはまずモスクワに、次いでサンクトペテルブルクに戻って調査旅行の報告をすることになっていた。彼は幸福だった。深い坑道や冠雪した山々、世界最大の草原(ステップ)やカスピ海を見てきたのだ。モンゴルとの国境で中国の司令官とお茶を飲み、キルギス人と発酵させた馬乳を飲んだ。アストラハンとツァリーツィン（現ヴォルゴグラード）のあいだでは、カルムイク人の博学なハーン［中央アジアの統治者の称号］がフンボルトのためにコンサートを開き、カルムイク人の聖歌隊がモーツァルトの序曲を何曲か歌った。フンボルトはサイガ［シベリアの草原地帯に棲むレイヨウ］がカザフ草原を駆け、ヴォルガ川の中州でヘビが日光浴し、アストフハンでインド人行者が裸でいるのを目にした。シベリアではダイヤモンドの存在を正確に予測し、指示に背いて政治犯流刑者と言葉を交わした。オレンブルクに流罪となったあるポーランド人は、フンボルトの『ヌエバ・エスパーニャ副王領政治評論』*を誇らしげに見せた。ここ数か月を見れば、炭疽病に打ち勝ったし、シベリアの食べ物を消化できないために体重も減った。温度計を深い鉱泉に浸し、種々の機器をロシア帝国中に運んで無数の測定値を得た。彼とその一行は岩石標本、押し葉標本、

＊ヌエバ・エスパーニャ副王領は、当時のアメリカ大陸スペイン植民地の名称。

ガラス瓶に保存した魚類、剥製動物を入手し、ヴィルヘルムのために古文書や古書も手に入れた。

　以前と同じように、フンボルトは植物学、動物学、地質学のみならず、農業や林業にも興味があった。鉱業地帯で急速に森林が消滅しているのに気づいた彼は、「木材の欠乏」についてカンクリンに注意を促し、水浸しになった坑道の水を抜くのに蒸気エンジンを使わないよう助言した。蒸気エンジンはあまりに多くの木材を消費するからだった。炭疽病が流行していたバラビンスク草原では、フンボルトは集約農業が環境に与える影響に気づいた。この地域はシベリアの重要な農業中心地だった（いまもそうだ）が、ここの農民は沼地や湖の水を引くことで、土地を畑や牧草地に変えた。このために湿地帯が乾燥し、この傾向が強まりつつあるとフンボルトは結論づけた。

　フンボルトは「あらゆる現象や自然のすべての力のつながり」を探していた。ロシアは彼が自然について得た知識の最終章だった。彼はこの数十年にわたって収集したすべてのデータをまとめ上げ、確認し、関連づけた。発見ではなく比較が彼のテーマだった。のちに彼は、ロシア調査旅行で得た結果を収めた二冊の著書を出版した。これらの著書でフンボルトは、森林破壊について、そして人類が長期にわたって環境に変化を与えてきたことについて書いた。人類が気候に影響を与える三つの要因として、彼は森林破壊、無計画な灌漑、そしていちばん予言的とも言える、産業地帯で消費・放出される「大量の蒸気とガ

ス」を挙げた。人類と自然の関係をこのような観点から見た人はフンボルトがはじめてだった。●

『フンボルトの冒険 自然という〈生命の網〉の発明』アンドレア・ウルフ著、鍛原多惠子訳、NHK出版、2017年1月30日発行

エネルギー
小水力発電　IN-STREAM HYDRO

運動エネルギーは物体の動きに伴うエネルギーです。世界の水路は運動エネルギーに満ちています。水は重力に引っ張られて山を下り、細流や小川を流れ、より大きな支流を下り、海に向かって流れる川に注ぎます。何千年もの間、私たちはそのエネルギーを利用して、まず水車を回して機械を動かし、それから19世紀には電気をつくりました。今日、水力発電といえば景色を台無しにする巨大ダムのイメージが思い浮かびます。たとえば、中国長江上流の支流にある三峡ダム、米国コロラド川のフーバーダム、パラグアイとブラジルの国境を流れるパラナ川のイタイプダムなどです。発電に利用できる運動エネルギーを最大化するために、ダムは垂直距離、すなわち「落差」を利用します。水は構造物の最上部から底に落ち、タービンのブレードをすごい水量と流速で回転させます。水力発電ダムは膨大な量の電気を生み出します。しかし、広大な自然環境と人間の居住地も飲み込み（三峡ダムだけで120万人が強制移住）、水の流れと水質、土砂などが堆積するパターン、魚の回遊に影響を与えます。

こうした問題点を背景に、壮大なダムから、最新の水車のような小型の小水力タービンに人々の関心が移りました。自由に流れる川や小川の中に設置される小水力タービンは、貯水池を設けずに、したがってその悪影響もなく、水の運動エネルギーを利用できます。風で回る風力タービンの水中版は、水が通り過ぎるときにブレードが回転します。わずかに支えの構造が必要なだけで、遮断物、水路変更、貯水は必要なく、炭素排出も起きません。

小水力発電は環境に負荷をかけない再生可能エネルギーを生産できるのです。ただし、可動部を備えた水中装置がある以上、川や小川の生物に常に何らかの影響を与えますし、魚の個体数や回遊を害する懸念は消えません。慎重な設計と設置が何よりも重要です。

水の流れは季節ごとに、年ごとに変化する可能性がありますが、水力タービンは比較的とぎれのないエネルギーを供給します。岩石の破片が堆積しないように保たなければなりませんが、維持費は最小限で、初期費用も低額です。小水力発電は小さい水路でも発電できます。遠隔地には強力で集中した水流のエネルギーがありながらまだ開発されていない小さい水路が多く、そのため小水力発電は遠隔地を電化する手段の有力候補です。アラスカ辺境の先住民コミュニティから灌漑を必要とする水田まで、これまで費用がかかり、環境を汚染するディーゼル発電機を電力源としてきた場所で、この技術が試行され、採用されています。ヒマラヤの雪解け水を水源とする水路は、小水力発電に理想的な環境で、遠隔地の経済発展を推進する可能性を秘めています。都市環境では、また別の水力資源が小水力タービンの対象になります。それは水道の本管です。オレゴン州ポートランドでは、1メートル幅のタービンが地下水道管の内径にぴったり収まります。水がカスケード山脈から市街へ勢いよく流れると同時に、地元の電気事業のために発電もします——水の流れを阻害することはありません。これは小水力技術のサブカテゴリに属し、導管水力発電と呼ばれます。

CO₂削減	正味コスト	正味節減額
4ギガトン	2,025億ドル （21.67兆円）	5,684億ドル （60.82兆円）

水力資源に関する全米評価によると、技術的に取り出せる流水エネルギーは年100テラワット時を超えます。その約95％はミシシッピ州、アラスカ州、太平洋岸北西部、オハイオ州、ミズーリ州の水文地域*にあります。その機会をつかむのに必要な技術は、15年前の風力発電の状況に似て、かなり新しく、希少です。小さい企業が業界に参入していますが、小水力と潮力エネルギーに類似点が多く、後者の研究と投資が急増していることは、そうした企業の追い風になっています。起業家やエンジニアが小水力技術を開発し、政府がそれを支援する場合、すべての「自流式」発電プロジェクトが実際に川を自然な流れのままにするわけではない点に留意することが重要です。水路の流れを変え、その活力を損なったプロジェクトもあります。構造物をゆとりなく設置したせいで流量が増えると洪水が発生するようになったプロジェクトもあります。潜在的なミスが管理され、小水力発電が川の力を適切に利用するならば、古来のエネルギー形態が私たちの未来にとっても重要になるでしょう。●

設備容量12キロワットの小水力発電所。英国サマセット州ブルートンで年間約33,000キロワット時の電気を発電している

インパクト：2050年までに小水力発電が世界の電気の3.7％を供給するまでに増加すれば、二酸化炭素排出が4ギガトン削減され、5,684億ドルのエネルギーコストを節減できる見込みです。人里離れた山間地のコミュニティは、電化を必要とする最後の地域のひとつです。小水力発電は、そうした人々にとって信頼できる経済的な発電方法です。

---

*水文地域とは、地球上の水循環を主な研究対象とする水文学の基準に基づいて地域を区分した地図。

63

エネルギー
メタンダイジェスター　METHANE DIGESTERS

ト　ーマス・ジェファーソンがアメリカ独立宣言を書いた年、イタリアの物理学者、アレッサンドロ・ボルタがメタンガスを発見しました。マッジョーレ湖岸の泥水から立ち昇る引火性の気体に興味をそそられたボルタは、その気体を集め、その後の実験結果を好奇心旺盛な友人、カルロ・カンピへ一連の手紙で書き送りました。「いいえ、沼地の土から発生する気体より燃えやすい気体はありません」とボルタは1776年11月21日に書いており、ガスと腐っていく草木の関係を見抜きはじめていました。次にボルタはメタンの発火力を自分で設計したピストルに応用しました。しかし、ボルタの可燃性気体の発生は微生物が原因であることを科学者が理解するようになるには、もう1世紀待たなければなりませんでした。その微生物の知恵が今、有機廃棄物から発生して地球温暖化の原因になるメタン排出の管理に利用されています――その過程でクリーンエネルギーも生産しています。

　農業からも、工業からも、人間の消化からも、それぞれの過程で有機廃棄物が継続的に排出されるという流れが生まれています（しかも増加しています）。世界中の人々が作物を栽培し、動物を飼育し、食べ物をつくり、自らを養っています。こうした活動のひとつひとつが、残留物から排泄物まで、副産物を生み出します。最大限に減らす努力をしても、廃棄物を回避する方法はありません。たとえば、多少の腐敗は必然です。そして、ことわざにあるように、どうしようもないことは起こるものです。慎重に管理しなければ、有機廃棄物は分解（腐敗）が進むにつれて拡散しやすいメタンガスを放出します。大気中に放出されたメタン分子は、評価期間を100年とした場合（100年値）に二酸化炭素の最大34倍の温室効果を発揮します。しかし、そうなる必要はありません。選択肢のひとつは、嫌気性ダイジェスター（消化槽）と呼ばれる密閉されたタンク、ボルタがマッジョーレ湖岸の沼地で発見した自然の過程を促進する装置でメタンの分解を制御することです。嫌気性ダイジェスターは微生物の力を利用して残飯や汚泥を分解し、主に2つの産物を生産します。エネルギー源のバイオガスと養分豊富な肥料になるダイジェステート（発酵残渣）と呼ばれる固形物です。

　有機廃棄物をエネルギー資源として活用することは古くから行なわれてきました。20世紀になる直前、下水ガスランプが英国エクセターの街路を照らしていました。千年前は、バイオガスがイラクのアッシリアの風呂水を温めていました。ヴェネツィアの探検家、マルコ・ポーロは、元の時代の中国に滞在中に調理燃料を生産するふた付きの下水タンクに遭遇しています。ムンバイ近郊のハンセン病患者の療養施設は1859年にバイオガスシステムを設置し、照明にも用いました。今日、嫌気性分解は世界中の裏庭や農家の庭で、また産業規模で利用され、そして増加中です。支援的な規制環境のおかげで、ドイツは2014年時点のメタンダイジェスターが8,000基近く、設備容量合計が約4,000メガワットと経済先進国のなかでは先頭に立っています。米国でも、特にメタン排出への配慮

CO₂削減	正味コスト	正味節減額
8.4ギガトン	2,014億ドル （21.55兆円）	1,488億ドル （15.92兆円）

として、その採用が増加しています。アジアでは小規模なダイジェスターが主流です。中国の農村部では百万人以上がダイジェスターガスを利用しています。

ダイジェスターのサイズや形状にかかわらず、内部で起きていることは同じです。気密性が高く、酸素の少ないタンク内で有機廃棄物が混合されると、細菌などの微生物がそれを少しずつ成分に分解します。何日か、何週間か過ぎるうちに、バイオガスは上にたまり、固形のダイジェステートは底に沈殿し、窒素などの養分が濃縮されます。バイオガスはメタンと二酸化炭素の混合ガスで、そのまま使うか、精製して天然ガスに似たバイオメタンにします。原料供給が維持され、微生物が元気なかぎり、消化過程は持続的に展開します。

ダイジェスターの産物にはさまざまな使い道があり、使い方次第で排出削減にも有効な策になります。この最終的な用途は生産規模に応じて決まる傾向があります。主にアジアやアフリカの農村部と非電化地域の家庭レベルでは、バイオガスは調理、照明、暖房に、ダイジェステートは家庭菜園や狭い農地の肥料に利用されます。重要な点は、バイオガスが燃料源としての木材、炭、家畜の糞の需要を減らし、その結果、地球と人間どちらの健康にも有害な煙を減らすことです。産業規模で生産される場合、暖房や発電のためのクリーンではない化石燃料をバイオガスで代替できます。汚染物質を除去すれば、バイオガスはガソリン車にも使えます。固形物に関しては、ダイジェステートで化石燃料由来の肥料を代替しながら土壌の健康を改良できます。

CO₂削減	正味コスト	正味節減額
1.9ギガトン	155億ドル （1.66兆円）	139億ドル （1.49兆円）

温室効果ガスの削減に加えて、メタンダイジェスターは埋め立て処理の量と水を汚染する廃水も減らし、臭気や病原体の問題を解消します。

ボルタがガスの燃焼実験をしていた頃、「Waste not, want not」（無駄がなければ不足なし）という格言が流行しました。waste（無駄）のラテン語の語源、vastusは「未開の」という意味です。有機廃棄物の分解を活用する機会は、確かに大部分が未開の状況です。動物と人間の排泄物に食料の生産と消費から生じる有機廃棄物、この絶え間ない流れに直面し、同時にエネルギー需要の急増にも直面している私たちは、「無駄がなければ不足なし」を肝に銘じるのが賢明でしょう。●

インパクト：私たちの分析には小型・大型両方のメタンダイジェスターが含まれます。2050年までに、低所得国で非効率的な調理コンロ5,750万台が小型ダイジェスターに入れ替わり、大型ダイジェスターは設置容量で69.8ギガワットに増加するというのが私たちの予測です。両者を合計すると、2,170億ドル（23兆円）のコストで10.3ギガトンの二酸化炭素排出が回避される見込みです。

エネルギー
廃棄物エネルギー　WASTE-TO-ENERGY

　これをソリューション（解決策）と呼ぶ人もいれば、ポリューション（汚染）と呼ぶ人もいます。これは間違いなく後者です。ここでは無駄の多すぎる社会のためのあくまで移行戦略として廃棄物エネルギーを紹介します。『ドローダウン』には、私たちが「後悔する解決策」と呼ぶ解決策がいくつかあり、これもそのひとつです。悔いを残す解決策は、総合的な二酸化炭素排出の削減には貢献します。ただし、社会や環境が負うコスト（犠牲や代償、費用）は有害で高くつきます。

　米国の廃棄物焼却産業は、1970年代と80年代の原子力産業の衰退から登場しました。原発建設で利益を得ていた企業は、「資源回収」と呼ばれ、「trash to cash」（ごみをキャッシュに）とあだ名される事業に参入しました。この解決策は廃棄物をなくすわけではありません。プラスチック、紙、食品、がらくたに含まれるエネルギーを放出し、灰を残します。廃棄物の形を変えるだけです。ごみに隠れている重金属や有毒化合物は、一部が空気中に放出され、一部がこすり落とされ、一部が最後の灰に残ります。当時は、100トンの自治体ごみから、30トンの焼却灰、有毒な粒子状物質が発生しました。灰は埋め立て処理され、埋立地には灰の浸出液が地下水に漏れないようにプラスチック製のライナーが敷いてありますが、その耐久期間は不明です。今では、新しい技術のおかげで発生する灰の量は格段に少なくなっています。

　廃棄物をエネルギーに転換する方法は4つ、焼却、ガス化、熱分解、プラズマです。廃棄物のエネルギー転換は、政府機関、企業、病院の小規模な転換施設も指します。そこでは4つの方法のどれかを用いて医療廃棄物、製造廃棄物、放射性廃棄物を処分し、またタイヤ、下水汚泥、実験室の化学物質、近隣のごみも処分しています。

　ところで、いったいなぜ本書で廃棄物エネルギーを扱うのでしょうか？　持続可能な社会では、廃棄物は堆肥化されるか、リサイクルされるか、再利用されます。初めから残存

CO₂削減	正味コスト	正味節減額
1.1ギガトン	360億ドル (3.85兆円)	198億ドル (2.12兆円)

価値を考慮して設計し、廃棄物を出さないシステムが整備されるため、捨てるということは一切なくなるのです。しかし、都市部や日本のように土地が足りない国はジレンマに直面しています。ごみをどうすべきか？――無数の異なる素材や化学物質からなる「バベルの塔」さながらのごみをどう処理すればいいのか？　埋め立てには広大な土地が必要です。日本のような国にはそんな広い土地がないか、土地を埋め立てに割く余裕がありません。用地があっても、廃棄物を埋めれば、有機物の分解によって100年値で二酸化炭素の最大34倍も強力な温室効果ガスであるメタンガスが発生します。廃棄物をエネルギーに転換する施設は、石炭やガスの火力発電所が供給するエネルギーを肩代わりします。メタンが発生する埋め立てと比べれば、温室効果ガスの削減に貢献するわけです。

　現在、米国は年間3,000万トン以上のごみを燃やしています――廃棄物全体の約13％です。米国が焼却処理をするようになったきっかけは有毒物質災害でした。1980年代に実施されたニュージャージー州の焼却炉に関する調査では次の結果が出ました。毎日2,250トンのごみが焼却された場合、有害物質の年間排出量は鉛5トン、水銀17トン、カドミウム263キログラム、亜酸化窒素2,248トン、二酸化硫黄853トン、塩化水素777トン、硫酸87トン、フッ化物18トン、永久に肺に残るほど微小な粒子状物質98トンになります。同調査は、焼却される紙や木材の量に応じて、分解されにくい有毒汚染物質ダイオキシンの量が変動することも示しました。

基本的に、不活性な有害廃棄物を焼やすと、体内に吸収されうる危険な排出物が出ます。

　現代の焼却炉は、こうした懸念にある程度は対処しています。かなり高温の焼却温度を採用し、スクラバーとフィルターを装備して、微量の汚染物質でもほぼすべて捕捉できます――ただし、すべてではありません。都市や都会のコミュニティにとって、廃棄物をエネルギーに転換する施設の魅力は抗しがたいものです。ヨーロッパには、廃棄物をエネルギーに転換する施設が480カ所以上あり、全廃棄物の約4分の1を燃やしています。なかでもスウェーデンはその先頭を行く国に数えられ、地域暖房施設（世界一大規模）の燃料にするために、炭素排出というかなりの代償を払って、他国から80万トンのごみを輸入しています。スウェーデン人は、輸入するごみには十分に注意を払っていると力説します。よく分別して、食品などのリサイクル可能なごみはすべて取り除かなければなりません。埋め立ては禁止されていますから、リサイクルされないごみは燃やされます。

　スウェーデンの最新の廃棄物エネルギー施設では、残った灰をフィルターにかけ、金属片を除去し、それもリサイクルします。タイル片やセラミック片は、道路建設の舗装材として利用するために収集されます。粒子状物質は電気フィルターでマイナスに帯電させて除去します。残りの煙は無害と見なされ、成分はほぼ水と二酸化炭素だけになります。より高温で焼却するため、燃え残りの灰の総量が大幅に減ります。少量の残灰は埋め立て処理されます。スウェーデンの自治体協会の見

解によれば、輸入ごみか国内ごみかを問わず、ごみを埋め立てる場合と比較して、ごみ1トンごとに499キログラムの二酸化炭素に相当する温室効果ガスの削減になります。

　ごみを管理する戦略として、最新鋭の設備を採用するならば、廃棄物エネルギーは代替手段である埋め立てよりすぐれています。ヨーロッパでは、ごみ市場があるにもかかわらず（ドイツ、デンマーク、オランダ、ベルギーにもごみ輸入ビジネスがある）、堆肥化できる有機廃棄物を含むリサイクル率は上昇しており、2020年までにリサイクル率を50％にするというEU指令も制定されています。廃棄物の流れ全体にできるだけ効果的に対処するための戦略もあります。それは当然、ごみのリデュース（削減）、リユース（再利用）、リサイクル（再資源化）、堆肥化を増やすというものです。

　廃棄物エネルギーをめぐっては激しい賛否両論が続いています。擁護派は、土地がごみ捨て場にならずにすむこと、発電の燃料として廃棄物のほうがクリーンであることを強調します。1トンの廃棄物で石炭1トン分の電気の3分の1を発電できます。しかし、反対派は、どんなに微量でも汚染があること、資本コストが高いうえに、リサイクルや堆肥化の流れに逆行する影響を与えかねないことを非難しています。焼却するほうがリサイクルなどの代替手段よりたいていは安いため、コストとなると自治体にとっては焼却が有利です。データによるとリサイクル率の高さと廃棄物エネルギー利用率の高さは相関する傾向がありますが、ごみを燃やさなくてもリサイクル率を高めることはできるという意見もあります。こういう理由もあって、焼却技術の進歩にもかかわらず、米国では新しい施設の建設が長年ほぼ停止しています。

　廃棄物エネルギーが初期の有害な焼却炉の二の舞になりそうな低所得国では、さらに大きな懸念材料があります。中国と東アジアでは公衆衛生が特に問題です。廃棄物エネルギーの市場がどこよりも急速に成長していながら、汚染に対する規制や法の執行が弱いのが中国と東アジアです。国連が設立した緑の気候基金（GCF）は、低所得国の廃棄物エネルギー施設に投資していますが、廃棄物の選別、リサイクル、毒性の除去を義務づけています。

　一部の機関や投資家は廃棄物エネルギーが再生可能なエネルギー源だと考えていますが、そうではありません。太陽光や風力のような真に再生可能な資源は枯渇することがありえません。スニーカー、CD、発泡スチロール、車の内装を燃やすのは少しも再生可能ではありません。燃やす時点では、廃棄物は確かに繰り返し使える資源ですが、それは私たちがあまりにもたくさんごみを出すからにすぎません。

　本書には橋渡しの解決策として廃棄物エネルギーが含まれます。それは短期的には私たちが化石燃料から脱する助けになりますが、クリーンエネルギーの未来の一員ではありません。最先端の焼却設備であっても（多くはそうではない）、廃棄物エネルギーはほんとうにクリーンで無害なわけではありません。スコットランドのダンフリースにあるスコッ

トジェンガス化焼却炉は先進施設のはずでしたが、英国内で最悪の汚染源でありダイオキシン排出源であることが判明しました。英国政府は2013年にここを閉鎖しました。ダイオキシン放出を完全に排除することは技術的には可能かもしれませんが、現実には測定するとダイオキシン許容限界に違反しているという事態が世界中の廃棄物エネルギー施設で起きています。したがって、廃棄物エネルギー施設に、特に最高水準を満たさない既存の施設に反対する理由はたくさんあります。しかし、私たちがこれを後悔する解決策に入れる理由はもうひとつあります。それは廃棄物エネルギーが埋立地も焼却炉もまったく必要ない廃棄物ゼロを達成する方法の出現を妨げる恐れがあるということです。そんなことは夢物語だ、非現実的だと思うなら、インターフェイス、スバル、トヨタ、Googleなど、廃棄物ゼロ、埋め立てゼロを公約している大企業が10社あることを知ってください。

廃棄物の本質とその価値を社会が取り戻す方法を変えるために、廃棄物ゼロは広がりを見せている運動で、下流ではなく、上流に向かうべきです。突き詰めれば、社会の物質の流れは森林や草原の営みを模倣できるとされています。自然界には、ほかの何らかの生命の糧にならない廃棄物はまったく存在しません。それを実現するには、始まりだけでなく、終わりを念頭に置いたグリーンケミストリー（環境や人体に配慮した合成化学）と原材料の革新が鍵です。太陽エネルギーや風力エネルギー、かつては非実用的で高額すぎた技術と同様に、廃棄物ゼロはエンジニアリングと

デザインの革命です。その革命によって廃棄物は燃やしたり、埋めることなど思いもよらないほど貴重なものになるでしょう。イタリアのルッカ在住の教師、ロッサーノ・エルコリーニは廃棄物ゼロ国際同盟（Zero Waste International Alliance）のリーダーの1人です。彼は、勤務する学校の近くに焼却炉が建設されそうになったとき行動を起こし、建設中止に成功しましたが、そこで活動をやめませんでした。リサイクルと廃棄物削減を推進する彼の努力によって、イタリアのほかの117自治体が廃棄物エネルギー施設を閉鎖し、廃棄物ゼロに取り組むようになりました。それこそが真の解決策です。後悔することは何もありません。●

インパクト：廃棄物エネルギーのリスクはかなり大きいですが、一定の恩恵はあります。埋め立てをしなくてすむことによってメタン排出量が減ることが主な要因で、2050年までに1.1ギガトンの二酸化炭素排出を回避できる可能性があります。不利益な点を考えると、これは「橋渡し」の解決策です――廃棄物ゼロ、堆肥化、リサイクルなどの望ましい廃棄物管理策が世界的にもっと広く採用されるようになれば、廃れていく解決策です。利用できる土地が限られている島国は、埋め立ての代わりに廃棄物エネルギーを今後も利用することが考えられます。ただし、プラズマガス化などの先端技術を採用してマイナスの影響を抑えることが必要です。実行に要するコスト360億ドルで、30年間の節減額は200億ドルになる見込みです。

エネルギー
グリッド(送電網)の柔軟性
GRID FLEXIBILITY

「自然保護の父」と呼ばれるジョン・ミューアは、初めて夏のシエラネバダ山脈を探検したとき、日記にこう記しています。「何でもそれだけを選び出そうとしても、結局はそれが宇宙の万物とつながっていることに気づく」それから1世紀以上、人々はこの言葉を引用しては生態系が相互につながり、食べ物から輸送まで地球全体に波及効果を及ぼさないものは何ひとつないのだと語ってきました。これはグリッド(送電網)の現象を説明するのにもふさわしい引用です。グリッドとは世界の85％以上が依存している発電、送電、蓄電、消費の動的なネットワークです。

以前にも増して、「グローバルなエネルギー転換」という言葉がよく聞かれるようになってきました。一般にこれは化石燃料からクリーンで再生可能なエネルギー源に大規模に移行することを指します。温室効果ガスの排出に関しては、このエネルギー源の変化が問題の核心ですが、もっと広い意味での変化が進行しています。グリッドシステム全体の変革です。

再生可能エネルギーのなかには、恒常的で化石燃料発電に近い発電ができるものもあります。3つ例を挙げると地熱蒸気、流水、燃焼バイオマスです。しかし、風力と太陽光に

供給とエンドユーザー需要が一致し、明かりが消えることなく、コストを抑えるにはどんなグリッドが最善か？

　その答えは「柔軟性」です。電力供給が主として、できれば完全に再生可能になるには、グリッドが今よりも融通のきくものになる必要があります。再生可能エネルギーの統合で先頭を走るカリフォルニア州、デンマーク、ドイツ、サウスオーストラリア州などの事例は、グリッドの柔軟性がさまざまな策を講じることから生まれ（需要側と供給側の両面で、また電気事業の運営管理面でも）、一口に柔軟性と言っても場所が変われば違って見えることを示しています。本書で紹介する解決策のなかにはより柔軟なグリッドを支えるものもあります。埋立地から回収するメタンなど、恒常的な再生可能エネルギーは風力発電や太陽光発電を補完するものとして貴重です。コンバインド・ヒート・アンド・パワー（CHP）すなわちコジェネレーション施設は、特に排熱を大きな温水タンクに貯蔵する場合は、速やかに利用できます。長年培われた揚水式水力発電の技術から、溶融塩や圧縮空気などの最新技術まで、さまざまな発電所規模の蓄電手段が今後ますます重要になります。小規模では、電気自動車に搭載されるものも含め、バッテリーが決め手です。インターネット接続のスマートサーモスタットやスマート家電などのデマンドレスポンス（需要応答）技術は、（供給側が発電量を調整するのではなく）グリッド上で需要側のエネルギー利用をリアルタイムに調整して需要ピーク時を回避できるようにします。

よる発電は断続的です。毎日のリズムと変化で、風力と太陽光は毎分、毎日、季節ごとに変動します。たとえば、ドイツの11月は風も太陽も弱いことがよく知られていますから、不足分はどこかで発電するしかありません。自然変動性に加えて、太陽光発電と風力発電は、集中型・発電所規模から屋上ソーラーのような分散型・小規模まで幅があり、多様です。地熱をグリッドに統合することは標準的になっていますが、現在のグリッドは風力を想定した設計になっていません。世界中の電気事業者と規制当局がこの問題に取り組んでいます。急速に変化する情勢のなかで、電力

発電と消費をつなぐ結合組織のような送電・配電ネットワークは、柔軟であるためには強くなければなりません。グリッド接続が広い地域にまたがる場合、グリッド内の風と日光のパターンも幅が広くなります。ある場所で風が吹いていなければ、別の場所では吹いている可能性があります。それならば、どんな瞬間でも、総出力で見れば再生可能エネルギーの変動は少なくなります。スペインでは、グリッドオペレーター（送電網管理事業者）のレッド・エレクトリカ・デ・エスパーニャ（REE）がスペイン全土の風力発電のほぼすべてを制御しています。一元管理することで、同社は風力発電を15分以内に特定のレベルに制御できます。北西ヨーロッパで行なわれているように、近隣国の電力システムと相互接続すれば、余剰発電を活用し、バックアップ供給に備える機会が増えます。

柔軟性を補助するさまざまな運営管理方法があります。風力発電や太陽光発電がそうであるように、天候と発電が切り離せない関係の場合、予測が電気事業者の最も重要なツールと言えるでしょう。デンマークでは、まだ予測は1日前に行なわれていますが、リアルタイムにデータが更新されます。昼夜を通して実際の風力発電の出力と予測を比較すると、予測の精度は絶えず磨かれていきます。グリッドオペレーターは、どのくらい前もって発電を予定するか、発電区分ごとの発電時間をどれくらいにするかを調整できます。必要に応じて、供給側に発電の削減を要求することもできますし、ネガティブプライス*を導入して過剰生産を阻止することもできますが、これらは経済的には望ましくない手段かもしれません。

2050年までに、再生可能エネルギー発電率80%が世界規模で現実になる可能性があります。世界中の多くのグリッドでは、変動性再エネも、恒常的再エネも含めて、再生可能エネルギーはすでに20〜40%を占めようとしています。これまでのところ、バランスの維持はうまく機能しています——というより、大方の予測よりも健闘しています。遠からずますます多くの事業者管轄区域がグリッドの高度な柔軟性を追求し、個別の事情に最適な策の組み合わせとなるよう統合されていくでしょう。再生可能エネルギーとより柔軟なグリッドが両輪となって、グローバルなエネルギー転換が可能になります。ソーラーパネルやそびえ立つ風力タービンばかりが目立つかもしれませんが、グリッドの柔軟性は再生可能エネルギーが地球上の第一のエネルギーになるために必要な手段なのです。●

インパクト：グリッドの柔軟性は複雑かつ動的なシステムで、地球規模ですべてのローカル要因を考慮することはほぼ不可能です。したがって、私たちはグリッドの柔軟性はモデル化していません。しかし、発電の25%以上を占めるまでに増加するには、変動性再生可能エネルギー源（VRE）にはグリッドの柔軟性が必要です。グリッドの柔軟性による排出削減は、単体では潜在力を最大限に発揮できないものとしてVREそれぞれに含めて計算されています。

＊ネガティブプライスは、電力取引市場において電力価格がマイナスで取引されることを指す。

1,000年前、私たち人間が狩猟採集生活から定住と農耕に移行したとき、私たちは貯蔵について学びはじめました。そうするしかなかったのです。なぜなら農耕初期の作物は一時的な余剰を生み出し、それをネズミや湿気から守らなければならなかったからです。土、木、後には陶を用いた穀倉が初期の答えでした。今日では、私たちもすっかり貯蔵の達人になりました。ただし……1つだけ顕著な例外があります。工業化社会で最も基本的な商品——そう、電気です。電気は一定量を貯蔵することがまだ考慮されていないものなのです。電圧低下、停電、非効率性に対する防衛策は何でしょう？　大規模なエネルギーストレージ（貯蔵）がなければ、電気事業者は汚染度の高い「ピーク」発電所に頼り、それを運転して需要増に対応します。発電からの排出量を削減し、自然変動する再生可能な電力源へ移行しようとするならば、貯蔵は二重の意味で不可欠です。

　1879年にサンフランシスコで電気事業者が初めて有料顧客に電気を供給して以来、事業者のビジネスプランはリアルタイムに需要を満たすために十分な電力を生産することです。発電できなければ、照明が消え、モーターが停止しました。国によっては、今でも定期的にそうなっています。経済が変動性再生可能エネルギー（VRE）に移行するにつれて、エネルギー貯蔵システムを備えたグリッド（送電網）管理がきわめて重要になります。これには、日ごと、週ごと、月ごと、季節ごとという単位の貯蔵が含まれます。太陽光発電と風力発電がグリッド内の総電力のごく一部を供給していたときは、その変動性は大きな問題ではありませんでした。従来の化石燃料発電所が過度の負担なく不足分を調整できたのです。再生可能エネルギーが総電力の30〜40％を占めるようになると、その変動性はより複雑になり、グリッドが確実かつ経済的に対処するのが難しくなります。2016年5月、ドイツは再生可能エネルギーによる発電率88％を数時間維持し、世界記録を樹立しました。その多くは太陽光発電でした。米国の再生可能エネルギー記録と言えそうなのは、テキサス州で2015年2月のある夕方に、40カ所余りの風力発電所がグリッドの総発電量の45％を占めたことです。再生可能エネルギーを消費するか、輸出できないかぎり、発電のピーク時に生じた余剰は捨てるしかありません。従来の発電所は停止させることができないからです。余剰を克服する方法のひとつは、高圧直流（HVDC）送電線を介して、わずかな送電ロスで数千キロ送電することです。さらに、こうした問題に正確に対処する一連のエネルギー貯蔵技術もあります。

　電気事業者はどうやって大量の電気を蓄えるのでしょうか？　選択肢のひとつは、低い貯水池から高い貯水池に水を汲み上げることです。500メートルの高低差があれば理想的です。必要に応じて、水は再び上の貯水池から下の貯水池に落とされ、発電タービンを回します。電気事業者は電力が余る夜間に水を汲み上げ、需要と価格がピークに達したときにまた水を落とします。たとえば、ゼネラル・エレクトリックは無風のときにエネルギーを

生産するためにドイツ企業と提携しました。このプロジェクトは傾斜地形であることが条件です。そこで4基の風力タービンが連携して回り、低い標高の貯水池から高い標高の貯水池に水を汲み上げる電気をつくります。風が足りないか、需要が多い場合、傾斜地を流れ落ちる水で従来の水力発電所を運転します。合計すると、現在、世界には200以上の揚水式蓄電システムがあり、世界の蓄電容量の99％を占めています。地形が許せばうまくいく可能性のある方法のひとつです。

ネバダ州はレールでエネルギー貯蔵を実験しています。ここでは、水がなくても、まだ重力の助けを借りることができます。システムのヒントは、ギリシャ神話のシーシュポス

が大きな石を山頂に運び上げる苦行を永遠に繰り返したという話です。電力が豊富な場合、230トンの岩石とセメントを積んだ鉱山用鉄道車両が900メートル上の車両基地まで送られます。この鉄道車両には2メガワットの発電機が搭載されており、それが上りのエンジンとして機能します。下る途中で、回生ブレーキシステムが転がり抵抗を電力に変換します。

2つのエネルギー貯蔵策の中核技術は1世紀以上昔からあるものです。鉄道車両が上に停車している間は、1年間そこに停車したままでも電力をまったく失うことはありませんが、貯水池は蒸発します。どちらのシステムも、いかに素早く需要に対応できるかという重要な利点が共通しています。最大出力まで

の起動時間は数秒ですが、化石燃料発電所は数分から数時間かかります。グリッドはストレージの電気を急に必要とします。

　集光型太陽熱発電（CSP）所もエネルギー貯蔵の最前線にあり、発電に必要になるまで溶融塩を用いて熱を保持しています。ナトリウムと硝酸カリウムの混合物である溶融塩は、摂氏224度以上の温度で溶け、集光鏡によって反射された熱を吸収します。溶融塩は5～10時間高温を保ち、吸収されたエネルギーの93％も回収できます。今では集光型太陽熱発電所の標準的な設備になった溶融塩蓄熱設備によって日没後も数時間は発電機を動かせます。

　もうひとつ、規模を大きくしたバッテリー

もあります。一部の電気事業者はピーク需要を満たすためにリチウムイオン電池バンクの設置を進めています。2021年までに、ロサンゼルスは天然ガスのピーク発電所を停止し、エネルギー需要が少ない夜間は風力発電、朝は太陽光で充電される18,000個のバッテリーに移行する予定です。また数十社の新興企業や既存企業が、懐中電灯から発電所規模までエネルギー貯蔵に革命をもたらす低コスト、低毒性、安全な（自然発火しない）バッテリー——未来のバッテリー——の開発を競い合っています。●

インパクト：エネルギー貯蔵の開発は、それだけで排出量の削減になるわけではありません。エネルギー貯蔵は風力エネルギーや太陽光エネルギーの採用を可能にする技術です。変動性再生可能エネルギー（VRE）の解決策それぞれとの重複計算を避けるために、本ページ上部にカーボンインパクトの数字は記載しません。ほかの形態のグリッドの柔軟性と同様に、コストと30年間の増加予測は直接モデル化していません。

エネルギー
エネルギー貯蔵（分散型）
ENERGY STORAGE (DISTRIBUTED)

エネルギー転換が進行しています。産業革命の幕開けで石炭、石油、ガスが使われるようになったのと同じくらい根本的な転換です。炭素系燃料から再生可能エネルギーへの転換。ほとんどの人はそう言うでしょう。そして、それで正しいでしょう——部分的には。ブレークスルーのもう一端は分散型エネルギー貯蔵です。少量でも大量でも住まいや職場で生産したエネルギーを保持する技術です。社会学と人文地理学の教授、カレン・オブライエンが言うように、地球温暖化が「すべてを変容させる変容」であるならば、分散型エネルギー貯蔵はエネルギー産業を変容させる変容と言えそうです。

あなたが使っている電気はどこから来ていますか？　エネルギーが集中的に生産され、大規模な発電所（ガス、石炭、原子力、水力）から配電される場合、電気はまず国を縦横に走る高圧送電線に入り、降圧変圧器を通って地域の送電網に流れ込み、ようやくあなたの家や職場にたどり着きます。分散型エネルギーシステムはこの順序をひっくり返します。もはや受動的な消費者はいなくなり、消費者が生産者になって、電気を買うだけでなく、電気をグリッド（送電網）に売ることも選択できます。消費者はピーク需要の高い料金を避けることができますから、そのぶん弾力的で立ち直りの早いグリッドになり、電圧低下や停電の原因になる需要の急増を防ぐことにつながります。

風と太陽は独自のスケジュールで動いているため、再生可能エネルギーは自然変動します。これは需要と供給を綿密に監視しなければならない電気事業者にとって厳しい課題です。グリッドがダウンしないように、直ちにバックアップ発電所を稼動させる能力が決定的に重要です。分散型エネルギー貯蔵システム、すなわちグリッドからの独立性を構築するには入手しやすい価格のストレージ（蓄電装置）が必要ですが、今までは、バッテリーの価格がとても買えないほど高額でした。それが変わりつつあります。基本的にストレージには2つの方法があります。単独で使えるバッテリーか電気自動車です。ストレージのコストはキロワット時で計算します。そのコストは2009年の1キロワット時1,200ドル（12万8,400円）から2016年の約200ドル（21,400円）まで下がりました。各社が数年のうちに1キロワット時50ドル（5,350円）になると予測しています。1キロワット時1,200ドルなら、24キロワット時のエネルギー貯蔵システムを購入すると、車が1台買えてしまいます——完全な電気自動車、日産リーフも買える値段です。

自動車、ガレージ、オフィスビルの地下、どこであれ分散型エネルギー貯蔵が予想よりも速いペースで導入されています。過去20年間、太陽光発電のコストと成長が予測をことごとく裏切ってきたのとまったく同様に、バッテリー価格の予測もはずれつづけています。2012年、世界的なコンサルティング会社、マッキンゼー・アンド・カンパニーは、2020年までにバッテリー価格が1キロワット時200ドルになると予測しましたが、ゼネラルモーターズもテスラもそれを2016年に達成しました。

　現在のコストで、分散型エネルギーシステムに5,000億ドル（53.5兆円）投資すると、米国の企業と家庭は今後30年間でピーク需要の電気料金を4兆ドル（428兆円）節減できるでしょう。バッテリーのコストは今後4年で半減する可能性があり、そうなれば節減額はもっと増えます。ストレージを利用して再生可能エネルギーへの依存度を高めれば、気候変動にも大いに貢献することになります。石炭に大きく頼るシステムでピーク需要を夜にずらすためだけにストレージが利用されるなら、温暖化への恩恵はほぼ期待できなくなります。

　少し前までは、太陽光発電は炭素コストが高い発電方法でした。ガラス、アルミニウム、ガス、設置、摂氏1,982度の焼結炉に石炭火力エネルギーが大量に必要でしたから、ソーラーパネルはかえって石炭を食うと言われても仕方がなかったでしょう。今では、ソーラーパネル製造にかかるエネルギーコストは大幅に下がりました。バッテリーも同じ道を歩んでいるようです。エネルギー消費の少ない製造方法に伴ってコストが急落する可能性があります。そうなれば、まだ発明されていないセンサー、アプリ、ソフトウェアによって動く、まったく新しいエネルギーグリッド──より復元力があって民主的になる見込みのあるグリッド──が稼働することになります。●

インパクト：分散型エネルギー貯蔵は、多くの解決策に不可欠な支援技術です。マイクログリッド、ネット・ゼロ・ビルディング、グリッドの柔軟性、屋上ソーラーはどれも分散型貯蔵システムに依存するか、それによって拡大するものです。分散型貯蔵システムは、再生可能エネルギーの普及を促進し、石炭、石油、ガスによる発電の拡大を回避します。分散型ストレージの導入パターンは、利用される環境が都市部か農村部かによって異なります。したがって、それについては明示的にモデル化していません。

テスラのホームバッテリー、Powerwall。ニュージーランドのオークランドにあるマオリ文化を重視したカリキュラムの小学校、ロンゴマイ・スクールに設置され、好評だ。ソーラーアレイ（ソーラーパネルを複数並べて接続したもの）から充電したバッテリーで放課後と夜間の電気をまかなっている

エネルギー
太陽熱温水
SOLAR WATER

CO₂削減
6.08ギガトン

正味コスト
30億ドル
(3,210億円)

正味節減額
7,737億ドル
(82.79兆円)

人間は入浴するようになって以来、風呂水を沸かす方法を模索してきました。19世紀には、黒く塗った金属タンクを日光に当てるという最も初歩的な太陽熱温水技術がありました。それはうまくいきましたが、丈夫ではありませんでした。1891年、米国の発明家で製造業者のクラレンス・ケンプは、温室効果を利用して性能を飛躍的に向上させる設計の特許を取得しました——世界初の商品化された太陽熱温水器「クライマックス」です。それは断熱されたガラス張りの箱の内部に鉄製の水タンクを設置し、それによってタンクの集熱力と保温力を高める仕組みでした。「自然の寛大な力のひとつを利用して」とケンプは広告で謳い、クライマックスは「昼でも夜でも1日中、すぐ、いつもたっぷり、

いつでも使える温水」を提供しました。住宅用モデルは25ドルでした。

20世紀に変わる頃、ほかの起業家たちがケンプの発明を改良すると、太陽熱温水器（SWH）は南カリフォルニア全域に普及しました。ウィリアム・ベイリーの「デイ・アンド・ナイト」モデルは、屋上集熱器から分離した貯湯タンクを設けたことで業界に革命をもたらしました。1920年代にマイアミがブームになると、太陽光集熱器もブームになりました。今でもアールデコ様式の建物の屋根で現役の集熱器があります。1930年代には、SWHが米国南部の公営住宅の標準設備になりました。第二次世界大戦後、安いエネルギーの時代が到来すると、米国では太陽熱温水業界が苦境に立たされましたが、その着

想はイスラエル、日本、南アフリカとオーストラリアの一部で人気を集めるようになりました。SWHは、その歴史が始まって以来、エネルギー価格に応じて、また政府の支援策に応じて浮き沈みしてきました。

現在、中国が世界のSWH容量の70％以上を占めていますが、ほぼすべての気候帯のさまざまな国で、冬に凍結しないか、夏に過熱しないSWH技術が利用されています。キプロスとイスラエルでは、1980年代からSWHが義務づけられており、住宅の90％がシステムを備えています。依然、太陽熱温水の主要な用途は住宅ですが、大規模な設備も増えています。チューブを採用したシステムもあれば、パネル状のシステムもあります。ポンプが必要なシステムもあれば、太陽熱を単純に利用した受動的なシステムもあります。ベイリーが考案したように、すぐれた貯湯タンクが基本です。総合すると、SWHは「太陽エネルギーを熱エネルギーに変換する最も効果的な技術のひとつ」と見なされ、システムの仕様、場所、選択肢によりますが、投資回収期間は2〜4年と短くなっています。

現代のもうひとつの実態は、水を温めることがエネルギー消費の大きな割合を占めているということです。シャワー、洗濯、食器洗いのお湯は、世界全体で住宅のエネルギー消費の4分の1を占めています。商業ビルでは、その数字は約12％です。その燃料消費をSWHは50〜70％削減できます。しかし、ガスや電気のボイラーを上回る初期費用と設置の複雑さのために資源としてまだ広く活用されていません。次第に、屋根のスペース、

投資、SWHと太陽光発電の相乗効果または相殺効果を考慮して、SWHは太陽光発電と一緒に検討されることが増えています。キプロスやイスラエル並みの普及率にするために、政府が新築時の設置を義務づけたり、奨励したりすることもできます——実際、そうする政府がますます増えています。米国がSWHの可能性を最大限に引き出した場合、天然ガス消費量は2.5％、電気使用量は1％削減でき、毎年5,700万トンの炭素排出を回避できる可能性があります。これは石炭火力発電所13カ所または自動車990万台に匹敵する数字です。マラウイ、モロッコ、モザンビーク、ヨルダン、イタリア、タイなどの国では、国の主導で意欲的にSWHを増やそうとしていますが、オリジナルのクライマックスが最初に考案されてから125年が過ぎても、明らかにSWHはまだその頂点に近づいていません。●

インパクト：太陽熱温水が想定最大市場規模の5.5％から25％に成長すれば、2050年までに二酸化炭素排出は6.1ギガトン削減され、家庭のエネルギーコストは7,740億ドル節減できる可能性があります。私たちの初期費用の計算では、太陽熱温水器は補助と位置づけ、電気やガスのボイラーはそのまま使うものと仮定しています。

FOOD
食

地球温暖化の原因というと、おそらく化石燃料エネルギーが思い浮かぶでしょう。朝、昼、晩の食事が温暖化にもたらす結果にはなかなか目が向きません。食料の生産から流通、消費までの諸産業の相互関係からなるフードシステムは精巧で複雑です。そこで必要なもの、そのインパクトも並外れています。化石燃料を動力とするトラクターに漁船、輸送、加工、農薬・化学肥料、包装材、冷蔵冷凍、スーパーマーケット、そしてキッチン。窒素肥料は分解されて大気中に放出されると強力な温室効果ガス、亜酸化窒素になります。私たちが肉を好んで食べるには、600億頭以上の陸生動物が必要なうえに、その動物に食べさせる飼料と牧草のために農地の半分近くを使わなければなりません。二酸化炭素、亜酸化窒素、メタンなど、家畜由来の温室効果ガスの年間排出量は全体の18～20％を占めると推定され、化石燃料に次ぐ排出源です。農業から森林伐採、食料廃棄まで、すべての食料関連と家畜の排出量とを合わせると、私たちが食べるものは、エネルギー供給分野と並んで地球温暖化の原因の第1位になります。このセクションでは、排出源を吸収源に変える専門技術、行動、農法を紹介します。二酸化炭素をはじめ温室効果ガスを大気中に放出する食料生産から、炭素を回収する食料生産へと移行し、土壌肥沃度、土の健康、利用できる水資源、収量、そして最終的には栄養と食料安全保障を増大させる手段にすることは可能なのです。

食

植物性食品を中心にした食生活

PLANT-RICH DIET

仏陀、孔子、ピタゴラス。レオナルド・ダ・ヴィンチとレフ・トルストイ。ガンディーとガウディ。パーシー・ビッシュ・シェリーとジョージ・バーナード・ショー。植物性食品を中心にした食事を支持する著名人は昔からたくさんいました。自身は菜食ではなく雑食のジャーナリスト、マイケル・ポーランが、何をどう食べるべきかという難問に「自然な食べ物を食べなさい。量はほどほどに。主に植物を」とシンプルな答えを出して有名になるずっと前からです。すべてと主張する人もいますが、「主に植物」がポイントです。菜食中心の食生活に移行することは、私たち需要者側にできる地球温暖化対策です。それは、肉食中心で、加工度が高く、しばしば食べすぎの西洋型食生活が今日、広く増加していることに逆行するものです。

その西洋型食生活では、とんでもない値札の気候問題という対価を支払うことになります。最も控えめな推計でも、家畜の飼育は毎年排出される世界全体の温室効果ガスの15％近くを占めます。直接排出と間接排出の最も包括的な評価では50％以上とされています。後述する「管理放牧」と呼ばれる炭素を隔離*できる革新的な牧畜を除けば、肉と乳製品の生産は、食用植物——野菜、果物、穀物、豆類——を育てるよりもはるかに多い排出の原因になります。牛などの反芻動物は最大の犯人で、餌を消化する際に強力な温室効果ガスであるメタンを生成します。さらに、家畜飼料を栽培するための農地利用とそれに伴うエネルギー消費からも二酸化炭素が排出され、ふん尿と窒素肥料は亜酸化窒素を放出

します。家畜の牛を一国とすれば、世界第3位の温室効果ガス排出国になります。

動物性タンパク質の過剰摂取も、人間の健康に高い代償を払うことになります。世界中の多くの場所で、毎日食べるタンパク質が必要栄養量を大きく上回っています。成人は平均して毎日50グラムのタンパク質が必要ですが、2009年の1人当たり平均摂取量は1日68グラム、必要量を36％上回っていました。米国とカナダでは、平均的な成人は1日90グラム以上のタンパク質を摂取しています。植物性タンパク質が豊富であれば、人間は栄養のために動物性タンパク質を摂る必要はなく（厳格な完全菜食主義、ビーガンの場合のビタミンB12を除く）、むしろ動物性タンパク質の摂りすぎは、癌、脳卒中、心臓病になるリスクを高めます。疾病率と医療費の増加はワンセットです。

何十億人もの人が1日に何回か食事をするのですから、形勢を逆転するチャンスはいったいどれくらいあるでしょう？　栄養と食べる喜びの両面を満たしながら、食物連鎖の下位のものを食べ、それによって排出量を下げることは可能です。世界保健機関（WHO）によると、1日のカロリーのうちタンパク質由来は10〜15％だけでよく、その基準は植物性食品を中心にした食事で十分に満たせます。

2016年、オックスフォード大学は画期的な研究を行ないました。今から2050年までの間に世界規模で植物性食品を中心にした食事へ移行した場合、気候、健康、経済にどれだけ有益かをモデル化したのです。現状のままの食料由来の排出量は、ビーガン（完全菜

　＊炭素隔離：二酸化炭素の大気中への排出を抑制する手段のことで、生物学的なものと地質学的なものがある。

食）で70％、ベジタリアン（チーズ、牛乳、卵は食べる）で63％削減できる可能性があるという結果になりました。また、全世界の死亡者数も6〜10％減少すると算定されました。これほどの数の命に関わるほど健康に影響する可能性があるということは、何兆ドルも節約できるということです。つまり、医療費と生産性の損失で発生していた年間1兆ドル（107兆円）の節約に加え、失われた命の価値を考慮すると30兆ドル（3,210兆円）以上の節約になります。言い換えれば、食生活の変化は、2050年に国内総生産（GDP）世界総額の13％に相当する価値になる見込みがあるのです。しかも、この数字には回避できた地球温暖化の影響は含まれていません。

同様に、2016年の世界資源研究所（WRI）の報告書は、さまざまな食生活の変更を分析し、「動物性タンパク質の摂取を積極的に減らす」と——特に1日当たり60グラム以上のタンパク質を摂取し、1日の摂取カロリーが2,500カロリー以上の地域で動物性食品の過剰摂取を減らすと——世界の食料供給と地球の未来を持続可能なものにする最も有望な策になると結論を出しています。報告書の執筆陣によれば、「2006年から2050年にかけて、食料は70％以上、動物性食品は80％弱、牛肉は95％も需要が増加する世界では」肉の消費パターンを変えることが、飢餓、健康的な生活、水資源管理、陸の生態系、そして、もちろん気候変動に関連する数々の世界的な目標を達成するために不可欠です。

植物性食品を中心にした食事の論拠は確かです。そうは言っても、食はきわめて個人的で文化的なものですから、食生活を大きく変えることは簡単ではありません。肉は単に食材ではなく何重もの意味をもち、慣習に溶け込み、舌に訴えます。人間と動物性タンパク質の関係は、単純に片づけられない、根深いもので、肉食の需要を変えるなら巧みな戦略が必要になります。人が食物連鎖の下位にある選択肢を選んで肉をあきらめるには、その選択肢が入手しやすく、目に見えて、食欲をそそるものでなければいけません。植物から加工された代替肉は、確立された調理法や食べ方の混乱を最小限に抑える有力策で、動物性タンパク質の味、食感、香りを模倣することはもちろん、アミノ酸、脂肪、炭水化物、微量ミネラルといった栄養素までも再現できます。ビヨンド・ミート、インポッシブル・フーズなど、肉食中心の味覚や食習慣にアピールする栄養価の高い代替品を提供する企業は、積極的にその役割をリードしており、苦痛のない、むしろ満足できる方法で動物性タンパク質から植物性タンパク質に切り替えることはできると証明しています。少数ながら質の高い植物性代替食品は今、食料品店の肉のショーケースに進出しています。食をめぐる習慣的な行動を打ち破れる市場の進化です。急速に向上する製品、一流大学での研究、ベンチャーキャピタルの投資、消費者の関心の高まりを背景に、専門家はノンミート市場が急速に成長すると予想しています。

肉のイミテーションに加えて、自然のままの野菜、穀物、豆類の恵みを大切にすることも、こうした食材に対する既成概念を更新し、添えものではなく、単独で主役級の食材に格

『ウェルトゥムヌス』画家ジュゼッペ・アルチンボルドの1590～
91年の作。ローマ神話の変身の神、四季の推移や花と果樹の
成長をつかさどるウェルトゥムヌスを象徴している

バングラデシュのダッカにあるサダーガット市場
で売られる青唐辛子

上げすることにつながります。菜食ではない
雑食のシェフたちが、幅広い食材を肉なしで
おいしく食べることを支持しています。たと
えば、ジャーナリストで『How to Cook
Everything Vegetarian』（未邦訳）の著者、
マーク・ビットマン、レストラン経営者で
『Plenty』（未邦訳）の著者、ヨタム・オット
レンギがそうです。ミートレス・マンデーや
VB6（vegan before six p.m. ／午後6時ま
ではビーガン）などの取り組み、そしてベジ
タリアンの一流アスリートの実例も、肉の消
費を減らすことをめぐる偏見を変えるのに一
役買っています。タンパク質偏重の嘘を暴き、
植物性食品を中心にした食事の健康効果を強
調することも、人々の食生活を変えるのに貢
献するでしょう。ベジタリアンの選択肢を用
意することは、特に学校や病院などの公共施
設では、例外ではなく、標準になるべきです。
　ベジタリアンとは言わないまでも、「リ
デュースタリアン」（Reducetarian ／肉食

減量主義）を推進することはもちろん、肉を
基本食材ではなく、「たまのごちそう」とし
て見直すことも必要です。何よりもまず、そ
れは価格をゆがめている政府補助金をなくす
ことを意味します。たとえば、米国の畜産業
に恩恵を与えている補助金をなくし、動物性
タンパク質の卸売価格と小売価格をより正確
に真のコストを反映したものにすべきです。
2013年には、経済協力開発機構（OECD）
に加盟する35カ国だけで畜産補助金に530
億ドル（5.67兆円）が費やされました。もっ
とねらいを定めた介入を提案している専門家
もいます。タバコ税のように、社会と環境に
対する外部性*を反映させて肉にも税を課し、
購入を思いとどまらせよというのです。購買
意欲をそがれる価格、牛肉消費量削減の政府
目標、肉食を喫煙にたとえる社会運動がそろ

*この場合の外部性は、畜産・食肉産業の経済活動が社会や環境に不利益を与えることを指す。

えば——肉の消費と健康的な食生活をめぐる社会通念の変化と並行して——肉食を好ましい食習慣ではなくする効果があるでしょう。

これらがどう達成されるにしても、植物性食品を中心にした食事は社会にとって説得力のあるウィンウィンの方法です。カーボンフットプリント*の小さい食べ方をすれば、もちろん排出量が減りますが、同時に健康的になる傾向があり、慢性疾患の発症率が下がります。しかも、淡水資源や生態系に与える損害も少なくなります。たとえば、牛を放牧するために森林をブルドーザーでならすとか、農場から流出する水によって「デッドゾーン」と呼ばれる広大な酸欠水域ができるといった悪影響を抑制できます。現在、何十億という数の動物が工場方式の飼育場で飼われていることを踏まえると、肉と乳製品の消費を減らせば、しばしば極端に劣悪で自然に反する飼い方をされている動物の苦痛も減ります。これは十分に裏づけのある問題ですが、一般には見過ごされています。植物性食品を中心にした食事にすれば、家畜生産に使われていたかもしれない土地を保存し、現在の農地を畜産以外の炭素隔離ができる用途に使う機会が生まれます。禅僧のティク・ナット・ハンが述べたように、個人にできる最も効果的な気候変動対策は植物性食品を中心にした食事に移行することかもしれません。最近の研究を見ると、どうやらティク・ナット・ハンが正しいようです。これほど大きな意義のある気候変動の解決策で個人の手中にあるもの、夕食の皿ほど身近なものはまずありません。●

インパクト：国連食糧農業機関（FAO）の国レベルのデータを用い、2050年までの世界の食料消費の増加を推計すると、低所得国は全体に食料消費が増加し、経済成長につれて肉の消費量が増えると想定されます。世界人口の50％が食事を健康的な1日2,500カロリーに制限し、肉の消費を全体的に削減すれば、食生活の変化だけで少なくとも26.7ギガトンの排出を回避できると私たちは予測しています。土地利用の変化によって回避される森林伐採も含めると、さらに39.3ギガトンの排出を回避できるでしょう。合計すると66ギガトンの削減となり、植物性食品を中心にした健康的な食生活はインパクトの大きい解決策の上位に入ります。

*カーボンフットプリント：食品や日用品等で、原料調達から製造・流通・販売・使用・廃棄の全過程を通じて排出される温室効果ガス量を CO_2 に換算したもの。

食
農地再生
FARMLAND RESTORATION

CO₂削減	正味コスト	正味節減額
14.08ギガトン	722億ドル （7.73兆円）	1.34兆ドル （143.38兆円）

世界中で、かつて耕作したり、放牧したりしていた土地から、土地が「疲れてしまった」という理由で農民が離れ去っています。これまでの農業のせいで、地力の消耗、土壌浸食、土壌圧縮、地下水の枯渇、過剰な灌漑による塩害が起きたのです。もはや十分な収入を生み出さなくなると、土地は放棄されます。そのほかの要因としては、気候の変化、中国やアフリカのサヘルのような砂漠化、急傾斜地での農業による土壌流出などがあります。社会経済的な面では、移住、高収入の仕事がある都市の魅力、市場アクセスの欠如、小規模自営農家では工業型農業のコスト競争力に太刀打ちできないという要因があります。いずれにせよ、多くの農民にとって、そのまま農業を続けるより、そこから離れるほうが安上がりなのです。

こうした耕作放棄地は、土地を休めているわけではありません。忘れられているのです。耕作放棄地の面積や増加ペースの測定は複雑で、方法が異なれば異なる数字が出ます。スタンフォード大学の包括的な研究によれば、世界中に推定で3億8,000万～4億4,500万ヘクタールの耕作放棄地があります——かつて作物や牧草のために利用されていたが、森林への復元も、開発のための転用もされていない土地という意味です。その放棄の99％は20世紀に起きました。

放棄地の面積は、世界が食料増産に必死にもかかわらず、増えつづけています。増えていく人口を養い、新しい農地にするための森林伐採から森林を守るには、放棄された耕地

と牧草地を健全で長期的な生産性のある土地に再生することが重要です。放棄地を元の生産的な用途に戻せば、その土地を炭素吸収源に変えることもできます。空っぽのボウルのように、やせた土地は、理論的には肥沃な土地よりも多くの炭素を吸収できます。植物が大気中の炭素を吸収し、やせた土壌に送り返すからです。残った土壌が浸食され、さらに減少すると、耕作放棄地は温室効果ガスの排出源になりかねません。オハイオ州立大学のラタン・ラル教授によると、世界の耕作された土壌は元の炭素貯留の50～70％をすでに失い、それが空気中の酸素と結合して二酸化炭素になるといいます。

耕作放棄地の再生は、原植生への復帰を意味することもあれば、植林や環境再生型農法の導入を意味することもあります。一般的に、土地が劣化するほど、再生作業は始めから集中的に行なわなければなりません。軽度の場合、自然な経過にまかせるだけで、つまり消極的再生で土地が健全な生態系に戻ります。消極的アプローチは、お金はほとんどかかりませんが、時間がかかります。積極的再生は、たいてい多くの人手を要しますが、耕作を復活させるためには必要です。コストは高くなりますが、生産性、炭素貯留、生態系サービス*が回復するスピードも速くなります。2つの戦略は両立できないものではありません。両者を組み合わせれば費用対効果が上がることもあります。

今のところ、農地再生に誘導する金銭的な奨励策はないも同然です。コストはささいな

＊人間が自然から得られる食料、原材料、良好な生活環境、自然美などの恩恵を数値化し、経済的な価値やサービスとみなしたもの。

ウガンダのグル県でパーマガーデニングを学ぶ村人たち。パーマガーデニングは、節水栽培、土壌肥沃度、コンパニオンプランツ（共栄植物）の植え方の知識、施肥した上げ床を統合した農法

問題ではなく、変化が遅いため、投資リターンも遅れます。この解決策を定着させるには、再生資金を調達するための正式な制度が行動の刺激となり、土地所有者が（時には文字通りの意味で）全財産を賭けるまでしなくても変化を起こせるようにすることが必要でしょう。世界の耕作放棄地の再生は、食料安全保障、農民の生計、生態系の健全性、炭素ドローダウンを同時に改善する機会になります。ラル教授の推定では、農地の土壌が再吸収する炭素量は880億〜1,100億トンで、同時に耕作適性、肥沃度、生物多様性、水循環の改善も期待できます。

耕作放棄地は放置せずにすべて再生することを基本にすべきです。それは時間のかかるプロセスになることもありますが、すぐれた専門家が手を入れれば、農地再生の経済的・社会的・生態学的利益は大幅に高まるでしょう。現時点では、誰かが何らかの理由で放棄した——言ってみれば、捨て去った——もの

になっている元農地が多すぎます。この放置された陸の資産を再生し、復活させれば、世界は、そして今後何世代もの農民も得るものが大きいでしょう。●

インパクト：現在、4億ヘクタールの農地が土地の劣化のために放棄されています。私たちの推定では、2050年までに1億7,000万ヘクタールを再生し、環境再生型農業、もしくはほかの生産的で炭素排出が少ない農業システムに転換すれば、合計14.1ギガトンの二酸化炭素排出を削減できます。この解決策では、720億ドルの投資で30年間の経済的リターンは1.3兆ドルになり、さらに95億トンの食料も増産できる見込みです。

食
食料廃棄の削減
REDUCED FOOD WASTE

この惑星の命の営みの偉大な奇跡のひとつは、食料の造成です。人間が種子をまき、太陽、土、水の恵みで行なう錬金術からイチジクやソラマメ、タマネギ、オクラが生まれます。肉を求めて動物を育てたり、原料を生産して、チャツネやケーキやパスタに変身させたりするのもその錬金術に入るでしょう。世界の労働力の3分の1以上にとって、食料生産は生計を立てる源であり、すべての人が生産された食料を消費することで命をつなぎます。

ところが、育てるか加工した食料の3分の1は農場や工場から食卓へたどりつきません。その数字にはびっくりします。全世界で8億人近くが飢餓状態で生活している、という事実と対比すればなおさらです。こういう事実もあります。私たちが無駄にする食料は毎年4.4ギガトンの二酸化炭素を大気中に放出しているのと同等の排出源である——人間活動に由来する温室効果ガス排出量合計の約8％に当たります。国別ランキングにすれば、食料廃棄は世界第3位の温室効果ガス排出国になり、それをしのぐのは米国と中国だけです。飢えている人がいるのに、消費されない食料

英国ランカシャー州バースコーの野菜処理工場のバックエンド。商業系でもナチュラル系でも近所のマーケットで曲がったニンジンを見たことがないのはなぜだろうと思うなら、これが理由だ。野菜はフードチェーンが定めた「品質基準」に従うために容赦なく選別される。その結果がこの写真だ。一部は豚舎に運び去られ、見てのとおり、一部はすでに水の中で腐っている

が地球を温暖化させているとは、根本的な均衡が崩れています。

食料を無駄にしてごみの山に送ることは、それを促進する要因は異なるものの、高所得国にも低所得国にもある問題です。収入が少なく、インフラが脆弱な場所では、フードロスは概して意図しない、構造的な問題です。たとえば、悪路、冷蔵設備や貯蔵設備の不足、粗末な用具や包装、高温と多湿という悪条件の組み合わせが見られます。無駄はサプライチェーンの早い段階で発生し、農場で腐敗したり、貯蔵や流通の途中でだめになったりします。

高所得の地域では、意図しないフードロスは最小限に抑えられる傾向があり、故意の食料廃棄がサプライチェーン下流を支配しています。小売業者は、食品のでこぼこ、傷、色の悪い食品を拒否します——ありとあらゆる見た目の悪さに異議を唱えるのです。そうでなければ、足りなくなったり、客に不満をもたれたりしないように、単に注文しすぎ、客に出しすぎで無駄にします。同様に、消費者も青果コーナーでは不完全なジャガイモをはねのけ、1週間で料理する食事数を多く見積もりすぎ、悪くもなっていない牛乳を捨て、冷蔵庫の隅に食べ残しのラザニアがあるのを忘れます。あまりにも多くの場所で、台所仕事のやりくりはもはや失われた技術になっています。

需要と供給の基本法則もからんでいます。収穫しても採算がとれないなら、作物は畑に放置されます。商品が高すぎて消費者が買わなければ、それは倉庫で眠ることになります。

いつもながら、経済学は重要です。どんな理由だろうと、結果はほぼ変わりません。つまり、食べない食料を生産すれば、種子、水、エネルギー、土地、肥料、労働時間、金融資本など、たくさんの資源を浪費することになります。そしてあらゆる段階で温室効果ガスを生み出します——ここには有機物が埋め立て処理されて地球のごみ箱に入ると発生するメタンが含まれます。

私たちの身の回り至るところには多種多様な、しかし、たいてい目に見えない食料廃棄の山があります。食料の一次生産から最終消費までのフードチェーンの廃棄が生じやすい要所に対処できる介入策もまた多種多様です。国連の持続可能な開発目標（SDGs）は、この"見捨てられた"食品の連鎖をターゲットにし、2030年までに小売・消費レベルにおいて世界全体の1人当たり食料廃棄を半減させ、収穫後損失を含めた生産・サプライチェーンのフードロスを減少させることを求めています。問題の根本はたくさん枝分かれしています。

低所得国では、貯蔵、加工、輸送のインフラ整備が欠かせません。これは、貯蔵袋、サイロ、クレート（輸送・梱包用の枠箱）の改良と同じくらい単純な場合もあります。作り手と買い手のコミュニケーションと協力を強化することも、食料がインフラの欠陥からこぼれ落ちないようにするために特に重要です。世界に小規模自営農家が多いことを考えると、生産者組織の結成によって計画、物流、生産能力差の解消を支援できるでしょう。

高所得の地域では、小売レベルと消費者レ

ベルで大きな介入が必要です。最も重要なの
は、食料廃棄を未然に防ぎ、チェーン上流の
排出を最大限に削減してから、不要な食料を
人間が消費したり別の再利用のために再割り
当てすることです。食品パッケージの日付表
示を標準化することは必須の対策です。現在、
「販売期限」「賞味期限」などは大部分が規制
されていない表示で、最もおいしく食べられ
る時期を指します。食べて安全かを示すのが
目的ではないにもかかわらず、こうした目安
は消費者を混乱させて期限切れかと誤解させ
てしまいます。消費者教育も効果的な手段で
す。たとえば、「見た目の悪い」農産物を食
べようキャンペーン、廃棄されるところだっ
た食材だけを使った料理を5,000人にふるま
うイベント、Feeding the 5000に代表され
る活動があります。

　国の目標と政策があれば変化はいっそう広
がります。2015年、米国は持続可能な開発
目標（SDGs）に沿った食料廃棄目標を設定
しました。同年、フランスはスーパーマーケッ
トが売れ残った食品を捨てることを禁じ、代
わりに慈善団体や動物飼料・堆肥会社に譲渡
することを義務づける法律を可決しました。
イタリアもその先例に従いました。起業家は
廃棄食品に投資しています。売り物にならな
い果物や野菜をジュースにする、コーヒーか
すでキノコを栽培する、醸造所の廃棄物を動
物飼料に変えるといったビジネスがあります。
もちろん、温室効果ガス排出の観点からすれ
ば、最も効果的な取り組みは、事後にうまい
使い道を見つけるのではなく、廃棄を防ぐこ
とです。

　食品が移動していくサプライチェーンの
複雑さを考えると、廃棄の削減は、食品産
業、環境保護団体、飢餓救済組織、政策立
案者など、多様な関係者の積極的な関わり
にかかっています。また、世界に74億人
いる「食べる人」も決定的な存在です——
特に食料廃棄が最も多い場所に住む人々、
すなわち米国、カナダ、オーストラリア、
ニュージーランド、アジアの先進国、ヨー
ロッパの人々が肝心です。農場であれ、食
卓の近くであれ、その中間のどこかであれ、
食料廃棄の削減に取り組めば、炭素排出に
対処し、あらゆる種類の資源にかかる圧力
を和らげながら、将来の食料需要をより効
果的に満たせる社会を実現できるでしょう。
●

インパクト：植物性食品を中心にした食事
の採用を考慮したうえで、2050年までに
食料廃棄が50％削減されれば、26.2ギガ
トンの二酸化炭素に相当する排出が回避さ
れる可能性があります。食料廃棄を削減す
ると、農地を広げるための森林伐採も回避
され、さらに44.4ギガトンの排出を防ぐ
ことになります。私たちが計算に用いたの
は、農場から家庭までの地域別廃棄推定値
の予測です。このデータから、高所得国で
は最大35％の食料が消費者によって廃棄
されていることがわかります。しかし、低
所得国の場合、家庭レベルの廃棄は比較的
少ない量です。

Feeding the 5000（5,000人に食事を）は、創設者のトリストラム・スチュアートが食料廃棄の実態を明らかにするために企画したプログラム。捨てられていたはずの食材を使った無料ランチを5,000人に提供する公開イベントだ。このイベントはこれまでにロンドン、パリ、ダブリン、シドニー、アムステルダム、ワシントンD.C.、ブリュッセルで開催されてきた

食
クリーンな調理コンロ
CLEAN COOKSTOVES

CO₂削減	正味コスト	正味節減額
15.81ギガトン	722億ドル （7.73兆円）	1,663億ドル （17.79兆円）

食事の準備は、家族、文化、コミュニティの中心です。人間がいつから火を用いて調理してきたのか、専門家の間でも諸説ありますが、おそらく何十万年も前からでしょう。熱で調理することにはたくさんの利点があります。食べ物がより安全になり、食べられるものが増え、風味も豊かになります。今日、ルネ・レゼピ、アリス・ウォーターズ、アラン・デュカス、マドハール・ジャフリーといった食の芸術を磨き、新たな高みに導くシェフたちが敬愛されていますが、一方、世界中で30億人がいまだに直火やごく原始的なコンロに身をかがめてロティ、トルティー

ヤ、煮込み料理を調理しています。人口が膨れ上がったのですから、こうしたコンロの影響も然り、大気に波紋が広がっています。

人類の40％が使う調理燃料は、薪、炭、動物の糞、作物残渣、石炭です。こうした固形物が燃えると、多くの場合、家庭内や換気が限られている場所で、毎年430万人の早期死亡の原因になっている煙と煤が出ます。火の周りにいることが圧倒的に多いのは女性、

自宅の改良型調理コンロで食事の用意をする女性（インド、グジャラート州）。軽金属製コンロには合金の燃焼室がある。この技術はコンロの寿命、品質管理、安全性、熱伝導を最大限にしながら、排出は最小限に抑える

そしてその傍らにいる子どもですから、有害な粒子状物質（PM）を吸い込み、それに起因する肺、心臓、眼の病気に苦しむことになります。世界的に見て、家庭の空気汚染は死亡や障害の環境要因の上位を占め、安全でない水や公衆衛生の欠如を上回ります。HIV/AIDS、マラリア、結核を合わせたよりも多い早期死亡の原因にもなっています。

こうした固形燃料で調理することがもたらす害は、家庭や家族にとどまらず地球の気候にも及んでいます。昔ながらの調理法は、世界全体の年間温室効果ガス排出量の2〜5%を占めます。その排出源は2つあります。第1に、持続可能でない燃料採取によって森林破壊と森林劣化が進行し、その結果、二酸化炭素が放出されます。第2に、調理過程で燃料を燃やすと、二酸化炭素、メタン、不完全燃焼による汚染物質（一酸化炭素、ブラックカーボンなど）が放出されます。ブラックカーボン（煤）は短寿命気候汚染物質（SLCP）と呼ばれ、温暖化を引き起こしますが、大気中に長くは残りません。

ブラックカーボンは気候に特に有害なばかりか、健康にも有害です。この粒子状物質は光吸収性が高く、同量の二酸化炭素の100万倍のエネルギーを吸収します。したがって、二酸化炭素が大気中に数十年から数世紀も残るのに対し、ブラックカーボンは8〜10日しか残らないとはいえ、その間にかなりの影響を与えると考えられます。二酸化炭素に次いで、ブラックカーボンが気候変動の2番目に大きい促進要因だと指摘する研究者もいます。同時に、その影響力が大きく、優勢であ

りながら、短寿命であるということは、ブラックカーボン排出量を削減すれば、直ちにと言えるほど温暖化に影響を及ぼせるということでもあります。家庭燃料の燃焼は、ほかの温室効果ガスとともに、ブラックカーボン排出量の約4分の1を排出しているため、それを抑制する決め手はクリーンな調理コンロです。

さまざまな「改良型」を名乗る調理コンロ技術が存在し、排出量に対する影響もやはりさまざまです。基本的な燃焼効率のよいコンロは、燃料資源の消費を減らして少々の改善をもたらします。中間的な技術である煙突ロケットストーブは、燃料を大幅に節約できますが、ブラックカーボンへの影響は、どんなによくても限られています（むしろブラックカーボンを多く出すものもある）。最も有望なのは、ガス化技術を用いた高度なバイオマスコンロです。不完全燃焼のガスや煙をコンロの炎に強制的に戻すことで、排出量をなんと95%も削減するものもありますが、価格が高くなり、進んだタイプのペレットや成形燃料が必要なこともあります。それが一因で、ガス化コンロを使っているのは、今のところ中国とインドを中心に150万世帯しかありません。ソーラークッカーは抜群にクリーンな選択肢ではあるものの、日光が必須で、何でも調理できるわけではないため、補助的な役割に限定されています。このような技術やインパクトの多様性を前に、ゴールド・スタンダード財団などの組織が中心となって、どの調理コンロが温室効果ガスの排出を有意に削減するか、大規模に配布した場合に気候変動を抑制するか検証しています。

クリーンな調理コンロを世界的な現象にする取り組みの舵をとっているのは、2010年に国連財団が立ち上げた官民連携の「クリーンな調理コンロ普及のための世界連盟（GACC）」です。GACCは、調理がうまくでき、燃焼効率がよく、人も地球も害さない家庭用調理技術の活発なグローバル市場を創出することをめざしています。GACCと提携組織は、そういうコンロが2020年までに1億台採用され、2030年には世界共通に採用されることを計画しています。GACCの報告によれば計画は予定より早く進んでいます。2015年の時点では、世界中のおよそ2,800万世帯がクリーンな調理コンロで調理をしていました（必ずしも温室効果ガスに最大のインパクトを与えるコンロではありませんが）。この世界的な取り組みは、1950年代にインドで本格的に始まり、1970年代と80年代に初めて国家プログラムの規模になった数十年の活動が基礎になっています。現時点で最も必要とされているのはアジアとサハラ砂漠以南のアフリカです。

コンロひとつでどれほど機会が広がるか。それは、コンロがもたらす数々のプラスのインパクト同様に目を見張るほどです。多くの場所で、燃料を集め、食事を準備する弊害をもろに受けているのは女性と女児です。したがって、調理器具の改良はジェンダーの不平等を正し、薪集め中の安全上のリスクを最小限に抑え、教育や収入を得るための時間ができることを意味します。目、心臓、肺が健康になれば病気や死の負担が軽くなる、つまり心身ともに良好な状態になります。燃料の燃焼効率が上がれば森林への圧迫が減り、大気汚染や温室効果ガスの排出を抑制します。こうしたインパクトを総合すると、クリーンな調理コンロは貧困を根絶し、暮らしを底上げする可能性をもっていることになります。GACCが主張するように、「国際社会は、何百万人もの人々がどうやって調理しているかという問題に取り組まないかぎり、貧困を根絶し、気候変動に対処するという目標は達成できない」のです。

この多面的な機会にたくさんの関係者が対応しています。国際的な非政府組織（NGO）、寄付者、カーボンファイナンスから政府機関、研究者、社会起業家まで多種多様です。ところが、成功は単純ではなく、往々にしてつかみどころがないことがわかりました。かつて、研究室で設計され、テストされたコンロは多すぎるほどありましたが、実用化はうまくいきませんでした。まず微妙なニーズや要望がおおざっぱにしか理解されませんでした——同時に複数の鍋で調理することくらい基本的な点でさえも。製造面では現地の資材が製造の基準に達していませんでした。コンロの耐久性も悪く、修理の問題が予想されていませんでした。製造業者は供給に気をとられて、需要を見落としがちでした。さらに、多くの「改良型」コンロは、温室効果ガス排出の削減、煙や煤への暴露を軽減するという意味では効果がないも同然でした。次世代のよくできた、文化にも調和する低汚染コンロの開発と普及を促進する必要性は明白です。

調理コンロは単純に見えるかもしれませんが、着想を実用化するのは料理そのものと同

じくらい芸術に近いものがあります。家計から教育、性別による役割分担まで、家族力学がコンロに関する決定を左右します。それは一連のニーズを満たすものでなければなりません。例を挙げてみましょう。昔ながらの鍋で昔ながらの伝統料理をつくり、望ましい味に仕上げる。現地で入手できる燃料を使う。燃料費または燃料を得るために費やす時間を節約できる。調理を簡単に、効率的に、安全にする。そして手頃な価格であることは言うまでもありません。技術は何でもそうですが、いわゆるアーリーアダプター、いち早く新製品を買った人を満足させることが鍵で、アーリーアダプターが不満をもってしまったら挽回するのは難しいでしょう。だからこそ、大成功するデザインは、エンドユーザーのためだけでなく、エンドユーザーと一緒に生み出し、理想の技術を共同創造するものなのです。コンロの場合、現地事情が肝心ですから、技術的にも社会文化的にも性能を試すために、現場でコンロをテストすることが欠かせません。現地で調整された人間中心のデザインなら、心も頭も引きつけ、現地で当たり前の習慣を変える可能性が大いにあります——そして何よりも重要なことですが、普及率が過半数を超える見込みがあります。

　クリーンな調理は、気候変動を抑える迅速な変化につながると言えます。調理による排出削減の機会は年1ギガトンの二酸化炭素かそれと同等の範囲にあると考える研究者もいます。その可能性を可能性のままで終わらせないためには、手頃な価格で現地に適した耐久性のある調理技術の開発と採用を拡大する

ことが不可欠です。GACCと第一人者の専門家たちは、コンロが少なくともベースライン性能を満たすようにするための国際基準の作成、政府の政策や社会貢献活動への情報提供、より多くの情報に基づいた選択をするための消費者支援に取り組んでいます。最善の技術でさえ、強力な資金調達と流通なくしては成功できません——この2つも技術同様にイノベーションを必要とする領域です。研究開発の資金、対象を絞った補助金、流通支援、教育活動、特別融資はすでに役立っていますが、まだまだ不足しています。資金の増加が順調になれば、1人当たりの木質燃料消費が最も多い国など、優先領域をねらって介入策を実施し、その間により大きなインパクトを達成することもできます。調理の未来が決め手となる場所で世界のさまざまなクリーンな調理コンロ開発の取り組みが続いています。●

インパクト：2014年の時点で、クリーンな調理コンロは想定最大市場規模の1.3％しか占めていませんでした。これが2050年までに16％になれば、二酸化炭素の排出が15.8ギガトン削減されます。それ以外の何百万世帯の健康に対する利益は、ここでは計算していません。

食
多層的アグロフォレストリー
（森林農法）
MULTISTRATA AGROFORESTRY

英語で多層的の「層」に当たるstrataは水平層を指します。この単語のラテン語の語源は、毛布のように「横に広がったもの、横たえたもの」を意味します。この層というのが森林の決定的な特徴のひとつです。下生えに始まり、下層植生、林冠、うっそうと茂る薄暗い熱帯林の最上層から上空の明るい光に突き出る最大樹高のエマージェント（超高木）まで、森林は層を成しています。林床から上へと伸びる各層は生命と活動に満ちています。多層的アグロフォレストリー（森林農法）は、この自然な構造からヒントを得て、高い木の上層と1層以上の作物の層からなる下層を混成したものです。マンハッタンのように空間を水平にも垂直にも最大化した食料生産だと思ってください。自然林がそこに住む種のために食料を育てているとすれば、多層的アグロフォレストリーは人間のために

も食料を栽培しようとしています。植物の組み合わせは地域や文化によって異なりますが、マカダミアとココナッツ、ブラックペッパーとカルダモン、パイナップルとバナナ、コーヒーとカカオ、またゴムと木材といった有用な素材などの例があります。

　森林の構造を模倣する多層的アグロフォレストリーは、環境面の利点も自然の森林に近づけることができます。多層的システムは、浸食や洪水を防ぎ、地下水を涵養し、やせた

この写真は、ブラジルのイチラピナにあるファゼンダ・ダ・トカというペドロ・ジニスが管理する2,280ヘクタールの農場の一部。環境再生型農業とアグロフォレストリーを採用し、ジニス家はアグロエコロジー（農業生態学）の教育とトレーニングを提供するインスティテュート・トカを創設した。プログラムは、アグロフォレストリーの世界的第一人者、エルンスト・ゴッチュの教えに基づいている。森林を模倣する農業システムを築くことによって、やせた土を肥沃な土に再生し、堆肥や肥料を使わずに農地そのものに地力をつけ、大幅に保水性を高めることができるようになった

土地や土壌を再生し、生息地や分断された生態系を結ぶ回廊を提供することで生物多様性を支え、大量の炭素を吸収して蓄えます。土壌とバイオマス（植物体）の両方で炭素隔離を支える多層の植生のおかげで、多層的アグロフォレストリーの1ヘクタールは植林や森林再生に匹敵する炭素隔離速度を達成できます——平均して1ヘクタール当たり年7トンです。そこに食料生産という利点も加わるわけです。場合によっては、多層的アグロフォレストリーの区画の隔離速度が近隣の自然林を上回ることもあります。

現在、世界には熱帯を中心に1億ヘクタール近い多層的アグロフォレストリーがあります。その数字はここ数十年安定しています。ここには、日陰で栽培される世界の二大嗜好品、コーヒーとカカオ（チョコレート用）が含まれます。カカオの木は約800万ヘクタールの日陰で栽培されています。日陰栽培（シェイドグロウン）のコーヒーは約600万ヘクタールを占めます。かつてはどのコーヒーも林冠の下の日陰、伝統的なアラビカ種の生育条件で栽培されていました。しかし、収量を増やすために、多くの農家が直射日光での栽培に移行し、フレーバーが弱いロブスタ種を植えるようになりました。短期的な収量は増えますが、それには犠牲が伴います。直射日光（サングロウン）栽培のコーヒー農場は、急速に土壌資源を消耗させるモノカルチャー（単一栽培）です。多層農法のコーヒーの木はサングロウンより2〜3倍寿命が長く、日陰農場は何百年でも持続可能です。そこではより自然な害虫駆除、施肥、水分吸収の方法

が採用され、どれも農家のお金の節約になります。農薬は、使うにしても、多くは必要とせず、有害物質への暴露が少なくなるため、そこは働く人にとっても安全な場所です。シェイドグロウンのコーヒーは質が高く、高値で売れる可能性があります。シェイドグロウンのカカオを原料にしたチョコレートにも同じことが言えます。

家庭菜園は、多層的アグロフォレストリーへのもうひとつの重要なアプローチです。紀元前13000年にさかのぼると、家庭菜園は、人が住む場所に植えられた多様な木や作物が密集した層からなる小さい区画です。サンスクリットで書かれた最古の二大叙事詩、『ラーマーヤナ』と『マハーバーラタ』には、「アショク・ヴァティカ」（Ashok Vatika）と呼ばれる家庭菜園の前身の挿絵が含まれています。家庭菜園は、インドネシアのジャワ島とインドのケララ州では何千年も前から「暮らしの風景」の重要な一部でした。今日、インドネシアだけで480万ヘクタール以上の家庭菜園があります。キッチンに近接していることを考えると、家庭菜園は家族に食べさせることが主な目的ですが、薬草や市場で売る産品を生産することもあります。家庭菜園は、環境保護になるだけでなく、食料安全保障、栄養、収入をもたらすため、アグロフォレストリーの専門家、P・K・ナイルは「持続可能性の縮図」と呼んでいます。その起源は農村、熱帯、自給自足志向の地域にありますが、都市現象として芽を出しはじめており、温帯地域の家庭菜園もだんだん根付いています。

栽培されている作物がコーヒー、カカオ、

果物、野菜、ハーブ、燃料、薬草、何であれ、多層的アグロフォレストリーの利点は明らかです。まず、急斜面ややせた耕地、つまり、ほかの栽培法では苦労するであろう場所にも適しています。そこから薪を採取する場合、多層的システムはそのぶん自然林にかかる負担を軽くできます。ある研究によれば、アグロフォレストリー1ヘクタール当たり12.5〜50ヘクタールの森林破壊を防げます。農家に長期的な経済的安定を提供することに加えて、主に複数の作物がそれぞれの時間軸で育つおかげで、干ばつや異常気象など、農家が気候変動の影響に適応するのに有利なのも多層的アプローチでしょう。

このように明確な強みがあるにもかかわらず、多層的アグロフォレストリーは一般的な農業カテゴリーにひとまとめにされてしまうことがあまりにも多く、ふさわしい注目を受けていません。認識と理解の問題に加えて、多層的アグロフォレストリーはほかにも課題を抱えています。複雑なシステムを確立するためのコストが高く、リターンもすぐではありません。一度確立されてしまえばかなり採算がとれるとはいえ、その投資は資源の乏しい農家にはそうそう手の届くものではありません。同様の複雑さゆえに、不可能ではないにしても、機械化も困難です。手作業での世話や栽培は人件費の増加を意味します。また、レジリエンス（何かあったときの抵抗力・回復力）と寿命の長さではすぐれていますが、作物が水、光、養分を競い合うため、収量は慣行農法より少ないこともあります。

多層的アグロフォレストリーは湿度の高い気候を必要とし、場所を選びますが、可能な場所ならば、かなりのインパクトを期待できます。炭素隔離速度が速いことに加えて、この栽培システムのエネルギー効率の高さは世界でも群を抜いています。伝統的な太平洋地域の多層的アグロフォレストリーの研究によれば、わずか0.02カロリーのエネルギーで1カロリーの食料を生産するといいます。これだけカロリー効率が高いため、小さい区画での生産が最大化するとともに、人口密度の高い地域に住む小規模自営農家にとっては多層的アグロフォレストリーが理想的な農法になります。農家が資金の壁を克服し、人間のためにも気候のためにも多層的システムの何層にも重なった恩恵を実現するには、市場刺激策と生態系サービスに対価を支払うことが有効でしょう。●

インパクト：多層的アグロフォレストリーは既存の農業システムに統合できます。一方、ほかの農業システムを多層的アグロフォレストリーに転換または再生することもできます。現在の9,996万ヘクタールから、2050年までにさらに1,840万ヘクタールで採用されれば、9.3ギガトンの二酸化炭素が隔離される可能性があります。平均して1ヘクタール当たり年7トンの炭素隔離速度は大きく、経済的リターンも、270億ドルの投資で2050年までに正味利益が7,100億ドルとやはり大きな成果を期待できます。

食
稲作法の改良
IMPROVED RICE CULTIVATION

　ベトナムの詩人、ファン・ヴァン・トゥリは米についてこう書いています。「米は水田を後にして遠く、広く旅をする。米を当てにせずに暮らせる人などいるだろうか？……幾度となく、米の先祖に国土は救われてきた──何世紀も米という種族がわが民族を養ってきた」確かに米は何千年も前から人間の生活の一部でした。野生種が最初に栽培された場所は、おそらく中国とされ、今日、米

は世界中ほぼくまなく──白米に玄米にもち米、麺に菓子に酢、ピラフにパエリアにおかゆ──と種類も用途も食べ方もさまざまに広がっています。米は世界全体の消費カロリーの5分の1を占め、小麦やトウモロコシより多く、30億人の日々の食事に欠かせない主食です。その30億人のほとんどは貧しく、食料不足の状態にあります。

　現在、稲作は農業由来の温室効果ガス排出

ランキングと2050年までの成果 (改良型稲作)			**24**位
CO₂削減 11.34ギガトン	追加コストは 不要	正味節減額 5,191億ドル (55.54兆円)	

ランキングと2050年までの成果 (SRI農法)			**53**位
CO₂削減 3.13ギガトン	追加コストは 不要	正味節減額 6,778億ドル (72.52兆円)	

量の少なくとも10%を占め、世界全体のメタン排出量の9〜19%を占めています。水を張った田は、分解有機物を餌にするメタン生成菌にとって理想的な環境です。このプロセスはメタン生成と呼ばれます。稲作環境の気温が高めであることがメタン排出を増やします。ということは、水田からのメタン放出は地球が温暖化するにつれて増えることになります。メタンは二酸化炭素ほど大気中に残

留しませんが、評価期間を100年とした場合（100年値）、メタンの地球温暖化係数（GWP）は最大34倍です。したがって、世界は多面的な課題に直面しています。効率的で信頼性が高く、持続可能な稲作法を見つけて採用し、温暖化を引き起こさずに、増えつづける米の需要を満たすという課題です。

それは「ほぼ偶然の発見でした」イエズス会のフランス人宣教師で農学者のアンリ・デ・ロラニエは、稲作改良の切り札とされるイネ強化法（SRI：System of Rice Intensification）の始まりをそう説明しました。SRIは同氏と小規模自営農家が1980年代にマダガスカルで開発した稲作法です。たまたま農学生のグループが例年よりずいぶん早く苗を田植えしたことが予期せぬ第一歩となり、稲作に必要な投入（種もみ、水、肥料）を減らしながら、収量は飛躍的に増やすホリスティックな稲作法が生まれました。

30年後、『ニューヨーク・タイムズ』紙は、「収量もすごいが1本1本のイネの質はそれ以上」と強調し、「少ないほど豊かという倫理観の稲作版」と表現してSRIを記事にしました。主にコーネル大学のノーマン・アポフが普及に尽力したおかげで、その倫理観を今やアジアを中心に世界中で400万〜500万人の農民が実践しています。その1人、インド北東部ダルヴェシュプラ村で農業を営むスマント・クマールは、2012年に1ヘクタールの農地から24.7トンの米を収穫して世界記録を達成しました——同じ面積の通常の収量4.5〜5.5トンを大きくしのぎます。

持続可能な稲作法はSRIだけではありませ

んが、SRIが最有力のようです。単純なSRI農法に取り組むクマールとその農業仲間は、協力して次のような説得力のある方法を実践しています。

1. 移植（田植え）。発芽3週の苗を束で移植するのではなく、SRIでは発芽8 〜 10日の苗を1本ずつ移植する。このとき、移植間隔を広くとるために碁盤目状の印を用いる。苗を疎植すると、苗に日光がよく当たり、地上では葉が広がるスペースが増え、地中では根が広がるスペースが増える。

2. 灌水（水やり）。従来の水田の多くは常時水をたたえ（連続湛水）、メタン生成に好適な環境だが、SRIでは意図して断続的に灌水する。成長期の途中で一時的に田の水を抜くか（落水）、湿った状態と乾燥した状態を交互に繰り返すと、呼吸を好む（好気性）土壌微生物や根系に適した環境になり、一方、メタン生成菌が好む浸水した状態は途絶させることになる。研究によると、稲作期の半ばに落水するだけでメタン排出量が35 〜 70％減少する。

3. 除草と施肥。落水時には雑草が問題になることがあるが、SRIでは手動の田車で除草しつつ、土壌に空気を含ませる。並行して、有機堆肥を施肥すると、土壌の肥沃度と炭素隔離を高める効果がある。化学肥料を減らすか、使わなければ、土壌も水路も保護することになる。

SRIは、つまるところ日光、空気、栄養をたっぷり与えて米の理想的な生育環境を整えることです。その結果、豊富で活発な土壌微生物によって助けられ、根系がしっかりした、より大きく、健康なイネが育つのです。収量が従来の稲作より50 〜 100％増加するだけでなく、種もみの使用量は80 〜 90％、水の投入量は25 〜 50％減少します。使う水を減らせるため、SRIは地球温暖化の緩和策であるだけでなく、温暖化する世界に対する有効な適応策にもなります。また、SRI農法のイネは、干ばつ、洪水、暴風雨といった気候変動によって激しくなる気象にも抵抗力があることがわかっています。

こうしたSRI農法によって農家の土地、労働、資金の生産性が向上する一方、必要な労働投入量は、従来の稲作より多くなることがありますが、たいていは農家がまだSRIを学んでいる初めの数年のうちです。アポフが説明するように、SRIは「本質的に労働集約的なのではなく、初めのうちは労働集約的」なのです。SRIを採用すると、農家の収入は倍増する可能性があります。SRIが約40カ国で何百万もの小規模自営農家に普及しているにもかかわらず、一部の科学者は、ピアレビュー（同分野の研究者による査読）を経た研究が不十分だとして、SRIで収量と収入が増えるという主張を疑問視します。正式な研究文献は増えていますが、少なくとも短期的には、SRIはこの問題に直面しつづけるかもしれません。SRI擁護派は、SRI普及運動の草の根、民主的、ホリスティックという性質が実は批判の理由ではないかと述べています。地球と最も親密に対話している農家はイノベーターであり、その道の達人です——アグリビジネ

スや学問の世界にいるわけではありません。SRIは、数々の企業が収益のよりどころにしている食料生産の機械的で化学集約的なアプローチを脅かします。

米の生産向上を達成する手段はSRIだけではありません。水、養分、品種、耕作に着目した汎用的で、普及しつつある4つの農業技術があり、組み合わせて用いるのが最適です。稲作期半ばに落水すれば、あるいは湿潤と乾燥を交互に繰り返せば、より好気性の環境になります。有機養分と無機養分の両方をバランスよく施肥すると、メタンの排出量を削減しながら、収量は維持できます。水をあまり好まない品種の米ならば、好気性の条件が優勢な環境で栽培できます。地面を耕さずに種もみをまく方法も有効です。

SRIをはじめ改良型稲作法の強みであり、負担でもある点は、従来の稲作から大きく行動を変えること、つまり農家がイネ、水、土、養分を管理する方法を変えることにかかっているということです。逆に、行動の変化次第ということは、SRIを実践してみる前に何も買う必要がなく（従来の集約農法との際立った違い）、小規模自営農家にとってきわめて実現しやすいということでもあります。農家が直面する一番の技術的課題は灌水の制御です。一方、多くの稲作法は何世紀にもわたって営まれ、家族、村落、文化に根付いています。定着した慣習を変えるには、包括的アプローチで必要な知識と技能を養い、どんな成果を期待できるか農家にわかるようにし、それならやってみたいと思わせる刺激策を実行することが必要です。SRIの初期の頃、デ・

ロラニエとその協力者たちは、Tefy Sainaという名称の教育機関を設立しました。Tefy Sainaはマダガスカル語で「心を育む」という意味です。この名前には「現場での知識共有と仲間どうしのトレーニングはなくてはならないものでありつづける」というメッセージが込められています。こうした取り組みを深め、広めれば、低排出の稲作が世界的に根付いていくでしょう。それはデ・ロラニエの本来の目的ではありませんでしたが、その功績が地球温暖化対策に欠かせないものだとわかるかもしれません。●

インパクト：私たちの分析には、SRIと土壌、養分管理、水利用、耕作法を改良する改良型稲作の両方が含まれています。SRIは主に小規模自営農家に採用されており、改良型稲作に比べてはるかに収量が高いという強みがあります。私たちの計算では、SRIは2050年までに336万ヘクタールから5,320万ヘクタールに拡大して、炭素隔離とメタン排出回避の両方に貢献し、30年間で合計3.1ギガトンの二酸化炭素（または相当量）を削減できる可能性があります。収量の増加に伴い、2050年までに4億7,700万トンの米が増産され、農家の利益は6,780億ドル増加する見込みです。改良型稲作が30年間で2,800万ヘクタールから8,720万ヘクタールに増加すれば、さらに11.3ギガトンの二酸化炭素排出を削減できる計算です。その場合、農家の利益は5,190億ドル増加します。

食
シルボパスチャー（林間放牧）
SILVOPASTURE

牛と木はしっくりこない——世間ではそう言います。ほんとうにそうでしょうか？ブラジルでも、どこでも、牧場経営は大規模な森林破壊とそれに伴う気候変動を加速させる元凶だと糾弾する見出しが目立ちます。しかし、シルボパスチャー（林間放牧）は、この牛と木は相容れないものだとする固定観念を覆し、牧畜に新時代を開く可能性があります。

ラテン語の「森」と「放牧」に由来するシルボパスチャーは、木と牧草地もしくは飼料をひとつの家畜飼育システムに統合しただけのことです。牛や羊から鹿やアヒルまで、家畜の種類はさまざまです。シルボパスチャーは、木を取り除くべき雑草と見るのではなく、木を持続可能な共生システムに組み込みます。それは広義のアグロフォレストリー（森林農法）に入るアプローチのひとつで、古代の習わしを復活させるものです。今では世界全体で1億4,000万ヘクタールに広がっています。生ハムのハモン・イベリコの産地として有名な森、デエサ（dehesa）のシルボパスチャーは、4,500年以上前からイベリア半島で営まれてきました。もっと最近の例では、コロンビアのカリに拠点を置く持続可能な農業システム研究センター（CIPAV）など推進派の活動のおかげで、シルボパスチャーは中央アメリカに定着しています。米国やカナダでは、家畜と木が混ざり合った光景があちこちで見られます。

その混ざり合いはさまざまな形をとります。木は群生していることもあれば、等間隔に生えていることも、フェンスがわりになっていることもあります。動物は成長した木々の列の間をぬう緑の小道で草を食みます。ほとんどのシルボパスチャーは、空間がサバンナの生態系に似ています。何も生えていない牧草地に木を植えてシルボパスチャーを始めることもあれば、芽生えた木を自然に成長させたり、餌になる下草が育つように自然林やプラ

ンテーションの林冠を間引いたりすることも
あります。しかし、そのデザインが何であれ、
シルボパスチャーで見てすぐわかるのは木、
動物、その餌です。実は土壌も欠かせない要
素です——シルボパスチャーが気候変動対策
になる可能性の決め手も土壌です。

世界中の専門家の間で家畜、特に牛のメタ
ン排出を埋め合わせ、ひづめの下の土壌に炭
素を隔離するには牧草地をどう管理するのが
最善かをめぐって激しい議論が続いています。
牛などの反芻動物の飼育には世界の耕作可能
地の30〜45％を要し、分析の内容にもより

ますが、温室効果ガス排出量の約5分の1は家畜に由来します。

これまでの研究から、シルボパスチャーがどんな牧草地管理法もはるかにしのぐことがわかります。それは、シルボパスチャーなら地上のバイオマス（植物体）にも地中の土壌にも炭素を隔離できるからです。木が点在する牧草地、木が縦横に立ち並ぶ牧草地は同じ面積で木のない牧草地の5〜10倍の炭素を隔離します。さらに、シルボパスチャー1区画の家畜生産高のほうが高いため（後述）、放牧スペースを増やす必要性が低くなり、結果的に森林伐採とそれに伴う炭素排出も回避できる可能性があります。反芻動物はシルボパスチャーの餌のほうがうまく消化でき、消化過程のメタン排出量が減るという研究もあります。

炭素を別にしても、シルボパスチャーの恩恵はかなりのものです。シルボパスチャーが広まったのは、農家や牧場主にとって経済的利益が明白だからこそです。シルボパスチャーを組み立てる選択肢はたくさんあり、小規模自営農家から企業経営の牧場まで、あらゆる規模で有効です。経済面とリスク管理の観点から言えば、シルボパスチャーは経営を多角化できるところが有利です。家畜と木のほかに、ナッツ、果物、キノコ、メープルシロップなど任意の林産物を組み合わせた場合、すべてが成熟すると異なる時間軸で収入を生みます——比較的定期的で短期的な産品もあれば、はるかに長い間隔の産品もあります。土地に多様な生産力がつくため、農家は気象による経済的リスクをできるだけ避ける

ことができます。

シルボパスチャーの統合された共生システムは、動物と木の両方にとってレジリエンスが高いとわかっています。典型的な木のない牧草地では、家畜が猛暑や身を切るような風、さほどよくない餌に耐えなければならないことがあります。しかし、シルボパスチャーならあちこちに日陰や風よけになる場所があり、餌も豊かです。栄養が良好で、厳しい天候から守られて動物の健康状態が向上すれば、牛乳や肉の生産量や生まれる子どもの数も増えます。具体的にどんなシステムのシルボパスチャーかによって単位面積当たりの収穫量（収量）は異なりますが、比較できる草のみの牧草地の生産高を通常は5〜10％上回ります。同時に、家畜は除草の役割を果たし、木が雑草と水分、日光、養分をそれほど競わなくてよくなります。また家畜の排泄物は天然の肥料になります。

シルボパスチャーでは飼料、肥料、除草剤の必要性が低くなり、そのぶん農家のコストを削減できます。木を放牧地に統合すると土壌の肥沃度と水分が高まるため、農家はいつのまにか自分の土地が以前より健全に、生産的になっていることに気づきます。

シルボパスチャーの優位性は明らかですが、その成長は現実面と文化面の両要因から制限されています。シルボパスチャーはシステムを確立するのに費用がかかり、技術的な専門知識に加えて、先行投資が多く必要です。たとえば、コロンビアでは、農家の投資額は1ヘクタール当たり10万〜20万円、高額な短期支出になります。牧草が豊富にある、火災

の危険がある、土地所有権があいまいという場合、木を植え、その成長を守る動機も乏しくなります。こうした問題に重ねて、木と牧草地は両立しない——木は飼料になる牧草の成長を豊かにするどころか妨げるという頑固な思い込みがあります。たいていは、牧草地といえば、開けた区画に牧草単作が当たり前で、別の方法に変えようとする農家は同業者から笑いものにされることもあります。シルボパスチャーが伸びるには、土地をエコロジー（生態学）の観点から再考することが必要です。

このような社会的障害を考えると、同業者どうしのつながりとシルボパスチャーの強みを農家が直に経験することが重要な促進材料です。農家仲間は、たいてい技術や科学の専門家より信頼されます。何よりも説得力があるのは、成功したテスト区画です（おそらくは実際に誰かの牧場でうまくいったケース）。経済的障害に対しては、世界銀行などの国際機関やザ・ネイチャー・コンサーバンシーなどのNGOがシルボパスチャーの導入を支援するために融資（一般銀行では行なわない融資）を行なっています。生物多様性の維持など、シルボパスチャーが提供する生態系サービスへの支払いも、農家にとって経済的に納得のいく方法と言えます。地球温暖化の影響が進行するにつれて、シルボパスチャーの魅力は増すでしょう。シルボパスチャーが農家とその家畜にとって不安定な天候や干ばつの増加への適応策になるからです。木は局地的な気候を涼しくし、保護された環境を提供するほか、水資源の減少を抑えるはたらきもし

ます。だからこそ、シルボパスチャーは誰にも損のない気候変動対策なのです。世界最大の排出源に入る牧場経営という分野から、シルボパスチャーで温室効果ガスの排出をこれ以上増やさないようにすれば、今や避けられない変化に対する守りにもなるのです。●

インパクト：私たちの推定では、現在、シルボパスチャーが実践されている土地面積は世界全体で1億4,000万ヘクタールです。理論上シルボパスチャーに適した土地は10億8,000万ヘクタールあり、そのうち2億2,160万ヘクタールに2050年までにシルボパスチャーが拡大すれば、二酸化炭素排出は31.2ギガトン削減できます。この削減量は、土壌とバイオマスに1ヘクタール当たり年4.88トンの炭素が隔離されるという速い年間炭素隔離速度の結果です。農家は、実行に要する正味コスト合計420億ドルで、収益多角化により6,990億ドルの経済的利益を得る見込みです。

わざわざこんなことして意味ある？
Why Bother?

マイケル・ポーラン

私たちが食をどう選び、考え、料理し、創造するかにマイケル・ポーランほど大きな影響を与えた人はいない、と言っても差し支えないでしょう。学者、園芸家、作家、ジャーナリストであるポーランは、私たちと食や農業との関係について、その関係が企業に支配された農業、食品科学、政治、広告によってひどく歪んでしまったいきさつについて、冷静でありながら、きわめて独創的な洞察が集まった本を何冊も書いています。ベストセラーの3冊、『雑食動物のジレンマ』『欲望の植物誌』『ヘルシーな加工食品はかなりヤバい』で、ポーランは何を食べるべきか、農業はどうあるべきかという助言はしていませんが、食べ物まがいの物質が私たちの体、土、国に害を与えているという事実に光を当てています。名言となった「自然な食べ物を食べなさい。量はほどほどに。主に植物を」に象徴されるように、ポーランは考えてみれば当たり前のことを思い出させてくれます。この名言にはこう切り返しておきましょうか。「食について学びなさい。できるかぎりたくさん。主にポーランから」──PH

わざわざこんなことして意味ある？　これこそ気候変動について自分も何かしなくてはと思っている人がぶつかる大きな問いだ。しかも答えるのは簡単ではない。ほかの人はどうか知らないが、私にとって『不都合な真実』を見て一番揺した瞬間は、アル・ゴアが私を震えあがらせ、まさしく地上の生物の生存そのものが、ご存知のとおり、気候変動によって脅かされていると隙のない説得力で主張を積み上げていたときではなかった。それをだいぶ過ぎてから。いや、ほんとうに暗い瞬間は、映画の最後に流れるクレジットで、何を頼まれるかと思いきや……「省エネ電球に買い替えましょう」だったときにやって来た。ほんとうに気が滅入ったのはそのときだった。ゴアが語った問題の大きさと、そのためにやってほしいと頼んだことのちっぽけさ、そのとんでもない不釣合いは、みんなの心を沈ませるのに十分だった。

しかし、この「焼け石に水」問題は、「わざわざこんなことして意味ある？」という問いの背後に潜んでいる唯一の問題ではない。私がせっせと温暖化対策に励んでいるとしよう。生活をがらりと変えて、自転車で仕事に行くようになり、大きな庭をつくり、ジミー・カーター元大統領のトレードマークであるカーディガンが必要なほどサーモスタットを低くし、衣類乾燥機をやめて庭に洗濯ロープを張り、ステーションワゴンを下取りに出してハイブリッド車を買い、牛肉をやめ、完全にローカル化する。理論上は全部できるが、地球の反対側には私の双子の悪の片割れ、カーボンフットプリントを増

やすドッペルゲンガー（分身）が住んでいて、私がきっぱりやめた肉を一口も残さず飲み込みたがり、私がもう排出すまいと頑張っている二酸化炭素をことごとく元に戻そうと手ぐすね引いて待っていることを十分承知しているのに、そんなことに何の意味があるだろう？　意味もないのにこんなに苦労したってばかばかしいだけでは？

　でも、それは人徳ってものじゃないですか、ややおずおずとあなたはそう言うかもしれない。だが、徳そのものがたちまち嘲笑の的になるのにそれに何の得があるだろう？『ウォール・ストリート・ジャーナル』紙の

社説や、省エネルギーを「個人的な徳の印」と片づけて有名になった[当時のチェイニー]副大統領の舌先だけではない。いや、『ニューヨーク・タイムズ』紙や『ザ・ニューヨーカー』誌のページでさえ、「徳の高い」という形容は、個人が環境責任を果たす行為に使われる場合、皮肉な意味でしか使われないようだ。教えてほしい。徳──歴史上長らく概して美点と見なされてきた資質──が、どうしてリベラルなまぬけにつける印になったのだろう？　そんなにおかしいだろうか。ハイブリッド車を買い、地産地消派のように食べるといった環境に正しいことをすれば、今やエド・ベグ

リー・ジュニア（環境保護に熱心な俳優）扱いされるとは。

何もしないことを正当化する自分への言い訳はいくらでもできるが、おそらく最も油断ならないのは、どうにかしてできることは何でもやっても、それでは何の足しにもならず、遅すぎるという意見だろう。気候変動は私たちの身に降りかかっている。しかも予定はかなり前倒しだ。10年前に悲惨だと思われた科学者たちの予測は、実は楽観的すぎたことが判明した。温暖化と氷河などの融解は、予測モデルよりはるかに速いペースで進行している。今、身のすくむような悪循環のスイッチが入り、変化の速度を指数関数的に加速する恐れがある。北極の白い氷が青い水に変わると日光の吸収率が高まり、あちこちの温度が上昇した土壌は生物学的に活性化し、土壌に貯留されていた膨大な量の炭素が大気中に放出されるのだ。最近、気候学者の目をのぞき込んだことがあるだろうか？　みんな心底びくびくしているように見える。

さて、さんざんこんな話をしてしまったが、家庭菜園の話なんてしてもいいだろうか？

させてもらいたい。

私がおすすめしたい行動は、何か自分が食べる物を――ほんの少しでも――育てることだ。庭があるなら、芝生をはがそう。高層の建物に住んでいて庭がないとか、庭があっても日陰というなら、コミュニティガーデン（市民農園）を借りられないか調べよう。「私たちが直面している問題」に照らすと、庭いじりなんて呑気に聞こえるのはわかっている。ところが、それは個人にできる最も効果的な行動のひとつなのだ――そう、自分のカーボンフットプリントを減らすために。だが、もっと重要なのは、依存と分断の意識を減らすため、つまり、安い化石燃料に依存し、生きる糧を生み出す行為から分断されて消費するだけのチープエネルギー頼みの思考を変えるためだ。

菜園をつくると実にいろいろなことが起こる。その一部は気候変動に直接関連し、残りは間接的だが、それでも関連性はある。食べ物を育てることは、私たちは忘れているが、光合成によって生産されるカロリーという本来のソーラーテクノロジーで成り立つ。その昔、チープエネルギー頼みの思考の人々は、日光の代わりに化石燃料由来の肥料や農薬を使えば少ない労力でより多くの食料を生産できることを発見し、その結果、今や1カロリーの食料を生産するのに約10カロリーの化石燃料エネルギーが必要になっている。わが身を養う方法（むしろ、人まかせで養われている方法と言うべきか）は、私たち一人ひとりが原因になっている温室効果ガスのおよそ5分の1を占めると推定されている。

それでもやはり日光は庭に降り注ぎ、光合成はたっぷりとはたらいているから、よく考えて世話をしている菜園（種子から植え、キッチンの生ごみを堆肥にして養分を与え、車でホームセンターに行くのを控えめにした菜園）では、世に言うフリーランチを育てることができる――二酸化炭素フリーにドルフリー（無料）である。あなたにとってこれ以上の地産地消はなく（最高に新鮮でおいしく、栄養豊富なのは言うまでもない）、カーボン

フットプリントも微々たるものだ。さて、炭素を勘定するのもいいが、堆肥の山のことも考えてみよう。それは野菜の養分になり、庭の土に炭素を蓄えると同時に、トラックで収集してもらわなくてはいけない家庭ごみの山も小さくしてくれる。ほかには？　まあ、おそらく家庭菜園はいい運動になり、車でジム通いしなくてもカロリーを消費できると気づくだろう。

　実際にやってみれば、ほんの少しでも自分で自分の食べ物を育てることは、ウェンデル・ベリーが30年前に指摘したように、エタノールや原子力のような"解決策"では解決策どころか新たな問題を生み出すことが避けられないのとは対照的に、炭素を減らすことはもちろん、ほかの解決策も生む行動だとわかるだろう。さらに価値があるのは、ほんの少しでも自分で自分の食べ物を育てることがもたらす思考の習慣だ。生活するために専門家に頼る必要はないとすぐにわかる──自分の体はまだ何かの役に立つ、いざとなれば自分で自分を支えられるかもしれないと。専門家が正しいなら、石油も時間も足りなくなっているなら、それは誰にとってもすぐにでも必要な生活術と思考の習慣だ。とはいえ肝心の食べ物はやはり必要だろう。家庭菜園なんかでまかなえるのか？　なるほど、第二次世界大戦中の話だが、「勝利菜園」と呼ばれた家庭菜園は米国人が食べる農産物の40％を供給していた。

　しかし、その菜園づくりをするのには、そう、わざわざこんなことをするのには、もっと心地よい理由がある。あなたが菜園を始め

たなら、少なくとも菜園内とそのファーマーとしての自分に限っては、頭で考えていることと行動の不一致を修復して、消費者、生産者、市民としての3つのアイデンティティをだんだん融合できるようになっているはずだ。たぶん、収穫したものをおすそわけするとか、道具を借りるということになり、庭のおかげで近所づきあいも復活する。また、チープエネルギー頼みの思考の何よりも人の活力を失わせる弱点を個人的に克服することで、その思考の威力を弱めているはずだ。つまり、無力感、そして結局この世は割り算や引き算、誰かの得が誰かの損で回っているという現実認識から脱け出せるのだ。菜園の四季折々の種子から熟した実りへの移り変わりを見ると（ちょっと、その収穫したズッキーニ、よく見てもらえますか？！）、どうやら足し算と掛け算の営みはまだ存在し、自然の豊かさは尽きないようだ。庭が教えてくれる最大の教訓は、私たちと地球との関係は誰かの得が誰かの損になるゼロサムゲームである必要はないし、太陽がまだ輝いているかぎり、人間がまだ計画して植え、考えて行動できるかぎり、わざわざやってみようとするならば、世界を傷つけることなく、自活する道は見つかるということだ。●

2008年4月20日『ニューヨーク・タイムズ』紙に掲載されたマイケル・ポーランのエッセイ「Why Bother?」より許可を得て引用し、一部加筆した。

環境再生型農業はやせた土地を回復させる農法です。たとえば、耕さない不耕起栽培、多様な被覆作物、農地そのものに地力をつける（外部からの養分投入は不要）、農薬や化学肥料は一切使わないか最小限にする、複数の作物の輪作などの方法があり、すべて管理放牧（p.143）によって補完することもできます。環境再生型農業の目的は、まず土壌の炭素含有量を回復させることで土の健康を継続的に改善、再生し、健康になった土で作物の健康、栄養状態、生産性を向上させることです。

本書巻末のデータからわかるように、光合成によって大気中の二酸化炭素を回収することほど効果的な地球温暖化対策になる仕組みは、人類が知るかぎりほかにはありません。炭素は、太陽の助けを借りて糖に変換されると植物や食料を生み出します。炭素は人類を養い、環境再生型農業を介して、土中の生物を養います。環境再生型農業は、有機物、土壌の肥沃度、土質、保水性、根を含めた植物全体の健康と保護を担う何兆と存在する微生物を増やします。環境再生型農業は、土壌肥沃度、害虫、干ばつ、雑草、収量に共通する

CO2削減	正味コスト	正味節減額
23.15ギガトン	572億ドル (6.1兆円)	1.93兆ドル (206.51兆円)

ロデール研究所は1947年の創設以来、米国の有機農業の礎となってきた。有機農業の名づけ親、アルバート・ハワード卿の著作と観察に基づき、研究所は有機農法の広範な継続研究を推進、実施し、刊行物にまとめている。写真はペンシルベニア州カッツタウンにある135ヘクタールの農場。創設者のJ・I・ロデールの息子、ロバート・ロデールが1971年に購入したときはやせ細った土地だったが、ロデールの頭にひらめいたのは環境再生型農業──生産性が高いが、土の健康を取り戻すことで未来の生産力も高める農業システム──をやろうということだった。ロデールの提案で、外部から養分を投入する必要がなく、もちろん農薬も必要ない農法を研究所が実践している

壌の塩害を引き起こすことがあります。農地を耕せば土壌から炭素が放出され、植物が吸収した炭素はほとんど、あるいはまったく隔離されません。

　振り返ってみると、米国人はジャーナリストのマイケル・ポーランが「食べ物まがいの物質」と呼ぶもの、この段落よりも長いくらいの謎めいた原材料のリストが表示された加工度の高い食品を食べていました（今も大多数は食べています）。ある変化が1980年代から90年代にかけて始まり、現在も広がっています──人間の健康のよりどころは本物の食べ物であって、人工的な合成された偽物の食べ物ではなく、食べ物の質はさかのぼれば土と農業のやり方に行き着くという認識です。慣行農業では、種子、化学肥料、農薬が土に入り、食料が出てきます。しかし、土は重い代償を払います。水、空気、鳥、益虫、人間の健康、そして気候もです。増量剤、脂肪、糖、デンプンを使って偽物の食品を安く製造できるのと同じように、従来の工業型農業は与えた損害の代価を払わずに食料を安く生産します。あなたが自分の体に本物の栄養を与えなければ、肥満や病気になったり、障害を負ったりします。農家が土に栄養を与えなければ、土はやせ、病気にかかり、死んだようになってしまいます。これは環境再生型農業の根底にある常識、単純な原則です。

　環境再生型農業の原則のひとつは耕さないことです。農場、あるいは切り通し以外で裸の土を見かけることはありますか？　土は植物がないことを嫌います。砂漠と砂丘を除いては、裸の土地には自然とまた植物が生えま

問題すべてに対処します。

　環境再生型農業への理解を深めるには、今日の世界で支配的な農業のやり方として、慣行農業とは何かを知ることが理解の助けになります。慣行農業も光合成を必要としますが、土壌炭素の回復は優先しません。慣行農業は、土を化学肥料や農薬を投入する媒体として扱います。土は年2回以上さまざまな農業機械で耕されます。雑草が生えれば除草剤で除去し、虫が繁殖すれば農薬で駆除し、胴枯れ病やサビ病が発生すれば殺菌剤を散布します。水不足は灌漑で埋め合わせますが、灌漑は土

す。植物は家を必要とし、土は覆いを必要とします。農場では、鋤で土を露出させ、ひっくり返して、表土を地中にすき込みます。土が耕され、空気にさらされると、土中の生物はすぐに弱り、炭素が放出されます。オハイオ州立大学のラタン・ラル教授は、地球の土壌中の炭素の少なくとも50％が過去数世紀の間に大気中に放出されたと推定しています——約800億トンです。その炭素を土に戻すことが大気にとって価値あることなのは確かですが、実用的な農業の観点からも、農家にとってやってみる価値のあることです。農薬に頼った農業から炭素を元あった場所に戻せる農業に移行すれば、もっと効率的かつ生産的に土の力を借りた農業ができるようになるからです。

　炭素を増やすことは土壌の生物を増やすということです。炭素が土壌有機物に貯留されると、微生物が繁殖し、土質がよくなり、根が深く張り、ミミズが掘った穴に有機物を引き込んで窒素の豊富な土をつくり、養分の吸収が高まり、保水性が数倍に上がり（干ばつに強くなる、洪水の保険になる）、栄養状態のよい植物は害虫に強くなり、肥料がほとんど必要ないか、まったく不要なところまで土壌肥沃度が向上します。この肥料に頼らない力は被覆作物に左右されます。土壌中の炭素が1％増えるごとに、地面の下に蓄えられた肥料300〜600ドル（32,000〜64,000円）分に相当すると見なされています。

　収穫後の作物残渣に被覆作物の種子をまくと、被覆作物が雑草を押しのけて成長し、下層の土を肥やし、耕作に適した状態にします。

通常の被覆作物は、たとえばベッチ、シロツメクサ、ライ麦です。一度にこれらを組み合わせることもあります。実験の結果、環境再生型農業では10〜25種類を組み合わせて被覆作物を植えると、それぞれが土に特定の質や養分を与えることがわかりました。ノースダコタ州の環境再生型農業で有名なゲイブ・ブラウンは、牧草地用に70種類の植物の種子を播種機に入れたことがありました。おそらく、マメ科植物（エンドウ、クローバー、ベッチ、ササゲ、アルファルファ、緑豆、レンズマメ、ソラマメ、イガマメ、サンヘンプなど）、アブラナ属の植物（ケール、マスタード、ラディッシュ、カブ、コラードなど）が該当します。それから広葉植物（ヒマワリ、ゴマ、チコリなど）、イネ科の植物（エンバク、ライ麦、フェスク類、テフ、スズメノチャヒキ、ソルガムなど）もあります。植物はそれぞれ、日光をさえぎって雑草の成長を抑制することから窒素の固定、リン、亜鉛、カルシウムを生物が利用できるようにすることまで、土にはっきりと作用します。多種の被覆作物を反芻動物が食べれば、驚くほどの栄養になります。今挙げたリストから、環境再生型農業に従事する農家がどのように複雑な植物群落と共存して作物と土壌を育て、収入を増やしていくか実感できます。

　従来の輪作は、大豆とトウモロコシを1年交替で植える、1年小麦を植えたら翌年は休耕するといった方法でした。それも変わりました。環境再生型農場では、小麦、ヒマワリ、大麦、オート麦、エンドウ、レンズ豆、アルファルファ干し草、亜麻など8、9種の作物を輪作

することがあります。植える作物に多様性をもたせ、害虫や菌類がまとまって蔓延しないように保険をかけているのです。輪作とともに、間作も行なわれます。トウモロコシと一緒にアルファルファや豆といったマメ科の共栄作物を育て、農地を肥沃にする方法です。

環境再生型農業は実用的な運動であり、純粋主義者の運動ではありません。環境再生型農業といっても有機農業の農家もあれば、有機認証へ移行中でトウモロコシを植える際に少量の化学肥料を施肥する農家もあります。ゲイブ・ブラウンは2008年から肥料を一切使わず、15年間農薬や殺菌剤も使っていません。以前は、セイヨウトゲアザミのような侵入種の丈夫な雑草を駆除するために2年ごとに除草剤を使っていましたが、もう必要なくなり除草剤も使っていません。

環境再生型農業のインパクトは測定とモデル化が困難です。個々の農場は型にはまった方法を採用できるわけではありません。炭素隔離速度は大きさも、かかる時間もかなり差があります。ただし、結果はめざましいものです。農場の有機物水準は基準値である1〜2％から10年以上で最大5〜8％まで増加しています。土壌中の炭素1％は1ヘクタール当たり21.3トンを意味します。有機物の増加によって1ヘクタール当たり最大62.5〜150トンの炭素が追加されます。

長い間、農薬や化学肥料なしでは世界を養っていけないというのが通念でした。しかし、米国農務省（USDA）は今、土を耕すことと農薬・化学肥料を控える農法を試行しています。土を養わないかぎり世界を養ってい

けない。これが新しい通念であることを裏づける証拠があります。土を養えば大気中の炭素が減ります。土壌浸食と水の枯渇で負担するコストは、米国で年間370億ドル（4兆円）、世界全体では4,000億ドル（43兆円）です。その96％は食料生産に由来します。インドと中国は米国より30〜40倍も速いペースで土壌を失っています。環境再生型農業は化学物質の不在ではありません。それは観測可能な科学の存在──農業と自然の原則を一致させる実践です。それは健全な農業生態系を取り戻し、生き返らせ、復活させるものです。そればかりか、環境再生型農業は、人間、土壌、気候の健全さに同時に取り組みながら、農家の経済的な幸福も高める最大の機会のひとつです。それは生き物の連携にほかなりません──もっと生産的で安全でレジリエンスの高い方法で、どう生き、良質の食べ物を育てるかが問われているのです。●

インパクト：私たちは環境再生型農業の現在の採用規模を4,370万ヘクタールと推定し、それが2050年までに合計4億ヘクタールに増加すると想定しています。この急速な普及は、有機農業の過去の成長率をひとつの根拠とし、また徐々に環境保全型農業（後述）から環境再生型農業へ転換していくという予想にも基づいています。想定どおりに増加すれば、炭素隔離と排出削減の両方によって合計23.2ギガトンの二酸化炭素が削減される見込みです。環境再生型農業に570億ドル投資すると、経済的リターンは2050年までに1.9兆ドルになると予測されます。

食
窒素肥料の管理
NUTRIENT MANAGEMENT

窒素肥料は20世紀に農業システムの生産力を飛躍的に高めましたが、窒素肥料の使用によって農業生態系に遊離した反応性窒素の量も増えました。合成窒素の一部は作物によって吸収され、その成長を促し、収量を増やしますが、植物によって利用されなかった窒素は計り知れない問題を引き起こします。ほとんどの窒素肥料は「きつい」もので、土壌の有機物を化学的に破壊します。窒素は地下水に浸透するか、表面流出水と一緒に移動して、最終的に河川に流れ着くと、水の華と呼ばれる藻類の大繁殖やデッドゾーンと呼ばれる酸欠海域を発生させます。2つの現象は世界500カ所で見つかっています。水界生態系の窒素濃度の上昇は魚の大量死の原因になることが明らかになっています。土壌細菌が硝酸肥料*を分解することによって発生する亜酸化窒素は、二酸化炭素の298倍も強力な温室効果ガスです。

　農業システムにおいて適切に肥料を管理すれば、施肥効率（肥料利用率）が向上し、施した肥料を作物が吸収する割合が増え、土壌の肥料由来の窒素が植物によって利用されないまま、やがて亜酸化窒素に変わる可能性を減らせます。効果的な肥料管理は4つの「R」に要約されます。適正な養分源（right source）、適正な時期（right time）、適正な場所（right place）、適正な量（right rate）の「4R」です。総合すると、この原則は窒素利用効率の向上がねらいで、窒素利用効率とは与えた窒素または土壌中の残留窒素に対する植物の生産性の比率です。
「適正な養分源」は、主として肥料の選択を

植物の要求や農機具の制約に合わせることです。肥料の形状はさまざまで、乾燥肥料も液体肥料もあり、異なる送達メカニズム（植物に吸収される仕組み）が必要な異なる窒素化合物を含有しています。肥料メーカーは、ポリマーでコーティングして施肥後の溶解を遅らせる緩効性粒状肥料を製造するようになりました。こうした製品からの窒素の送達は植物の要求に一致しやすく、農業システムから失われて亜酸化窒素になる窒素の量を減らせます。まだどちらかと言えば市場に出回るようになって日が浅く、価格がネックになって広く採用されてはいません。それでも、初期の研究によれば、亜酸化窒素排出の削減に効果がありそうです。
「適正な時期と適正な場所」は、作物が一番ほしがるときに一番ほしがる場所へ窒素を届けるために施肥を管理することです。作物は作期中に一定して窒素を必要とするわけではありません。通常、植物はぐんぐん大きくなる成長期に近づくか、果実や穀粒を実らせるときに、格別に多く窒素を必要とします。この要求が増える期間にタイミングを合わせて窒素を施すと植物の吸収量が増え、余剰が減ります。生産を単純化し、農機具で植物を傷めないように、生産者はしばしば作付けするときか、作付け直後に施肥します——植物があまり窒素を必要としないタイミングです。肥料の年間投入量を2回に分けて、1回は作期の始まりに、もう1回は植物がもっと成熟し、窒素の要求が高まったときに施肥すると、肥料が結局利用されなかったという事態を招きにくくなります。

＊硝酸は窒素肥料の種類の1つで、植物に素早く吸収されるが、一方で環境に流れやすい面もある。

バルト海のスウェーデン沖に現れた水の華

　おそらく肥料由来の亜酸化窒素の排出に対処するうえで最も重要な決定は、「適正な量」の選択です。多くの場合、生産者は生育条件が悪かった場合のバッファーとして推奨量よりも多く肥料を与えます。その結果、農業では適量をはるかに超えて肥料を施すのが常になり、ますます亜酸化窒素が排出されやすくなります。

　生産者がどのように意思決定を行なうかを調べたところ、肥料の量を減らせば排出を抑制できるという知識があったとしても、農家は必要量以上に施肥し、肥料販売業者から得た情報を優先する傾向があることがわかりました。採算がとれる収量を上げ、リスクを軽減しなければというプレッシャーがある以上、農家が施肥量を維持するか増やす動機のほうが、減らす動機より大きくなります。さらに、

117

窒素肥料の価格は生産量の多い地域では比較的安価に据え置かれ、しばしば補助金の対象にもなっています。

適切な肥料管理が採用されるには、教育と支援、そして農家への奨励策、農家が施肥できる量を制限する規制強化が必要です。こうした手段のバランスをどうとるかは、現地事情や手段それぞれの政治的な実現性に応じて変わります。たとえば、米国では、農家によっては規制されるよりも奨励策や教育プログラムのほうが受け入れやすいことを示す研究結果があります。アメリカン・カーボン・レジストリ（ACR）などの団体は、研究者と協力して施肥量の削減を対象にしたカーボンオフセットの方法を開発しています。プロジェクトに参加して施肥量を削減した農家が最終的にカーボンオフセット市場から支払いを受けることができる仕組みです。

肥料関連の規制はばらつきが大きく、一般的には水質と水質汚染に対する規制の枠組みの一環です。窒素肥料による水域汚染は、たいてい非点源汚染（汚染源を容易には特定できない汚染）と見なされるため、規制を定めて、守らせることは困難です。それにもかかわらず、バーモント州など、一部の州政府機関は、廃棄物と汚染の削減のために一定規模の農場に肥料管理計画を義務づけはじめました。英国では、研究者が硝酸塩警戒ゾーン（Nitrate Vulnerable Zones）を特定し、そのゾーンでは施肥の規制を厳しくしています。このような既存の規制の枠組みから、肥料の使用を規制し、関連する排出を削減する道が整っていくかもしれません。

しかし、世界中の政府機関が同様の規制を採用するとは限りませんし、採用しても効果的に施行できるとは限りません。食料安全保障のために国内生産への依存度が高い国、また輸出市場からの収益への依存度が高い国は、環境への影響よりも生産を優先することがよくあります。中国では、自給率と食料安全保障の国家目標があるため、環境の質の改善、関連する政策や強制力のある取り組みを求める国民の声が弱められています。同様に、サハラ砂漠以南のアフリカ諸国など、生産力が低く、食料不安が大きい国も、収量ギャップを埋め、国民への十分な供給を確保するために、肥料をもっと多く使わざるをえないかもしれません。1991年、EUは地下水と地表水の汚染を減らすことを目的に硝酸塩指令を制定しました。2017年現在、合成窒素肥料への依存度を下げたのは、デンマークとオランダの2カ国だけです。

世界の農業生産に対する肥料の重要性を考えると、その削減は農業収量へ与える影響が最小か、まったくない地域に絞って進めるべきです。肥料の使用が減少した土地面積を推定するには、農家の広範な調査が必要であり、現実的には不可能です。さらに、農家は肥料の量をまた増やすだけで肥料管理の「放棄」も選択できますし、実際には農家は毎年さまざまな要因に基づいて量を変更しています。

国連食糧農業機関（FAO）と世界銀行は、すべての国の肥料消費量についてすぐれたデータを発表しています。それによると、ほとんどの国で過去10年間の肥料使用量が着実に増えています。1ヘクタール当たりの量

も同様に増えています。このデータは、増加する人口の食料需要を満たすために農業生産が拡大していることを反映しており、表面的には、ここで述べている肥料の管理という解決策の採用が低迷していることを示しているようです。国連環境計画（UNEP）の推定では、肥料の使い方が20％改善されれば、2,000万トン以上の窒素肥料が不要になり、500億〜4,000億ドル（5兆〜43兆円）が節減される見込みです。

　肥料管理は、炭素隔離ではなく、主に排出回避につながるという点で、本書の土地利用に関する解決策のなかでは独特の存在です。したがって、肥料管理が気候にもたらす利益はより持続的で、飽和状態になる恐れはありません。肥料の使用量を減らせば永久に排出を回避することになるのです。しかも、この解決策の実行はこのうえなく単純です。なにしろ農家が肥料の投入量を適度に減らせばよいだけで、思い切った新しい方法に取りかかるとか、新しい技術を導入するわけではないからです。そうは言っても、化学肥料を連用すると、いずれ土壌肥沃度の低下、水浸透の低下、長期的な生産性の低下という結果を招きます。そうなると、全体的に土壌の健康が損なわれた分を埋め合わせようと農家がさらに肥料を増やすことになりかねません。それでは悪循環です。この解決策は、より賢明な肥料管理に焦点を当てていますが、肥料管理に対する真の解決策は、本書のほかのページで述べた輪作による環境再生型の土地利用、つまりゼロとは言わないまでも、合成窒素がほとんど必要ない農業です。●

インパクト：現在の推定農地面積を7,160万ヘクタールとし、2050年までに合計8億5,000万ヘクタールに増加した農地で肥料の過剰使用を減らせば、回避される亜酸化窒素の排出量は二酸化炭素1.8ギガトンに相当すると予測されます。投資は必要なく、肥料代がかからなくなるため、農家の節減額は1,020億ドルになる計算です。農家が肥料管理と環境保全型農業（後述）の両方を受け入れるだろうと見て、私たちの分析では両者がほぼ同時進行になると想定しています。

食
間作林
TREE INTERCROPPING

農業の方法は2つあります。工業型農業は広大な面積に単一作物を植えます。間作林のような環境再生型農業は多様性を生かして土の健康と生産性を高め、生物学的な原則との調和を図ります。そして肥料などの投入は少ないのに、より健康な作物、収量増という結果が出ます。本書の多くの解決策と同様に、地球温暖化対策として間作林を始めることはまずありません。農家はそのほうがうまくいくからそうするまでです。ただし、農業の工業化をきっかけにヨーロッパでは間作林がほぼ20世紀中は衰退していました。環境再生型の土地利用はどれもそうですが、間作林も土壌の炭素含有量と土地の生産性を高めます。間作林は、防風林の役割を果たして土壌浸食を減らし、鳥や益虫の生息地になります。どんどん成長する一年生植物は、風雨になぎ倒されやすいものですが、それも守られます。深く根を張った植物が下層の土（心土）のミネラルや養分を根の浅い植物の代わりに吸い上げます。ブドウやつる植物にとっては、つるをはわせるフェンスがいつもあるようなものです。強い光に敏感な作物は日光から守られます。

なにより、間作林は美しい——唐辛子とコーヒー、ココナッツとマリーゴールド、クルミとトウモロコシ、柑橘類とナス、オリーブと大麦、チークとタロイモ、オークとラベンダー、ワイルドチェリーとヒマワリ、ヘーゼルとバラ。熱帯地域では3種作付けが一般的で、たとえば、ココナッツ、バナナ、ショウガが一緒に栽培されます。組み合わせは無限です。

間作林を成功させるには、土地所有者が目の前にある土地、土壌の種類、気候を綿密に評価し、よく知らなければなりません。日光、養分の流れ、利用できる水によって、木や作物の種類、密度、空間的な重なりが決まります。フランスのアルデンヌをドライブすると、ポプラの木の間で小麦が栽培されている光景が目に入ります。木はあまり考えずに1列に植えられているように見えるかもしれません。しかし、長年の経験から、風、光、四季の変化、養分競合の影響を計算しているのです。その結果、植物の構成と種類が決まります（アルデンヌの場合は、ポプラの種類）。木と作物の配置は地形、文化、気候、作物の価値によって異なります。

間作林には多くのバリエーションがあります。アレイ栽培（alley cropping）は、木や生垣の列を狭い間隔で植え、列と列の間に植えた作物の成長を促すシステムです。低木や生垣は窒素固定*のはたらきをするマメ科の植物、たとえば、セスバニア、グリリシディア、シロアカシアにします。マラウイで10年にわたって行なわれた試験では、トウモロコシをグリリシディ

*窒素固定とは、マメ科植物と共生する根粒菌をはじめ土壌細菌が空気中の窒素を取り込んで窒素化合物をつくる作用。

アの木の間に植え、木を植えない畑で肥料を与えずに育てたトウモロコシと収量を比較しました。アレイ栽培の畑では、窒素を含有するグリリシディアを剪定した枝葉を年1回土壌に残しました。結果は、アレイ栽培のトウモロコシの収量が単独で植えた肥料なしのトウモロコシの3倍でした。マラウイでは、食料不足のために貧しい小規模自営農家はトウモロコシを連作しており、土壌劣化と食料安全保障のいっそうの悪化を招いています。アレイ栽培では木を植える分の土地を「失う」のですが、その損失を埋め合わせる以上に収量が増加します——しかも化学的な投入なしで。

　間作林のもうひとつのバリエーション、エバーグリーン農業では、シロアカシアのように家畜の飼料になる木が点在して農地を不連続に覆っています。木は、干ばつ、風、浸食の被害を受けやすい土地で作物を栽培する農家が培ってきた自然環境に対する知識に基づいて植えられます。雨の多い作物の生育期に

ワシントン州中南部クリッキタト郡にあるフリーストーンピーチ（種ばなれのよいモモの総称）の新しい果樹園。トウモロコシの間作をしている

は、木が窒素豊富な葉を落とします。つまり、トウモロコシなどの作物が水や日光を木と競い合わなくてよいのです。収量は化学肥料などの投入なしで3倍に増えます。

　間作林のバリエーションはまだあります。帯状栽培、境界システム、シェードシステム、森林農業、森林園芸、マイコフォレストリー（森林キノコ栽培）、シルボパスチャー（林間放牧）、牧草地栽培などです。間作林は、採取産業として生き物と敵対する農業システムに頼らなくても人間は満ち足りて生きられるという考え方に説得力を与えます。むしろ、そう生きられるかどうかは、増加する人口を養う農法の発見、革新、実践をしながら、土壌、肥沃度、動植物の生息環境、生物多様性、淡水を持続的に改善していくことにかかっています。

　現代企業には持続的な改善の概念が浸透しています。日本では「カイゼン」と呼ばれ、第二次世界大戦後に日本に伝わった米国式の品質管理工学の原則に基づく概念です。それは、昨日より今日、今日より明日と進歩を積み重ね、製品と職場を改善する日々の小さな見直しを大切にするということです。古来の生態学的手法である間作林も同じです——土地を尊重しながら、土地に適応する方法です。20世紀の間に工業型農業に席を譲り、脇に追いやられ、すたれてしまった間作林は、人間を土に呼び戻し、土を再生し、土の豊かさを取り戻すことに向いた食料栽培の変革、いわば農業ルネサンスを起こせる数々の技法のひとつです。●

インパクト：地域ごとに異なる隔離速度と間作システムを考慮すると、私たちの推定では、30年間の二酸化炭素隔離の合計は17.2ギガトンなります。そのインパクトを達成するには、間作林の採用を世界全体で2億3,000万ヘクタールに増やす必要があるでしょう。追加投資1,470億ドルで、30年間の節減額は220億ドルになる見込みです。

食
環境保全型農業
CONSERVATION AGRICULTURE

CO₂削減	正味コスト	正味節減額
17.35ギガトン	375億ドル	2.12兆ドル
	(4.01兆円)	(226.84兆円)

手で使うか、ラバ、牛、トラクターで引っ張る鋤は、作物を植える前に土をほぐし、表土をひっくり返すための標準的な農具です。歴史上、農業の大きな進歩と見なされる鋤ですが、環境保全型農業を実践する農場には存在しません。それだけの理由があるからです。畑を耕して雑草を退治し、肥料をすき込むと、反転して上になった土から水分が蒸発します。土そのものが吹き飛ばされたり、洗い流されたりして、土中に蓄えられていた炭素が大気中に放出されることもあります。畑の生産力を上げる準備のつもりでも、畑を耕せば逆に土の養分が乏しくなり、生命力が低下してしまう可能性があるのです。

その土壌の浸食と劣化という問題があって、1970年代にブラジルとアルゼンチンで環境保全型農業が生まれました。といっても、実は、18世紀の産業革命以前は、ほとんどの農場が土をまったく耕さないか（不耕起）、耕すにしても控えめにしていました。環境保全型農業は3つの根本原則に従います。土壌撹乱を最小限に抑える、地被植物を維持する、作物の輪作を管理する、という原則です。「conserve」（保護する）のラテン語の語源は「一緒に保つ」という意味です。環境保全型農業は、人間の食料を育み、気候変動の回復に役立つ貴重な生きた生態系として土壌を一緒に保つために、この原則を守ります。環境保全型農業と環境再生型農業は、『ドローダウン』では別の解決策として扱いますが、どちらも不耕起を採用しています。環境保全型農業を実践する農家の大半は被覆作物を植えます。環境保全型農業は、化学肥料や農薬を使う点で環境再生型農業とは異なります。

毎年植え替える一年生作物は、世界の耕地の89％で栽培されています。その12億ヘクタールの10％で環境保全型農業が行なわれています。特に南米、北米、オーストラリア、ニュージーランドでは、大規模経営でも小規模経営でも盛んです。農家は土を耕さず、そのまま土に種をまきます。収穫後は土を保護するために作物残渣を畑に残すか、被覆作物を育てます。作物の輪作（何をどこで栽培するかを変えること）は、作物が穀類や豆類である場合、ほぼ例外なく行なわれます。

環境保全型農業は、農家がすぐに採用することができ、さまざまな利点を実感できるというのが理由のひとつで、すでに普及しています。保水性があれば畑は干ばつに強くなり、灌漑の必要性が低くなります。養分保持は土壌肥沃度の向上につながり、肥料の投入量も減らせます。環境保全型農業を採用した農家のほとんどは、コストダウン、収量増、収入増を経験します。現代の不耕起農法は、特に西洋諸国では、除草剤や遺伝子組み換え作物を多用しているという批判があります。それは真の環境保全型農業ではないという意見もあります。アフリカの場合、不耕起農業に除草剤を使わないところがほとんどです。

環境保全型農業で隔離される炭素は多いとは言えません——平均すると1ヘクタール当たり1.25トンです。しかし、世界中で一年生作物の栽培が優勢であることを考えると、少量でも合計すれば、その農業生産の圧倒的多数を占める分野を温室効果ガスの正味排出源から正味炭素吸収源に変えることができる

でしょう。環境保全型農業は、長期の干ばつや豪雨など、気候関連の異常気象に対する土地のレジリエンスも高めるので、温暖化していく世界では二重に価値があります。

　環境保全型農業は十分に実績のある解決策です。それを拡大するうえでの中心的な課題は、先行投資と最終的な利益の時間的なずれです。これは特にリターンを待てない小規模農家、土地を所有せず借地している農家に当てはまり、土壌の長期的な健康に投資する意欲を制限しています。農家に対して教育、物的支援、経済的支援を行なうプログラムが広がれば、さらに何百万人もが環境保全型農業を採用し、その恩恵を受け、炭素貯蔵庫としての農地の力を強化できるでしょう。●

不耕起の若い大豆（アイオワ州中央部）

不耕起用シーダー（種まき機）で畑を整え、大豆を植える

インパクト：私たちの分析では、大規模農場経営の過去の成長率に基づいて、環境保全型農業の総面積は現在の7,160万ヘクタールから増加しつづけ、2035年にはピークの4億ヘクタールに達すると予測しています。環境再生型農業が普及するにつれて、すでに環境保全型農業を採用している農場は、有害な除草剤をできるだけ使わない農産物を求める消費者の需要に応じて、より効果的に土壌肥沃度を高める環境再生型農業に転換すると想定しています。その転換の利益は、環境再生型農業のカテゴリーで計算されます。とはいえ、その間も環境保全型農業は大きな利益をもたらし、地域によりますが、1ヘクタール当たり年に0.38〜0.63トンという炭素隔離速度の平均に基づく見積もりで、二酸化炭素排出が17.4ギガトン削減されます。実行コストは380億ドルと低く、リターンは2.1兆ドルになる見込みです。

堆肥化（コンポスティング）
COMPOSTING

有機物は重要です。有機農業の創始者と言われる英国の農学者で、堆肥の重要性を予言するかのように熱心に説いたアルバート・ハワード卿は、それを本能的に知っていました。20世紀初め、英国からインドへと渡って実験を行ない、ハワードは健康で生き生きした土こそがよく育ち、何かあっても回復力のある作物になる鍵を握っているという証拠を自分の育てた植物に見出しました。ハワードは絡み合った相互作用を完全には理解していませんでしたが、有機物、土壌肥沃度、植物の健康がともかく本質的に結びついているということはわかっていました。それを解明しようと、ハワードは大規模な堆肥づくり計画をまとめ、答えを求めて根の構造を調査しました。おそらく、ハワードが考えたのは、堆肥が植物の根と土壌中の菌根菌との関係を強化するということでした。ハワードは生涯を通じて当時の主流派、植物が必要とする養分を与えるために化学肥料を使うことを主張する人たちと戦いました。当時は、ドイツで開発された安価な窒素肥料の製造法、ハーバー法（ハーバー・ボッシュ法とも）の時代でした。その発明の結果、堆肥や有機物で追肥した畑は時代遅れで、不経済だと見なされるようになりました。

新しい肥料製造法は世界の注目を集めました。それに貢献したフリッツ・ハーバーとカール・ボッシュは、それぞれノーベル賞を受賞しています。しかし、ハワードには思うところがありました。人間は長い間、作物や菜園に養分を与えるために堆肥や肥やしを使ってきましたが、どうしてそうするとよいのか仕組みを理解していたわけではありません。現存する最古のラテン語散文、大カトー（マルクス・ポルキウス・カトー・ケンソリウス）が著した『De Agricultura（農業論）』には、堆肥は農民に絶対必要なものと考えると書かれています。シェイクスピアも本物の"黒い金"の力を知っていました。ハムレットに「雑草に堆肥をまかないでください」と隠喩で戒める台詞を語らせています。オランダの科学者、アントニ・ファン・レーウェンフックが顕微鏡の原型で初めて「ちっぽけな動物」を観察したのは1670年代でしたが、社会は今ようやく土壌生態学の中心である微生物の力を理解するようになってきたところです。

肥沃な土壌は、かつて推測されたように、風化した岩石の破片と朽ちていく有機物の混合で決まり、ティースプーン1杯の健康な土には地球人口よりも多い微生物が存在します。この土壌微生物は2つの連結する役割を果たします。まず、微生物は死んだ植物や動物の有機物を分解し、重要な栄養素を生態系内の循環に戻します。また、微生物は、植物の根から出る浸出液、炭水化物と引き換えに、その重要な栄養素を植物の根に、必要な場所に正確に供給するはたらきもします。この炭水化物が細菌や真菌類の餌になります。微生物は、窒素、カリウム、リンをはじめとする養分を供給して植物の世界を繁栄させ、気候変動対策にも役割を果たします。

すべての生き物と同様に、人間も廃棄物を出しますが、その廃棄物が人間特有の問題になることがあります。世界中で出る固形廃棄物の半分近くが有機物、すなわち生分解され

CO₂削減	正味コスト	正味節減額
2.28ギガトン	−637億ドル	−608億ドル
	（−6.82兆円）	（−6.51兆円）

るものです。つまり、分解されるのに数週間から数カ月かかるということです。そのごみの流れの主な原因は食料廃棄物、そして庭や公園から出るごみ扱いの葉です。何千年もの間、この廃棄物は自然界の秩序に戻っていましたが、現代では大量の有機廃棄物が埋立地に行き着きます。そして酸素がない状態で腐敗すると、強力な温室効果ガス、メタンを放出します。100年値でメタンは二酸化炭素の最大34倍も強力です。人間活動が原因の地球温暖化の4分の1はメタンガスだけが原因だとも言えます。多くの埋立地は何らかのメタン管理をしていますが、有機廃棄物を堆肥に変えるほうが、排出量の飛躍的な削減にも、微生物を働かせるにもはるかに効果的です。堆肥化の過程で適切に通気すればメタン排出は回避されます。空気にさらさないと、堆肥化の排出抑制効果は縮小します。

　堆肥化は、裏庭のごみ箱から事業経営まで規模はさまざまです。規模がどうあれ、基本的な過程は同じで、有機物という微生物のごちそうを欠かさないのに十分な水分、空気、熱の確保です。細菌、原生動物、真菌類は炭素が豊富な有機物を食べます。それは、あらゆる生態系で絶えず起きている分解の過程です。地球にはもともと薄い堆肥の堆積が広がっています。埋立地での分解のようにメタンを生成するのではなく、堆肥化は逆に有機物を安定した土壌炭素に変え、植物が利用できるようにする過程です。堆肥は貴重な肥料となり、元の廃棄物の水と養分を保ち、しかも土壌炭素隔離を助けます。それはごみが宝になるようなものです。

　ハワードなどの尽力で、産業としての堆肥化は20世紀初めからありました。それは現代の都市では特に有益です。人口が密集している都市部の食料廃棄物の管理は大仕事です。2009年、サンフランシスコは市の食料廃棄物の堆肥化を義務づける条例を可決しました。シアトルは歩道のごみ箱を監視し、市の堆肥化の規定に違反した人にシールを貼り、罰金を科しています。デンマークのコペンハーゲンは有機廃棄物を埋め立て処理しなくなってもう25年以上になり、コスト削減、肥料生産、炭素削減と三重の利益を得ています。

　従来、埋め立ては安価で便利でしたが、土地利用が切迫し、埋め立て規制が強まるにつれてそれも変化しています。手軽で、さまざまな方法があることが堆肥化の魅力を高めていますが、こうした社会の変化もその魅力を後押ししています。リサイクルと同様に、堆肥化の運営を成功させるには、廃棄物処理について市民を教育することが必要です。また、廃棄物の収集、輸送、処理に必要なインフラを構築すること、対象を絞った収集計画を整備することも必要です。堆肥は目新しいものではありませんが、現実的な方法として普及させる新鮮な方法が今求められています。レオナルド・ダ・ヴィンチはこう述べています。「地球には成長の精気があると言えるかもしれない。その精気が宿る肉体は土であると言えるかもしれない」堆肥化は、その肉体――成長の精気――を強健にしながら、大気に温室効果ガスを出さない方法です。●

インパクト：2015年に、米国では食料廃棄物の推定38%が堆肥化され、EUでは57%が堆肥化されました。すべての低所得国が米国の割合に達し、すべての高所得国がEUの割合に達すれば、堆肥化で回避される埋立地からのメタン排出量は2050年までに二酸化炭素換算で2.3ギガトンになる見込みです。その合計には、土壌に堆肥を施肥することによって追加される炭素削減は含まれていません。堆肥施設は建設費は高くありませんが、運営費のほうがかかります。それが経済的な成果に反映されています。

家庭から出る植物廃棄物の大規模な堆肥化（英国）

バイオ炭 (バイオチャー)
BIOCHAR

代アマゾン社会では、廃棄物はほぼ有機物でした。調理くず、魚の骨、家畜の糞尿、割れた陶器など、ごみの処分法は、埋めて、燃やすことでした。ごみは土の下で空気に触れずに焼かれました。この熱分解と呼ばれる過程から、土壌改良効果がある炭素豊富な炭ができました。こうして焼くと、テラ・プレタ、ポルトガル語で「黒い土」と呼ばれるものができたのです。

　テラ・プレタは、アマゾン盆地に特有の黄色い酸性土壌とは正反対です。それは、現在広く行なわれているアマゾンの森林を大規模に一年生作物（飼料用の大豆など）の畑に変える方法とはまるで違う農業の特徴でした。森林が伐採され、焼き払われると炭素の層が残りますが、短期間にすぎません。熱帯地域は有機物が蓄積しにくい環境で、1ヘクタール当たりが産するバイオマスは最大でも、腐敗する速度もまた最高です。豪雨も層の薄い土壌からすぐ養分を洗い流します。焼き払ってできた炭素が土壌を肥沃にしても、数年でまだ新しい農地を放棄せざるをえなくなります。

アマゾンの土層

周辺の
（一般的な）
土壌
テラ・プレタ

有機物
表土 深さ
最大20センチ
メートル
表土 深さ最大
2メートル

心土（底土）

風化した
岩石

岩石

炭素含有量
0.4ヘクタール
範囲の深さ
90センチメートル
当たりのトン

30–150　　　150–500

　対照的に、テラ・プレタ農業では肥沃な土壌が何十年も維持されました—— 500年以上とする研究もあります。アジアと「肥沃な三日月地帯」、ヨーロッパと同様に、豊かで頼りになる長期的な農業生産は、都市と都市生活の基盤でした。大航海時代にヨーロッパか

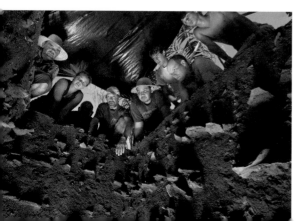

ブラジルの農業研究公社のネットワーク、エンブラパ（Embrapa）の研究者と考古学者。アマゾンの土壌にどれだけ深くバイオ炭（テラ・プレタ）が埋まっているか調べる発掘調査をのぞき込んでいる。マナウスでは、エンブラパのスタッフが、テラ・プレタが堆積した土壌に一年生作物を40年間植えてきたが、肥沃度や生産性は衰えていない。テラ・プレタ・ノヴァ（新しいテラ・プレタ）の可能性を農業の「黒い革命」と呼ぶ科学者もいる

らアマゾン奥地へと冒険して帰還した探検家が、大規模な都市集落を見たという驚くべき報告をしました。それは結局、幻想だと片づけられました。都市は消え、見つからなかったのです。天然痘で人口の90〜99％が死に絶え、都市は放棄され、すぐにジャングルに覆われました。生き残った住民は、病気とコンキスタドール（大航海時代のスペイン人征服者）の両方から逃れるために未開の奥地へと逃げました。過去数十年に外界と初めて接触したアマゾンの部族は、この15世紀文明の末裔ではないかと推測されます。

今日、テラ・プレタの土壌はアマゾン盆地の最大10％を覆い、驚異的な量の炭素を保持しています。土壌をよくする木炭の歴史は2,500年前にさかのぼりますが、それを現代の農学者が再発見したのは最近のことです。オランダの土壌学者、ヴィム・ソンブロークがこの珍しい黒い土を1950年代にアマゾンで発見し、1966年に『Amazon Soils』という本を出版して反響を呼びました。ソンブロークは生涯このテーマを研究しました。黒い土はラテンアメリカのほかの場所でも、北ドイツや西アフリカでも見つかっています。このように現在バイオ炭と呼ばれているもののルーツは古代にありますが、それは現代の農業と大気にも有望な方法です。

バイオ炭を生産する熱分解（pyrolysis）は、ギリシャ語のpyro（火）とlysis（分離）に由来します。これは無酸素か、それに近い状態でバイオマスをゆっくり焼くことです。望ましい方法はガス化、つまり、より完全に炭化したバイオマスになる高温熱分解です。一般にバイオ炭はピーナッツの殻から稲わら、廃材に至るまでの廃棄物からつくられます。廃棄物を加熱すると、ガスと油が炭素豊富な固体から分離し、2種類の産物ができあがります。燃料（おそらく熱分解自体の燃料に使える）と土壌改良材になるバイオ炭です。焼く速さに応じて、燃料と炭の比率が変わり、ゆっくり焼くほどバイオ炭が多くできます。熱分解は融通がきき、大規模で高度な工業システムでも、小さな間に合わせの炉でも生産できます。つまり、バイオ炭は世界のほぼどんな事情にも……そしてバイオ炭を最も必要とする多くの場所に適用できるということです。

なぜ焦げた炭素は土壌を肥沃にするのでしょう？　農家が収量を増やそうと思えば、窒素、カリウム、リン、それにカルシウムや亜鉛などのミネラルから考えます。炭素は直接土の養分にはならないので、肥料の選択肢には入らないでしょう。むしろ、炭素は土を肥沃にする条件を整えるはたらきをします。バイオ炭は多孔質構造ですから少量でも表面積は非常に広くなります。バイオ炭をサンゴ礁のような生息環境だと考えてみてください。サンゴ礁は栄養素や水をつかんで離さず、重要な微生物が店を構えるのにぴったりな隠れ場所や割れ目だらけです。専門家の報告によれば、わずか1グラムのバイオ炭の表面積は、細孔がたくさんあるおかげで1,000〜2,500平方メートルです。バイオ炭は栄養を引き寄せる磁石のように作用し、カルシウムやカリウムなどプラスに帯電した元素を引き込むマイナスの電荷を帯びています。そのため、窒

素肥料によって酸性化した土壌の酸性度を和らげ、収量を増やすことができます。土にすき込まれたバイオ炭は、通常は植物が元気に成長するのを助けますが、すべての土壌でそうなるとは限りません。バイオ炭をどこで、どうすれば土壌と植物にとって最も有益なのか研究が続いています。初期の研究では、バイオマスの種類が異なれば、できあがるバイオ炭の特性も異なることがわかっています。土壌に合ったバイオ炭を選べるようになれば、バイオ炭の価値は高まるでしょう。平均収量が15％増加し、酸性の荒廃した土壌、つまり食料安全保障に悩む地域によく見られる土壌に最も大きな影響を与えるという研究結果もあります。さらに、バイオ炭は植物の窒素肥料を吸収する力を向上させる可能性があり、おそらく農家は施肥量を少なくしても同じ効果を得られます。そうなればコスト削減になり、水界生態系への流出と悪影響も減ります。

熱分解は、植物が光合成でつくった糖から炭素密度の高い物質を生産します。バイオマスが地表で腐敗すると、炭素とメタンが大気中に逃げます。バイオ炭はバイオマス原料に存在する炭素の大部分を土中に何世紀も封じ込めることができます——大気に戻るのを遅らせれば、通常の炭素循環をさえぎって、その動きを遅くできます。バイオ炭は、有機廃棄物からの炭素の排出を回避することに加えて、理論的には毎年数十億トンの二酸化炭素を隔離できるだろうというのが専門家の意見です。

バイオ炭の中心的な問題は、その原料です。原料が農業廃棄物や都市廃棄物なら、バイオ炭は炭素を隔離し、土壌肥沃度を高め、エネルギーを生産する手段です。ただし、適切な規制とその強制力がなければ、バイオマスを含む土壌をはぎ取り、木を伐採してバイオ炭を生産することで土壌を傷め、劣化させてしまいます

バイオ炭への関心が高まり、その活動も盛んになり、持続可能な原料をめぐる議論が続いています。バイオ炭製造は若い産業です。その利用や応用を裏づける科学は発展途上にあり、まだ需要が小さいですが、熱分解技術の開発も続いています。国際バイオチャー・イニシアティブ（IBI）などの組織は、バイオ炭の透明性ある持続可能な未来をめざした認証事業をはじめ、バイオ炭の標準化、統一、支援に取り組んでいます。2015年現在、IBI加盟企業は2013年の175社から増えて326社を数え、バイオ炭を古代の慣習から地球温暖化に不可欠な解決策として復活させる中心勢力となることが期待されます。●

インパクト：バイオ炭によって2050年までに二酸化炭素排出を0.8ギガトン削減できる可能性があります。この分析は、バイオ炭を用いた温室効果ガスの各種防止法・隔離法に関するライフサイクルアセスメントの合計に基づいています。ただし、まだ生まれたばかりのバイオ炭産業は世界的なバイオマス原料の安定供給がなければ制約を受けると想定しています。

食
熱帯性の樹木作物
TROPICAL STAPLE TREES

マルラの木（*Sclerocarya birrea*）は、アフリカ南部の森林から北はサヘルまでの範囲に分布する。大きく広がった樹冠はオークの木に似ており、マンゴーやカシューと同じウルシ科の植物。マルラは、キリン、サイ、ゾウの豊かな食料源で、特にゾウはマルラを好む。マルラは独特のおいしい果実を実らせ、中の種子はタンパク質が豊富で、搾ってマルラ油にもされる。ゾウは果実だけでなく、枝も樹皮も食べ、それゆえゾウの木と呼ばれることもある。マルラはゾウの食害を受けるが、ゾウは糞と一緒にマルラの種をどこにでも広げてそれを埋め合わせている。

132

農業といえば、トウモロコシ、小麦、米などの基本作物、大豆やピーナッツなどの豆類、ジャガイモ、サツマイモ、キャッサバなどの根菜類、ずらりと並ぶブロッコリー、トマト、レタスが思い浮かびます。これら作物には1つ共通点があります。どれも一年生作物だということです——植えて、収穫しては、また植える、毎年それを繰り返します。農業というものの性質上、一年生作物は毎年土壌から大気へと炭素の正味放出を引き起こしてしまいます。

広くは知られていませんが、樹木やほかの長命のブドウ、潅木、ハーブなど、多年生作物にも基本食料になるものがたくさんあります。この多年生の基本作物の多くは、何千年も前から栽培され、収穫されてきました。世界の食料供給の重要な要素になっているものも少なくありません。特に熱帯地域ではそうで、バナナやアボカドなどの基本食料が日々消費されています。木に実る基本食料としては、たとえば、バナナやパンノキなどのでんぷん質の果実、アボカドなどの油が豊富な果実、ココナッツやブラジルナッツなどのナッツ類があります。マメ科の木の多くは多年生で、チャチャフルトの木、キマメ（琉球豆）、メスキート、キャロブ（イナゴマメ）などがあります。それから、サゴヤシの木の髄（樹皮をはいだ幹）から採取して加工するサゴと呼ばれるでんぷん質の炭水化物などの特殊な食品もあります。エチオピアのバナナに似た植物、エンセーテ（アビシニアンバナナ）は、土中で3〜6カ月発酵させて伝統的な主食、コチョにします（バナナと違って実は食用に

ならず、茎や根のでんぷんが食用になる）。アフリカには基本食料となる樹木作物が豊富です。バオバブ、マフラ、アルガン、モンゴンゴ、マルラ、ディーカ、モンキーオレンジ、モリンガ、サフー（バターフルーツ）、もっとあります。

現在、耕地の89％、約12億ヘクタールを一年生作物が占めています。残りの多年生作物が占める耕地のうち、4,700万ヘクタールでは多年生の基本作物が栽培されています。一年生の基本作物から多年生の基本作物の栽培に転換された土地は、平均して、毎年1ヘクタール当たり4.75トンの炭素を何十年間も隔離します。熱帯地域では、多年生基本作物の1ヘクタール当たりのでんぷんとタンパク質の収量は一年生作物と同等か、場合によっては一年生作物を大きく上回ります。

今のところ、温帯地域と北方寒冷地域には一年生の基本作物に匹敵する収量を上げることのできる作物の候補がありません。多年生の基本作物が直面しているもうひとつの課題は、機械収穫です。その多くは機械による摘果やコンバイン収穫に向いていません。しかし、その欠点ゆえに低所得国の多くの農家にとっては収入源になるとも言えます。商品化された一年生作物には対抗できなくても、複数の基本作物を組み合わせた森林農場ならやっていける余地があるからです。

課題はありますが、長所は短所をはるかに上回ります。熱帯性の基本食料となる樹木作物は、森林農場、多層的アグロフォレストリー（森林農法）、間作林に根付く可能性があります。いずれの場合も、樹木作物は土壌の浸食

と流出を逆転させ、雨水の浸透率を高めます。また、機械化された一年生作物の生産には急すぎる斜面でも栽培できますから、栽培適地の幅が広がります。一年生作物の栽培が限界か不可能なかなり乾燥した条件を好む種類もあります。燃料、肥料、農薬は、必要だとしても、少なくて済み、植えてしまえば耕す必要はまずありません。

　世界的な気象パターンの変化を考えると、多年性作物はレジリエンスに富み、一年生作物が失敗した場所の食料になります。世界の正味降雨量は増えていますが、望ましい増え方ではありません。地球温暖化は、長引く干ばつから鉄砲水を伴う豪雨までの極端な降雨パターンをもたらしています。多年生の基本食料となる樹木作物は、一年生作物が生育できない条件でもよく育ちます。たとえば、エンセーテは6〜8年も休眠し、まったく雨が降らなくても生き残れます。また雨が降れば、エンセーテも復活します。一年生作物は繊細で、ヤシやバナナの木に比べると耐久性が劣ります。作物の転換は、小規模自営農家、村落、自然保護、収入と何重もの利益につながり、土地と資源のより賢明な使い道です（小規模自営農家は世界合計で約1億7,400万ヘクタールの土地を耕作しており、所有面積は平均して2ヘクタール未満）。●

インパクト：現在、熱帯性の基本作物は、ほぼ熱帯地域に限定された1億4,700万ヘクタールで栽培されています。その炭素隔離速度は速く、年間1ヘクタール当たり4.75トンです。この面積を2050年までにあと6,200万ヘクタール増やせば、さらに20.2ギガトンの二酸化炭素を隔離できます。私たちの分析は、この栽培面積の拡大が既存の耕地の転換によってのみ達成され、森林伐採はないことを前提にしています。熱帯性の基本作物の収量は、一年生基本作物と比較して、コストは4割減にもかかわらず、2.4倍多くなるため、節減額はかなりになり、一方、実行に要するコストは低額です。

食
農地の灌漑
FARMLAND IRRIGATION

灌漑とは、土地に水を供給することです。その起源は紀元前6000年頃にさかのぼり、ナイル川とティグリス・ユーフラテス川の水を農民の畑に誘導したのが始まりでした。エジプト人もメソポタミア人も川の水位の増減を利用して耕地の土を浸水させました。やがて洪水と灌漑の守護神としてハピとエンビルルが登場し、灌漑技術は2つの古代社会の心臓部になりました。こうした初期の治水システムの遺構（運河、堤防、水路）は今も

点滴灌漑はイスラエルのシムハ・ブラスによる発明。発明のひらめきは1930年代だった。うちの大木はなぜ水もやらないのに育つのか、ある農民からそう聞かれ、ブラスが根の周囲を掘ったところ、1本の水漏れしている水道管が見つかったのだ。しかし、ブラスの発明が特許を取得して商品化できたのは1960年代、安いプラスチックパイプが登場してからだった。この発明たったひとつで、ほかのどの技術よりも節水に役立ってきたのではないだろうか

あります。

8,000年後、農業と灌漑は世界の淡水資源の70％を消費するようになり、灌漑は世界の食料生産の40％に欠かせないものになっています。灌漑は、その普及と規模を考えると、川や帯水層を利用することで地表水と地下水の枯渇を招き、農場、都市、企業が水利権をめぐって競争に火花を散らすことになりかねません。農業用水を汲み上げて、分配するにはエネルギーも必要ですから、その過程で二酸化炭素を排出します。

人類史上、ナイル川とティグリス・ユーフラテス川の流域で始まった灌漑法が多数を占めてきました。「湛水」または「水盤」灌漑と呼ばれ、もっぱら畑を水没させる方法で、世界の多くの場所で今も最も一般的な方法で

CO₂削減	正味コスト	正味節減額
1.33ギガトン	2,162億ドル	4,297億ドル
	(23.13兆円)	(45.98兆円)

す。しかし、20世紀半ばに、灌漑技術はより正確に効率よく灌漑できるものに進化し、その結果、水を節約し、気候への影響も減らせるようになりました。点滴（トリクル／マイクロ）灌漑とスプリンクラー灌漑は、どちらも給水の精度を上げ、作物がよく育つのに必要な水量にできるだけ近づける方式です。点滴灌漑の適用効率（有効土層内にとどまる水量の割合）は90％です。スプリンクラー灌漑の精度は70％です。つまり、1滴の水が生み出す価値が高まり、灌漑の生産性が向上し、全体的に水の消費量が少なくなるということです。

　農業用水を効率的に使う利点は数多くあります。エネルギー需要とそれに伴う炭素排出量が減ることに加えて、作物収量の向上、栽培コストの削減、土壌浸食の軽減という利点があります。湿度の低い圃場環境は害虫を抑制します。水の消費量が減れば地表水と地下水の水資源がそれだけ保護されます。水資源をめぐるさまざまなステークホルダー（利害関係者）間の対立も緩和されるでしょう。さらに、点滴灌漑ならば採用できる地形の種類が広がります。ただし、操作には難点があります。灌漑の効率と精度をさらに高めるには、いっそうのインフラ拡充が必要です。それは水門を開くだけの問題ではありません。さら

デル・ボスケ・ファームズのジョー・デル・ボスケ社長。カリフォルニア州ファイアボーの自社アーモンド農園で点滴灌漑用のホースを点検している。2015年3月、カリフォルニア州議会は、ジェリー・ブラウン知事が求める法案を可決し、米国の人口最多の州を悩ませる干ばつ4年目の対策として10億ドル（1,070億円）の予算を計上した

に資本コストがかかり、維持費もかかりつづけるということです。となれば、灌漑は商品価値の低い基本作物ではとうてい実現できないものになるかもしれません。

作物は成長の段階ごとに求める水の量が変わります。現代のもうひとつの効率的な灌漑法、灌漑スケジューリングの場合、作物の状態を監視し、作物に必要な水をタイムリーに与えることができます。意図的に水を不足させる灌漑法も給水量を変動させる点で似ています。作物には比較的乾燥に耐えられる段階があり、その間は灌漑を控えることができます。こうして栽培戦略として水ストレスを与えると、かえって作物の質が向上することがあります。センサーも灌漑分野を変えています。センサーで土壌水分を監視し、灌漑システムを自動制御すれば農家の勘と足に頼る必要がなくなります。雨水や地中に吸収されずに流れる水を回収して灌漑システムに供給できる場合、水の効率的かつ効果的な利用法がもうひとつ加わります。

点滴灌漑とスプリンクラー灌漑はどちらも成熟した技術です。点滴方式など「マイクロ」灌漑を行なっている農地面積は、過去20年間で6倍に増加し、約160万ヘクタールから少なくとも1,000万ヘクタールになりました。増加は続いていますが、それでも世界全体の灌漑地の4％未満です。これまでのところ、マイクロ灌漑の採用は米国、ニュージーランド、ヨーロッパ主要国にほぼ限られており、世界の低所得地域での採用が広がるべき時期が来ています。アジアは旧来の地表灌漑が盛んです。したがって農業用水の生産性を改善

する機会もまた大きいと言えます。

普及の最大の障壁は購入と設置のコストです。現状では多くの小規模自営農家にとって点滴灌漑とスプリンクラー灌漑は手の届かないものです。新しい低コストの点滴灌漑技術がそれを変えようとしています。同じ目的の専用融資や補助金もあり、すでに採用が増えています。灌漑インフラには人間側の専門知識も必要です。教育と訓練があれば、農家は灌漑システムだけでなく、システムを最大限に生かせる知識と技能を備えることができます。設備費が下がり、農業コミュニティの技術力が高まれば、灌漑の改良は農業にも気候変動にも恩恵をもたらすと期待できます。●

インパクト：現在、世界のスプリンクラー灌漑と点滴灌漑の採用率は、高所得国の42％からアジア・アフリカの低所得国の6％まで、大きな差があります。私たちの分析では、改良された灌漑が行なわれている面積が2020年の5,380万ヘクタールから2050年には1億8,000万ヘクタールに増加すると想定しています。最も採用が増えると予測されるのはアジアです。アジアは合計灌漑面積の62％を占めますが、現状ではその土地のわずか4％でしかマイクロ灌漑が行なわれていません。この増加によって、2050年までに1.3ギガトンの二酸化炭素排出が回避され、3,400万トンの水と4,300億ドルが節減される見込みです。

自然の隠れた半分
The Hidden Half of Nature

デイビッド・R・モントゴメリー　アン・ビクレー

農業界は長い間、人類を養っていくには化学肥料、農薬、そして最近では遺伝子組み換え種子を使うしかないと主張してきました。生物学的農法や有機農法では世界を食べさせていけない——世界の食料ニーズを考えれば、そんなものは非現実的な小規模農家の専売特許にすぎないというのが社会通念です。これから紹介する抜粋は、デイビッド・モントゴメリーとアン・ビクレーの著作からです。植物は化学物質を投入してこそ最もよく育つ——あらゆる工業型農業の基盤、飢えた世界をどう養うかとなると大勢を占める理論——それを科学がいかに"証明"してきたかという歴史をふたりがまとめています。

モントゴメリーとビクレーが教えてくれるように、科学は完全ではありませんでした。当時は土壌生物の役割が知られていなかったからです。19世紀の農学者や土壌学者、そして20世紀になってもほとんどの学者は、微生物の個体群が土の中で何をしているかまったく知りませんでした。その知識がない状態では、化学肥料は農業生産性を向上させるという理論は触れてはならない聖域でした。なにしろ化学肥料で実際に収量が維持され、増加したのですから。特にやせた土壌ではそうでした。しかし、工業型農業は重い代償を払うことになりました。化学物質を基本にした農法は、20世紀半ばから末には土壌炭素、表土、腐植土を着実に失わせる一方、水質汚染、以前より害虫に弱い作物、温室効果ガス（亜酸化窒素と炭素）、デッドゾーンと呼ばれる酸欠海域をもたらすようになっていました。

健康な土、生産性、水の浸透率、干ばつ耐性、害虫耐性、水質をもたらすものは、大部分が、土の中にいる無数の細菌、生命力を与える過程を担う計り知れないほど複雑なコミュニティです。これこそモントゴメリーとビクレーが言う「自然の隠れた半分」、ふたりが同名の著作で実に雄弁に語っている真相なのです。『ドローダウン』で紹介する土地利用は、炭素隔離、生産性、生態系サービスを増強するものばかりですが、それはどれも命の営みの過程を乱さないものだからです。「今後注目の解決策」セクションの「微生物農業」を読めばわかるように、世界の巨大アグリビジネスは今、農薬と化学肥料に頼った工業型農業が引き起こした150年間の土壌劣化のつけを埋め合わせようと微生物を利用した解決策の解明、特許、商品化を競い合っています。

1634年、フランドルの化学者で医師のヤン・バプティスタ・ファン・ヘルモントは、土壌肥沃度と植物の生長という不可解な世界の研究を始めた。もっともこれは、一番やりたかったことではなかった。錬金術師として訓練を受けたファン・ヘルモントは、自然物には物体を引き寄せたり斥けたりできる力が備わっており、またそれは観察と実験を通じて理解できると信じていた。ファン・ヘルモントは、自然現象の説明において神の介在を否認したために、教会と衝突した。機嫌を損ねた異端審問所は、神の被造物——自然——の働きを調べた厚かましい傲慢の罪でファン・ヘルモントを告発し、自宅軟禁を言い渡した。

数年にわたり自宅に閉じ込められたファン・ヘルモントは、その時間をうまく生かして、小さな種がいかにして大木になることができるのかを考え始めた。植物がどうして生長するかはまったくわかっていなかった。植物は土を食べているという支配的な考え方に納得できなかったファン・ヘルモントは、2キロのヤナギの苗木を90キログラムの乾燥した土を入れた鉢に植えて、水だけを与えながら木が育つに任せた。自宅に閉じ込められた人間にとっておあつらえ向きの実験だ。5年が経ったとき、再び木の重さを量ると75キロ増えていたが、土の重さは60グラム減っただけだった。木は水を取り込んで生長すると、ファン・ヘルモントは結論した。

　この発見に励まされたファン・ヘルモントは、さまざまな実験を試みた。その中の一つでは、28キロのオークの木炭を燃やし、灰を注意深く集めて重さを量ったところ、27.5キロの気体（二酸化酸素）ができていた。木を燃やすと灰ができることに不思議はない。だが気体が、ましてこれほど大量に発生するというのは新発見だった。これ以前は、植物の大部分が目に見えない気体でできているという考えなど、お笑いぐさだっただろう。

　1世紀半ののち、植物生理学を研究していたスイスの化学者、ニコラス＝テオドール・ド・ソシュールが、それを一つにまとめた。1804年、ド・ソシュールはファン・ヘルモントの実験を再現し、植物が消費した水と二酸化炭素の重さを慎重に測定して、詳細を明らかにした。ド・ソシュールは、植物が液体の水と気体の二酸化炭素を太陽光の下で合成して生長することを実証した。私たちが光合成と呼ぶプロセスだ。

　ド・ソシュールの発見は、肥沃度についての理解をひっくり返した。植物は炭素を土壌の腐植質から吸い上げるのではない。空気から取り出しているのだ！　この逆転は、植物が腐植質（腐りかけた有機物）を吸収して生長するという何世紀も前からの認識を疑わせるものだった。それでもまだ、ド・ソシュールの研究は直感に反していた。何と言おうと農民は、先祖代々、畜糞が作物の生長を助けることをよく知っていたのだ。

（中略）

　自然哲学者らは、土壌の有機物、すなわち腐植──土壌の一番上、分解途中の植物質の下にある暗い色をした薄い層──が何らかの形で植物の生長を助けていると考えていた。支配的な見方は、この不思議な物質が、直接植物の食物となるというものだった。腐食が水に溶けないことが実験で証明され、植物が腐った有機物から栄養を直接吸収できるという考えが信用を失うまでは。植物が腐植を根から吸い上げることができないのなら、どのようにそれを生長のために使っているのだろうか？

　当時の科学者は当惑し、植物が腐植から直接栄養分を吸収するという考えに興味を失った。ドイツの化学者、ユストゥス・フォン・リービッヒは、植物の栄養素における腐植理論の信用を失墜させる先頭に立ち続けていた。1840年、産業革命のとりことなったリービッヒは、影響力のある農業化学の論文を書き、土壌有機物中の炭素は植物の生長を促進しな

い、なぜなら、ド・ソシュールが証明したように、植物は必要な炭素を大気中の二酸化炭素から得るからだと論じた。植物質を燃やす前と後で分析し重量を量るという当時の標準的手法で、リービッヒは植物の灰に窒素とリンが豊富に含まれることを発見した。灰の中に残った物質は、植物の、したがって作物の養分となるものだと推定するのが合理的だと思われた。この発見は、リービッヒの考えでは、植物学者が長い間求めてきた答えとなるものだった——土壌の化学は土壌肥沃度の鍵を握っているのだ。

　すぐさまリービッヒと弟子たちは、植物の生長に欠かせない五つの主要な物質を特定した。水（H_2O）、二酸化炭素（CO_2）、窒素（N）、そして二種類の岩石由来の鉱物元素、リン（P）とカリウム（K）だ。そこから彼らは、有機物は土壌の肥沃さを生み出し、維持する上で、何ら重要な役割を果たしていないという結論に飛躍した。有力な腐植説を覆したことで、リービッヒは土壌肥沃度という視点を近代農業の中心に導いた。

　当時輸入されたばかりのグアノを疲弊した土壌に肥料として与えだしたヨーロッパの農民が、爆発的な収穫量の伸びを実感したという報告を読めば、リービッヒの化学哲学の訴求力は理解しやすい。1804年、ドイツの探検家アレクサンダー・フォン・フンボルトは、この魔法の物体のサンプルをペルー沖の島からヨーロッパに持ち帰り、これが化石化した鳥の糞に熱狂する19世紀の幕開けとなった。多量のリンに加えて、この白い岩は畜糞の30倍以上の窒素を含んでいた。

ペルーのグアノの島々がすっかり掘り尽くされる19世紀の終わりには、化学肥料の普及は農業生産の指針としてしっかりと確立していた。

（中略）

　有機物は土壌の活力源であり、本来の地下経済の通貨だ。土が有機物に飢えていることは、なぜ有機物が非常に速く姿を消すかを一部説明している。そこ、つまり足の下では、微生物ともう少し大きな生物が、複雑で活発な社会を作っており、いずれもが二重の役割を果たしている——食う者と食われる者だ。こういった小さな働き者たちは、有機物を分解しているだけではない。植物が必要とする栄養、微量元素、有機酸の供給と分配という役割も果たしている。つまり、植物は有機物を直接吸収していなくても、有機物を養分として分解する土壌生物の代謝産物を吸収しているのだ。リービッヒは、有機物は重要ではないという認識にほぼ生涯を通じて満足していた。しかしそうではないことを、現在のわれわれは知っている。土壌有機物は、土壌を肥沃に保ち植物に栄養を与える重労働を担っているのだ。

　微生物は動植物の死骸を分解するとき、生命の構成要素を循環に戻す。その中には三大栄養素——窒素、カリウム、リン——のほかに、主要な栄養素すべてと、植物の健康に必要なさまざまな微量栄養素が含まれる。さらに、微生物は栄養素を必要とされるところ——植物の根——に運んでいる。

　植物の根と土壌微生物との特殊化した大昔からの関係を、私たちは理解しはじめたばか

りだ。ある推定では、土壌に棲む生物の10分の1についてしか、私たちはまだ知らないという。ごく最近まで土壌生態学の分野は、肉眼で見える星だけを観測していた古代の天文学のようなものだった。自然の隠れた半分は地球の皮膚に働きかけて、土から植物、動物まで広がる生命の絨毯を織りなしている。そして動植物が死ぬと、それは微生物界の繁栄の礎となる。土の中で何が起こっているか観察するのは難しいので、地質学的時間という金床（かなとこ）の上で鍛えられた地下の関係については、まだわかっていないことが多い。●

『土と内臓——微生物がつくる世界』デイビッド・モントゴメリー＋アン・ビクレー著、片岡夏実訳、築地書館、2016年11月18日発行

管理放牧
MANAGED GRAZING

CO₂削減	正味コスト	正味節減額
16.34ギガトン	505億ドル （5.4兆円）	7,353億ドル （78.68兆円）

長期的には、草食動物は驚くべき環境をつくります。アフリカ中東部のセレンゲティ平原や米国のかつてアメリカバイソンが生息していたバッファローコモンズと呼ばれるトールグラスプレーリー（丈の高い草の大草原）を調べれば、それがはっきりします。元の草原にまだ人の手が入っていない場合、そこは炭素が豊富な土壌が3メートルの深さまである豊かな土地です。その同じ土地が繰り返し耕されたり、家畜の放牧地になったりすると、少しずつ土地がやせ、土壌炭素が失われます。

管理放牧は、移動（渡り）をする習性のある草食動物の群れが原野でしていることを模倣します。草食動物は捕食動物から我が身と子どもを守るために群れになります。多年生の草も一年生の草も根頭（根が茎に移行する部分）までむしゃむしゃ食べます。ひづめで土を乱し、自分たちの尿と糞を混ぜます。そして先に進み、丸1年は同じ場所に戻りません。牛、羊、ヤギ、エルク、ムース、鹿などの草食動物は反芻動物、つまり消化器官でセルロース（植物繊維）を発酵させ、メタンを排出する微生物でそれを分解する哺乳類です。反芻動物は、アルゼンチンのパンパからシベリアのマンモスステップまで、世界の壮大な草原の共創者でした。その動物をフェンスの中に入れると、話はまったく違ってきます。さらに悪いことに、牛を肥育場に入れて、環境と気候に与えるインパクトを測定すると、石炭に匹敵する地球に最も有害な悪役になります。しかし、牛などの反芻動物を牧草地で自然の循環全体に沿ったホリスティックな方法で管理放牧をすれば、その土地にとって家畜が最良のパートナーにもなりえることが明らかになってきました。

1957年、フランスの生化学者で農家でもあったアンドレ・ヴォワザンが、初めて管理放牧の利点をまとめた理論を発表しました。ヴォワザンは化学と物理学を学びましたが、根っから植物や動物の生理学者でした。第二次世界大戦後に農場に戻ったヴォワザンは、飼っている牛と草の関係に興味をそそられるようになりました。草は成長し、動物に食まれ、枯れ、また成長します。その草を何とも思わない傾向があります。農学者はどの牧草の種子をまき、牧草地にどう肥料を施し、いつ水をやるかには大いに注意を払うのに、家畜と草の相互作用のことはほぼ考えないか、一考もしないとヴォワザンは気づきました。草は根頭まで食まれたか？ そこの草が食まれたのは一度か？ それとも食い荒らされたか？ 同じ場所で繰り返し食べさせた後、草の状態はどうなったか？ 草は回復したか？ 家畜の食べ方が異なる牧草地で体重増加はどうだったか？ ヴォワザンは放牧を細部まで調べました。その観察から（降雨などのほかの変動要素は別にして）、牛の草の食べ方が牧草地の健康と生産性の大きな決定要因だとヴォワザンは実感しました。

同じ場所で連続して放牧すると、そこの草の根に蓄えられている養分は消耗する時点まで少しずつ減ります。植物がそうなれば、土もそうなります。これは過放牧と呼ばれます。いくつかの推定によれば、この過放牧の状態が問題になっている土地は世界に4億ヘク

タール以上あります。過放牧の影響を見て、動物がいなくなれば土地は回復するだろうと考えるようになりました。そうはなりません。野生でも家畜でも、草食動物がいなくなると、その土地は荒廃します。過放牧による損害は、食べる動物がいなくなると草原がどうなるかを目立たなくしてしまいました——土の健康が低下し、炭素が失われるのです。

　ヴォワザンは研究の過程で2つの重要な変動要素に目をつけました。ある草原で動物が草を食む期間、また動物が食べに戻ってくる

までに草原が休息できる期間、この2点です。牛と草の関係で最適な結果を出すことは、管理放牧として知られるようになりました。土の健康、炭素隔離、保水性、飼料（牧草）の生産性を改善する3つの基本的な管理放牧法があります。

1. 改良型の連続放牧で標準的な放牧（基本的に野放しの放牧場）を調整し、1ヘクタール当たりの放牧頭数を減らして過放牧を避ける。

2. 輪換（ローテーション）放牧で若草のパ

数の研究結果の分析・統合）から、放牧のインパクトは現地の気候、土壌の粗さ、そこで優占な草種に大きく依存することがわかります。改良型の放牧は、一般的に1ヘクタール当たり数百キログラムの炭素を隔離しますが、場合によっては1ヘクタール当たり7.5トンにもなります。メタンと亜酸化窒素の排出分を差し引くと、正味隔離量ははるかに少なくなります。しかし、牧草地は世界の農地の70%を占めており、管理放牧は地理的条件を問わないため、普及すれば大きなインパクトになる可能性があります。

　従来の放牧から集中的放牧への転換には移行期間が必要です。農場で農薬、除草剤、殺菌剤、肥料を使うのをやめなければなりません。どれをとっても農業企業が研究したり、研究資金を出したりしそうにない結論です。この放牧法を長く支持している農家が経験か

被覆作物に膝をつくゲイブ・ブラウン。オオバコ、ダイコン、一年生のライグラス、ライコムギ、クリムソンクローバー、ファセリア、レンズ豆が地面を覆っている

ドック（囲い地）か放牧場に計画的に家畜を移し、すでに草を食んだ場所を回復させる。
3．モブ（群れ）放牧とも呼ばれる適応的マルチパドック放牧は、3つのなかで最も集中的な方法。より狭いパドックに家畜を入れては移すを日々繰り返し、土地に回復期間を与える。回復期間の目安は、温暖で湿潤な気候ならば1カ月、冷涼で乾燥した場所ならば1年。

　さまざまな研究が3つの方法のインパクトの範囲を報告しています。研究のメタ分析（複

ら得た結果によれば移行期間は2〜3年です——支持者が示した結果の真偽を調べた研究の大半もほぼ同じ期間という結果でした。北米の農家が経験していることは1つの農場に固有のことで、したがって管理放牧の研究や査読を経た論文には含まれません。報告される利点の多くは、地理的条件、牧場や農場の種類、気候を問わず一貫しており、短期的な観察に基づく結論とはまた別の話です。

　管理放牧を採用している農家からは、干上がってしまった小川が年中枯れない小川に戻ったという報告があります。集中的な1〜2日のローテーションで放牧している農場では、牧草地の牧養力が2〜3倍に増加しました。ほかには、自生の草が再び生え、雑草を締め出すため、牧草用の種をまく必要がなくなり時間とディーゼル燃料が節約される、牧草地を耕す必要もなくなり、やはり燃料や農機具にかかる費用が節約されるという報告があります。さらに牛の行動も変化しました。短くて硬い草ばかりの食べ尽くされた牧草地をぶらぶらするのではなく、機敏に動き、その途中でタンパク質が豊富と思われる雑草を食べてくれるので、除草をする必要がなくなるか、必要があっても軽減されました。

　実験的な管理放牧は世界のあちこちで続行されています。ソーシャルメディアや顔を合わせたミーティングによる牧場主のネットワークもあり、学びを共有しています。定石どおりのテクニックなどはありません。1カ所で集中的に食べさせたら、すぐに次の場所へ移し、牧草地を休ませる期間を長くすると好結果が出るようです。草に含まれるタンパ

ク質と糖が増え、地中の微生物の餌になる糖が多くなるほど、グロマリンという粘性物質を分泌する菌根菌（植物の根と共生する菌類）がよく成長します。有機物が豊富な土壌はグロマリンによって凝集して細粒になり、水が流れる隙間がある砕けやすい土になります。実践者からは、うちの土は1時間当たり200ミリの雨を吸収できる、いや250ミリだ、350ミリだという報告がありますが、以前の硬くなった土ならば水たまりができ、わずか25ミリの雨で浸食されていただろうということです。炭素隔離速度は気候活動家によってさんざん議論されていますが、先頭に立っている農家や牧場主は炭素を隔離しようとか、気候に影響を与えようと思って管理放牧をしているわけではありません。土や家畜を健康にするために炭素を増やしているのです。多くは有機物含有率1％から出発し、現在は6〜8％以上になっています。

　実践者は、生産性の向上に加え、除草剤、農薬、肥料、ディーゼル燃料、獣医にかかる費用が減って収入が大幅に増えたと言います。そして自分の土地に生き物が戻ってきたと言います——美しくさえずる鳥の群れ、原産種のライチョウ、キツネ、鹿、それにミツバチや蝶などの花粉媒介昆虫。さらに、野放しではなく労力がかかる方法にもかかわらず、取材すると、同じ土地面積で飼育頭数は増えたのに前より時間のゆとりがあるという答えが返ってきます。米国農務省（USDA）は保守的な立場なのか方針をはっきりさせない傾向がありますが、炭素を牧草地の地中に移すことを誰よりも強く支持しているのは農家自身

です。

　ウィル・ハリスは、米国南東部で最も貧しい郡とされるジョージア州クレイ郡のホワイト・オーク牧場の4代目です。化学物質を多用する牧場経営が半世紀続いた後、「未来に引き継ぐべき遺産と責任という意識が高まり」ハリスは一家の農場をホリスティックで人間味のあるシステムに変えはじめました。まずトウモロコシ飼料、ホルモン注射、抗生物質を、次に農薬と肥料をやめました。今、ハリスはこう言います。「私が考えていることは、一日中、毎日頭にあることは、どうしたらこの土地をもっとよくできるか？　なんです」

　ホワイト・オーク牧場は、セレンゲティの動物が草を食む自然なパターンをモデルにした輪換放牧を採用しています。それは大型の反芻動物の後を小型の反芻動物が、その後を鳥がついていくパターンです。つまり、まず牛、次に羊、次に鶏と七面鳥ということで、どの家畜にも牧草地内を動き回る自由があります。農場がひとつの生態系のように機能し、ハリスが動物の本能的な行動と呼ぶものを示す動物がその生態系で生活しています。ホワイト・オークのチームは牧場経営全体を生きた有機体と見ています。1ヘクタール当たりの最大生産高で農場の成功を評価せず、ハリスは健康、長寿、自然の原則との調和を重視しています——長い目で見て利益の出るビジネスです。炭素隔離に関しては、ハリスによれば、近所の従来のやり方をしている農場よりも、同じ土壌の種類と降雨量でもホワイト・オークの500ヘクタールの土壌のほうが炭素

豊富な有機物が10倍多いそうです。

　ノースダコタ州ビスマークの東にあるブラウンズ牧場のゲイブ・ブラウンは、高密度放牧法を採用し、数百頭の牛を1つの群れにして100カ所あるパドックを1カ所1日未満のローテーションで移動させています。その土地の1区画で、ブラウンは外部からの投入を一切せずに6年間で土壌有機物を4％から10％に増やしました。1ヘクタール当たりの炭素で125トンの増加です。「従来のやり方で農業をしていたときは、目を覚ますと今日は何を死なせようか決めたものです。今は目を覚ますと何を生かそうか決めるんです」ブラウンはそう言って自分の農業の変化を端的に表現します。ブラウンは同じくらいはっきりと変化がどこから来るのかも言い切ります。「ワシントンを変えるつもりがないなら、変化の原動力は消費者です」●

インパクト：この解決策は、標準的な放牧法と比較すると炭素隔離が増えるため2050年までに16.3ギガトンの二酸化炭素を隔離できます。ただし、現在その放牧地で排出されている10ギガトンのメタンを削減するわけではありません。また管理放牧の採用が30年間で7,890万ヘクタールから4億4,500万ヘクタールに増加することが前提です。510億ドルの追加投資で、2050年までの経済的リターンは7,350億ドルです。

オグロヌーの群れ。毎年セレンゲティをこうして大群で大移動する。群れをつくる動物はすべて、およそこの写真のように行動する。体を寄せ合ったまま草原を進みつづけるのだ。群れになることで、移動を追跡するハイエナやライオンなどの捕食動物から子どもを守っている。管理放牧は、家畜の健康を最適化し、土地を再生するためにフェンスと短いローテーション時間を利用して野生動物の草原での行動を模倣する

WOMEN
AND
GIRLS
女性と女児

　この分野は一見数字に大きく貢献することはなさそうです。ここでの解決策は、人類の半分、つまり37億3,000万人の女性に焦点を当てています。この分野については特に声を大にして言わせてください。気候変動から受ける影響は性別によって差があるからです。現状が男女平等ではない以上、病気から自然災害まで、気候変動の影響を受けやすいのは圧倒的に女性と女児です。同時に、地球温暖化への取り組みを成功させるにも――そして人類の全体的なレジリエンス（復元力）を高めるにも軸となるのは女性と女児です。読めばわかるとおり、性別による抑圧と社会的排除は、実は誰にとっても損になります。一方、平等は誰にとっても利益になります。これから述べる解決策は、女性と女児の権利とウェルビーイング（身体的・精神的・社会的に良好な状態）を向上させれば、この地球上の命の未来を好転させる可能性があることを教えてくれます。

女性と女児
小規模自営農の女性
WOMEN SMALLHOLDERS

低所得国の農業には男女格差があります——同じ農業を営む男女でも手に入る資源や権利に格差があるのです。世界の貧困地域では、平均すると女性は農業労働人口の43％を占め、食用作物の60〜80％を生産しています。その女性たちは、しばしば無賃金か低賃金労働者として畑を耕し、樹木作物を栽培し、家畜を世話し、家庭菜園を育てています。そのほとんどは2ヘクタール未満の土地で——ある程度は自分たちの生計を立てるために——農業を営む4億7,500万世帯の小規模自営農家に属しています。しかも世界で最も貧しく、最も栄養不良の人々でもあります。事情はさまざまながら、ひとつ重要な共通点があります。それは同じ境遇の男性と比べて、女性は土地や融資から教育、農業技術に至るまで、さまざまな資源を得にくいということです。男性と同じ能力と効率で農業に従事したとしても、資産、農地に投入できる種子・肥料・農薬など、支援に不平等がある以上、同じ土地面積でも女性の収量は男性より少なくなります。この男女格差をなくせば女性はもちろん、その家族とコミュニティの生活が向上し、地球温暖化対策にもなります。

国連食糧農業機関（FAO）によれば、小規模自営農の女性すべてが生産資源を平等に利用できれば、農地の収量は20〜30％上がり、低所得国の総農業生産は2.5〜4％増え、世界の栄養不良人口は12〜17％減ります。1億〜1億5,000万人がもう飢えなくてよくなるのです。女性が男性と同じ資源を利用できれば——ほかの条件がすべて同じだとして——女性の生産高は男性と同等以上になるという研究がいくつかあり、男性より7〜23％多くなるとしています。農業の男女格差をなくせば、温室効果ガスの排出も制御できます。農地の収量が十分なら、土地を広げるために森林を伐採する必要に迫られることが減り、化学肥料や農薬を多用する農業から環境再生型農業に変われば、土壌が炭素の貯蔵庫になります。

小規模自営農の女性が直面している男女格差の核心にあるのは土地の権利です。土地所有の統計を性別で分類している国はほとんどありませんが、分類している国の統計には根本的な不平等がはっきり示されています。女性の土地所有者はわずか10〜20％であるうえに、土地を所有しているにしてもその権利が不安定であることが根強い問題なのです。多くの女性は単独で財産を所有または相続することを法的に禁じられているため、意思決定が制限され、立ち退きに従うしかない弱い立場にあります。インドのマフブーブナガル県のキンダティ・ラクシュミの言葉を借りれば、「わずかな土地を所有するだけで、私たちは尊厳をもって飢えることなく生きられます。土地を手に入れるまで闘いつづける以外に方法はありません」となります。その現実に加え、女性は現金や融資の面でも男性より不利です。資金が足りないということは、つまりは肥料、農具、水、種子も足りないということです。劣った地位に置かれているせいで、農業相談員から得られる技術情報や支援、農村協同組合の会員資格、マーケティングや販売のルートも制限されています。低所得国

CO₂削減	データ変動が	正味節減額
2.06ギガトン	大きすぎて	876億ドル
	算定できず	（9.37兆円）

では、農業以外の収入を求めて都市部に移動する男性が増えるにつれて、女性はますます農耕の中心的な担い手になっています。しかし、その女性たちは自ら耕作する土地の改良に関して決定することも、投資することも阻まれています。責任は増えても権利や資源は増えないことがあるのです。

複雑な現場に画一的な戦略は通用しませんが、既存の社会の仕組みで女性に不利な点に取り組んで実績を上げている介入策もあります。マンチェスター大学の教授で、『A Field of One's Own』（未邦訳）の著者ビナ・アガーワルは、次の対策が必要だと述べています。

●女性を「農業の手伝い」ではなく「自営農者」として認識し、肯定する——前者はそもそも女性を弱体化させる認識。
●女性の土地に対する権利を広げ、明確で独立した保有権を確保する——男性の介在や監督はなくす。
●女性に不足している教育訓練や資源をもっと利用しやすく改善し、女性の具体的なニーズを念頭に置いて提供する——特にマイクロクレジット。
●女性が栽培する作物と利用する農業システムに的を絞った研究開発を行なう。
●共同農業の取り組みなど、小規模自営農の女性向けに設計された制度改革と集団的アプローチを促進する。

アガーワルの最後の主張は説得力があります。女性が栽培、学習、資金調達、販売のために協同組合に参加すると、農業経営にスケールメリットが成立し、影響力、ノウハウ、人材が共有されます。労働力、資源、リスク（新しい作物や農業技術を試す場合の不確実な結果など）も共有できます。結果的にイノベーションや農業生産性の向上もついてきます。こうした成果は、地球温暖化に直面し変化していく世界では農家が否応なく変化に適応しなければならないだけにいっそう重要です。

どの小規模自営農家にも言えることですが、栽培作物に多様性があるほうが年間収益のレジリエンスが高まり、長期的な成功を維持しやすくなります。何十年もの間、アグリビジネスと政府機関は、化学肥料、農薬、遺伝子組み換え種子に依存する農業技術を推進してきました。その結果、多くの小規模自営農家が商品作物の価格崩壊、病害虫の発生、土壌劣化というリスクにさらされています。対照的に、アグロフォレストリー（森林農法）や間作などの農法によって作物を多様化すれば、化学肥料や農薬の投入は減るか、不要になり、レジリエンスの高い環境ができます。女性は——もちろん男性も——農業収益を得るだけでなく、気候変動に直面しても生活していける方法で持続的に農業収益を得るための支援を必要としています。FAOは「持続可能な農法が普及して小規模自営農業が気候変動に対するレジリエンスをつけないかぎり、世界の貧困を根絶し、飢餓を終わらせるのは、不可能ではないまでも、難しいだろう」としています。

世界人口が増加しつづけ、2050年には97億人に達すると予測されている以上、農業生

産は伸ばさなければなりません（食料廃棄の削減と食生活の変化と並行して）。耕作可能地には限りがあり、手つかずの森林を保護する必要もあることを考えると、人類は単位面積当たりの生産量を増やすしかありません。同じ土地面積でより多くの食料を育てるには、小規模自営農業に注意を向けざるをえません。その小規模自営農業を担っている大多数は、農業を営むためのニーズがこれまであまりに見過ごされてきた女性なのです。男女平等のレベルが高い国は穀物の平均生産高も高く、男女平等のレベルの低さは生産高の低さと相関しています。小規模自営農の女性は、土地と資源に対して男性と対等の権利を得れば、もっと多くの食料を育て、年間を通して家族をもっとよく養い、世帯収入をもっと増やせるようになります。女性の場合、収入が上がると、稼いだお金の90％を家族やコミュニティの教育、健康、栄養に再投資します。対する男性の場合は30〜40％です。たとえば、ネパールでは、女性の土地所有権を強化すれば子どもの健康状態の改善に直結します。この小規模自営農の男女格差をなくすという解決策に関しては、人間のウェルビーイングと気候が密接に結びついています。ですから、平等の達成によいことは、性別にかかわらず誰の暮らしにとってもよいことなのです。●

インパクト：この解決策モデルでは、小規模自営農業を担う女性の収量が増加すると森林伐採が回避され、その結果、排出が削減されます。女性が資金や資源を男性と同等に近く利用できると仮定し、該当分野の文献に基づいて推定すると、単位面積当たりの生産量（収量）は26％向上します。総面積で3,966万ヘクタールを管理する女性たちが男性と同等の支援を受け、その26％の収量増を達成すれば、この解決策によって2050年までに削減される二酸化炭素は2.1ギガトンになる見込みです。

女性と女児
家族計画
FAMILY PLANNING

女性が偶然ではなく選択によって子どもを持ち、家族の規模と出産間隔を計画することは自己実現と尊厳の問題です。妊娠するかどうか、いつ妊娠するかを選択できるようになりたい、でも、避妊する手立てがない。低所得国の2億1,400万人の女性がそう言います——現実には毎年およそ7,400万人が意図しない妊娠をしています。高所得国であっても、妊娠の45％が意図しない妊娠である米国を含め、女性が選択による妊娠を求めている国はいまだにあります。自由意志で質の高い家族計画サービスを受ける基本的権利を世界中で保証すれば、女性とその子ども両方の健康、福祉、平均余命が大いに向上するでしょう。ジェンダーの違いを超えてすべての人の社会的・経済的発展につながるプラス面は数え切れないほどあり、もちろん女性自身にとってのプラス面を考えると早急かつ持続的な行動を起こすに値します。家族計画は、温室効果ガス排出のドローダウンにも波及効果をもたらす可能性があります。

1970年代初め、ポール・エーリックとジョン・ホルドレンが、今では有名になった「IPAT」と呼ばれる等式、Impact（インパクト）＝Population（人口）×Affluence（豊かさ）×Technology（技術）を提唱しました。簡単に言えば、人間が環境に及ぼす影響は、人間の数、消費レベル、用いる技術の種類によって決まるという主張です。地球温暖化対策の多くは、この式の技術部分と化石燃料依存からの脱却に着目してきました。豊かさに焦点を絞り、特に豊かな国で物の消費欲を減らそうとしている人もいます。3番目の要因、人口に取り組むことはいまだに賛否両論あります。1人当たりの影響には差がありますが、人口が多いほど地球に負担をかけるというのは広く共有されている認識であるにもかかわらず物議をかもすのです。一人ひとりが一生をとおして資源を消費し、温室効果ガスの排出を引き起こします。その意味では、ウズベキスタンやウガンダの人より米国人のほうがはるかに大きい影響を及ぼしています。カーボンフットプリントを論じるのは共通のあたりさわりのないテーマでも、人口問題となるとそうはいきません。それは家族計画と環境問題を結びつけるのはどうしても強制的な感じがする、というより冷酷ではないかという懸念が多分にあるせいです——過剰人口の脅威とそれに対する抑制策を唱えるマルサス主義の最たるものというわけです。しかし、家族計画が医療保健の提供と女性が声を上げて求めているニーズを満たすことに重点を置いたものならば、その目的はエンパワーメント（能力開化）、平等、ウェルビーイングになります。地球環境にプラスになるというのは、あくまで副次的な効果です。

家族計画を利用する機会を拡大するうえでの課題は多岐にわたります。たとえば、最低限必要な家計に負担のない文化的にも許容される避妊法の供給、性と生殖に関する教育が欠けていることから、保健センターが遠すぎる、医療提供者が威圧的、社会的・宗教的規範に制約される、性的パートナーが避妊に反対するということまであります。世界は今、性と生殖に関する健康（リプロダクティブヘルス）の情報とサービスへのアクセスを望む

CO₂削減　　　　　下記の「インパクト」を参照
59.6ギガトン

女性の声に応えるには53億ドル（5,671億円）の資金不足に直面しています。

　しかし、目を見張るような家族計画の成功事例もあります。イランが1990年代初めに導入したプログラムは、この種の取り組みとしては史上最も成功した一例と喧伝されてきました。それは完全に自由意志による産児制限で、宗教指導者を巻き込み、国民を啓蒙し、無償で避妊法を提供しました。その結果、出生率はわずか10年で半減しました。バングラデシュでは、マトラブ病院から始まったドア・ツー・ドアの取り組みが全国に広がるにつれて、女性が生涯に産む子どもの数の平均が1980年代には6人だったのが今は2人に減少しました。この取り組みは、女性の医療従事者が居住地域の女性と子どもに基本的な保健医療を提供するものです。こうした成功事例からわかるのは、避妊法を提供すれば十分とはまずならないということです。社会の意識を変えて家族計画を社会に浸透させることが必要なのです。たとえば、今は多くの場所で、何が「普通」か「正しい」かという認識を変えるためにラジオやテレビの連続ドラマが利用されています。

　家族計画というテーマについては25年以上も沈黙していたIPCC（気候変動に関する政府間パネル）も、2014年の統合報告書には性と生殖に関する保健医療サービスへのアクセスを盛り込み、温室効果ガス濃度の重要な要因として人口増加を指摘しました。家族計画にはレジリエンスを高めるという効果もあることを示す証拠が増えています。つまり、コミュニティや国が地球温暖化によって必然的にもたらされる変化に対処し、適応する力をつけることにも貢献するのです。地球温暖化もまた、既存の不平等ゆえに、病気から自然災害まで、事が起これば女性と女児に過大な影響を与えます。それでもなお、この家族計画という話題は多くの国や制度でタブー視されたまま、人口問題の提起や人口を減らすアプローチはそもそも無情な考えであり、人間の命の価値への侮辱だという根強い信念に束縛されています。温暖化していく、人がひしめきあう地球では話が逆ではないでしょうか。人間の命を尊重するというなら、すべての人にとって生存できる、活力に満ちた家たる地球を確保しなければなりません。家族計画をとおした女性と子どもの尊厳の尊重とは、中央政府が出生率の低下を強制することではありません――出産奨励政策で出生率を上げることでもありません。どこよりも排出量が多い豊かな国の機関や活動家がよその国の人に子どもをつくるのをやめなさいと言うことでもありません。それは本質をつきつめれば女性の自由と機会、そして基本的人権の認識の問題なのです。現在、家族計画プログラムには海外開発援助全体の1％しか割り当てられていません。低所得国が結果的に地球にとっても意味あるモラルの動きを支持して変化を起こそうとすれば、その数字が倍増する可能性はあるでしょう。●

インパクト：国連2015年版世界人口予測の中位推計である2050年に97億人を達成するには、性と生殖に関する保健医療と家族計画の採用が増えることが不可欠な要素です。特

に低所得国において家族計画への投資が具体化しなければ、世界人口は高位推計に近づき、さらに10億人増える可能性があります。この解決策のインパクトは、家族計画への投資がほとんどないかまったくない世界でエネルギー、建築スペース、食料、廃棄物、輸送がどれくらい利用されるかを97億人の予測どおりになった世界と比較し、その差に基づいてモデル化しています。その結果、低所得国の家族計画利用者1人当たりの年平均コストが10.77ドル（1,150円）で、二酸化炭素の排出が119.2ギガトン削減される見込みです。女児の教育機会は家族計画を行なうか否かを大きく左右するため、家族計画と女児の教育機会に119.2ギガトンを半分ずつ割り当て、それぞれ59.6ギガトンの削減としています。

女性と女児
女児の教育機会
EDUCATING GIRLS

CO₂削減　　　「インパクト」を参照
59.6ギガトン

女児の教育機会は、実は地球温暖化に驚くほど関係があることがわかっています。教育年数が長い女性ほど子どもの数が少なく、生まれた子どもの健康状態がよく、自分のリプロダクティブヘルス（性と生殖に関する健康）を積極的に管理します。2011年、学術誌『サイエンス』は、女児の教育機会の拡充が人口増加に及ぼす影響に関する人口統計分析を発表しました。この分析は、就学率で世界最低から世界最高へ転じた韓国の実例に基づいて、「最短コース」シナリオを詳しく論じています。仮にすべての国が同じペースで就学率を高め、初等・中等学校への女児の入学率100％を達成した場合、現在の入学率が維持される場合より、2050年までに世界人口は8億4,300万人少なくなります。ブルッキングス研究所（米国）は、「学校教育年数がゼロの女性と12年の女性では、1人当たりの子どもの数にしてほぼ4〜5人の開きがある。しかも、人口増加が最も速いのは、まさに世界で最も女児が教育を受ける機会が阻まれている地域なのである」と報告しています。

最貧国では、1人当たりの温室効果ガス排出は少量です。エネルギーが足りなくて、水

ケニアの教育は大幅な進歩を遂げ、現在、男女問わず子ども全体の80％以上が初等学校に入学している。中等学校になると、男女とも入学率は50％に低下する。全体的な入学率の低さの原因は主に貧困であり、社会経済的な規範を考えると、経済的な制約がある場合、高等教育を受けるのは男児が優先される

を適切に消毒することも、夜間に本を読んだり勉強したりすることもできないし、小さな商売の動力源もありません。まったく電気のない生活をしている人が11億人います。低所得国の1人当たり二酸化炭素排出量は、マダガスカルの0.1トンからインドの1.8トンまで、米国の1人当たり年間18トンに比べればほんのわずかです。それにもかかわらず、こうした国々で出生率が変化すれば、国際社会にさまざまな利益をもたらすでしょう。

ノーベル賞受賞者で女児が教育を受ける権利を訴える活動家のマララ・ユスフザイは、「1人の子ども、1人の教師、1冊の本、1本のペンで世界は変わる」と語って有名になりました。マララの信念を支持する証拠はいくらでもあります。まず、教育を受けた女児は将来の賃金が高く、地位も向上し、経済成長に貢献する。妊産婦死亡率が低く、産んだ乳児の死亡率も低い。また児童婚を強制されたり、自らの意志に反して結婚する可能性が低くなる。HIV/AIDSやマラリアにかかる率も低い——「社会的ワクチン」効果。農業に従事していれば農地の生産性が高く、一家の栄養状態がよい。家庭でも、職場でも、社会でも自立度が高い。人間本来の権利である教育は、女児と女性、その家族、そのコミュニティにとって生き生きとした生活の基礎づくりになります。それは、貧困の世代間連鎖を断ち切る一方、人口増加の抑制によって排出量を低減する策として最強のものです。2010年のある経済調査では、女児の教育機会への投資は「炭素排出削減のための既存の選択肢のほぼすべてに迫るコスト競争力がある」という

結果になりました——投資額はおそらく二酸化炭素1トン当たり10ドルにすぎないでしょう。

気候変動の影響という観点から見れば、教育はレジリエンスの強化にもなります——温暖化の進行につれて世界が必要とするものです。低所得国では、女性と自然体系との間に強いつながりがあり、それが家庭やコミュニティの生活の中心になっています。女性は食料、土壌、木、水の世話人や管理人としての役割を果たしていることが多く、ますますそうなっていきます。少女が教育を受けて教養ある女性になれば、受け継がれた伝統的な知識と文字を読んで得られる新しい情報を融合させることができます。果樹を枯らす新しい病気、菜園の土壌組成の変化、作付け時期の変更など、これからの時代に変化が連鎖的に生じたとき、教育を受けた女性ならばさまざまな知る方法を総合して観察し、理解し、再評価し、行動を起こして自分自身と自分を頼る者たちの生活を維持できます。

教育は女性がきわめて激しい気候変動に向き合う備えにもなります。2013年のある調査では、女児の教育機会は「自然災害に対する脆弱性の低減に関連する絶対的に重要な社会的・経済的要因である」ことが明らかになりました。絶対的に重要です。それは、125カ国の1980年以来の経験を調べた調査から導き出された結論で、ほかの分析結果とも重なります。教育を受けた女児と女性は、自然災害や異常気象の衝撃への対応能力が高く、したがって、負傷する、土地を追われる、死亡するといったリスクが低くなります。女性

が力をつければ子ども、家族、高齢者をも守ることになります。

　過去25年間、国際社会は女児の教育機会について多くを学んできました。女児が教育を受ける権利の実現はあまりにもたくさんの問題に阻まれていますが、それでも、世界のあちこちで、彼女たちは教室に居場所を求めて奮闘しています。経済的障壁としては、家計に学費や制服代を払う余裕がないこと、女児に水汲みや焚き木拾いをさせる、店番をさせる、畑仕事をさせるという目先の利益を優先することなどがあります。文化的障壁としては、女児は読み書きを学ぶよりも家の手伝いをすべき、早く嫁がせるべき、家計にゆとりがないなら女児ではなく男児を学校にやるべきという古い通念などがあります。安全に関わる障壁もあります。学校が遠く離れていると、学校自体での危険や不安は言うまでもなく、登下校の道でジェンダーに基づく暴力を受けるリスクにさらされます。障害、妊娠、出産、女性器切除も妨げになりえます。

　障壁は現実にありますが、解決策もまた現実にあります。最も効果的なアプローチは、アクセス（学費が安いか、学校が近いか、女児に適切な学校か）と質（すぐれた教師、良好な学習成果）の両面に同時に取り組むことです。コミュニティを総動員して女児の教育機会の拡充を支援し、維持すれば頼もしい促進材料になります。百科事典的な本『What Works in Girls' Education』（未邦訳）は、相互に関連する介入策を次の7つに絞っています。
　1. 支払える学費にする。

たとえば、家族に女児の就学を維持するための給付金を支給する。

2. 女児が健康上の障壁を克服するのを支援する。
たとえば、ぎょう虫駆除を提供する。

3. 登下校の時間と距離を減らす。
たとえば、通学用の自転車を提供する。

4. もっと女児に配慮した学校にする。
たとえば、若い母親のために保育プログラムを提供する。

5. 学校の質を改善する。
たとえば、すぐれた教師を増やすことに投資する。

6. コミュニティの関与を高める。
たとえば、現地の教育活動家向けに研修を行なう。

7. 緊急時にも女児の教育を存続させる。
たとえば、難民キャンプに学校を設立する。

　現在、1億3,000万人の女児が学校に通う権利を否定されています。状況が最も深刻なのは中等教育の教室です。南アジアでは、中等学校に入学する女児は1,630万人と半分に達していません。サハラ砂漠以南のアフリカでは、中等学校に通う女児は3人に1人に届かず、就学するのは女児全体の75％ですが、中等教育を終えるのは8％

パキスタン北部スワート渓谷出身の女児が教育を受ける権利を訴える活動家、マララ・ユスフザイ。主に父親から教育を受けたマララは、スワートで勢力を伸ばしていた武装組織タリバンの恐怖政治下、教育を受ける権利を訴えて、10代のうちに国際社会で注目された。2012年10月、試験を受けた後、バスに乗って帰宅中のマララは、暗殺をねらうタリバンの銃撃を受けた。マララは史上最年少でノーベル平和賞を受賞し、学業とマララ基金を通じた活動の両方を続けている。同基金は、世界中の女児が安全に12年間の質の高い教育を受けられるようにすることをめざしている

にすぎません。現在、教育プロジェクトに対する国際援助は年間およそ130億ドル（1.39兆円）です。女児の教育機会と気候変動の関連を考えれば、気候変動の緩和策と適応策のための資金で世界は女児の教育機会を速やかに拡大できるでしょう。そうなれば、教育が求める資金と世界が求める効果の証明された気候変動対策との強力な組み合わせになると期待できます。さらに、女児の教育機会への投資と家族計画への投資を同時進行させれば、両者は補い合い、補強し合うことになるでしょう。教育の根底には、誰の人生も持って生まれた可能性に満ちあふれているという信念があります。気候変動とも密接な関係があるとなれば、女児一人ひとりの将来性を育てることが全人類の未来を左右しかねません。

インパクト：女児の教育機会と家族計画、この2つの解決策は家族規模と世界人口に影響を及ぼします。女児の教育機会と家族計画の正確な相関を決定することは不可能なので、私たちのモデルでは両者合計の推定インパクトをそれぞれに50％ずつ割り当てています。そのインパクトは、初等教育から中等教育までを含め、13年間の学校教育を前提にしています。ユネスコ（UNESCO／国連教育科学文化機関）によれば、年間390億ドル（4.17兆円）の資金調達ギャップを埋めれば、低所得国と低中所得国の普通教育（義務教育）は達成できます。そうなれば、2050年までに59.6ギガトンの排出を削減できる可能性があります。その投資リターンは計り知れません。

BUILDINGS AND CITIES

建物と都市

都市に対する認識は、環境破壊の病巣だと非難の目が向けられていた時代から大きく変化しました。今や適切にデザイン・管理された都市環境ならば一種の生物学的な"箱舟"にも、文化的な"箱舟"にもなる、つまり、人間が地球環境への影響を最小限に抑えながら、教育を受け、創造性を発揮し、健康に過ごせる場所になると見なされています。この注目すべき変化は、作家のジェイン・ジェイコブスやランドスケープアーキテクト（景観設計家）イアン・マクハーグの1960年代の仕事に始まり、建築家、市長、デザイナー、不動産開発業者に広がりました。その流れを受けて今、母なる自然と人間性の両面から都市生活が再考されています。建物とそれを取り巻く都市居住環境は、水、エネルギー、照明、デザイン、環境インパクトに関する革新の源泉となりました。ジャニン・ベニュスなどの生物学者は、空気、水、動植物相、ポリネーター（花粉媒介者）、炭素隔離の点で都市が建設当時の元の土地よりも生産的になれる方法を探っています。都市は、劣化の原因ではなく、環境と人間の健康や幸せを再生させる存在になりつつあります。

建物と都市
ネット・ゼロ・ビルディング
NET ZERO BUILDINGS

か つてエンジニアリングの難題であり、奇抜な建築だったものが、今では世界のどこでも採用できる代替施工法になっています。ネット・ゼロ・ビルディングとは、年間消費エネルギーと同じくらいのエネルギーを生み出し、エネルギー消費が正味（ネット）ゼロの建物です。年に何カ月かは発電した電気が余り、それ以外のときは外部で発電された電気が必要になりますが、最終的なエネルギー収支では自立している建物です。ネット・ゼロ・ビルディングは、省エネルギーであるだけでなく、災害時や停電時に立ち直りが早く、必然的に通常より綿密に設計され、一般にランニングコストがかかりません。

ネット・ゼロ・ビルディングの設計は、エネルギー利用を原点にまでさかのぼって考えるということです。建物内のエネルギー負荷を減らす方法はいくつもあります。照明は、採光できる場所ならどこでも日光を優先すれば減らせます。空間は、人がエレベーターを使わずにフロアからフロアへ歩いてしまうように設計されています。壁、窓、天井は断熱性能（R値）を最大にして、冬は熱を保ち、夏は涼しさを保つようにします。窓のルーバーと張り出しは、冬、太陽が低いときには日光を受け取るように、夏、太陽が真上に近いときには日陰ができるように設計されています。エレクトロクロミック方式の調光ガラスは、熱、太陽、屋内外の気温差に応じて遮光度が変化します。人が窓のそばにいる場合は、スマートフォンのアプリから手動でも調整できます。熱交換器は巧妙に配置され、逃げた熱量を少しも無駄にしないようになって

います。パッシブソーラーゲイン（日射の利用）は、建物の方位と巧みな窓割りによって達成されます。エアコンは、シロアリ塚や地中熱などの自然に学んだ自然換気の原理を利用し、自然対流や冷風を生み出します。

ネット・ゼロ・ビルディングが目新しいものだったときは、建設目標を控えめに語り、ネット・ゼロをリスクのある実験と見なすのも一理ありました。今は、建築家たちが世界中で秀逸な建物を発表するにつれて、ネット・ゼロ・ビルディングはだんだん珍しくないものになっています。米国北東部ニューイングランドのある建築事務所は、ネット・ゼロではない建物の依頼を断っています。問い合わせたところ、事務所の評判を守るためにそうしているという返事でした。

ネット・ゼロの住宅地、地区、コミュニティの設計や建設も進行中です。たとえば、ハワイの手頃な価格の住宅プロジェクト、カウプニ・ビレッジやフライブルク（ドイツ）の消費量の4倍エネルギーをつくるゾンネンシフ・ソーラー・シティなどです。マサチューセッツ州ケンブリッジ市は、全建物を2040年までにネット・ゼロにする計画を立てました。カリフォルニア州は、新規の住宅建設はすべて2020年までにネット・ゼロにすることを義務づけるために建築基準法の改正を提案しています（新規の商業ビル建設についても、2030年までにネット・ゼロが完全に義務化される）。すでにシカゴにはネット・ゼロ・ビルディングのドラッグストア、ウォルグリーンがあります。新しいネット・ゼロ・ビルディングほど、ゼロ・ウォーター、ゼロ廃

CO_2排出削減量、コスト、節減額を再生可能エネルギー、LED照明、ヒートポンプ、断熱などの条件下でモデル化

棄物とさらなる"ゼロ"に挑んでいます。雨水を集め、敷地内で汚水を処理して堆肥化するのです。

ネット・ゼロ・ビルディングの概念は建物を有機体（生物）として見ることから出発しています。これまで建物は機能を果たすように設計施工されたパーツやピースと見なされるのが普通でした——システム（系）とは見なされてこなかったのです。特にエンジニアは後ろ向きな動機で仕事をすることがありました。先々責任を問われないように、たとえば、建物に必要な空調システムを計算したならば、システムの性能を倍に増やします。専門家への報酬が総工費に基づいて支払われることもありました——効率ではなく、量に対する報酬でした。しかし、パラダイムが変化すれば、建物、敷地、天気、太陽の軌道、建物の住人、関係するすべてがひとつのシステムと見なされるようになります。建物はまるで生き物のように呼吸し、空気を吸ったり、吐いたりします。建物にはエネルギーが必要ですが、自然界がそうであるように、無駄はありません——適切な時に適切な場所で適切な量が使われます。

米国グリーン・ビルディング評議会（USGBC）が1993年に初めて高い建築基準を定めたとき、それはおそらく政府の基準よりも高い水準を求める世界初の業界団体でした。そこから派生した組織、建築家のジェイソン・マクレナン率いるカスカディア・グリーン・ビルディング評議会は、建築物の環境性能評価システムであるLEED（エネルギーと

環境に配慮したデザインにおけるリーダーシップ）の認証基準をはるかに上回るゼロ・エネルギー・ビルディング（略称ZEB）を設計できると考えていました。同評議会はネット・ゼロの概念を推進しはじめ、やがてそれは国際リビング・フューチャー協会（ILFI）の設立と「生きた建築物」という発想につながりました。2005年、マクレナンは建築家のボブ・バークビルとともに認証プログラム「リビング・ビルディング・チャレンジ」を創設しました。同じ年に、建築家のエド・マツリアは「2030チャレンジ（The 2030 Challenge）」を発表しました。これは2030年までに段階的にすべての建物をカーボンニュートラルにすることをめざす計画です。以来「2030チャレンジ」には、ネット・ゼロの建築技術を採用している地区、都市、州、国が参加しています。米国の建築部門の2030年エネルギー消費予測は、同チャレンジの発表以後11年連続で減少し、18.5千兆BTU*の削減になるとされています。これは、250メガワットの石炭火力発電所1,209基に相当します。かつて夢物語ではないにしても、非主流派とされていた職場や住環境の建設に対する考え方は、ゼロ・エミッション・ビルディング（排出ゼロ建築物）という概念のおかげで今や世界中で実践されています。●

インパクト：ネット・ゼロ・ビルディングは個別の解決策の組み合わせですから、このページ上部に数字はありません。ネット・ゼ

＊BTU（British Thermal Unit）は英国熱量単位。1ポンド（0.45キログラム）の水を華氏1度（摂氏0.56度）上昇させるのに必要な熱量。1BTU=1055.06J（ジュール）=252cal（カロリー）

ロ・ビルディングは、スマートウィンドウ、グリーンルーフ（屋上緑化）、効率的な冷暖房と水道システム、断熱材の改良、分散型エネルギー・貯蔵、高度なオートメーションによって実現します。これらは私たちの分析では、すべて個別に扱います。ネット・ゼロ・ビルディングを単独の解決策として計算するならば、2050年までに新築建物の9.7％がネット・ゼロになると仮定すると、合計7.1ギガトンの二酸化炭素を削減できる可能性があります。

ロッキー・マウンテン研究所（RMI）イノベーション・センターは、コロラド州ベソルトのロアリング・フォーク川の北岸にあるネット・ゼロ・ビルディングだ。2階建、総面積1,449平方メートルの建物は、Integrated Project Deliveryというソフトウェアとモデル（同じ規模の全米の商業プロジェクトにも採用できる再現性のあるプロセス）を用いて建設された。同センターは米国有数の寒冷な気候帯にあるが、断熱された建物外皮（建物の外周、屋根・壁・床・窓など）は、R値50の壁とR値67の屋根でできている。屋根の上に83キロワットの太陽光発電システムがあり、建物の設計上の消費エネルギーより多いエネルギーを供給する。水も敷地に降る雨や雪よりも少ない水しか消費しないように設計されている。コロラド州では中水道水（浄化処理して再利用する生活排水）の利用はまだ許可されていないが、州の規制の変更を見越して中水道システムが設置された。暖房と空調のエネルギーを節約するために、同センターは空間ではなく人を冷暖房することに着目し、人間の快適さに影響を与える6つの要因、気温、風速、湿度、着衣レベル、活動レベル、周囲の表面温度に対処した。これらの要因に焦点を絞ることで、快適な気温帯が従来の商業ビルでは摂氏21.1 〜 24.4度なのに比べて、同センターでは摂氏19.4 〜 27.8度と広くなっている。そのおかげでエネルギー消費が50％減り、空調システムは不要になり、厳寒期にのみ小さい暖房システムがあればよくなった

建物と都市
歩いて暮らせる街づくり
WALKABLE CITIES

CO₂削減	コストは変動が	正味節減額
2.92ギガトン	大きすぎて モデル化できず	3.28兆ドル （350.96兆円）

人間は歩く生き物です。徒歩で動き回るようにできています。歴史のほとんどで、歩くことは、唯一とは言わないまでも、主な移動手段でした。すべての町や都市が二足歩行で歩き回ることを前提にしていました。フィレンツェやマラケシュを思い浮かべてください。ドゥブロブニクやブエノスアイレスはどうですか？　心のなかでパリを歩き回ってみましょう。その歩行志向は、自動車の大量生産とそれに対応した都市と郊外の空間設計（または再設計）が行なわれるようになって、20世紀初めから半ばにかけて変化しました。それは健康、コミュニティ、環境に大きな影響を与えた変化でしたが、車社会を変えていけない理由はありません。

現在、世界各地の都市で「ウォーカビリティ」（歩きやすさ）が再び好まれる言葉になりました。大部分は、都市計画の専門家がすぐれた設計の住みやすく、持続可能な都市を提唱してはたらきかけた結果です。歩きやすい都市、その中の歩きやすい街路と近接地域は、綿密な計画と設計で二足を四輪より優先します（通常は自転車にも対応）。車を利

ブエノスアイレスのサンテルモ地区はいつの時代も石畳の通りに並ぶカフェや店に人が集まる、歩きやすい、こじんまりした界隈だった。今日では、その古い教会、アンティークショップ、路地、アーティストが世界中から訪れる観光客を魅了している。それは3ブロック離れた7月9日大通りとは正反対のストリート体験だ。7月9日大通りはブエノスアイレスを貫く騒々しい大通りで、車があふれ、大型店が人間の頭上に無関心にそびえ立っている

用する必要性を最小限に抑え、便利さを訴えるものに頼らない選択をするということです。今、この歩行者志向の都市環境再生がきわめて重要です。歩けば、車の運転による温室効果ガスの排出を飛躍的に削減できるからです。アーバンランド・インスティテュート（ULI）によると、歩行向けに整備されたコンパクトな都市開発では、運転が20〜40％減ります。

　都市計画家のジェフ・スペックは著書でこう述べています。「歩行者は非常にかよわい種であり、都市の住みやすさを教える"炭鉱のカナリア"である。適切な条件下ならば、この生き物は繁栄し、増殖する」。スペックの「ウォーカビリティの一般理論」には、人が歩くことを選ぶために必ずそろっていなければならない4つの条件がまとまっています。1つ目は徒歩移動が**有益**であること。日常生活の何らかのニーズを歩いて満たせなければなりません。2つ目は**安全**だと感じること。たとえば、車などの危険から保護されなければなりません。3つ目は**快適**であること。スペックが「屋外リビングルーム」と呼ぶものに歩行者を引きつけなければなりません。そして4つ目は**興味をそそる**こと。あちこちに美しさ、活気があり、変化に富んでいなければなりません。言い換えれば、歩きやすい移動とは、単にA地点からB地点まで行きやすいということではなく、おそらく10分から15分の徒歩の旅なのです。ウォーカビリティには「歩く魅力」があります。それは、歩く仲間がたくさんいること、土地利用と不動産利用の組み合わせ、つい歩きたくなる環境をつくる設計の基本要素で成立します。

　歩くということをよく考える場合、歩行者にばかり目が行きがちです。しかし、徒歩移動を安全で便利で好ましいものにするには、人が上を歩いたり、中を歩いたりするインフラのネットワークが必要です。それはどのようなものでしょう？　それはスプロール化（市街地が無計画に郊外に広がっていく現象）の反対です。家、カフェ、公園、店、オフィスが歩いて行ける密度で混在している。歩道が広く、スピードを出して通りすぎる車やバイクなどから保護される。歩道が夜は街灯で明るく、街路樹があって日中は日陰ができる（高温多湿の気候では特に重要）。こうした歩行者用の道が効果的に相互接続され、できれば完全に車の入れないエリアにつながっている。目的地が道路、線路、水路を渡らないと行けない場合、安全な手段や等間隔に設けた直通の横断歩道を渡って行ける。大通りでは、建物が活気にあふれ、物騒ではなく安心感がある。街の美しさが外の人を引きつける。ぶらぶら歩いていても簡単に自転車や公共交通機関も併用できて、異なる移動手段どうしの接続がよい。このような改善の多くは、ほかの輸送インフラにかかるコストのほんの一部で実現できます。ウォーカビリティは公共交通機関の利用も増やし、よってその費用対効果を高めます。

　持続可能性の高い都市と住みやすい都市の条件は多くが重なっています。どちらにも最善の策はおそらくウォーカビリティです。環境問題の専門家がいつのまにか経済学者や疫学者と同じ変化を求めているのはそのためです。歩きやすい都市は、住民、企業、観光客

を引きつけ、客足が増えれば地元商店の利益になります。歩きやすい都市は、収入に関係なく、あらゆる人が歩き回れるということなので、結果的に平等とインクルージョン（社会的包摂）*が高まります。歩く人が増えれば、交通渋滞とそれに伴うストレスと汚染が減ります。自動車事故も少なくなります。歩く人が多いほど（それに自転車に乗る人が多いほど）、その移動手段が安全になります。歩いて体をよく動かせば健康で充実した生活を送れるようになり、社会問題になっている肥満、心臓病、糖尿病の対策になります。社会的交流と近接地域の安全性が高まり、創造性、市民参加、自然や地元とのつながりも同様に高まります。歩きやすい都市は、暮らしやすく、住んでみたい魅力があり、それだけ市民が幸せで健康になります。健康、繁栄、持続可能性の一挙両得ならぬ一挙三得なのです。

　世界の都市人口が増えつづけるほどに、歩きやすい都市景観はますます重要になります。都市生活者は2050年に世界人口の3分の2を占めると予測されています。その急増に対応するために建設が増えます。現在は、まったく歩かないか、歩くことが少ない都市空間が多すぎます。いまだに自治体の政策が密集した複合用途の地域ではなく、低密度の郊外型の開発を促していることがあまりにも多すぎます——今後長きにわたってコミュニティが身動きできなくなる懸念のある選択です。さらに、都市が歩行者インフラに割く予算があまりにも少ないままです。低所得国では、都市輸送予算の約70％が車志向のインフラに注がれているにもかかわらず、移動の約70％は徒歩または大量輸送交通機関で行なわれています。こういう傾向はすべて市民が望むものに反しています。現在、歩きやすい場所に住みたいという需要は供給をはるかに上回っています。

　ウォーカビリティを最大限に引き出すには、不動産の取引慣行、土地の利用規制に関わる条例、自治体の政策が変わらなければなりません。従来の単一用途ゾーニングに代わる形態を基本にした規定、近隣地域開発向けLEED認証（LEED ND）などのガイドライン、ウォークスコア（Walk Score）などのウォーカビリティ指数はすでに変化を生み出しています。子どもたちを集めて学校まで歩く「ウォーキングスクールバス」などの取り組みは、人生の早い段階で歩く習慣を身につけるのに役立ちます。結局のところ、歩きやすい都市が最も成功するのは、出かけるなら歩くのが一番いい、再びそう思える街になる場合なのです。●

インパクト：都市空間の6要素（需要、密度、設計、目的地、距離、多様性）は、すべてウォーカビリティの主要な推進要因です。私たちの分析は、歩きやすい地区の代用として人口密度を対象にしています。都市が密になり、都市計画者、企業、住民がこの「6要素」に投資すれば、現在車を利用している移動の5％は2050年までに徒歩でできるようになります。この変化の結果、二酸化炭素排出が2.9ギガトン回避され、車所有に伴うコストが3.3兆ドル削減される見込みです。

＊社会のすべての人々を孤立や孤独・排除・摩擦から援護し、社会の一員として包み、支え合うこと。

建物と都市
自転車インフラ
BIKE INFRASTRUCTURE

　自転車は、スポーティーな男性のためのレジャー用品として19世紀のヨーロッパに初登場して以来、変化の仲介者となってきました。ほどなく自転車という移動手段は広く普及し、誰でも利用できるようになり、そして広く愛されるようになりました。自転車は、若者が道徳的な目から離れて、地域や社会階級を超えて交流するための道具になりました。自転車は女性に移動の自由を与え、服装や女性らしさの規範を再定義する役目も果たしました。女性参政権運動の先頭に立ったスーザン・B・アンソニーは1896年にこう語っています。「私が自転車についてどう思っているか教えてあげましょう。女性の解放にこの世の何よりも役に立ってきたと思います」

　20世紀初めに車が登場すると社会の注目は四輪に移り、アムステルダムのような自転車の都でさえ、車が20世紀半ばを支配しました。しかし、今また、自転車は黄金時代を迎えているようです。渋滞や大気汚染が都市の問題になり、都市の住人は手頃な価格の交通手段を求め、運動不足が原因の病気や温室効果ガスが無視できなくなったからです。こうした相互に関連した課題が自転車のスポークとすれば、それをまとめるハブ（中心）として、自転車は再び社会変化の力になりそうです。

　英国の作家、ロブ・ペンに言わせれば、「自転車は、それなりの路面なら、同じ労力で徒歩の4〜5倍の速さで移動でき、これまで発明された交通手段で最も効率的に自力走行できるもの」です。自転車は、実質的に排出ゼロで、気候変動対策としても優秀です。しかし、自転車を賞賛しながらもペンはその勝利を阻む障害にも触れています。「それなりの路面」、別名インフラです。

　歩行者や車と同じように、自転車にも綿密に設計されたインフラが必要です。自転車移動を安全にし、十二分に増やす要素を特定しようと多くの研究が行なわれてきました。そのたびに自転車専用道のネットワークと都市部の自転車人口との密接な関連が指摘されています。自転車専用道がまっすぐで、平坦で、相互接続されているほど、自転車移動が楽になります。自転車と車が出会う交差点などのジャンクションが慎重に設計されていることは、安全と流れにとって重大です。たとえば、赤信号では、自転車が車の列より前に出れば、ドライバーからよく見え、曲がろうとする車より先に前進できます。ほかには、安全な駐輪場、明るい街灯、緑化、公共交通機関を含めた目的地への接続なども重要です。公平も必須の要素です。都市によっては特別扱いの区域でのみ自転車インフラに投資するという偏りがあります。

　自転車インフラの役割は、自転車に乗るための安全で快適で効果的な環境づくりです。自転車利用者は、車道との分離を求めています。しかし、物理的なインフラだけでは不十分です。デンマーク、ドイツ、オランダなど自転車大国では、物理的インフラを補完する社会的インフラを育成するプログラムや政策があります。具体的には、自転車利用者とドライバーを等しく教育する、より厳しい責任法で自転車側を保護する、車の所有と利用を

CO₂削減	正味コスト	正味節減額
2.31ギガトン	−2.03兆ドル	4,005億ドル
	（−217.21兆円）	（42.85兆円）

不利にして自転車の魅力を高める、などです。また、パリの「ヴェリブ」のような自転車シェア、ボゴタの自転車天国「シクロビア」のようなイベントが自転車利用者を増やすことも研究によって明らかになっています。職場にシャワーがあれば汗をかく自転車通勤が可能になり、部品やメンテナンスの費用が手頃であれば自転車所有を促す動機になります。自転車にやさしい街に欠かせない条件である都市空間の密度、アクセスしやすさ、接続性は全体をまとめる都市設計の役割です。

1967年、あるオランダの役人が「自転車は自殺に等しい」と宣言しました。それが変化の節目でした。第二次世界大戦後、オランダも車社会になっていました。しかし、子どもを含め交通事故の死亡者数が増え、政府の腰を上げさせる社会運動に火がつき、オラン

ダは方向転換を果たしました――10年かからずにです。今、アムステルダム、ロッテルダム、ユトレヒトは世界有数の自転車のメッカです。アムステルダムでは、自転車の数が車を4対1で上回っています。

同様に、コペンハーゲンのインフラ投資も自転車移動を容易かつ迅速にしました。それには「グリーンウェーブ」などの技術革新も

コペンハーゲンは世界一住みやすい街とされている。それは少なからず最も自転車にやさしい街だからだ。コペンハーゲン市民の30%は、全長29キロメートルの白転車専用道、それにコペンハーゲンと郊外を結ぶ3本の自転車スーパーハイウェイを使って自転車で仕事、学校、買い物に行く。現在、さらに23本の自転車ハイウェイが工事中だ。ほぼすべてのヨーロッパの都市と同様に、コペンハーゲンも20世紀の大半は自転車にやさしい街だった。第二次世界大戦後、1960年代に入ると自動車による大気汚染と交通渋滞が問題になった。市民はこれに反発し、自転車のための街を取り戻した。今日、コペンハーゲンは自転車インフラの可能性の証明になっている

含まれています。グリーンウェーブは、信号機を自転車通勤者の走行速度に同期させ、所定速度で走行すれば自転車通勤者が信号待ちなしで移動できるようにするシステムです。現在、コペンハーゲンは感応式信号機システムに投資して移動時間を自転車で10%、バスで5〜20%短縮することをめざしており、2つの交通手段の魅力を高めています。同時に、駐車スペースを段階的に撤去するなど、車のインフラの利便性は徐々に落としています。

　数字は雄弁です。デンマークでは地元の移動の18%、オランダでは27%が自転車です。それに比べて車狂の米国では、自転車での移動はわずか1%です。しかし、希望はあります。2000年から2012年の間に全米の自転車通勤は60%増加し、インフラ投資が多いオレゴン州ポートランドなどでは、同期間に自転車通勤が通勤の1.8%から6.1%に跳ね上がりました。都市部の車移動の40%が距離にして3.2キロメートル未満であることを考えると、車をやめて自転車を利用するようになる余地はまだまだあります。

　オランダの歴史からわかるように、私たちが全能の車のために都市をつくり、つくり変えるようになるまでは、どの都市もかつて自転車都市でした。坂のアップダウンや暑さ、悪天候や厳寒は今後も常に課題になりますが、自転車に対する大方の障壁は自治体が管理できる範囲に収まっています。インフラが増えるほど、自転車利用者が増える。自転車利用者が増えて、「自転車ライフはシンプル、スマート、スタイリッシュだ」となるほど、きれいな空気やよく体を動かすライフスタイル

の健康効果など、社会が獲得する投資リターンが増える——肝心なのはここです。

　ただし、キーワードは「投資」です。ほとんどの場所で、自転車インフラに割くのは輸送に費やす公的資金のごく一部という状況が続いています。予算の割り当てを再考すべきでしょう。自転車の安全面を心配する声もあります。もっともな懸念ですが、自転車利用率の高さ、自転車インフラの充実、死亡リスクの低減、この3つの間には明確な相関関係があります。ですから、「数の多いほうが安全」ということわざのようですが、車をやめて自転車にする人が増えるにつれて、インフラがあって自転車仲間が多いほうが安全となるのです。最新の自転車ハイウェイからローカルな自転車競技会まで、自転車は排出量の削減に貢献しながら、経済的、健康的、気ままで自由、そしておそらくはゲームチェンジャーであるという地位を取り戻すのではないでしょうか。●

インパクト：2014年には世界全体の都市移動の5.5%が自転車でした。自転車が交通手段の20%以上を占めた都市もあります。2014年の5.5%が2050年までに7.5%に増えると想定すると、従来の交通手段で移動したはずの3.5兆旅客キロメートルが自転車移動になり、2.3ギガトンの二酸化炭素排出を回避できます。道路ではなく自転車インフラを整備することで、自治体や納税者は30年間で4,000億ドルの節減とインフラ耐用期間では2.1兆ドル（224.7兆円）の節減を達成できます。

建物と都市
グリーンルーフ（屋上緑化）
GREEN ROOFS

ランキングと2050年までの成果 **73**位

CO_2削減	正味コスト	正味節減額
0.77ギガトン	1.39兆ドル	9,885億ドル
	（148.73兆円）	（105.77兆円）

空から見ると、ほとんどの都市はグレー、茶、黒の屋根のパッチワークのようです。でも、ドイツのシュトゥットガルトやオーストリアのリンツを見下ろすと、小さい公園や草深い広場と見間違えてしまう屋根がたくさんあります。それは現代版の緑化運動、ここ50年で特にヨーロッパで盛んになった「生きた」屋根への支持の表明です。それは、バイキング時代の全盛期にさかのぼる、はるかに長い歴史の再現でもあります。スカンジナビアでそういう屋根が最初に広まったのがその時代でした。現代のノルウェーを9世紀か10世紀に巻き戻せば、今は「torvtak」と呼ばれる芝屋根の家が点在する風景が見えるでしょう。

現代では、従来の屋根は無味乾燥で死んだような環境にすぎず、通常は建物と下の住人を雨風から保護するという唯一の目的を果たしています。その役割を果たしながら、屋根は太陽、風、雨、雪の直撃を受けています。暑い日には屋根は周囲の空気より最大摂氏50度も高い温度に耐えることができますが、下のフロアを冷やすのは難しくなり、都会のヒートアイランド現象の原因になっています。この都市が近隣の田園地帯や郊外よりもはっきり差が出るほど暑いという現象は、特に子ども、高齢者、病人にとって有害です。一方、緑化したグリーンルーフは、自然の生態系の緩和力を利用し、その過程で建物の炭素排出量を抑制することをねらった、まぎれもなく空に浮かぶ生態系です。

生きた屋根の景観は、屋根そのものが保護され、雨水がろ過・排水され、植物がよく育つように綿密に設計された一連の層が基本です。できるだけ手をかけずに成果を出そうとするなら、セダムのような丈夫で世話の要らないグランドカバー（地面を覆うように広がる地被植物）のシンプルなカーペットを育てる浅い土になるでしょう。ベンケイソウやマンネングサとも呼ばれるセダムは開花する多肉植物で、ミシガン州ディアボーンにあるフォードのトラック工場の屋根4ヘクタール以上をカバーしています。本格的な庭、公園、農園を維持する集中的なシステムを備えたグリーンルーフもあります。休んだり、気晴らしをしたり、花や食べ物を育てたりできる場所です。この方法でブルックリン中のかつては活用されていなかった屋根が今では都市農業のメッカになりました。投資額、建物構造の条件、設備、維持費は、どれくらいの緑化をするかによります。

グリーンルーフの初期費用は従来の屋根より高く、メンテナンスも必要ですが、投資リターンは説得力があり、長期的なコストは同等か、時には安くなります。土と植物が生きた断熱材として機能し、一年中建物の温度を適度に保ちます——緑化前より夏は涼しく、冬は暖かくなります。暖房や空調に必要なエネルギーが抑制されるので、温室効果ガスの排出量はコストと同様に下がります。生きた屋根の下のフロアでは、冷房用のエネルギー消費が50％減ることもあります。さらにグリーンルーフは土壌やバイオマス（植物）に炭素を隔離し、大気汚染物質をろ過し、雨水の流出を減らし、都市景観内の生物多様性を支え、都市のヒートアイランド対策になりま

171

ステファン・ブレナイゼン博士が設計したバーゼル（スイス）にあるカントナル病院の市街とライン川を見渡すグリーンルーフ。この建物は1937年に建設され、1990年に初めてグリーンルーフを導入した。ライン川の岸辺を模した設計になっている。緑化した屋根には、野鳥を呼ぶ2カ所の砂利エリアのほか、セダム、ハーブ、苔、広い草地のエリアもある。太い枝や石が敷き詰められ、鳥、クモ、カブトムシ、テントウムシ、マルハナバチなどが観察されている

す。下のフロアだけでなく、近くの建物も恩恵を受けるということです。植物が屋根そのものを雨風や紫外線から保護するので、グリーンルーフの寿命は従来の屋根の2倍です。

　グリーンルーフの近くで暮らし、働き、遊ぶ人は、自然美と幸せに恵まれます。それは、人間には生まれつき自然界を好む性質、バイオフィリアがあるからです。同時に、建物の開発者、所有者、管理者は、不動産の魅力と価値の向上に恵まれます。グリーンルーフは、人間が地上で出会ったらうれしい自然美を屋上のたいていは無駄になっているスペースに引き上げたものです。土地は一般に最も限られた都市資源ですが、グリーンルーフは土地面積を増やし、緑地とそれに伴う気候上の利

率を引き上げるために政府がグリーンルーフ設置費用の半分を補助しています。シカゴはグリーンルーフ付きの建物の建設許可を優先しています。雨水の管理と貯留に関する規制もグリーンルーフ採用を促進する政策です。さらに、明確で一貫性のある業界基準と有能な建築家、エンジニア、施工者がそろえば品質を確保できます。2016年10月、サンフランシスコは米国初のグリーンルーフ義務化を採択しました。今年から、新築建物の屋根面積の15〜30％は緑化するか太陽光発電を設置すること（または両方）が義務づけられます。ほかの都市もこの先例にならうべきです。建物に住む人間にも、その上の生き物にも注意を向ければ、生気のない屋根のパッチワークになっている世界の現状に花が咲き、都市を命の営みを支えるシステムに変えることができます。

点を得る機会も増やします。シカゴ市庁舎やシンガポールの南洋理工大学のグリーンルーフを見ると、建物のてっぺんにある可能性の大きさがわかります。こうしたグリーンルーフを代表するプロジェクトやほかの緑化の実例（歩行者や通行する車から見えるバス停の屋根上など）を見ればイメージがわき、社会に支持が広がります。

　ドイツなど、グリーンルーフのホットスポットからは鍵を握る教訓を学べます。グリーンルーフ建設の奨励策、その利用を促進または義務化する政策が普及の両輪だということです。これが普及の刺激になって、グリーンルーフは奇抜なものから当たり前のものになります。たとえば、シンガポールでは緑化

　クールルーフはグリーンルーフの親戚のようなもので、同様の効果がありますが、方法、障壁、恩恵は異なります。「Reflection」（反射）はラテン語の「後ろへ曲げる」に由来し、クールルーフはまさにそれを行ないます。太陽エネルギーが気温摂氏37度の日に従来の暗い色の屋根にぶつかると、空中に反射されるのはわずか5％です。残ったエネルギーは建物と周囲の空気を暖めます。一方、クールルーフは、その太陽エネルギーの最大80％を空中にはね返します。クールルーフの種類はさまざまで、明るい色の金属、シングル材、タイル、コーティング、膜などが開発されています。どんな技術が採用されるにせよ、都

市化と温暖化が進む世界では、太陽エネルギーを吸収するのではなく、元の場所に送り返すことが不可欠です。クールルーフは、建物が取り込む熱を減らして、冷房用のエネルギー消費を抑えるだけでなく、都市の温度も下げます。最近の研究によれば、都市のヒートアイランド現象を緩和するクールルーフの能力は、ヒートアイランド現象が特に激しく、時には死者さえ出るような猛暑のときにいっそう際立っています。都市の成長は続くのですから、クリーンで、住みやすく、人間を幸せにする都市にすることはどうしても必要です。

　グリーンルーフの場合、コストの高さと特殊技能が必要なことがネックになりますが、クールルーフはそれより安価でシンプルなうえに、従来の屋根の工事とあまり変わりません。実現性ではクールルーフに軍配が上がります。最大限の反射を維持するには定期的な洗浄が必要ですが、グリーンルーフに比べればメンテナンスもはるかに少なくて済みます。このような手軽さはありますが、設置環境はよく考えなければなりません。クールルーフは近所にはまぶしくて迷惑をかけることがあり、また効果は現地の気候に左右されます。暑い場所ほど冷却効果の恩恵が大きい一方、寒い季節には保温性が低くて支障が出ることがあります。寒い気候ほどグリーンルーフの断熱性が一年中快適かもしれません。

　クールルーフは新しい発想ではないものの、世界的に定着するのに時間がかかっています。米国とEUでは増加していますが、ほかの場所でも注目度は高まっており、政策として推進されることもあります。カリフォルニア州は、10年前に州の建物エネルギー効率基準「Title 24」にクールルーフを組み込み、最大の支持者になっています。同州での成功は、規制、還付金、奨励制度の重要性を含め、前進の道筋を示しています。クールルーフ技術の進化も有望です。伝統的な建物の美意識は、いわゆる「白い屋根」の足かせになってきましたが、クールルーフの屋根材は今では色が豊富になっています。反射レベルの調整機能でゆくゆくは冬季の欠点にも対処できるかもしれません。太陽エネルギーを「後ろに曲げる」、そして気温を下げるだけでなく、排出量も逆転させるために、クールルーフはかなりいい仕事をしてくれそうです。●

インパクト：グリーンルーフとクールルーフのモデル化では、各技術の地域的な用途を考慮しています。2050年までにグリーンルーフが屋根面積の30％をカバーし、クールルーフが60％をカバーすると想定すると、エネルギー効率の高い屋根面積は世界合計で37,800平方キロメートルになります。両技術を合計すると、二酸化炭素排出は0.8ギガトンの削減、そのコストは1.4兆ドル、節減額は30年間で9,880億ドル、耐用期間では3兆ドル（321兆円）になる見込みです。

建物と都市
LED照明
LED LIGHTING

ほかの先端技術と同様に、LED（発光ダイオード）にもあまり知られていない長い歴史があります。その起源は、ドイツの物理学者、フェルディナント・ブラウンによる1874年のダイオード——電気を一方向にしか流さない結晶半導体——の発明にまでさかのぼります。それ以来、ダイオードの開発は何百もの重要な応用技術に進化し、私たちが毎日のようにコンセントにつなぎ、スイッチをオンにし、見て、動かしているもののほとんどはダイオードの応用から生まれました。重要な発見のひとつは、一定の条件下でダイオードが発光することでした。それが初めて観察されたのは1907年でしたが、当時の科学者たちはそのような素子に実用的な用途を見出せませんでした。それがすっかり変わったのは1960年代、ゼネラル・エレクトリック、テキサス・インスツルメンツ、ヒューレット・パッカードが商業用途を開発し、特許を取得し、専門化したときでした。1994年、3人の日本人科学者が高輝度LEDを発明し、その功績が認められて2014年にノーベル物理学賞を受賞しました。

照明には主に3つのタイプがあり、それぞれ異なるメカニズムで光を発しています。白熱電球は、真空中のタングステンフィラメントに電気を流して白熱させ、発光します。蛍光灯は、低圧のガラス管内での放電（アーク放電）によってガスをイオン化します。紫外線が放射され、その紫外線がガラス管に塗った蛍光物質に吸収されると、蛍光物質が可視光線を発します。LEDは管を用いない固体照明です。エレクトロルミネセンスと呼ばれる過程を経て光子（光の粒子）を放出する帯電電子をつくります。

白熱電球はあまりに効率が悪く、少々の光を発する暖房機とまで言われてきました。LED電球は多くの光を放射し、マイクロコンピュータか、逆に動作するソーラーパネルのようなものです。ソーラーパネルは光子を電子に変換し、LEDは電子を光子に変換します。ソーラーパネルとLEDは同じタイプの半導体を使っていますが、LEDには回路基板があります。ライトのスイッチはコンピュータで言えばキーボードのようなものです。オンにすると、LEDは白熱電球より90％少ないエネルギーで同じ量の光を発します。コンパクト蛍光灯（電球型蛍光灯が代表的）と比べると、有害な水銀は使わずに、半分のエネルギーで同じ量の光を発します。そのうえ、LED電球はどんなタイプの電球よりもはるかに長持ちします——1日5時間つけた場合、寿命は27年です。つまり、LEDを買って古い照明器具と交換すると、投資利益率は10〜30％になります。

1960年代に初めて製品化されたとき、LEDはエレクトロニクス、ディスプレイ、クリスマスイルミネーションに利用されました。今日では、LEDはたくさん集めたり、並べたりして種類豊富な便利で強力なランプになっています。LEDは、拡散板を用いて広い範囲を照らすことも、焦点を絞って集中的に照らすこともできます。標準的な口金があるので従来のソケットに取り付けられます。今では多種多様なLED照明が入手できるようになったということは、現在、商業用途または

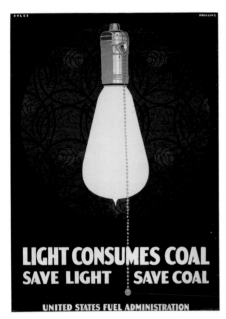

LIGHT CONSUMES COAL
SAVE LIGHT | SAVE COAL
UNITED STATES FUEL ADMINISTRATION

米国政府の委託を受けた戦時産業委員会は、第一次世界大戦中に米国燃料管理局など戦争に特化した機関をいくつも創設した。ジェームズ・A・ガーフィールド元大統領の息子、ハリー・ガーフィールドが局長の燃料管理局の仕事は、必須の産業のために十分なエネルギー供給を確保することだった。この美しいアールヌーボーのポスターに加えて、同局はすでにヨーロッパで制定されていたサマータイムを採用した

住居用途で使用されている事実上あらゆるタイプの電球をLED電球に交換できるということです。エネルギーが熱に変換されるほうが多く、発光効率が低い古い技術とは違って、LEDは消費エネルギーの80％を光に変換します。そのぶん空調の負荷も減ります。

　LEDについての問題は、照明器具の標準になるかどうかではありません。いつそうなるかです。価格は、1ワット相当あたり白熱電球や蛍光灯の2〜3倍ですが、急速に下がっています。現在の初期費用は、低所得世帯にとっては依然として障害であり、結局、安い電球を使って高い電気代を払っているのが実情です。しかし、このコストの問題があるにもかかわらず、LEDは無電化地域の家庭にとっては強みになります。エネルギー消費が少ないLEDなら小さいソーラーパネルでもライトをつけることができるからです。そうなれば、出費がかさむうえに、有害な煙が出て、温室効果ガス排出も多い灯油ランプを使

ランキングと2050年までの成果
（家庭）
33位

ランキングと2050年までの成果
（商用）
44位

CO₂削減	正味コスト	正味節減額
7.81ギガトン	3,235億ドル （34.61兆円）	1.73兆ドル （185.11兆円）

CO₂削減	正味コスト	正味節減額
5.04ギガトン	−2,051億ドル （−21.95兆円）	1.09兆ドル （116.63兆円）

メキシコのクエチェに住むタラフマラ族の女性。家にLEDランタンが1つある。夜、家に照明がなかったらどうだろう？　LEDランタンが1つでもあったらどんなに助かるか想像つくだろうか。1晩に5時間使うとして電球1個の寿命は27年、地球上で最も安価な照明になる

う必要がありません。送電網に接続されていない家庭やコミュニティにとって、ソーラーLEDライトは生活費の節約になる可能性があります。カリフォルニア大学ローレンス・バークレー国立研究所によると、「人類の6分の1は照明に年間400億ドル（4.28兆円）以上を費やしていながら（照明のための総エネルギー支出の20％）、明るさは電化された社会のわずか0.1％にすぎない」のです。一方、ソーラーLED製品は、購入1年で元がとれます。インドだけでも、100万台近いソーラー照明システムが学生の宿題に、産科の手術に、日没後の商売に役立っています。それでも、日が沈むと10億人以上が暗闇で暮らしています。LEDは、気候変動対策として重要なだけでなく、この照明という貧困問題の対策としても重要です。

　LEDは街灯として都市空間も変えています。LED街灯にすると、エネルギーを最大70％節約し、メンテナンスのコストを大幅に削減できます。つまり、古くて効率の悪い街灯をLEDに交換すれば、採算がとれるということです。LEDは「調整」もできるので人間の健康に役立てたり（車道の注意喚起、住宅地での睡眠誘導）、野生動物を保護したり（人工光によって鳥やカメの方向感覚が混乱するのを防ぐなど）できます。

　ソーラーLEDライトが人間の生活向上と経済発展に与える影響は、人工照明が日常生活に果たす本質的な役割を物語っています。照明は夜間にまで活動時間を延長し、日が射さない場所にも活動空間を広げます。人間の生活になくてはならない照明は、世界の電力消費の15％を占めています——全世界の原子力発電所を合計した発電量を上回ります。しかも需要は増えています。その需要を満たしながら、エネルギー消費と排出量、そしてコストを削減するにはLEDが必須になります。LEDへの移行を義務づけている国々では、すでに国の行く道を照らし、投資を回収し、LEDが誰にとっても買いやすい価格になるという好循環が始まっています。●

インパクト：私たちの分析は、2050年までにLEDが普及し、家庭用照明市場の90％、商用照明市場の82％を占めることが前提です。LEDが効率の悪い照明に入れ替わり、二酸化炭素排出が住宅では7.8ギガトン、商業ビルでは5ギガトン回避できる見込みです。ここでは考慮しませんが、オフグリッドの灯油ランプがソーラーLED技術に入れ替わることからもプラスのインパクトを達成できるでしょう。

建物と都市
ヒートポンプ
HEAT PUMPS

ランキングと2050年までの成果 **42**位

CO₂削減	正味コスト	正味節減額
5.2ギガトン	1,187億ドル	1.55兆ドル
	（12.7兆円）	（165.85兆円）

ベンジャミン・フランクリンは冷却の科学を研究した唯一の外交官かもしれません。それは1758年に英国ケンブリッジに派遣されたフランクリンが英国王ジョージとアメリカ植民地の緊張関係をやわらげようとしていたときでしたが、合間をぬって実験の時間も見つけました。フランクリンと英国の化学者ジョン・ハドリーは、スコットランドの科学者の10年前の発見に興味をそそられ、揮発性のある液体が蒸発すると二次的な効果を示す、すなわち物体を冷却することを証明しました。基本原則は、高エネルギーの（より熱い）分子が先に蒸発し、低エネルギーの（より冷たい）分子が残るということです。ケンブリッジでフランクリンとハドリーが使った実験道具は、ビーカー1杯のエーテル、水銀柱温度計1本、ふいご1つでした。エーテルに温度計を浸してから、一刻も早く液体を蒸発させるために2人はせっせとふいごを動かして温度計を乾かしました。温度計は1回の実験で華氏7度（摂氏−14度）まで下がり、温度計表面が氷結して実験は決着しました。フランクリンは友人に「夏の暑い日に人を凍死させる可能性すらあるかもしれません」と書き送っています。大げさですが、博学多才で有名なフランクリンはまたしても正しい道を選択しました。フランクリンは自分の洞察の結果を予見していたでしょうか？

ロンドン・スクール・オブ・エコノミクスのグウィン・プリンズ名誉教授は、エアコン中毒は米国で「最も蔓延しながら、最も注目されていない流行病」と言います——建物の冷房に消費される電力がアフリカ全土の全用途の電力消費に等しいのが米国です。どうしてこうなったかは簡単に説明がつきます。化石燃料が豊富で安かった。温室効果ガスや地球温暖化を心配する人などいなかった。ひんやりした空気は自宅でも職場でもありがたい救いだった、というわけです。エアコンは文明が決して進むべきではなかった道であり、今すぐ路線変更しなければならないという批判があります。しかし、おそらくそれは無理でしょう。世界中の人々のたっての願いは——アジアやアフリカの米国より暑い気候に住んでいる人だって多いのですから——エアコンの快適さにあやかりたいということです。人口統計を調べただけでも、今世紀に世界のエアコン需要がとてつもなく増加するのは確実です——2100年までに33倍になると予測する研究もあります。中国の経験がそれを暗示しています。1995年から2007年までの10年ほどで、中国の都市部ではエアコン付き住宅の割合が7％から95％に増加しました。中国はまもなくエアコン消費大国として米国を追い越すでしょう。

環境保護やエネルギー効率が話題の場合はエアコンばかりがニュースになりますが、暖房も非効率性の影響を受けやすく、同様に真っ先に改良すべき対象です。建築部門は世界全体で総エネルギー生産の約32％を消費しています。その3分の1以上は冷暖房用途です。さまざまな機関が効率向上の可能性を分析し、その結果を予測しています。現状維持ならば冷暖房からの排出量は増加する一方であり、最大効率を達成すればエネルギー消費を30〜40％削減できる。この2点につい

てはどこも見解が一致しています。

　効率を上げる手段はすでにあり、必ずしもハイテクではありません。たとえば、屋内の温度設定を外気温と実際に部屋にいる人数に連動させるスマートサーモスタットは理にかなっていますが、それほど普及していません。ファンの速度は驚くほど重要ですが、しばしば正しく設定されていません。外部で換気された空気から熱や冷気を回収する熱交換器もきわめて重要です。こうしたローテクの対策を既存の建築物に後から設置すると割高ですが、新築の建物には義務づけるべきです。お金の節約になり、快適になり、排出量が削減されるからです。夏には温度を数度高く、冬には数度低くしたサーモスタット設定と組み合わせると格段に省エネルギーになります。

　ひとつ抜きん出た技術があります。ヒートポンプです。ヒートポンプは、世界の冷暖房ニーズに対処し、同時に再生可能エネルギーで動かすならば排出量をゼロに近づけることができるでしょう。ほとんどの家にすでにヒートポンプのバリエーションがあります。冷蔵庫です。動作原理は同じです。冷蔵庫もヒートポンプもコンプレッサー、コンデンサー、膨張弁、蒸発器で構成されており、両方とも熱を冷たい空間から熱い空間に移します。つまり、冬には屋外から熱を引き出して屋内に送るということです。逆に夏は、屋内

オーストリアの地域公益事業会社、シュタットベルケ・アムシュテッテンの責任者、ロバート・シマー。下水道のエネルギーを回収・再利用する設計のヒートポンプの前に立っている

の熱を引き出して屋外に送ります。熱源や熱の吸収源は、地面、空気、水などです。空気熱利用ヒートポンプは温帯気候で最もよく機能し、外気温が摂氏4度を下回ると効率が落ちます。しかし、新しい技術なら建物が十分に断熱されていれば摂氏−15度まで有効です。スカンジナビアや北日本などの地域では、地下の比較的一定した温度を活用する地中熱利用ヒートポンプが適した技術です。

　コストが高くなりがちで、現地の気候に応じて効率もばらつきがありますが、ヒートポンプは採用が容易で、研究が進んでおり、すでに世界中で利用されています。屋内の冷暖房と温水をひとつの統合ユニットから供給することもできます。効率に関しては、ヒートポンプには並外れた強みがあります。消費電力1単位ごとに、最大5単位の熱エネルギー相当を移すことができるのです。国際エネルギー機関（IEA）によると、適切なヒートポンプが建築部門の30％に浸透すれば、世界全体の二酸化炭素排出量を6％削減できる見込みです。これは、現在市場に出回っているどんな技術よりも大きな貢献になるのではないでしょうか。ヒートポンプは、再生可能エネルギー源とエネルギー効率を考えて設計された建築物との組み合わせで、暖気を動かす以上の役割を果たすでしょう。ヒートポンプは地球をドローダウンに向けて動かしてくれそうです。●

インパクト：住宅と商業ビルの冷暖房には13,000テラワット時以上のエネルギーを要し、2050年までに18,000テラワット時以上に増加すると推定されています。このエネルギー消費は、ガス炉から空調ユニットまで、オンサイトの燃料燃焼と電気を利用するシステムから生じます。高効率ヒートポンプは、燃料消費をゼロにし、消費電力を減らして冷暖房します。現在の採用率は市場の0.02％とわずかですが、2050年までにコストが最大25％下がるため、急速に増加すると私たちは予測しています。従来の技術に上乗せしなければならないコストは1,190億ドルで、運用節減額は30年間で1.5兆ドル、技術の耐用期間では3.5兆ドル（374.5兆円）に達する見込みです。このシナリオで排出が削減される二酸化炭素は5.2ギガトンです。

建物と都市
スマートガラス
SMART GLASS

ガラス窓はローマ人の発明で、公衆浴場、重要な建物、富裕層の屋敷で使われていました。かなり不透明でしたが、雨風が入らないようにするために動物の皮や布、木材を使っていたことからすれば古代ローマのガラスは大きな進歩でした。「window」（窓）という言葉そのものは、「風の目」を意味するバイキングの言葉「vindauga」に由来します。かつて贅沢品だったガラス窓は今では世界中に普及し、建築環境に雨風は通さずに光と可視性をもたらしています。

ただし、窓は暑さ寒さは通します。室温を屋内に外気温を屋外にとどめておく断熱性能では、窓は断熱材が使われている壁よりもはるかに劣ります。壁や窓によりますが、10倍以上の差があります。冬に標準的な家のサーモグラフィー画像を撮ると、窓は熱損失で明るく表示されます。窓の「U値」または「U係数」は、窓の断熱性能（熱貫流率）の尺度で、熱の流入量または流出量を表します。透明な1枚ガラスは、U値が1.2〜1.3くらいです。空気層をはさんでガラスを2枚合わせにすると、窓のU値は0.5〜0.7に下がります。低いほど良好です（同様の指標「R値」は熱流に対する「抵抗」の尺度なので、逆に高いほど良好）。

複層ガラスは窓の効率を改善する唯一の手段ではありません。低放射率コーティング（Low-Eガラス）のほぼ目に見えない反射面は、その窓のU値をさらに下げます。断熱ガス（アルゴンやクリプトンが多い）をガラスの間に注入する方法もそうです。密閉された高品質の窓枠は空気漏れを防ぎます。こうし

た技術を組み合わせて窓の断熱性能は着実に改善されてきましたし、したがって窓が建物の冷暖房効率を下げることも減ってきました。米国の「エネルギースター」プログラムによる窓の格付けに基づくと、最も断熱性能の高い窓のU値は0.15〜0.2くらいです。

「スマートガラス」と呼ばれる順応性の高い技術によって、天候にリアルタイムに反応する窓も実現しています。「クロミズム」とは材料に色の変化を引き起こす化学的なプロセスです。電気によって変色が誘発されるのがエレクトロクロミズムです。サーモクロミズムでは熱、フォトクロミズムでは光によって誘発されます。エレクトロクロミックガラスは、1970年代から80年代に国立再生可能エネルギー研究所（デンバー近郊）、ローレンス・バークレー国立研究所（カリフォルニア州）などの研究所の研究者によって開発されました。ナノスケールの金属酸化物の薄い層（人間の髪の毛の太さの50分の1）によって、ガラスはエレクトロクロミックガラスになります。その詳細な製造法はメーカーによって異なり、研究とともに進化しています。一瞬電圧がかかるとイオンが別の層に移動し、ガラスの色調と反射性が変化します。スマートフォンやタブレットから調整すれば、エレクトロクロミックガラスは屋内照明のように切り替えることができます。

最先端のエレクトロクロミックウィンドウは、最適なパフォーマンスを得るために光と熱を分けて処理します。寒い冬の日には、太陽の可視光線とその熱放射の両方がガラスを通過します。夏には、ガラスが可視光線だけ

CO₂削減	正味コスト	正味節減額
2.19ギガトン	9,323億ドル (99.76兆円)	3,251億ドル (34.79兆円)

を通過させて熱は遮断します。あるいは、わずかに異なる電圧で、両方を反射して部屋を暗くすることもできます——ブラインドを閉じる必要はありません。というより、ブラインドが必要ありません(ボーイング787-9ドリームライナーは、窓のシェードの代わりにエレクトロクロミックガラスを採用)。

同種の技術、サーモクロミックガラスは電気を必要としません。外気温に応じて、自動的に透明から不透明に変わり、また戻ります。つけている人の気分で(実際は指や周囲の温度で)色が変わる「ムードリング」という指輪がありますが、その窓版です。フォトクロミックウィンドウも同様に露光量に応じて変化します。同じ化学を利用したメガネレンズもあります。どちらの場合も、明らかな強みはアクションが不要なことですが、サーモクロミックとフォトクロミックの窓はエレクトロクロミックの場合のような順応性はなく、コントロールもできません。色調や反射性が自動的に変化するスマートウィンドウには、照明のためのエネルギー負荷を軽減し、冷暖房効率を高めるという利点もあります。

日本で行なわれたエレクトロクロミックガラスのテストでは、暑い日に冷房負荷を30%以上低減できそうだとわかりました。カリフォルニア州に拠点を置くビューによると、同社のエレクトロクロミック製品は従来の窓と比較してエネルギー消費を20%削減します。同時に価格は5割増しです。これはスマートガラスの根本的な欠点です。カーテンやブラインドが不要になるか、少しでよくなるとか、もっとエネルギー効率の高い空調ユニットを使うという条件なら、そのコストの一部はどこかで埋め合わせられるかもしれません。費用対効果が最大になるのは、暑い気候や太陽がさんさんと差し込むファサード(建築物の正面)の場合でしょう。市場が成長するにつれて、価格下落は続くはずです。かつて『ブレードランナー』(1982年)などの映画にしかなかった未来の技術、色を変えられるスマートガラスが、今後何年かで建物のエネルギー効率を高めるための一般的なツールになるでしょう。●

インパクト:スマートガラスは前途有望な解決策ですが、現在まだ商業ビルの0.004%でしか採用されていません。私たちの分析では、主に高所得国の商業部門で増加し、2050年までに新築商業ビルの29%に採用されるようになると想定しています。冷房のエネルギー効率は23%向上、照明は35%向上と推定されます。どちらも現地の気候や建物の場所に左右されます。スマートガラスを採用するとエネルギー消費が減り、その結果、二酸化炭素排出が2.2ギガトン削減される見込みです。経済的コストは9,320億ドルと高く、その投資で運用節減額は30年間で3,250億ドル、耐用期間では3.6兆ドル(385.2兆円)になります。

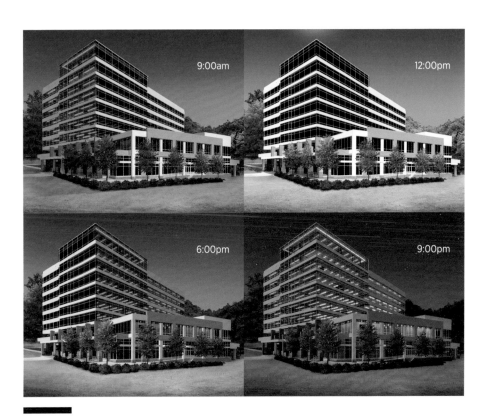

エレクトロクロミックガラスは、1日4回建物の2面で色が変化
する。遮光色になると、ガラスは屋内の日光による明るさは
維持しながら日射量とオフィスのまぶしさを減らし、そのぶん
空調の負荷も軽くする。センサーはもちろん、リアルタイムの
気象データで日中の設定が更新され、暗ければ入射光が増え
る。建物は、気温と日光の季節変動に応答するアルゴリズム
によってプログラムされている。しかし、ガラスの1枚1枚はユー
ザーのスマートフォンでデスクからでもまぶしさ、光、色調を
調整できるようになっている

建物と都市
スマートサーモスタット
SMART THERMOSTATS

ランキングと2050年までの成果 **57位**

CO₂削減	正味コスト	正味節減額
2.62ギガトン	742億ドル (7.94兆円)	6,401億ドル (68.49兆円)

壁の目立たない箱または円盤、サーモスタットは見落とされがちですが、多くの建物で冷暖房エネルギーの管制センターになっています。欧州委員会によると、住居用、商用、工業用の建物を適温に保つためのエネルギーはEUのエネルギー消費の半分を占めています。米国では住宅のサーモスタットだけでエネルギー消費の9%を制御しています。住宅所有者、入居者、ビル管理者にリアルタイムなフィードバックを与える、よりスマートで、プログラミングができて、センサー接続のサーモスタットは、エネルギー利用の管理になくてはならないものになってきています。現在、サーモスタットの大部分は手動操作かあらかじめプログラミングが必要です。どちらにせよ、言わずと知れているように人が能率的にやることは当てにできないという研究結果があります。必要なときに、必要な場所で、必要なだけ、少しも手間なく家が冷暖房されたらどうでしょう？ それこそが、

Nest Learning ThermostatやEcobeeのようなスマートサーモスタットの力です。スマートサーモスタットは学習し、自主的に行動するという意味で「スマート」で、それによって人間の行動の気まぐれさを排除し、もっと予測可能な省エネを推進します。

サーモスタットは2世紀近く前からあるにもかかわらず、これといった技術革新がありませんでしたが、やっとここ10年でそれが変化しました。2011年に発売されたNestは、家庭の時代遅れの温度制御をスマートフォン思考で変えればナンセンスになると見抜いた元iPhoneエンジニアのチームが開発しました。アルゴリズムとセンサーのおかげで、次世代サーモスタットはデータを収集、分析して少しずつ学習します。手動で温度を上げ下げすることもできますが、スマートサーモスタットはユーザーの選択を覚え、ユーザーの日常行動を記憶します。インストールが簡単で操作がシンプルなスマートサーモスタットは、プログラム型のサーモスタットにはできない方法で日々の生活の流動性に適応します。人は予測可能なスケジュールに従うとは限りません——早く出勤する日もあれば、夜遅くまで外出している日もあります。スマートサーモスタットは人が部屋にいるかどうかを検知し、住人の好みを学習し、ユーザーをさりげなく省エネ行動に誘導します。最新テクノロジーにはデマンドレスポンス（需要応答）も組み込まれています。つまり、エネルギー利用のピーク時、価格のピーク時、排出のピーク時には電気の消費を削減できます。より総合的なホームマネジメントシステムは給湯も

制御します。正味の効果をまとめると、住居がより省エネ、より快適になるのにランニングコストは安くなるということです。

家にHVAC（暖房・換気・空調）システムとブロードバンドがあり、住人がスマートフォンを持っているなら、スマートサーモスタットはきわめて高性能の相互接続デバイスになります。Nestの発売元Nest Labsは2年かけて自社サーモスタットがエネルギー消費とコスト削減に与える影響を調査しました。会社の白書によると、3つの別々の調査から同じ結果が出ました。暖房で10〜12％、集中制御の空調で15％の省エネでした。正確にどれくらいの省エネかは、スマートテクノロジーにアップグレードする前の個々のサーモスタット利用状況によって異なります。多くの業界の推計は20％前後です。住宅が建物や地区ごとにグループ化されるか、マイクログリッドに接続されている場合、個々のサーモスタットはシステム全体をより効率的にするためのデータを提供できます。

北米に始まり、ヨーロッパに広まったスマートサーモスタットは、現時点では想定最大市場規模のほんの一部しか占めていません。成長の余地が現実になるかどうかは、コストというひとつの重要な要因にかかっています。すでにサーモスタットを持っている人が新しいものを購入して設置する選択をするにはもっともな理由があって、障壁が低いことが必要です。価格が下がり、奨励策があれば、住宅所有者のサーモスタット買い換えを促せます。技術が進化し、競争が激しくなれば価格も下がるはずです。一部の電気事業者はす

でにスマートサーモスタット所有者を優遇しています（現在の価格でも、スマートサーモスタットは2年未満で元がとれる）。建築基準の改正があれば普及が進み、二酸化炭素や煙も監視するサーモスタットは消費者アピールを高めるでしょう。●

インパクト：私たちは、スマートサーモスタットが0.4％から2050年までにインターネットにアクセスできる世帯の46％に増加すると予測しています。このシナリオでは、7億400万世帯がスマートサーモスタットを備えることになります。その結果、エネルギー消費が減り、二酸化炭素の排出が2.6ギガトン回避される見込みです。投資リターンは大きく、スマートサーモスタット所有者が節約できる公共料金の総額は2050年までに6,400億ドルになる計算です。

建物と都市
地域冷暖房
DISTRICT HEATING

CO₂削減	正味コスト	正味節減額
9.38ギガトン	4,571億ドル （48.91兆円）	3.54兆ドル （378.78兆円）

密度は都市の特徴です。コンパクトな都市空間では、徒歩や自転車で移動でき、人やアイディアが交わり、豊かなモザイク文化が生まれます。その密度を生かせば都市の建物を効率的に冷暖房することもできます。地域冷暖房（DHC）システムでは、中央プラントが地下パイプ網を介して冷温水を多数の建物に送ります。個々の建物は熱交換器とヒートポンプを介して地下パイプ網につながっているため冷暖房は集中制御されながらも、サーモスタットは個々の建物にあり、個別に温度管理できます。小さいボイラーと冷却ユニットを建物ごとに運転するのではなく、DHCは熱エネルギーをひとまとめにして、しかも、より効率的に供給します。

　地域暖房の起源は古代ローマにさかのぼります。温水が神殿、公衆浴場、さらには温室を暖めるために利用されていました。それが近代的な姿になって現れたのは1882年、ニューヨーク・スチーム・カンパニーがにぎやかなマンハッタンの街の下で蒸気を送って契約者に地域暖房を提供しはじめたときでした。エンジニアのバージル・ホリーは、その発明をまずニューヨーク州ロックポートの自分の所有地でテストしました。以後、それはすぐに全米のあちこちの都市に広まりました。カナダでも同じ頃に地域暖房が始まり、トロント大学は1911年に自校のシステムを設置しています（今もキャンパスはDHCを採用していることが多い場所）。1930年代に入るまでには、ソ連が工業的に量産した熱を家庭に送るための配管網を敷設していました。北欧の都市は、1970年代の石油危機で地域暖房に投資するようになりました。

　デンマークのコペンハーゲンは、DHCでは世界のトップランナーになっています。現在、石炭火力発電所や廃棄物エネルギープラントの廃熱を熱源にした世界最大のDHCシステムで暖房需要の98％を満たしています（今後数年で全石炭をバイオマスで代替予定）。2010年以来、コペンハーゲンはエーレスンド海峡の冷たい海水を利用して地域冷房も行なっています。これは温水用パイプと並行して走るパイプを通して供給されます。冷暖房ともに、DHCが革新的な資源を活用し、廃棄物の流れを収益源に変えることができるという事例です。

　燃料源の移行を進めているコペンハーゲンの事例から、DHCの大きな強みがはっきり見えてきます。いったん供給網を整備すれば、何を熱源にして運転するかは変化させ、進化させていけるということです。石炭は地熱、太陽熱温水、持続可能なバイオマスで代替できます。工業施設からデータセンター、家庭排水まで、都市の無駄な熱は回収して再利用できます。多様な、しかもどんどんクリーンになる方法でDHCは世界中で活発になります。建物1棟の規模では費用対効果が高いとは言えない再生可能エネルギー源も、自治体規模なら実現性が高まります。一括供給のDHCにすれば、お金の節約になるスケールメリットが生まれます。並行して、建物のエネルギー効率が向上すれば、少しずつ冷暖房のニーズ自体も減っていきます。

　東京のDHCシステムは、個別冷暖房システムと比較して、エネルギー消費と二酸化炭

素排出量を半分に削減します——DHCの可能性を示す説得力のある事例です。DHCは、特に北欧では試行錯誤を重ねた技術ですが、世界的に見ればまだ新しく、なじみのない技術です。初期費用の高さやシステムの複雑さも依然として障壁です。今のところ、地域冷房の普及率は地域暖房よりもさらに下がりますが、世界の暑い地域の都市が成長するにつれて、そして世界が温暖化していくにつれて、地域冷房は現実に直結したものになっていきます。世界最大のシステムの一例はパリです。ルーヴル美術館とオルセー美術館で快適に芸術鑑賞ができるのはそのおかげです。美術館の傑作の保存にも役立っています。

　暖房、冷房、あるいは両方、いずれにせよ、この解決策を普及させるうえで何よりも重要な役割を果たすのは自治体です。計画、規制、資金調達、インフラ整備はもちろん、エネルギーと排出量に対する目標設定も自治体が中心になる仕事です。すべてがDHCシステムの実現性に影響を与えます。都市の意思決定者は、世界の都市を一括して効率的に冷暖房

するために欠かせない促進剤になる可能性があり、すでにそうなっている場所もあります。●

インパクト：既存の独立した温水暖房システムをやめて地域暖房に移行すると、2050年までに二酸化炭素排出を9.4ギガトン削減し、エネルギーコストを3.5兆ドル節約できます。私たちの分析では、現在の暖房需要に対する採用率を0.01％と推定し、それが今後30年間で10％に増加すると想定しています。現在、天然ガスが地域暖房施設の最も一般的な燃料源ですが、今後普及していく地熱や太陽熱エネルギーなどの代替エネルギー源のインパクトのみをモデル化しています。

建物と都市
埋立地メタン
LANDFILL METHANE

メタンは強力な分子です。100年間で計算すると二酸化炭素の最大34倍の温室効果があります。埋立地はメタンの主要な排出源で、世界合計の12％を放出しています——それは8億トンの二酸化炭素に相当します。しかし、メタンは燃料でもあります。埋立地メタンは回収して、電気や熱をつくるためのかなりクリーンなエネルギー源として活用できます。大気中に漏れたり、廃棄物としてまき散らされたりしないようにできるのです。気候変動の対策としては、埋立地からの排出を防ぎ、石炭、石油、天然ガスの代替エネルギーとして化石燃料の使用を減らすという二重の効果があります。

世界の都市は毎年14億トンの固形廃棄物を出しています。この合計が2025年には24億トンになる恐れもあります。世界的に見ると、先進国を中心に、少なくとも3億7,500万トンの固形廃棄物が埋め立て処分されています。その結果は、より持続可能な廃棄物転換、つまりReduce（減らす）・Reuse（再利用）・Recycle（再資源化）・Recovery（回収）の4Rよりもはるかに劣っています。それでも、新しい技術の衛生埋立地*に廃棄物を送るほうが、オープンダンプ（投棄積み上げ）の埋立地に投棄して、汚染物質を放出し、水を汚染し、健康を害するより、はるかにましです。オープンダンプは低所得国ではまだ広く行なわれています——20世紀になるまではどの国でもそれが普通でした。

埋立地のごみはほとんどが有機物です。生ごみ、落ち葉や剪定した枝、廃材、紙くずなどです。まず、好気性細菌がこうした有機物を分解しますが、ごみの層が圧縮され、上に積み重なるにつれて、そして最終的にシートや覆土で密閉されると、酸素が不足します。酸素がなくなると、嫌気性細菌が引き継ぎ、分解によってバイオガスが発生します。ほかのガスも少々含まれますが、二酸化炭素とメタンがほぼ半々のガスです。二酸化炭素は自然の循環の一部になりますが、メタンは、私たちが有機廃棄物を衛生埋立地に投棄するから発生するので人間活動に由来するものです。理想的には、埋め立て以外の方法で有機廃棄物を処理すべきです。紙はリサイクルして再生紙にし、生ごみは堆肥化するか、メタンダイジェスターで処理します。埋め立てなければ、廃棄物が真価を発揮できます。しかし、埋め立て処理がなくならないかぎり、そこから出るメタンを管理しなければなりません。たとえ直ちに埋め立てをやめたとしても、す

ミシガン州の埋立地のメタン回収井戸

---

*埋立地底部の遮水工事や浸出水の処理をし、最終的には覆土を施す方法。

でにある埋立地は今後何十年も汚染源であり
つづけるでしょう。

　バイオガスを管理する技術は比較的単純で
す。埋立地のあちこちに穴の開いたチューブ
を埋立地の深さまで差し込んでガスを集め、
集めたガスをパイプで中央回収エリアに送り、
そこでガスを安全に配慮して排気するか、フ
レア処理（燃焼無害化）します。それより望
ましいのは、燃料として使うために圧縮して
精製することです（発電用、ごみ収集車用、
天然ガスに混合して供給）。埋立地ガスを使っ
た発電に欠点がないわけではありません。燃
焼過程で発生する汚染物質は大気の質を悪化
させます。スモッグに悩む都市にとっては切
実な問題です。それでも、新しく化石燃料を
燃やすよりはよい方法です。また、発電に使
えば悪臭と爆発や火災のリスクを減らせると
いう利点もあります（完全にクリーンな再生
可能エネルギーには負ける）。

　メタンの発生量は埋立地ごとに異なり、回
収できる量も同様です。密閉度が高い埋立地
ほど、回収は容易になり、成果が出ると言え
ます。米国の埋立地の調査によると、閉鎖さ
れた埋立地でのメタン回収は、廃棄物を受け
入れている稼働中の埋立地よりも17％効率
的でした。しかし、覆土されていない埋立地、
つまり新しいごみの堆積による分解が最も活
発な埋立地がメタン排出の90％以上の原因
になっていました。したがって、メタン回収
井戸は、閉鎖されて覆土を施した埋立地内に
密閉されている埋立地ガスのほうがしっかり
吸い上げることができますが、私たちが一番
に警戒しなければならない最大の犯人は、ご

みが集まりつづけている現役の埋立地なので
す。

　埋立地をメタン排出の温床にしておく必要
はありません。ごみを減量し、転換して有効
活用する包括的な廃棄物戦略の一環として、
埋立地はメタン回収を念頭に置いて設計、管
理、規制すべきです。実際にそういう埋立地
は増えています。問題が集中しているという
ことは、結果を出せるチャンスも集中してい
るということなのです。●

インパクト：この解決策は廃棄物処理階層の
一番下に位置します。食生活の変化、ごみ減
量、リサイクルと堆肥化の増加に伴い、埋め
立て処理する廃棄物は減少します。廃棄物エ
ネルギー施設で燃やせないか、燃やさないほ
うがよいものは、最後の手段として埋立地行
きになります。埋め立て処理する廃棄物を減
らす対策が一夜にして世界中で行なわれるわ
けではないので、私たちは埋立地メタン回収
が今後も一定の役割を果たすと想定していま
す。発電用に埋立地メタンを燃焼させると、
2.5ギガトンの二酸化炭素に相当する排出削
減が可能です。

建物と都市
断熱
INSULATION

「Insulation」（断熱）の語源は、ラテン語で「島」を意味する「insula」です。熱流の面で建物を孤立した島にすることは、まさに断熱がめざすものです。熱は常に暖かいところから冷たいところに移動し、温度平衡に達します。建物を摂氏19〜26度の望ましい範囲に保つには、この熱流を制することが中心的な課題です。夏には、熱気が屋内空間に侵入するとエアコンを長時間使う原因になります。冬には、暖気が暖房されていない屋根裏や地下室へ、煙突から上へ、そして窓やドアの隙間を通るなどの逃げ道を見つけて屋外に漏れると、暖房装置に負荷がかかります。無用な熱収支の差を埋め、快適な室温を保とうとすれば、天然ガスなどの燃料であれ、電気であれ、エネルギーを多く消費します。米国グリーン・ビルディング評議会（USGBC）によると、外気の侵入は家庭の冷暖房で消費するエネルギーの25〜60％を占めます——ただ無駄になっているエネルギーです。建物外皮の断熱性を高めれば、熱交換を減らし、エネルギーを節約し、二酸化炭素の排出を回避できます。

断熱性能を高めるのは熱抵抗性です。つまり、伝導（材料どうしの直接熱交換）、対流（空気など流体を媒体にした熱循環）、放射（電磁波による熱移動）による熱流にどれだけ効果的に抵抗できるかということです。R値は熱抵抗の測定システムです。R値が高いほど断熱性能が高く、それは種類、厚み、密度、建物内のどこに・どう施工されているかによって変化します。理想的には、建物の熱層が全面（一番下の床、外壁、屋根）を継ぎ目

なく覆い、間柱や梁など断熱材以外の熱伝導率の高い建築材料を伝って熱が逃げる「熱橋（サーマルブリッジ）」と呼ばれる現象を防げるようにすべきです。空気漏れや気流も断熱性能に影響を与えるため、隙間や亀裂をふさぐことも建物外皮の性能向上に重要です。

断熱は、新築でも、断熱が不十分なことが多い古い建物の改修でも、建物のエネルギー効率を高める実用的で費用対効果にすぐれた方法です。断熱は、比較的低コストで光熱費が下がる、湿気を防ぐ、空気の質がよくなるという結果が出ます。断熱材の種類は豊富です。グラスファイバーは最も一般的な部類で、毛布のようなバットタイプかルースフィルタイプ（ばら詰め断熱材）があります。同様の断熱材でプラスチック繊維製のものもあります。ミネラルウールはウールではなく、玄武岩や高炉スラグが原料の断熱材です。古新聞はセルロース断熱材に加工するという用途があり、空洞に高密度に充填されます。ポリスチレン断熱材は、硬質ボードからスプレー式発泡材まであります。また、麻、羊毛、わらなどの天然繊維も使われています。反射バリア材は放射熱をはね返す製品です。断熱性能の向上とその生産も持続可能にすることを目的に断熱材の革新は続いています。たとえば、廃棄された家禽の羽の「空気を閉じ込める力」を利用した断熱材が開発されています。

断熱性能は、1990年代初めにドイツで生まれ、省エネを徹底した厳格な工法と性能基準であるパッシブハウスで圧倒的に高まりました——従来の建物より90％も省エネです。この方法は、全面で屋内と屋外を分離するた

めに高気密の建物外皮を徹底追求しています。その結果、きわめて気密性の高い建物になり、雪が積もっても屋内の暖気が漏れず、猛暑の季節でも冷気が逃げることはありません。パッシブハウスの住居はエネルギー効率が非常に高いのでヘアドライヤー程度でも暖まる場合があるほどです。魔法瓶のような建物外皮は、厚く、超断熱の基礎と壁と屋根、あらゆる隙間や接合部をふさぐこと、熱橋への対策、高性能トリプルガラス窓の採用で成立しています。冷暖房のエネルギーを積極的に削減することは、地産地消の再生可能エネルギーでエネルギー需要を満たし、消費エネルギーを正味ゼロにするための土台になります。パッシブハウスは断熱性能に高いハードルを設けているため、短期的に見てその基準に達する建物はほとんどないでしょう。しかし、経済的な奨励策があり、建物のエネルギー効率の要件が厳しくなり、そして「賢明な利己主義」（社会や環境に貢献することが長い目

で見れば自分の利益になる）に後押しされれば、断熱は建物が地球にかけている負担を軽くするうえで重要な役割を果たしていくはずです。●

インパクト：断熱材で建物を改修することは、冷暖房のエネルギーを減らす費用対効果の高い解決策です。既存の住宅と商業ビルの54％に断熱材を施工すれば、3.7兆ドルの実行コストで8.3ギガトンの二酸化炭素排出を回避できます。30年間の正味節減額は2.5兆ドルになる見込みです。しかし、断熱材の寿命は100年以上あり、耐用期間全体の節減額は4.2兆ドル（449.4兆円）を超える計算になります。

建物と都市
建物の改修
RETROFITTING

エンパイア・ステート・ビルディングは、決して環境にやさしいビルをめざしたわけではありませんでした。めざしたのは高層ビルです。「世界一高いビル」の建設をめざした産業界の大物たちの競争から生まれました。わずか1年余りで完成し、1931年5月1日に正式オープンしました。オープンのときは、ハーバート・フーバー大統領がワシントンD.C.から儀式的にスイッチを押してビルの照明をつけました。1972年までは「世界一高いビル」の称号を誇っていました。スチール、石灰岩、花崗岩で表現された力の誇示と強大な力の象徴だったエンパイア・ステート・ビルディングは、今では建築環境のエネルギー効率を高める改修工事の象徴になっています。つまり、建物からどれくらいの暑さと寒さが逃げていくか、入ってくるか、どんな内部システムが居住者を冷暖房しているか、建物の照明はどうなっているかに対処するということです。

地球温暖化は、昼も夜も人類を収容する建物に目を向けなければ対策できません。世界全体では、建物はエネルギー消費の32％、エネルギー関連の温室効果ガス排出量の19％を占めています。米国では、建物のエネルギー消費は全米合計の40％以上です。建物は、電力網や天然ガス配管からエネルギーを引き出して建物内の空間を冷暖房し、照明器具で照らし、あらゆる種類の機器や機械を動かします。その消費エネルギーの80％もが無駄になっています。たとえば、照明や電子機器が使っていないのにオンになっている、建物外皮に隙間があって空気が出入りするといった無駄です。

グリーン・ビルディング（環境や持続可能性に配慮した建物）に対する注目のほとんど

改修工事中のエンパイア・ステート・ビルディングの案内デスクに座るスタッフ。1931年に完成したアールデコ建築のシンボルは、総工費5億3,000万ドル（560億円）かけて改修され、6,500個の窓すべて、冷暖房・照明系統すべてを交換――38％の省エネになる

は、新築の設計施工に関してです。いくつか例を挙げると、LEED（米国グリーン・ビルディング協会による建築物の環境性能評価システム）、国際リビング・フューチャー協会（ILFI）の「ネット・ゼロ」、ドイツのパッシブ ハ ウ ス・イ ン ス テ ィ テ ュ ー ト の「Passivhaus」、カナダ天然資源省の「R-2000」など、さまざまな基準があり、初めから優良な建物を建てる方法を指定しています。それは図面上の建物が実際に建つ前に、設計の段階から無駄なエネルギー消費が生じない建物にすることが目的です。先を見越して今後の構造を決めることは重要ですが、既存の建物に手を加えることも同じくらい重要です。もちろん商業ビルだけではありません。米国には1億4,000万棟の建物があり、そのうち560万棟が商業ビルです。こうした既存の建物（建築ストック）がもっと消費エネルギーを削減できる可能性はきわめて大きいのです。古い建物の建て替え率は年に1〜3%ですから、今の建築ストックのほとんどは15〜20年後もそのまま建っているでしょう。

本格的に改修することは、エンパイア・ステート・ビルディングの取り組みの中心的な原動力でした。ニューヨーク市は、2050年までに温室効果ガス排出量を80%削減すると誓約しています。その目標を達成するには、建物の改修は避けて通れません。21世紀に入った頃は、エンパイア・ステート・ビルディングは1日に4万戸の一戸建て住宅に匹敵するエネルギーを消費していました。民間、慈善団体、非営利組織のコラボレーションである改修プロジェクトは、その消費量の40%

削減に乗り出しました。

エンパイア・ステート・ビルディングは、440万ドル（4.7億円）のエネルギーコストを節約し、10万トン以上の温室効果ガス排出を回避することになります。6,514個の窓は省エネの鍵でした。1,500万ドル（16億円）以上に相当する無駄とお金を節約するために、窓の改造は現場で行なわれ、既存の窓ガラスの間に断熱フィルムをはさみました。エンパイア・ステート・ビルディングは、アールデコ様式の遺産であり、文化的な威信として輝かしい前例ですが、これから達成される38%のエネルギー削減はほんの始まりにすぎません。1970年に建設されたシカゴのウィリス・タワーは、改修によって70%の省エネを達成しました。古いビルでも今やネット・ゼロに迫る改修が実現するようになりました。米国には、エンパイア・ステートやウィリスのような50万平方フィート（46,500平方メートル）超えのビルが8,000棟あります。だからといって、改修が必要なほかの1億3,950万棟から注意をそらすべきではありません。その改修の省エネ効果、投資回収、雇用創出は並はずれたものになるでしょう。

改修はすでに知識と経験の蓄積がある分野ですが、適切な建物性能データがそろって改修はますます効果のあるものになっています。改修の投資回収期間は、平均5〜7年です。ファニー・メイ（連邦住宅抵当公庫）のような貸し手は、ローン用途が建物の環境負荷低減の場合、商業用不動産ローンを5%増額します。しかし、既存の商業ビルが改修される

割合は年にわずか2.2％です。不動産ですから、共通の障壁はお金です。しかし、投資は確実に回収できるので資金は見つかります。今はどの街にもコンサルタントがいて、改修の相談にのり、資金調達を手伝ってくれます。公益事業者（電力会社など）も相談窓口を設け、家電製品、照明の選び方、可変速ポンプ、冷暖房と幅広くアドバイスをしてくれますから、化石エネルギーは地中に残し、省エネできて、節約にもなります。めったに言われませんが、改修した建物は入居率が高いというのが投資のもうひとつの見返りです。

入居者は健康的でグリーンな（環境にやさしい）空間を求めており、今の時代はほとんどの都市でそのぶん家賃が高くても払うでしょう。研究によれば、すぐれた設計のグリーンな職場のほうが働く人の創造性、生産性、幸福度が高くなり、雇用者にとっても人材の採用や定着が容易になります。ジョナサン・ローズ・カンパニーズなどの不動産開発業者は、ニューヨークからオレゴン州ポートランドまでの都心部で古いオフィスビルを探して購入し、改修して、貸しています。改修で職場の質と高感度が上がれば、賃貸需要が増えます。改修は建物の寿命を延ばし、不動産価値を高めます。グリーン・ビルディングは、新築でも古くても、住むにも働くにも、そして所有するにも魅力ある場所です。

それならやってみようという人にとっては、改修のビジネスチャンスは相当なものです。ロックフェラー財団とドイツ銀行の気候変動部門による市場規模の調査と市場分析によれば、米国で住宅、商業ビル、公共建築物の改修に2,790億ドル（29.85兆円）投資した場合、10年間で1兆ドル（107兆円）以上の省エネになる見込みです——米国の年間電力支出の30％に相当します。その過程で、全米に33万人が10年間就業できる以上の雇用が生み出され、米国の排出量は10％近く削減されます。

莫大な節減額と排出削減の可能性を実現するには、世界に15万平方キロメートルある建築ストック（その99％はグリーンではない）に対する建物ごとのアプローチは、おそらく最善の道ではありません。ロッキー・マウンテン研究所（RMI）は、シカゴでもっと工業化した方法を試験的に実施しています。まず改修の範囲を特に効果の高い、広く適用できるグリーン化対策に絞ったセットに限定する、追加対策は完全な分析に基づいて達成をめざす、スケールメリットを得るために同時に複数の建物を引き受ける、という方法です。序盤の結果では、改修コストが30％以上削減され、4年以内に投資を回収できることがわかりました。人間とエネルギー、幸福と経済学、大気の未来という点をつなぐために必要なのは、このような努力です。●

インパクト：ネット・ゼロ・ビルディングと同様にモデル化して算定した数字はありません。住宅や商業ビルを改修する建物所有者は、高性能の断熱材、改良された冷暖房設備、アップグレードされた管理システムなどを導入します。これらは個別の解決策として扱います。まったく同じ改修はありえないので、コストと節減額を予測するのはほぼ不可能です。

建物と都市
水供給システム
WATER DISTRIBUTION

CO₂削減	正味コスト	正味節減額
0.87ギガトン	1,374億ドル	9,031億ドル
	（14.70兆円）	（96.63兆円）

水は重い。水源から汲み上げて浄水場に送り、貯水して配水するには膨大なエネルギーが必要です。実際、都市内で水を処理し、配水するコストの多くを占めているのは電気代で、水道料金の土台になっています。しかし、この水道料金に自治体の水道システムを流れる水がすべて反映されているわけではありません。水道事業者は蛇口に送った水と最終的に蛇口から出る水との差を「無収水（NRW）」という言葉で表現します。世界銀行は、毎年326億トンが漏水によって失われ、高所得国と低所得国でおよそ半々だと計算しています。

配水の途中で失われた水が「無収水」と呼ばれることは、水道事業者や自治体にとって何が問題かを浮き彫りにしています。それは最終的な損益が悪化するということです。もうひとつ問題なのは、家庭や企業には届かず、世界の配水網の裂け目から漏れるだけの水を送るために無駄に発電した何十億キロワット時の電気に由来する温室効果ガスの排出です。この漏れや損失を最小限に抑えることは、エネルギーの節約と同時に乏しい資源である水の節約にもなります。

多くの場所で、老朽化していく水インフラとそのパイプやバルブの劣化は問題です。しかし、それを一気に交換することは財政的に無理ですし、極端な場合や公衆衛生が危険にさらされるときは別にして必要でもありません。それに代わる配水の効率改善は、どういう管理をするかに大きく依存します。水道システムの蛇口側にいる人は水圧が重要であることを知っています。これは、全体的な水道システムの健全さにとっても同じく基本的なことです。『ニューヨーク・タイムズ』紙の表現を借りると、「安定した、ほどほどに低い圧力が理想的——そう、ちょうど人体の血流と同じように」となります。水圧が高すぎると、水が逃げ道を探します。水圧が低すぎると、配水管の漏水箇所から周囲の液体や不純物が吸い込まれる可能性があります。水道事業者にとって「ちょうどいい」水圧の追求が課題です。一般的な対策のひとつは、大きな配水エリア内を「DMA（District Metered Areas）」と呼ばれる小さい漏水測定エリアに分けて管理し、それぞれに門番として機能する特殊なバルブを設置することです。

最大限に水圧が管理された状況でも、漏水が起こることはあります。水道管が破裂して断水し、道が水没しても、浪費の観点からは最悪というわけではありません。もちろん注意と早急な修復は必要です。より大きな問題は、少しずつ、だらだら続く漏水は検出されにくいことです。警戒を怠らず、徹底的な検出と迅速な漏水解消に努めることが重要です。漏水を入念に調べてピンポイントで特定するには、比較的水道を使わない夜間が最も効果的で、そのための支援ツールや技法はいろいろあります。センサーとソフトウェアの進歩が続いていることが、漏水検出と水圧管理の両方で役に立っています。水損失対策専門の業界も現れたほどです。それは、『ニューヨーク・タイムズ』紙が「1990年代初めに全英漏水イニシアチブと呼ばれる取り組みを発足させた、漏水にとりつかれたような、はるか先を考える切れ者エンジニア集団」と評した

人たちによる画期的な仕事から生まれました。その方法と技術は今では英国外でも広く採用されています。

　水損失の問題は世界中に存在します。米国では、配水の推定6分の1が水道システムから流出しています。水損失は概して低所得国のほうがはるかに多く、時には総量の50％にもなります。この損失だけでも半分にすれば、その分で9,000万人ほどに水を供給できるでしょう。フィリピンの首都マニラは、まさにそれを達成しました。水損失を半分に減らすことに成功した結果、マニラの水道事業者は新たに130万人にサービスを提供し、ほぼ全利用者を対象に24時間供給ができるようになりました。

　現在まで、マニラのような成功事例は、高所得国でさえ、めったにありません。水道事業者が水損失の問題に取り組まないことがあまりにも多いのです。その原因としては、制度面や専門技術面の力が弱い、対応する動機に乏しいか対応を要求されないということから、漏水対策にコストがかかる場合、新しい浄水施設を建設するほうが簡単で事業としてうまみがあるということまで挙げられます。漏水問題を認めれば、管理上の問題を認めることになり、契約者や政治家から非難されることにもなりかねないのですから、水道事業者は漏水対策を嫌がりますが、対応せよという圧力は高まっています。必要になる資金投入と高い技術力を考えると、世界銀行と国際水協会（IWA）とのパートナーシップのような実現に向けてのグローバルな取り組みが不可欠です。

　自治体にとって漏水対策はいいことづくめです。漏水対策は、水道事業者の効率改善、契約者の満足度向上になるばかりか、供給量を増やし、増加する人口に水を供給するための最も安上がりな方法です。それは同時に自治体の水道システムに水不足への余力や回復力をつける対策にもなります。水不足は温暖化する地球でますます頻発するようになるでしょう。配水効率は、気候変動対策になり、その影響への適応策にもなります──結局、事前対策と防衛策、一挙両得の解決策なのです。●

インパクト：私たちは水圧管理と積極的な漏水制御のインパクトのみをモデル化し、2050年までに世界全体で水損失をあと20％削減できると推定しています。その結果、ポンプ配水に由来する二酸化炭素の排出削減は0.9ギガトンになる見込みです。総設置コストは1,370億ドルで、水道事業者の運用節減額は2050年までに9,030億ドルになる計算です。この単純な解決策を実行すると、30年間で81.4京リットルの水を節約できると予想されます。

建物と都市
ビルのオートメーション
BUILDING AUTOMATION

CO_2削減	正味コスト	正味節減額
4.62ギガトン	681億ドル (7.29兆円)	8,806億ドル (94.22兆円)

建物は静的な構造物に見えて実は複雑なシステムです。エネルギーが建物をよどみなく流れています——暖房と空調システム、電気配線、給湯、照明、情報通信システム、セキュリティ・アクセス制御システム、火災警報器、エレベーター、電化製品に流れ、そして間接的には配管を通して流れています。大型商業ビルになると、たいてい何らかのコンピュータで集中制御するビル管理システムがあり、ビル内のシステムを監視、評価、制御し、エネルギー効率の改善点を検出しながら、入居者の居住性をよくしています。しかし、ビル管理システムは手動なのでヒューマンエラー(人為的ミス)に影響されやすいという面があります。自動システムを採用すれば、そのうちではなく、今すぐ確実にエネルギー効率が向上し、平均的なビルでは消費エネルギーの10〜20%削減になります。

ビルディング・オートメーション・システム(BAS)は建物の頭脳です。センサー装備のBASビルは、常にスキャンとリバランスを実行して効率と性能を最大化しようとします。たとえば、周囲に誰もいなければ消灯し、自動的に換気して空気の質と室温を快適に保ちます。従来のシステムは、車のダッシュボードのように、ビル管理者に何をしなければならないかを知らせます。自動システムを備えたビルは、自動運転車のように自発的に行動します。新築ビルは最初からBASを設置できます。既存のビルは改修してBASを導入すれば、その恩恵を受けることができます。

BAS市場は拡大しています。拡大を促し

ている要因は、自動システムが入居者の居住性と生産性に与える影響、省エネやランニング／メンテナンスコスト削減に与える影響が正しく認識されるようになっていることです。自動システムによって屋内温度と照明の快適さと屋内空気の質が向上します。これは入居者の満足度に直接影響を与えます。世界グリーン・ビルディング評議会(WGBC)によると、屋内空気の質がよくなると生産性が8〜11%向上します。ビル経営者側にとっては、BASによって問題の発生時期を予測し、迅速に修正できるようになります。オートメーションによって全システムの管理が一元化され、単純化されると、仕事が楽になります。特にグリーン・ビルディングの場合は、所定の環境性能を満たし、維持するためにBASで主な指標を測定、検証することが役立ちます。人的その他の要因で基準以下になる場合もあるからです。グリーン・ビルディングは環境性能を高く評価されますが、環境性能にすぐれているのは評価と実態が一致する場合に限られます。

やはり導入の障壁はあります。一般にエネルギー支出はビジネスのコストドライバー(コストを生じさせる要因)としては小さく、大幅な節約を求める部分ではありません。初期費用が高くてもリターンは大きく、しかもすぐ投資を回収できるとならないかぎり、BASに投資価値はありません。予想したほどリターンがないなら、実際そういう例もあるように、BASの広範な信頼性が損なわれます。もうひとつの課題は家主と入居者の取り決めです。会社のビルと社員のような関係

ではなく、ビル所有者と入居者が別個の関係者である場合、エネルギー効率を最大化する動機は弱まります。ビルのシステムを決定するのはビル所有者、水道光熱費を負担するのは入居者だからです。入居者の快適さという観点は、それが入居者の満足度、ひいては空き室率の低下に影響することを考えると、ビル所有者と入居者の双方に共通する利害になりそうです。

　建物が静的な構造物に見えるせいで、建物が気候変動に与える影響を忘れがちです。気候変動に関する政府間パネル（IPCC）によると、建物は世界のエネルギー消費量の約3分の1、世界の温室効果ガス排出量の5分の1を占めています。BASは、そのエネルギー消費を抑制する効果の高い解決策のひとつです。決定的なのは、サーモスタットを調節するような個人の行動に頼らずとも、大きな省エネになることです。BASは、地域や国の定める建物エネルギー効率の要件を満たすためにますます必要になります。分散型発電、エクステリアシェーディング（屋外遮光）、

スマートガラスなど建物自体が複雑になるにつれて、BASはいっそう高度化しなければなりません。こうしたシステムは、建物が必要とする「ニューラルネットワーク」なのです。●

インパクト：BASを採用すると、冷暖房は最大20％、照明や電化製品などに消費するエネルギーは11.5％省エネになります。2014年にはBASが商業ビル床面積に占める割合は34％でしたが、これを今世紀半ばまでに50％に拡大すると、680億ドルの追加コストで、建物所有者は8,810億ドルの運用コストを節約できる計算になります。二酸化炭素排出は4.6ギガトン回避できる見込みです。

LAND USE

土地利用

「ドローダウン」という言葉は、大気中の温室効果ガス濃度が減少に転じることを表します。それを達成する手段は2つあります。1つは人間活動が引き起こす排出の徹底的な削減、もう1つは大気中の炭素を隔離し、何十年、何百年と貯留する効果が立証されている土地利用と海洋利用の普及です。実際にドローダウンに影響を与える土地利用法のインパクトを正しく評価するために、私たちはそれらを別々の解決策に分けました。そのうち13の策は食料生産に関連しているため「食」分野で扱い、残る9つの策をここで詳しく述べます。私たちはまず、土地が世界中でどう利用されているかを評価しました。次に、土地の使い方が違えば、あるいは放牧法や栽培法が変われば、どうなるかを計算しました。計算には含まれていませんが、22の解決策がいずれも後で後悔することのない解決策であることは調査結果にはっきりと示されています。実行すれば、土壌水分、雲量、作物収量、生物多様性、雇用、人間の健康、収入、レジリエンス（抵抗力や回復力）が増す一方、農地に投入しなければならない化学肥料や農薬は格段に減ります。

土地利用
森林保護
FOREST PROTECTION

森林の種類にもいろいろあるなかで最も重要なのは、原始林や処女林と呼ばれる原生林です。例を挙げると、ブリティッシュコロンビア州（カナダ）のグレート・ベア・レインフォレスト、アマゾン熱帯雨林、コンゴ熱帯雨林です。こうした原生林は悠久の歳月をかけて成熟した林冠木と複雑な下層植生を育み、地球上で最大の生物多様性の宝庫になっています。森林には3,000億トンの炭素が貯留されていますが、時には「持続可能」な伐採という名目で、いまだに伐採されています。手つかずの原生林がいったん伐採されはじめると、持続可能な森林管理システムの下であったとしても、生物学的な劣化につながることが研究によってわかっています。

　かつて、地球の森林は陸地を果てしなく覆い、人間の侵入はどちらかと言えば無視できるものでした。1万年前、人間は石の斧で木を切り倒すようになりましたが、狩猟採集生活ではそれほど多くの木材を必要としませんでした。農耕が定着し、定住生活になると、それが変化しはじめます。紀元前5500年には、「肥沃な三日月地帯」と呼ばれる一帯で農業の恵みによって発展した文明と国家が栄えるようになりました。最初の鉄器、筆記体系、作物は、古代イラク人をはじめ中東の人々によって開発されました。野生の小麦、エンドウ豆、果物、羊、豚、ヤギ、牛を食料にして人口が膨れ上がりました。豊富な余剰食料が芸術、政治、統治、法律、数学、科学、教育を支えました。

　そして、どうなったでしょう？　森林は伐採され、土壌浸食が加速しました。雨はもは

や森林の土壌を養うどころか流出させるようになりました。やがて始まった灌漑は塩害を招き、かつて作物が豊かに実った場所が死んだ塩田のようになりました。乾燥していく土壌で無理な放牧をしたせいで土が吹き飛ばされました。古代イラクとその周辺に起きたことが、今、世界中で再現されています。シリア、南スーダン、リビア、イエメン、ナイジェリア、ソマリア、ルワンダ、パキスタン、ネパール、フィリピン、ハイチ、アフガニスタン、今日の世界の紛争地帯の多くで森林が失われてきました。どの国にも森林破壊、燃料木材の乱伐、過放牧、土壌浸食、砂漠化が起きています。ミャンマー、タイ、インド、ボルネオ、スマトラ、フィリピン、ブラジルのマタ・アトランチカ（大西洋岸森林）、ソマリア、ケニア、マダガスカル、サウジアラビア、これらの地域では元の森林環境の90%以上が失われました。

　2015年に世界の樹木総数を推計したところ3兆本でした。その数は以前の予想をかなり上回りますが、毎年150億本以上の木が伐採されています。人間が農業を始めて以来、地球上の木の総数は46%減少しました（現在、森林が覆っている地表面積は3,990平方キロメートル、陸地の約30%）。中国の黄河の色は、何世紀もの森林破壊と過放牧の結果、黄土高原の黄土が浸食されて流れ込んだ色です。ヨーロッパの森林は17世紀から20世紀にかけて開墾されました。米国でも19世紀と20世紀に同じことが進行しました。中南米、東南アジア、アフリカでは20世紀になって林業伐採、焼き畑式の放牧地開墾、パーム

CO₂削減　　　　CO₂固定（放出された場合に換算して）
6.2ギガトン　　　896.29ギガトン
　　　　　　　　　コストと節減額の世界合計はデータ変動が
　　　　　　　　　大きすぎて算定できず

油のための皆伐が森林に大打撃を与えました。世界自然保護基金（WWF）によると、世界は毎分サッカー場48面分の森林を失いつつけています。

　森林減少と関連する土地利用の変化による炭素排出量は世界合計の10〜15％と推定されます。ギガトン単位では、この排出量は2001年から2015年の間に25％減少しましたが、森林減少率は食料増産のために2050年までには再び悪化している可能性があります。既存の耕作地や放牧地で食料を増産するか、森林などの生態系を耕作地や放牧地に変えて食料を生産するか、どちらかが必要になります。

　森林減少の過程では、木に蓄えられている地上部バイオマスの炭素が失われるばかりか、土壌に蓄えられている地下の炭素も著しく失われることがあります。これが特に当てはまるのが、開墾法として焼き畑式が採用される場合、そして土壌炭素の地下貯蔵が濃密な泥炭地です。森林を農地や牧草地に転換すると土壌炭素が20〜40％減少すると推定されています。

　あらゆる森林減少を食い止め、森林資源を回復させれば、世界の炭素排出総量の最大3分の1まで相殺できる可能性があります。さまざまな政府や民間の試みは、それを目標に、複数の手法を組み合わせて世界各地である程度までは実行しています。たとえば、公共政策と既存の違法伐採禁止法の執行、先住民の土地の保護、真に持続可能な林業と農業といった対策のほか、熱帯林を維持管理する国々に富裕国や企業が資金を提供するプログラムも多数あります。

　たいへんすぐれた成果報酬型プログラムは、2005年に具体化しはじめた国連「森林減少・劣化による二酸化炭素排出の削減」（REDD+）プログラムです。2014年の40カ国、多国籍企業約60社などが署名した「森林に関するニューヨーク宣言」からも資金提供プログラムが生まれています。REDD+の支援をめざしたマルチセクターの取り組み、森林炭素パートナーシップ基金（FCPF）は、合計約11億ドル（1,177億円）の2つの基金を設立し、森林保有国が森林の炭素ストック（貯蔵量）の保全と増加に努めることに対して、また森林の減少・劣化を減らすことに対して報酬を支払ってきました。土地所有者、森林の住民、協力者への報酬は、森林を保護するほうが伐採よりも経済的に有利にすることがねらいです。

　森林保全の利点はたくさんあり、多方面に及びます。たとえば、非木材製品（野生の鳥獣肉、食用の野生植物・キノコ、飼料）、浸食の抑制、鳥、コウモリ、ミツバチによる無料授粉と害虫や病の駆除など、さまざまな生態系サービスです。しかし、かつて森林だった土地で細々と生計を立てている疎外された人々にとって森林保全の利点はわかりにくいものです。森林の端に住む住民は森林保全の成否を握る当事者です。この人たちに対する何らかの補償と生計の手段を用意して、伐採よりも伐採されていない森林から価値を引き出せるようにすることが必要です。

　熱帯林は陸生の動植物の3分の2の生息地であり、生物多様性のかけがえのない宝庫で

ブリティッシュコロンビア（BC）州の太平
洋岸402キロメートルに広がる温帯雨林、グ
レート・ベア・レインフォレストのシロアメリ
カグマ*。この森の先住民、ツィムシアン族
はスピリットベア（精霊の熊）と呼ぶ。シロ
アメリカグマはめったに見られないが、サケ
の季節には、この写真のように川や滝の近く
でごちそうにありつく姿を見つけやすい。こ
の森は、皆伐と林業伐採を止める自然保護
運動で最も成功した事例に数えられるグレー
ト・ベア・レインフォレスト・キャンペーンの
成果で、現在はほぼ手つかずの状態で守ら
れている。ファースト・ネーションズ（カナ
ダ先住民）の人々と環境NGOの諸団体が、
1984年のクラクワット・サウンド（バンクー
バー島）での活動を皮切りに、林業会社の
マクミラン・ブローデルに許可された伐採権
に抗議して森を封鎖した。関係者の22年間
のたゆまぬ努力が実り、2016年2月、BC州
首相のクリスティ・クラークは、ファースト・
ネーションズ、林業会社、環境保護団体が
協定を結び、640万ヘクタールの85%を保護
していくことになったと発表した

＊シロアメリカグマは黒い毛のアメリカグマの
変種で、アルビノではなく劣性遺伝形質。

205

す。熱帯林は新しい医薬品の遺伝物質の供給源でもあります。その4分の1は、直接的か間接的に薬用植物から生まれるか、昔から知られる植物の効用を基に新しい化合物を合成して生まれます。このような価値は定量化するとか、想像することが難しく、その恩恵は直ちに実感できるとも限りません。

　森林を救う効果的な行動計画に必要なのは、広く関係者が生態系への理解を深めること、地球温暖化への危機意識、政治的意志、地元の賛同、不正のない管理監督体制です。この点にかけては、ブラジルの右に出る国はありません。ブラジルでは1998〜2004年に伐採と焼失がピークに達し、31万平方キロメートルの森林が失われました──ポーランドの国土に相当する面積です。その後の10年でブラジルは多面的な戦略を積極的に追求し、この森林喪失を80％削減しました。ブラジルは強制力のある政策を法制化し、新たな森林減少を警告する衛星写真など最先端の科学的監視を採用しました（ドイツと協力して）。また入植者が土地を皆伐して開墾しなくても所有権を主張できるように土地所有法を改正し、土地登記計画を定めました。森林破壊の中心地であるパラー州では、登記は2009年の500地所から現在では11万2,000以上に拡大し、州内の私有地の62％をカバーしています。さらに、ブラジルは森林減少率の高い場所の政府機関には資金供与を保留にし、持続可能な開発と森林減少の削減を目的にしたプロジェクトに出資し、すでに農地になっている土地の生産性を高めました。

　別の重要な進展としては、森林伐採したばかりの土地からの産品は禁輸にするという自発的な合意を大豆貿易業者から得たこと、2009年にアマゾンの三大精肉会社と環境保護団体グリーンピースが森林伐採する供給業者からの購入を禁じる協定を結んだことでした。供給業者のコンプライアンス（法令遵守）は2013年に93％に達しました。95カ所の屠畜場のうち65カ所が森林伐採ゼロの公約に署名しました。その間、牛と大豆の生産量はかえって増加しました。

　ノルウェーは森林減少率を下げるという目標を達成した国に報奨金を出すために2008年に基金を設立しています。そのノルウェーからブラジルは総額10億ドル（1,070億円）の助成金を受け、2015年に最後の1億ドル（107億円）の支払いを受け取りました。国連環境計画の元事務局長、アヒム・シュタイナーは「ブラジルが過去から根本的に脱却したことに疑いの余地はなく、それは森林保全が気候に関する国際協力の重要なメカニズムであろうという考え方に信憑性を与えた」と述べました。しかし、2016年には、厳しい規制は続いているにもかかわらず、農業のために皆伐される森林面積は元の水準に戻りはじめました。この後退は誰にも完全には説明できませんが、メッセージは明らかです。マネーロンダラーならぬ畜牛“ロンダラー”側もあの手この手で抜け道を見つけるということ、森林保全活動の鍵を握るのは揺るぎない意志とコミットメントだということです。

　まぎれもなくアマゾンは世界最大の天然資源です。熱帯雨林は40年後には消滅するペースで伐採されています。森林保護への資金提

供をリードするノルウェーは、森林保護のために何ができるかのお手本です。森林保護の"値段"が総額いくらになるのか見積もるのは困難です。ある研究では、年間500億ドル（世界の軍事費の約3％）で熱帯の森林減少は3分の2減らせると試算されています。グレート・ベア・レインフォレストで新鮮なサケをかじるスピリットベアの冒頭の写真は、値段をつけたり、計算したりすること、金銭的価値では語れない不思議な力を放ちます。そんなことは超越しているに決まっているからです。炭素隔離と炭素貯留へのインパクトを合計すると、森林保護と熱帯林・温帯林の再生は、私たちにできるきわめて強力な地球温暖化対策のひとつです。●

インパクト：森林を1ヘクタール保護するたびに、森林減少・劣化の脅威は減ります。あと2億7,800万ヘクタールの森林を保護すれば、2050年までに合計6.2ギガトンの二酸化炭素排出を回避できる見込みです。おそらくもっと重要なのは、この解決策によって森林保護の総面積が約9億3,000万ヘクタールに増え、推定245ギガトンの炭素貯留を固定できる可能性があることです。これは大気中に放出された場合、概算で895ギガトン以上の二酸化炭素に相当します。経済面の数値は、土地所有者レベルの負担にはならないため予測しません。

フランス人カトリック司祭で人権弁護士でもあるアンリ・デ・ロジエ*。ブラジルで熱帯雨林を牛の放牧地に変えることしか眼中にない大土地所有者に次に命をねらわれそうな標的。殺害の報酬は38,000ドル（400万円）ほどと推定されている

*2017年11月に死去（病死）

マレーシアの熱帯雨林の硬材（広葉樹）は何世紀も前から需要が多かったが、過去20年間は特に需要が集中した。その間、林業会社は木材の販売から利益を得ただけでなく、パーム油プランテーション（大規模農園）を開発して利益を倍増させた。伐採の多くは、土地の専有と同様に違法だった。その影響で甚大な被害がもたらされてきた。伐採はマレーシアの熱帯雨林の広大な面積を劣化させるか破壊し、熱帯諸国のなかで群を抜いて速いペースで森林減少が進行している。知能の高い霊長類で絶滅の危機に瀕しているオランウータンの生息地でもあるボルネオの熱帯雨林は20％しか残っていないと推定されている。この写真は、シルトの堆積したミリ川の水、上流の伐採で流出した土砂でオレンジ色に染まっている。水に浮かんでいるのは魚の骨状につながれた直径の細い木。この光景を見れば、森林の再生が追いつかないうちに伐採が再開されることがわかる

土地利用
沿岸湿地
COASTAL WETLANDS

海岸線沿いの陸と海が出会う汽水の浅瀬には、世界のあちこちで塩性湿地が広がり、マングローブや海洋植物が繁茂しています。このような沿岸湿地の生態系は、南極を除く全大陸に見られます。沿岸湿地は、天然の養魚場や渡り鳥の餌場になり、高潮や洪水に対する第一の防衛線にもなり、また水質を高め、帯水層を満たす天然のろ過浄水システムとしての役目も果たしています。沿岸湿地は、その陸地部分と比べて、地上の植物、根、地下の土壌にも大量の炭素を隔離しています。

　何世紀、いえ、おそらく何千年もかけて吸収された、この「ブルーカーボン」（海辺なのでそう呼ばれる）は、長年見過ごされていましたが、実は沿岸湿地は長期的に見ると熱帯林の5倍の炭素を貯留できるのです。その大半は湿地深部の土壌に蓄えられます。学術

誌『ネイチャー』によると、マングローブ林の土壌だけで世界の排出量2年間分と同等以上を蓄えられる可能性があります――220億トンの炭素です。もし沿岸湿地の生態系が失われたら、その炭素の多くが漏れ出してしまいます。研究と保護の努力のおかげで、状況は変化しています。国際社会はこの知られざる炭素吸収源に対する評価を高めていますが、同時に沿岸湿地にのしかかる重圧も課題です。

　人類史では、「湿地」はたいてい「荒れ地」を意味してきました――農業から入植まで、

アラスカ州ターナゲン（Turnagain）入江の水路沿いの干潟と湿地の草。入江の名前は、英国の探検家ジェームズ・クックが北西航路を探しているときに、ここで行き止まりとわかったことに由来する（turn againは「引き返そう」の意）。ここは干満の差が大きいことで知られ、干潮時に広い干潟が露出し、満潮になるとそれが水没する。この潮間帯湿地の背景にチュガッチ山脈が連なる

さまざまな目的のために堤防を築き、泥をさらい、排水する場所でした。こうした沿岸の生態系は、防蚊剤の噴霧、汚染物質や堆積物の流出、木材の採取、侵入種、化石燃料産業の操業から被害を受けてきました。また、湿地をエビ養殖場、パーム油プランテーション、コンドミニアム、ゴルフコースにする開発が行なわれてきました。過去数十年で、世界のマングローブの3分の1以上が失われました。世界人口の増加に伴って食料需要が増加する傾向が続くため、それに応じて湿地にかかる圧力も高まっていくでしょう。

　沿岸湿地がその圧力に屈するかどうかは、よくも悪くも気候変動に影響します。沿岸湿地に開発の手が入らず、その健全さが保たれるなら、沼地、マングローブ、海洋植物の群生は炭素を吸収して固定します。植物の成長が速く、酸素が少ないおかげで、枯死した植物体が速やかに積み重なり、湿度の高い嫌気状態でゆっくりと分解され、炭素が豊富な土壌を生み出します。再び学術誌『ネイチャー』から引用すると、「世界の二酸化炭素排出量の約2.4～4.6％は海洋生物によって吸収、隔離されるが、国連の推定によると、その隔離の少なくとも半分は"ブルーカーボン"湿地で生じている」ということです。その生態系が劣化したり、破壊されたりしたら、炭素を吸収するプロセスが停止するだけではありません。そうなったら沿岸湿地は強力な排出源になり、長く隔離してきた炭素を放出するようになるのです。

　気候変動に歯止めをかける（逆に気候変動の原因にもなる）ブルーカーボンの役割について認識が高まるにつれて、湿地が気候変動の影響に対処するためにも重要であることが明らかになりつつあります。融氷と熱膨張による海面上昇と暴風雨の増加は沿岸のコミュニティを脅かしますが、海岸線の生態系は荒波や奔流からの防護として生死を分けるものになります。人工の防壁（土手、ダム、堤防）の不十分さが次第に露呈してきていますから、特にそう言えます。湿地の遮蔽機能や緩衝機能に目を向けると、湿地が今健全で、将来に備えてレジリエンスもある状態にしておくことはよりいっそう重要になります。

　もちろん、理想を言えば、損害を受ける前に沿岸湿地を保護し、蓄えられている炭素を封じ込めておくべきです。1971年の「湿地に関するラムサール条約」を契機に、政府の規制や非営利組織のプログラムによって、インドネシアのワスール国立公園やフロリダ州のエバーグレーズ国立公園など、特に貴重な湿地の保護が進められています。保護地域の指定は今後も重要ですが、湿地を保護すれば農業や開発に利用できる土地が減るということになる場合、広大な土地の保全は難航することがあり（そしてコストもかかり）、激しい議論を巻き起こす問題になりがちです。チェサピーク湾のスミソニアン環境研究センターなどの組織は、炭素隔離を最大化する方法について多数の科学的研究を積み上げています。

　保護地域の指定と並行して、炭素吸収源としての有効性は無傷の場合とは比較になりませんが、すでに劣化してしまった沿岸湿地の修復や再生も可能です。再生の取り組みは、自然に任せて生態系のプロセスをじゃましな

いようにする受動的なものから、残された堤防、溝、排水設備、開発の痕跡を撤去することまであります。受動的な再生は、費用を抑えられ、長期的にはより効果が上がる傾向があります。しかし、湿地の劣化が深刻な場合、潮の干満の水が自由に流れ、自然な生息環境の植生が繁茂するのを促進するために集中的な対策が必要になることもあります。デラウェア湾からオランダの海岸まで、"生きた海岸線"で人工的な制約のない潮間帯（潮の干満で露出と水没を繰り返す場所）を取り戻している場所があります。道路などのインフラを撤去して生きた海岸線を育てることに加えて、沿岸湿地に移動できる余地を与えるのも有益です。海面が上昇しつづけると、沿岸湿地の生態系は内陸のより高い場所へと移動せざるをえなくなりますが、そこに人間が定住していれば、その変化を妨げる可能性があります。

陸地での炭素隔離の取り組みとは対照的に、海岸沿いのそれはまだ始まったばかりです。2008年以来、ヨーロッパの企業グループがセネガルで活動し、マングローブの再生に多額の資金を投じ、自国で排出を相殺（カーボンオフセット）するためのカーボンクレジット（排出削減活動による炭素の減量証明）を受け取っています。現地の人々（主に女性）は、薪や魚貝類を得るための資源として伝統的に共有してきた土地に数千万本の木を植えてきました。しかし、カーボンクレジットというものが販売され、低賃金で働かせておいて企業は利益を得ているのだと現地の人々は後に知ることになります。しかも、がっかりした

ことに、植林した沿岸部にある貝や木材などの大切な資源は、植えたばかりの木の成長や炭素吸収のじゃまになるからと、もう利用できないことも知りました。同時に、村人たちは今、海の緩衝機能を再建し、波や風から土地を保護し、鳥、サル、マングースの生息地と重要な天然の養魚場を回復するという重層的な恩恵を経験しています。

セネガルに当てはまることは世界中に当てはまります。人間の暮らしと沿岸生態系は複雑に絡み合っており、より深い理解が求められます。手段がブルーカーボンかそうでないかは別にして、地球温暖化対策の公正さには、実践者による規律と観察者による警戒が必要です。沿岸湿地への投資がうまくいけば、リターンはローカルにもグローバルにも多方面に及びます。大気に利益をもたらし、生物多様性、水質、暴風雨からの防護を強化し、現地コミュニティの権利と幸福を尊重する。すべて同時に果たせる可能性があるのが沿岸生態系の保全なのです。●

インパクト：世界全体で4,900万ヘクタールの沿岸湿地のうち、現在保護されているのは729万ヘクタールです。2050年までにあと2,300万ヘクタールを保護すれば、排出が回避され、また隔離が維持される二酸化炭素は合計3.2ギガトンになる見込みです。面積は限られますが、沿岸湿地は大きな炭素吸収源です。それを保護すれば推定15ギガトンの炭素を固定することになります。これは大気中に放出された場合、53ギガトン以上の二酸化炭素に相当します。

土地利用
熱帯林
TROPICAL FORESTS

こ数十年、熱帯林（北緯または南緯23.5度以内にある森林）は広範囲の皆伐、分断、劣化、動植物の減少に見舞われてきました。森林はかつて世界の陸地面積の12％を覆っていましたが、現在はわずか5％です。多くの場所で、森林減少が続いています。しかし、森林再生は今、受動的な再生も意図的な再生も、増加傾向にあります。世界の炭素吸収源としての森林を評価した2011年の調査は、「熱帯は世界最大の森林地帯で

あり、最も激しい現代の土地利用の変化を経験し、最も多く炭素を吸収しているが、不確実性もまた最大である」と報告しています。森林減少が絶えない状況でも、熱帯林の再生で年6ギガトンもの二酸化炭素が隔離されます。これは世界全体が1年間に排出する温室

アマゾンでは土地を開墾して放牧地にする方法としていまだに焼き畑式が好まれる。薄い酸性土壌がたちまち劣化して役に立たなくなるのだから、妄想にとりつかれたような行為だ。ボリビア北東に接するロンドニア州で撮影

CO₂削減
61.23ギガトン

コストと節減額の世界合計はデータ変動が
大きすぎて算定できず

効果ガスの11％、あるいは米国が排出する全量に相当します。

　主に農業の拡大や人間の定住のために森林が失われると、二酸化炭素が大気中に放出されます。熱帯林の喪失だけでも人間活動が原因の温室効果ガス排出量の16〜19％を占めます。森林再生ではその逆のことが行なわれます。森林の生態系が生き返ると、木、土壌、落ち葉、そのほかの植生が炭素を吸収して固定し、地球温暖化の循環から炭素を取り除き

ます。多様性の点ではすぐに原生林と同じにはならないものの、再生された森林は、水の循環を支え、土壌を保全し、生息地と花粉媒

10,500ヘクタールの原生雲霧林を保護するコスタリカのモンテベルデ・クラウド・フォレスト・リザーブ。おそらく世界一多様なバイオーム（生物群系）が保たれている。この森の名前は、朝鮮戦争に徴兵されるのを避けてアラバマ州からコスタリカに移住したクエーカー教徒の農民たちによって名づけられた（当時コスタリカは軍を廃止したばかりで、それがコスタリカを選ぶ動機になった）。それは彼らにとってまさにグリーン・マウンテンだった。以来、モンテベルデ（緑の山）と呼ばれるようになった

介生物を保護し、食料、医薬品、繊維の供給源になり、そして人間に生活の場、冒険の場、崇拝の場を与えてくれます。このような生態系がもたらす商品やサービスは、僻地の、社会から取り残されがちな森林周辺の住民にとっては特に重要ですが、気候変動が続き、コミュニティがその影響への適応を迫られる状況ではなおさら重要になります。

世界資源研究所（WRI）によると、世界の森林地の30％が皆伐され、20％は劣化しています。「世界全体で20億ヘクタール以上に再生の機会がある——南米よりも広い面積だ」とWRIチームの研究陣は報告しています。その土地の4分の3は、森林、低密度で生えている木、農業利用を混合する「モザイク」型の森林再生アプローチが最も適しているでしょう。人間の居住がまばらな地域では、最大4.9億ヘクタールの林冠密度の高い大森林が原生林への回復を待っています。機会は途方もなく大きく、その大部分は熱帯地域にあります。

再生とは、損害を受けた森林生態系が元の形と機能を取り戻すのを促すために行動を起こすことです。具体的には、動植物が戻ってくる、有機体と種の相互作用が復活する、森林が多次元の役割を取り戻すということです。米国東海岸沿いの森林の復活を記録したビル・マッキベンは、1995年に「重要なのは単に幹の本数ではなく、森林の質だ」と書いています。概して、生態系が受けてきた害が大きいほど、再生は複雑で高額になります。最近の研究は、破壊しつくされた熱帯林は元に戻らないという長年の仮説を覆しています。

実は、熱帯林は私たちがこれまで考えていたよりもはるかに回復力があります。平均66年間で、熱帯林は原生林にあったバイオマスの90％を回復できます。

熱帯林の再生や修復の具体的な方法はさまざまです。最も単純なシナリオは、作物の栽培や谷にダムを建設することなど、森林以外の用途から土地を解放し、自然な再生と遷移の経過に任せて、若い森林を自力で成長させることです。保護の手を入れれば、火災、浸食、放牧などの圧力を食い止めることができます。ほかには、在来種の苗を栽培して植え、侵入種を取り除くなど、より集中的な手法もあります。こうした手法は、その森林で特に重要な種に繁茂する機会を与え、自然の生態学的なプロセスを加速させます。土壌の劣化が深刻な場所、天然の種子バンク、つまり近隣の森林や地中に残っている種子などが存在しない場所には不可欠な手法です。苗が成長すれば、土が健康になり、日陰ができて草が減り、種子を分散させる鳥などの生物を引き寄せます。そうなればさらに再生が進み、結果的に自然な再生と遷移も促進されます。

森林再生は森林のエコシステム（生態系）に焦点を合わせますが、その成功は人間側のシステムにも左右されます。次々と森林が伐採される時代、手つかずの森林はほとんどなくなりました。今日の人口が過密な世界では森林と人間が切り離されて存在することはめったになく、森林を再生するということは森林を生態学の観点から再び揺るぎないものにするという以上の意味があります。それは社会的にも経済的にも実行可能なもの、でき

れば価値あるものでなければなりません——現地コミュニティ全体にとって誇りと利益、余暇と食料の源泉であるべきです。気候の観点に限って言えば、炭素削減というグローバルな利益は、地球温暖化とその影響への適応策になるというローカルな利益を満たすべきです。この複雑に絡み合った利益を達成しなければ、森林再生はとてもスタートできるものではないでしょう。悪くすれば、投資しても後から障害が生じて失敗しかねません。森林再生が持続するものなら、現地コミュニティは今育っているものに利害関係をもつことになります。

　人間と森林の密接なつながりを前提に、再生のための枠組み、森林景観回復（FLR）が生まれました。この国連食糧農業機関（FAO）が提起したアプローチは、「景観を統合された全体と見なすこと……異なる土地利用をひとまとまりにして、そのつながり、相互作用、多様なモザイク状の［再生］介入策を見ること」を意味します。つまり、森林再生に決まった公式はないということです。木を育てることは、もちろん欠かせない介入策ですが、FLRの主張は人間側のステークホルダー（利害関係者）の参加も同じくらい欠かせないということです（FAOが作成した景観回復のための10の指針のうち、「植林」に関することは1つだけです）。再生を共同プロセスにすれば、現地コミュニティと一緒に、現地コミュニティのために行なう再生になり、森林破壊の根本原因に対処し、時には競合する複数の目的を達成できます。そして復活した森林に支持者はいても、異議を唱える人はいな

くなります。再生は権限のある機関だけでは果たせません。それは土に始まり、土に終わります。

　今、森林再生をめざすまぎれもなく世界的な動きがあります。その進化の重要な節目は2011年でした。ボン・チャレンジが2020年までに全世界で1億5,000万ヘクタールの森林を再生するという野心的な目標を設定した年です。2014年の「森林に関するニューヨーク宣言」は、その目標を確認し、2030年までに全世界で3億5,000万ヘクタールを再生するという累積目標を追加しました（どちらの目標も第一に森林減少を止める目標を掲げたうえで）。もし世界が2030年までに3億5,000万ヘクタールの森林を再生したら、合計12〜33ギガトンの二酸化炭素が大気中から取り除かれて再び土に戻り、再生された森林は多種多様な商品やサービスの供給源になるでしょう。

　最近の分析によると、積極的な森林再生は（必ずしも積極的再生が必要とは限らないが）、一般的に1エーカー（0.4ヘクタール）当たり400〜1,200ドル（42,800〜128,400円）かかります。この金額に土地のコストは含まれず、植える種、採用する方法、開始条件、プロジェクト規模に応じて金額は変わります。今から2030年までの間に8億6,500万エーカー（3億5,000万ヘクタール）の森林を再生するには3,500億〜1兆ドル（37.45兆〜107兆円）もかかる計算になりますが、投資利益率（ROI）はさらに大きいでしょう。国際自然保護連合（IUCN）は、「8億6,500万エーカーの目標を達成すると、流域保護、作

物収量の向上、森林製品からの純利益が年額1,700億ドル（18.19兆円）になり、最大で二酸化炭素換算で年間1.7ギガトンが隔離される可能性がある」と見積もっています。

　再生の機会の大部分は主に熱帯地域の低所得国にあります。その国々は必要な投資額を工面できませんし、負担すべきでもありません。再生の恩恵は世界中の人に価値とサービスをもたらすからです。関係するステークホルダーは全人類ですが、気候変動問題に対する責任の度合いは一律ではありません。

　熱帯林の再生は発展に欠かせません。森林は、収入（木材から観光まで）、食料安全保障（野生の鳥獣肉から作物授粉まで）、エネルギー（薪から小水力発電まで）、健康（きれいな水から蚊の駆除まで）、安全（地すべり防止から洪水対策まで）の源泉です。森林は人間の生命維持と福利のダイナミックな原動力です。この何重もの利益に刺激されて、地域や国から熱帯林再生に向けた力強いコミットメントが生まれています。AFR100（アフリカ森林景観再生イニシアチブ）は、2030年までにアフリカ大陸の劣化した土地1億ヘクタール弱を再生することを公約しています——ドイツの3倍の面積です。2005〜2015年にアマゾンの森林減少率を80％下げるという、かつて不可能と思われていた偉業を成し遂げたブラジルは、1,170万ヘクタール以上の森林を再生しているところです。再生は、国の発展という報酬を得て、同時に炭素吸収源に対する国際的な補償も受ける手段です。

　森林再生はそれほど効果のある解決策なの

で、コミットメントと出資は世界全体の優先事項にしなければなりません。再生活動はこれまでのところ成功から失敗まで結果に幅がありました。したがって、理由を分析し、模範事例を広め、うまくいかない事例は排除することが重要です。そして土地の権利や保有権を尊重し（特に先住民の権利）、必要な備えが十分にあって専門知識に精通し、しっかりした方針を効果的に執行する取り組みにする必要があります。成功は土地利用法の変化と肉の消費量を減らすことにかかっています。それならば農地面積を増やさずに増加する世界人口を養えます。19世紀と20世紀を顕著に物語るものといえば、そのひとつは森林地帯の莫大な喪失でした。21世紀を物語るのは、森林の再生と野生復帰になるかもしれません。●

インパクト：理論的には、熱帯の劣化した土地3億ヘクタールを連続した、手つかずの森林に再生できます。ボン・チャレンジと森林に関するニューヨーク宣言が現在掲げている目標と推定される成果に基づき、私たちのモデルでは、再生面積が1億7,600万ヘクタールになると想定しています。自然な再成長によって、再生の取り組みがある土地は1エーカー（0.4ヘクタール）当たり年間1.4トンの二酸化炭素を隔離し、その2050年までの合計は61.2ギガトンになる見込みです。

土地利用
竹
BAMBOO

ランキングと2050年までの成果 # 35位

CO₂削減	正味コスト	正味節減額
7.22ギガトン	238億ドル （2.55兆円）	2,648億ドル （28.33兆円）

フィリピンの創世神話では、最初の男、マラカス（強い人）と最初の女、マガンダ（美しい人）は真っ二つに割れた竹から生まれたとされています。人間が千を超える用途で栽培してきた植物、竹にまつわる創世神話がアジアにはほかにもたくさんあります。竹は地球温暖化対策としても利用価値がありそうです。竹は速やかにバイオマス（植物体）や土壌に炭素を隔離し、どの植物にも負けないほど速く大気中の炭素を取り込み、生育条件が過酷なやせた土地でも育ちます。竹の種類によっては、生育に適した環境ならば、一生涯に1エーカー（0.4ヘクタール）当たり75〜300トンの炭素を隔離できます。

竹は成長促進を必要としない植物です。世界で最も成長の早い植物トップ10リストがありますが、ウキクサ、藻類、クズはこれまで1位になるチャンスはありませんでした。春にマダケのそばに座って観察すれば、1時間に2、3センチメートル以上成長するのを見ることができます。竹は1回の成長期で上限の高さに達し、その時点でパルプ用に収穫することもできますし、成熟するまで4〜8年間成長させることもできます。伐採しても、竹は再び芽を出し、また成長します。管理されている竹の栽培面積は世界全体で2,300万ヘクタールを超えます。

ただの草にもかかわらず、竹はコンクリートの圧縮強度とスチールの引張り強度を併せもちます。骨組みから床、屋根板まで、ほぼすべての建材として、また食品、紙、家具、自転車、ボート、かごやざる、繊維製品、炭、バイオ燃料、動物飼料、さらには配管として、

217

竹はさまざまな用途に使われています。竹の価値はアジアではよく理解されていますが（中国では「人民の友」と呼ばれる）、世界の大部分ではまだ雑草と見なされています。しかし、炭素隔離を含め、汎用性の高い用途から、竹は世界でも指折りの有用な植物です。

　草本植物の竹は、プラントオパール（植物岩、植物化石）と呼ばれる微細なシリカ（二酸化ケイ素）が蓄積したガラス質の組織を含有します。ミネラルからなるプラントオパールは、ほかの植物原料よりも分解されずに長く残ります。プラントオパールが貯留する炭素は、何百年、何千年と土壌に隔離されたままになります。プラントオパールと急速な成長率という好条件がそろった竹は、炭素隔離の有力な手段です。綿、プラスチック、スチール、アルミニウム、コンクリートなど、炭素排出量の多い原料の代替品にもなるため、竹のカーボンインパクトはさらに大きくなります。製紙原料のパルプを竹で代用すれば、従来の松のプランテーションの6倍のパルプを生産できます。

　竹は生態系の問題を引き起こす一面もあります。多くの場所で、竹は侵入種として在来種の生態系に悪影響を及ぼしながら広がる可能性があります。慎重に適切な場所を選択し、竹の成長を管理しなければなりません。また、植林のために単一種の人工林をつくるのと同じ欠点が竹にも生じる可能性があります。荒廃地、特に急斜面や著しい浸食がある土地での商業利用を中心にすれば、役に立つ製品になる、炭素を隔離する、竹以外の原料からの排出を回避するという竹のプラスのインパク

トを最大化し、マイナスのインパクトは最小限に抑えることができます。●

インパクト：現在、竹は3,100万ヘクタールに植えられています。今後さらに1,500万ヘクタールの荒廃地または放棄地で竹が栽培されると私たちは想定しています。私たちの炭素隔離の計算には、生体バイオマス（生えている竹）と寿命の長い竹製品の両方が含まれ、炭素隔離速度は1エーカー当たり年2.9トンとしています。竹がアルミニウム、コンクリート、プラスチック、スチールの代わりに使われる場合、その分の炭素排出も回避できますが、それは2050年までに隔離される二酸化炭素の合計7.2ギガトンには含まれません。240億ドルの初期投資で、30年間の経済的リターンは2,650億ドルになる見込みです。

砂漠化を止めた男
The Man Who Stopped the Desert

マーク・ハーツガード

気候変動について報じるニュースの98%が否定的で、基本的に人を暗い気持ちにさせるという研究結果があります。次に紹介するマーク・ハーツガードの著書『Hot: Living Through the Next Fifty Years on Earth』（ホット：地球の今後50年を生きる）からの抜粋では、そんなことはありません——それは砂漠化より深刻な雨不足にもかかわらず、砂漠化が逆転したという話です。この物語のヒーローはヤクバ・サワドゴ、アフリカのブルキナファソでは「砂漠化を止めた男」として知られています。この話は、解決策がいかにして実践と現場から生まれるか、その土地をよく知る人から生まれるかを物語っています。ブルキナファソでは間作林と呼ばれる農法について重要な発見をした農民たちから生まれました。間作林は新しい発見ではありません。何千年も前からあちこちにありました。世界にとって地球温暖化の「けがの功名」と言えるのは、昔の人がよく知っていた方法に回帰しようという流れに弾みがつくことです。西洋には、アフリカの"発展"を支援しなければならなかったという長年の前提があります。貧困問題に対する西洋の援助と開発モデルは、アフリカ人によっても、数々の研究によっても覆されてきましたが、その前提はしつこく残っています。マークの本に登場する人々は木、作物、知恵の3つを育てています。海外援助、遺伝子組み換えトウモロコシの袋、援助物資が現れては消えますが、地球温暖化対策を成功させたいなら、どこの人々にも温暖化の結果を理解し、協力して現地に即した解決策を考える力があると信頼することを学ぶべきです。そして、どんなに善意でも、解決策を押しつけるべきではありません。——PH

ヤクバ・サワドゴは自分がいったい何歳なのかわからなかった。手斧を肩にひっかけて、どこかおっとりした優雅さを漂わせながら自分の農場の森や畑を大またに歩き回っていた。だが、間近で見るとあごひげはグレーだったし、ひ孫までいることがわかったから、少なくとも60歳か、ことによると70歳近くでなければおかしかった。ということは、今はブルキナファソという国名になった国がフランスから独立した1960年よりかなり前に生まれたことになる。どうりで読み書きを習ったことがないわけだ。

彼はフランス語も学ばなかった。部族の言語、モシ語を深く、ゆっくりとした低い声で話し、時折短く鼻を鳴らして文章に句読点をつけた。しかし、読み書きができなくても、ヤクバ・サワドゴは、過去20年間サヘル西部を変革してきた木を基盤にした農法のパイオニアだ。

「気候変動は私にも言いたいことがある話題です」とサワドゴは言った。その土地の大方の農民とは違って、彼は気候変動という用語をいくらか理解していた。茶色い綿布の長衣を着た彼は、1羽のホロホロ鳥を入れた囲いに陰を落とすアカシアとナツメの木の下に座った。その足元では2頭の牛がまどろみ、ヤギの鳴き声が午後遅い時間のしんとした空気を伝わってきた。ブルキナファソ北部にある彼の農場は、土地の標準からすれば大きく、

20ヘクタールあった。何世代にもわたって
サワドゴ家のものだったが、彼以外の家族は
1980年代の大干ばつの後に農場を出て行っ
た。その干ばつのときは、年間降水量が
20％減少してサヘル全体の食料生産が激減、
広大なサバンナは砂漠と化し、飢餓で何百万
人もの死者が出た。サワドゴにとっては、農
場を去ることは考えられなかった。あっさり
と「父がここに埋葬されています」とだけ言っ
た。彼の考えでは、1980年代の干ばつが気
候変動の始まりだった。それはあながち間違
いではない。研究者たちはまだ人間活動が原
因の気候変動がいつ始まったか分析している
が、その開始は20世紀半ばとする説がある。
いずれにせよ、暑くなり、乾燥する一方の気
候に合わせてもう20年も生きてきたとサワ
ドゴは言う。
「干ばつ続きで、いつのまにか新しいやり方
で考えるしかない恐ろしい状況に置かれてい
ました」サワドゴはイノベーターである誇り
をにじませながらそう言った。たとえば、土
地の農民の間では「ザイ」という穴を掘るこ
とが昔ながらのやり方だった――作物の周囲
に浅い穴を掘って乏しい雨をためて根元に集
中させる農法だ。サワドゴはもっと雨水がた
まることを期待してザイを大きくした。しか
し、彼が言うには、最も重要な改良点は乾季
にザイに堆肥を加えたことだという。近所の
農民からは無駄だと笑いものにされた方法だ。
　サワドゴの実験は証明された。作物の収量
がしかるべく増加したのだ。しかし、何より
も重要な結果は本人が予想していなかったも
のだった。堆肥に含まれていた種子のおかげ

で、キビとソルガムが並ぶなかで木々が芽吹
いたのだ。生育期が来るたびに、木々（もう
1メートルほどの高さになっていた）はキビ
とソルガムの収量をさらに増やしながら、や
せた土の活力も回復させていることが明らか
になった。「やせてしまった土を復活させる
この方法を始めてからというもの、我が家は
よい年も悪い年も食べ物に困らなくなりまし
た」とサワドゴは私に話した。
　サヘル西部の農民は、裕福な場所では見落
とされがちな秘密兵器を配備して驚くべき成
功を収めてきた。そう、木という秘密兵器だ。
木を植えるのではない。木を育てるのだ。
30年間サヘルの農業問題に取り組んできた
アムステルダム自由大学のオランダ人環境専
門家クリス・ライ、そしてザイ農法を調査し
てきた研究者らは、木と作物の組み合わせ（研
究陣が「農民管理型自然再生（FMNR）」と
名づけた方法）、すなわち一般にアグロフォ
レストリーと呼ばれる農法は、さまざまな利
益をもたらすと言う。たとえば、木が日陰を
つくり、盾になることで作物が過酷な暑さや
突風から守られる。「以前は、風に吹かれた
砂で苗が埋もれたり、だめになったりするせ
いで、農民は3回、4回、5回と何度も作付け
しなければなりませんでした」と宣教師のよ
うな熱意にあふれる銀髪のオランダ人、ライ
は言う。「木が風をやわらげ、土を固定して
くれるので、農民は一度だけ種をまけばよく
なりました」
　木の葉は別の目的に役立つ。葉は地面に落
ちた後、マルチ＊の代わりになり、土壌の肥
沃度を高める。ほかの餌が手に入りにくい季

　＊土壌の保湿・保温・流出防止、雑草の抑制などのために作物の根元の地面をわらやビニールなどで覆うこと。

ヤクバ・サワドゴ

節には家畜の飼料にもなる。緊急時には、人間も葉を食べて飢えをしのぐことができる。

サワドゴが考案した改良型のザイをはじめ、単純な雨水を集める農法は、土壌に浸透する水を増やす効果がある。1980年代の干ばつの後に急落した地下水面が、なんと回復しはじめていた。「1980年代、ブルキナファソ中央大地地方の地下水面は年に平均1メートル下がっていました」とライは言う。「FMNRと雨水を集める農法が1980年代末に定着しはじめて以来、人口増加にもかかわらず、多くの村の地下水面が少なくとも5メートルは上がりました」

地下水面の上昇は1994年に始まった降水量の増加が要因だとする分析もある。「しかし、それでは納得いきません。地下水面はそれよりかなり前から上がりはじめたのですから」とライは反論する。同じ現象がニジェールのいくつかの村でも起きていることを記録

した研究がある。その村々では、やはり大規模な雨水貯留策の効き目が現れて1990年代初めから2005年にかけて地下水面が15メートル上昇していた。

やがて、サワドゴはどんどん木に夢中になっていった。もう彼の地所は農場というより森のように見えるまでになっていた。カリフォルニアを見慣れた私の目には、やや細くてまばらに見える木からなる森ではあったが。木も収穫できる。枝を剪定して売る。そしてまた成長する。木のおかげで土がよくなるので植え足した木が育ちやすくなる。「木が多ければ多いほど、得るものが大きくなります」とサワドゴは説明する。薪はアフリカの田舎の主なエネルギー源だから、地所の木が増えるにつれて、サワドゴは調理や家具づくり、建築に使う木材を売るようになり、したがっ

て収入が増え、収入源も多様になった——適応戦術のポイントをついている。木は自然薬の供給源にもなるそうだ。現代医療はろくに受けられず、受けられても高額な地域では決して小さくない強みだ。

「木は少なくとも気候変動に対する答えの一部だと思いますし、私はこの情報を人にも伝えようとしてきました」とサワドゴは言い添える。「個人的な体験に基づく私の確信は、木は肺のようなものだということです。私たちが木を守り、その数を増やさなければ、この世は死を迎えるでしょう」

サワドゴは変わり者ではなかった。マリでは、耕地の作物の列の真ん中で木を育てる方法はどこにでもあるようだった。近所の農民、サリフ・アリによれば、そんな成功のうわさが伝わってきて、アグロフォレストリーが一帯に広がったそうだ。「20年前、干ばつの後、ここは目も当てられない惨状でしたが、今はずいぶん暮らしが楽になりました」と彼は言う。「以前は、ほとんどの家に穀物倉が1つしかありませんでした。今は3つ、4つとありますよ。耕す土地が増えたわけでもないのにね。それに家畜も増えました」日陰ができる、家畜の飼料になる、干ばつから守ってくれる、薪になる、さらには野ウサギなどの野生の小動物がまた姿を現すようになったという話まで、木のたくさんの利点をひとしきり褒めそやしたサリフは、私たち一行の1人が「誰かこのあたりでこの手のアグロフォレストリーをやっていない人はいますか？」とたずねると、いったい何を言い出すのやらという面持ちだった。

「見つかるといいですね」という答えが返ってきた。「近頃は誰でもこうしていますから」

FMNRを早くから支持してきた1人、オーストラリアの宣教師で開発支援の仕事に携わるトニー・リナウドはこう語った。「アグロフォレストリーのすごいところは無料という点です。農家は木を雑草と見るのをやめ、資産と見るようになります」。ただし、そうしても罰せられない場合に限る。

アグロフォレストリーは、自分の目で結果を見て、自分もやってみようとなる人が増えるにつれて、農民から農民へ、村から村へ、ひとりでに大きく広まってきた。実は、米国地質調査所のグレイ・タッパンが1975年の航空写真と2005年の同じ地域の衛星画像を比較するまで、アグロフォレストリーがこれほど普及していたとはわからなかった。ライやリナウドも、ほかの支持者たちも、衛星画像が示す証拠に驚いた。まさかこれほど多くの農民がこれほど多くの場所でこれほど多くの木を育てていたとは思わなかったのだ。

「これはおそらくサヘルで、もしかするとアフリカ全土でも最大の肯定的な環境の変容です」とライは言った。衛星画像と地上調査と事例証拠を総合したライの推定では、ニジェールだけで農民が2億本の木を育て、500万ヘクタールの土地を再生している。ライはこう語った。「サヘルには絶望しかないと多くの人は思っています。私だって悲観的な話はいくらでもできますよ。しかし、サヘルの多くの農民は、自ら起こしたアグロフォレストリーという革新の成果で30年前より今は暮らし向きがよくなっています」

ライが補足したように、アグロフォレスト
リーがこれほど人に力を与えるのは、しかも
持続可能なのは、アフリカ人自身が技術を所
有しているからだ。技術といっても、作物の
そばで木を育てるとたくさんいいことがある
という知識にすぎない。「この調査旅行の前
は、私はいつも食料生産を増やすには外から
何を投入する必要があるかばかり考えていま
した」私たちの現地調査の報告会でガブリエ
ル・クリバリはこう打ち明けた。クリバリは
マリ人でEUをはじめ国際機関のコンサルタ
ントとして働いていた。「しかし今は農民が
自ら解決策を考え出せるということが、だか
らこそ解決策が持続的なものになるというこ
とがわかりました。農民がこの技術を管理し
ているので、それは誰にも奪えません」とク
リバリは言い添えた。
　アグロフォレストリーの成功は、外国政府
や人道支援団体からの多額の寄付、つまり金
銭事情が厳しくなると往々にして実現しない
か、取り消されることもある寄付には依存し
ない。これはライが「ミレニアム・ビレッジ」
モデルよりもアグロフォレストリーのほうが
すぐれていると考える理由のひとつだ。ミレ
ニアム・ビレッジは、コロンビア大学地球研
究所の所長でエコノミストのジェフリー・
サックスが推進するプログラムで、アフリカ
各地の12の村に重点的に開発の基本要素と
されているものを無償提供している（現代農
業の種子と肥料、清潔な水が出る井戸、診療
所）。「ミレニアム・ビレッジのウェブサイト
を読んだら、涙がこぼれますよ」とライは言
う。「アフリカの飢餓を終わらせる。そのビ
ジョンは美しい。問題は、一握りの選ばれた
村に限って一時的にうまくいくにすぎないと
いう点です。ミレニアム・ビレッジには先々
ずっと外部からの投入が必要です——肥料や
技術だけでなく、それに支払うお金もです。
だから持続可能な解決策ではありません。ア
フリカの外の世界が、支援を必要とするアフ
リカの村すべてに無料か補助金を受けた肥料
や井戸を提供してくれるとは思えません」
　ただし、部外者にも果たすべき役割はある。
海外の政府やNGOは、農民に木の所有権を
与えるなど、アフリカの政府がすべき政策変
更を促すことができる。また、サヘル西部で
実に効果的にアグロフォレストリーを広めて
きた草の根の情報共有に資金を提供すること
もできるが、これはごく低予算でいい。アグ
ロフォレストリーの利点を仲間に知らせるの
は大部分を農民自らが担ってきたが、ライや
リナウド、サヘル・エコやワールド・ビジョ
ン・オーストラリアなどのNGOといった一
握りの活動家からの重要な支援もあった。ラ
イによれば、こうした支持者たちは現在、「サ
ヘルの再緑化」と呼ばれるイニシアチブを通
じて、ほかのアフリカ諸国にもアグロフォレ
ストリーの採用を促したいと考えている。
　人類が制御しがたいことを避け、気候変動
という避けがたいことを制御したいなら、可
能なかぎり最善の選択を追求しなければなら
ない。そのひとつは間違いなくアグロフォレ
ストリーのようだ。少なくとも人類という大
家族の最も貧しい一員にとってはそうに違い
ない。「アフリカですでに達成されたことを
見て、それを土台にしましょう」とライは力

説した。「結局、アフリカで何が起こるかは
アフリカ人が何をするかによって決まるので
すから、そのプロセスも本人たちのものでな
ければなりません。アフリカの農民はたくさ
んのことを知っているのですから、彼らに教
わることもまたいろいろあるとこちらも認識
を改めなければなりません」●

土地利用
多年生バイオマス
PERENNIAL BIOMASS

CO₂削減　　　　正味コスト　　　　正味節減額
3.33ギガトン　　779億ドル　　　　5,419億ドル
　　　　　　　　（8.34兆円）　　　（57.98兆円）

春に植える。夏に成長する。秋に収穫する。このリズムは人類の農業史1万年の間ずっと存在してきました。それが私たちの生産サイクルについての考え方ですが、すべての作物に当てはまるわけではありません。ガーデニングをする人なら多年生植物と一年生植物の違いをよく知っています。スイセンは季節が来れば毎年咲きますが、ダリアは毎年植え替えなければなりません。これくらいの規模なら、それは好みと時間の問題ですが、農家の畑の規模になると、もっと重要な力関係がはたらいています。一年生植物と比べて、多年生植物の場合、養分の浸出（水分によって溶け出ること）、土壌の浸食、化学肥料の散布、ディーゼル燃料を食う農機具を頻繁に動かすことが少なくなる可能性があります。バイオエネルギー作物に何を選ぶかは、一年生から多年生に切り替え、その過程で炭素を減らす機会になります。

植物原料はさまざまな方法でエネルギー生産に利用されます。たとえば、燃焼させて熱や電気をつくる、嫌気性分解でメタンをつくる、エタノール、バイオディーゼル、水素添加した植物油に変換して燃料にするという方法があります。輸送分野では、バイオエネルギーは燃料消費の2.8％を占めます。電力部門では全体の2％を占めます。バイオエネルギーのラインアップ全体が成長すると予測されています。

バイオエネルギーに利用される植物原料が一年生か多年生か（または廃棄物か）で結果はまったく違ってきます。米国は液体バイオ燃料の生産で世界をリードしています。全米

で栽培されるトウモロコシの40％がエタノールになります。この一年生作物には巨額の補助金が投じられていますが、多くの場合、気候問題には益がないも同然です。というのはエネルギー投入が多すぎるからです。トウモロコシエタノールを生産すると水資源を脅かし、食料価格を引き上げる懸念があるのに排出削減はまったく進みません。

多年生のバイオエネルギー作物なら話は別です。適切に栽培すれば、トウモロコシエタノールと比較して排出量を85％削減できる可能性があります。スイッチグラス、ファウンテングラス、巨大ススキのジャイアント・ミスカンサス（*Miscanthus giganteus*）は、食用作物よりも少ない水と養分で育ち、作付けしなくても毎年収穫できる丈夫な草本植物です。ポプラ、ヤナギ、ユーカリ、ニセアカシアなど、短伐期の木質作物は寿命が20〜30年あります。木質作物の場合、地面近くまで切る台切りと呼ばれる手入れのときに収穫できます。定期伐採しても、またすぐ繰り返し成長します。何よりも重要なのは、多年生植物が土壌炭素に与える影響は一年生植物とは比較にならないということです。既存の一年生バイオエネルギー作物を多年生植物に切り替えると、炭素隔離によって正味プラスの貢献になります。しかも、多年生植物の多くは食料生産に不向きなやせた土地でも育つ植物の有力候補です。トウモロコシなどの一年生作物と比較して、多年生植物ならば植物原料の総生産量を抑えることができます。また多年生植物は浸食を防ぎ、より安定した収量を生み出し、害虫に強く、花粉媒介生物や

生物多様性を支えます。

　食料供給を危うくしたり、森林を破壊したりせずに、気候問題に貢献できるのか、できるとしたらどれくらいか──バイオエネルギーをめぐっては白熱した議論が続いています。バイオエネルギーは今や珍しい話題ではありません。その一方、多年生植物は、あまり議論されませんが、バイオエネルギーの結果にとってきわめて重要です。だからといって多年生植物が特効薬というわけではありません。私たちが消費するエネルギーと生産しなければならない食料の量を考えれば、とにかく土地が足りなくて植物由来の燃料を必要なだけ生産する余裕はありません。しかし、それは二者択一の問題ではありません。地球温暖化を逆転させるにはたくさんの解決策が必要なのです。太陽光や風力など、より効率的な再生可能エネルギーで化石燃料を代替できる場合は、そうすべきです。もっと厄介な飛行機の燃料のような用途になると、代替手段としてどうしてもバイオエネルギーが必要です。よく考えて適切に栽培するならば、多

年生バイオエネルギー作物は、多くの選択肢のなかで注目に値する解決策です。●

インパクト：多年生バイオマス作物は、バイオマスエネルギー生産の原料になり、化石燃料エネルギー生産の排出削減に貢献します。多年生バイオマス作物自体も2050年までに3.3ギガトンの二酸化炭素を削減して気候にプラスのインパクトを与える可能性があります。それは一年生の植物原料を代替し、より多くの土壌炭素を隔離することに由来するインパクトです。私たちの分析は、多年生バイオマスの栽培面積が現在の20万ヘクタールから2050年には5,800万ヘクタールに増えることを前提にしています。多年生植物の栽培は一年生植物よりコストがかかりますが、30年間のリターンは5,420億ドルになる見込みです。

土地利用
泥炭地
PEATLANDS

ランキングと2050年までの成果　**13位**

CO₂削減	CO₂固定（放出された場合に換算して）
21.57ギガトン	1,230.38ギガトン
	コストと節減額の世界合計はデータ変動が大きすぎて算定できず

「地面そのものがやわらかい黒いバターだ」と、ノーベル文学賞を受賞した北アイルランドの詩人、シェイマス・ヒーニーは1969年の詩「湿原」に書いています。ヒーニーはアイルランドを思い描いていましたが、この比喩は世界中の泥炭地（湿原や泥沼とも呼ばれる）をまざまざと表現しています。泥炭地は固体の地面でも水でもなく、その中間です。泥炭（ピート）は、枯れて分解途中の植物が厚く堆積した泥状の水分をたっぷり含んだ物質です。湿地の苔や草などの植物がどろどろに混じり合ったものが生きている植物層の下のほぼ酸素のない環境でゆっくりと分解されながら、何百年も、何千年もかかってできるものです。その酸性の嫌気性環境では人間の遺体も腐敗せず、鉄器時代以前のいわゆる「湿地遺体」と呼ばれるミイラ化した遺体が発見されることもあります。十分な時間、圧力、熱という条件がそろえば、泥炭はいずれ石炭になると考えられます。

　深さ60センチメートル〜18メートルの泥炭層は、膨大な量の炭素を含んでいます。標準的な炭素含有量は50％を超えます。だからこそ、採取しやすさもあって、泥炭は広く利用された最初の化石燃料でした。アイルランドからフィンランド、ロシアまで、暖房、調理、最終的には発電のために乾燥させてレンガ状にした泥炭を燃やすことは大昔からある慣習です。まだ泥炭を使っている場所もあります。泥炭は17世紀のオランダ黄金時代の原動力でした。オランダの産業と国際市場向けの商品生産が繁栄したのは、豊富にあり、安価で、輸送が簡単なエネルギー源、泥炭が

あったからでした。今日では、この独特の生態系は地球の陸地面積の3％を占めるにすぎませんが、蓄える炭素量は海洋に次ぐ多さです——世界の森林が蓄える量の2倍、推定500〜600ギガトンです。ここ数十年、森林のほうが注目を集めてきましたが、社会は炭素貯蔵庫としての泥炭地の貴重な役割に気づきはじめています……泥炭地が湿ったままならば、ですが。

　泥炭地が炭素を効果的に貯蔵するには、光合成によって炭素を吸収し、貯留する植物、そして炭素が大気中に戻るのを防ぐ嫌気性条件をつくる水が必要です。世界の泥炭地の

泥炭地に適応した植物を描いた図。スゲ、コケ、食虫植物のモウセンゴケ、ラン、ヤチヤナギなど、養分に乏しい浸水した環境で育つ植物がたくさんある

227

85％が欠かせない条件である保水力を保っています。手つかずの古来の生態系であれば、泥炭地は効果的に炭素を集めながら、水を吸収して浄化し、洪水を防ぎ、キツネからオランウータンまで広く生物多様性を支えることができます。土地の保全と火災予防に努めて泥炭地を保護することは、世界の温室効果ガスを管理する絶好の機会であり、比較すると費用対効果にすぐれています（人の手が入っていない泥炭地でもメタンは放出するが、隔離する炭素が放出するメタンを大幅に上回る）。

　もちろん、炭素を吸い取って保持する能力はリスクと表裏一体です。ほかの生態系よりも1エーカー（0.4ヘクタール）当たり最大10倍多く炭素を保持する泥炭地は、破壊されれば温室効果ガスを大量に排出する煙突と化す恐れがあります。すでに15％がそうなっています。泥炭が空気にさらされると、含まれている炭素が酸化して二酸化炭素になります。泥炭ができるには何千年もかかることがあるのに、一度劣化した泥炭はものの数年で温室効果ガスの蓄えを放出してしまいます。水分を失った泥炭地は世界の陸地面積の0.3％を占めますが、人間活動が原因の二酸化炭素排出全体の5％を発生させています。

　泥炭地の劣化の原因はさまざまです。泥炭地の生態系は、主に北半球の温帯〜寒冷帯気候で見られ、北米、北ヨーロッパ、ロシアの広い範囲に分布しています。また、インドネシアやマレーシアなど、熱帯〜亜熱帯気候にも分布しています。東南アジアでは、森林火災とパーム油やパルプ材のプランテーション開発が泥炭地破壊の主な要因です——しかも増加しています。インドネシアの温室効果ガス排出量がとても高いのはまさにそのせいです。土地利用の変化と林業からの排出を国別の合計に含めると、インドやロシアと並び、インドネシアは一貫して世界の排出国トップ5にランキングされています。地球温暖化が進むと、泥炭地火災のリスクも高まります。温帯の国々では、燃料用の泥炭採掘、園芸用土としてのピートモスの採取、木材生産と放牧のための泥炭地の排水工事が主な元凶です。

　劣化を未然に防ぐほど効果はありませんが、水分を失い、傷んでしまった泥炭地の再生は不可欠な対策です。再び水を含んだ状態に戻すこと（再湿潤化）が最優先事項です。名前のとおり、水を保持し、地下水面を上げて広範囲の泥炭に水をしみ込ませることを目的にしたプロセスです。言い換えれば、水が逃げるのを止め、土壌を再び浸水させることです。泥炭地が再び水を含むと、酸化と炭素放出が抑制されます。再湿潤化を成功させたうえで、「湿地」と「栽培する」のラテン語「palus」と「cultura」に由来するパルディカルチャー（paludiculture）を導入して、泥炭を保護し、再生するバイオマスを栽培する方法もあります。それは少しずつ泥炭層を補充できるように植物腐敗を人工的に起こすことが目的で、オレンジやティーツリーなど、一定の作物が向いています。全体に言えるのは、再生活動は生態系が再び完全な状態に戻るのを助けるものであるべきということです。

　泥炭地の保護はまだ初期段階にあります。各地の保護活動をマッピングして監視するこ

とはきわめて重要です。どこで、どうなって
いるか把握すれば、知識を再生活動の指針と
することができるからです。しかし、専門家
にもわからないことがまだたくさんあります。
実際、2014年にブラザビル（コンゴ共和国）
の遠隔地で英国に匹敵する規模の熱帯泥炭地
が新たに発見されました。泥炭地が温暖化し
ていく気候にどう反応するかは不明です。泥
炭地生態系の健全性を維持または再生しよう
という動機になる策を講じることが重要です。
特に食料や木材の栽培による経済的利益とぶ
つかる場合はそうです。スウェーデンからス
マトラ島まで、国家規模や国境を越えた泥炭
地の保護・再生の取り組みがいろいろ生まれ
ています。手つかずの泥炭地の徹底した保存、
新規の排水の禁止、再湿潤化計画、社会の意
識向上運動、責任ある管理法の教育など、取
り組みは多岐に及んでいます。何千年もの間、
泥炭地は神聖な儀式の空間でした――時には
神々の世界への入り口と見なされてきました。
今日、同様の敬意を払えば、死と分解が織り
なす泥炭層の命の営みを支える力を先々まで
守っていけるでしょう。●

インパクト：泥炭地保護の総面積が320万ヘ
クタールから2050年までに2億4,600万ヘク
タールに増えれば、すなわち現時点で手つか
ずの泥炭地全体の67％になれば、二酸化炭
素排出を21.6ギガトン回避できます。2億
4,600万ヘクタールの泥炭地で336ギガトン
の炭素貯留が固定される見込みです。これは
大気中に放出された場合、概算で1,230ギガ
トンの二酸化炭素に相当します。泥炭地は地
球の陸地面積の3％しか占めていませんが、
最も有機物の豊富な土壌です。それが劣化す
れば膨大な量の炭素が放出されるでしょう。
経済面の数値は、土地所有者レベルの負担に
はならないため予測しません。

次ページの写真は、アイルランドの泥炭採掘地をドローン
から撮影。泥炭地の生態系はアイルランド共和国の17％を
占め、ローマ時代から燃料と冬の暖房のために手で切り出
されてきた――その作業は「コケのなかで働く」と呼ばれ
ていた。現在は、国営企業ボード・ナ・モナが人手に代わっ
て採掘を機械化し、泥炭地は取り返しのつかない被害を受
けた。2015年、同社は2030年までにすべての泥炭採掘を
段階的に廃止し、持続可能なバイオマス、風力、太陽光
発電へ移行すると発表した

土地利用
先住民による土地管理
INDIGENOUS PEOPLES' LAND MANAGEMENT

ランキングと2050年までの成果 **39**位

CO₂削減
6.19ギガトン

CO₂固定（放出された場合に換算して）
849.37ギガトン
コストと節減額の世界合計はデータ変動
が大きすぎて算定できず

先住民コミュニティは、気候変動への加担は最小にもかかわらず、気候変動の影響は激しく受けるコミュニティです。土地に密着した暮らし、植民地化の歴史、社会からの疎外が要因で特に環境変化の悪影響を真っ先に受けることになります。先住民の居住地は、原生林、小さい島、高地、砂漠辺縁など、ただでさえ脆弱な場所にあります。土地の生態系が変化するにつれて、先住民コミュニティは土地に根ざした知識、伝統的な慣習、科学技術などを頼りにしながら、自分たちの暮らしと土地の資源の管理を変化に適応させようとしています。先住民が模索している地球温暖化の緩和策は、先住民が置かれた特定の状況に適応するだけでなく、すべて

の人の利益にもなるものです。

先住民コミュニティは長年、森林破壊、鉱物・石油・ガスの採掘、単一栽培プランテーションの拡大に抵抗する最前線に立ってきました。その抵抗は、土地利用に由来する炭素排出を防ぎ、炭素隔離を維持するか、増やします。伝統的な先住民の慣習と土地管理は生物多様性を保全し、さまざまな生態系サービスを維持し、豊かな文化と伝統的な生活様式を守ります。先住民や共同体が所有する土地は全陸地面積の18％を占め、そこには少なくとも4.9億ヘクタールの森林（世界の森林地の約14％）が含まれます。その森林が蓄えている炭素は377億トンです。

先住民コミュニティにとって、気候変動は

物理的な環境にとどまらない影響をもたらします。先住民の人権、文化、蓄積された知識、慣習的な統治体系を揺るがすのです。気候変動に関する政府間パネル（IPCC）は、気候変動が先住民コミュニティに与える特有の影響を認識し、また気候変動への適応策とその抑制策を立てる際に、伝統的な知識体系と科学の組み合わせが成果を大きくしうることも認識してきました。そのプロセスに先住民コミュニティや現地コミュニティが効果的に参加し、伝統的な知識体系と慣習が地球温暖化対策として生かされ、現地事情にとって意義があり、最もリスクの高い人々のニーズに対応する解決策となるように支援する——そのためのさまざまな取り組みが世界中で行なわれています。

　伝統的なシステムには、地上と地下の炭素貯留を増やし、さまざまな実践によって温室効果ガスの排出量を減らす潜在力があります。先住民コミュニティは、生態系の境界内で多種多様な暮らし方を実践しています。たとえば、焼き畑（移動農業）、アグロフォレストリー（森林農法）、牧畜（遊牧）、漁業、狩猟と採集、伝統的な森林管理（野焼き）といった生計手段があります。こうした文化の多くは、自然の循環や資源を消耗させることなく、長い歳月にわたって、場合によっては何千年も住みつづけてきた場所で自然と共存してきました。

家庭菜園：森林の近くに住むコミュニティでよく行なわれる家庭菜園は、はるか昔から世界のどこでも営まれてきた小規模農業の一形態です。南アジアと東南アジアの家庭庭園は、インドネシアで500万ヘクタール、バングラデシュで50万ヘクタール、スリランカで100万ヘクタールと耕地のかなりの部分を占めています。家庭菜園は、効率的な養分循環、高い生産性、多様な種の構成、社会的・文化的価値の維持など、多方面で菜園をつくる人間側にも周辺環境にも有利な条件を生み出します。家庭菜園という多彩なシステムは、生物多様性の保全、現地の食料の安定供給、土壌と水資源の保全に役立ちます。家庭菜園は、単一栽培の農業よりも多くの炭素を隔離できる可能性があり、隔離速度は成熟した森林に匹敵します。

アグロフォレストリー：木と作物生産を融合するアグロフォレストリーによってかなりの量の炭素が隔離されます。土壌浸食を防ぐ、有機物や土壌養分を循環させる、市場動向や気象現象に対する小規模自営農家の収入減リスクを減らす（単一栽培の場合は打撃が大きい）、種の多様性の高さを維持するというアグロフォレストリーの優位性は十分に研究され、認められています。

焼き畑：焼き畑農法も先住民の慣習です。これは作物を栽培する土地を毎年変えつづける農法です。「焼き畑」（swidden）という用語は、その年の耕作のために森林を焼き払って開墾し、翌年からはその土地が再生するまで一定期間休耕することを指します。政府は、非効率的に森林や土壌を破壊すると考え、移動農業を廃止しようとしてきました。しかし、研究によると、移動農業は土地転換に関連する森林減少の主な原因ではなく、一年生作物の栽培やプランテーションより移動農業のほうが多くの炭素を隔離できます。

遊牧型の牧畜：世界中の牧畜民である先住民は、広大で、しばしば自然条件の過酷な自然放牧地（rangeland、家畜・野生動物の餌となる植生がある自然地形）を管理し、生産的に牧畜を営んで生計を立て、かなりの量の炭素を隔離する生態系を維持しています。自然放牧地は地球の陸地面積の約40％を占め、単一用途の土地利用面積では世界最大です。こうした土地の多くは、歴史的に狩猟、採集、放牧、季節農業のために先住民集団によって利用され、管理されてきました。牧畜管理に従事する先住民コミュニティは遊牧生活を特徴とし、人口密度が低く、流動性の高い集団で生活しています。自然放牧地は1億〜2億人いる牧畜民の生活を支えつづけ、この人口が世界全体で4億9,000万ヘクタール以上ある自然放牧地を管理しています。先住民の牧畜方式は生物学的に多様性に富み、生産性が高く、大量の炭素貯留を保全します。このような土地は世界の土壌炭素の最大30％を貯留し、自然放牧地管理を改善すれば、2030年までに隔離できる炭素が大幅に増加する潜在力があるとする文献もあります。さらに、遊牧型の牧畜は、同様の環境下の商業放牧、すなわち定住型の牧畜よりも1ヘクタール当たりの生産性が高いことがわかっています。家畜の移動放牧は、一年生作物やバイオエネルギー作物の生産などの土地利用と比較して、移動放牧でなければ大気中に放出されていたかもしれない炭素を固定する効果があります。

伝統的な牧畜方式は現在、気候変動と牧畜民社会にかかる近代化の圧力のために圧迫されています。牧畜民は、地元経済、地域経済、国家経済に大きく貢献していながら、歴史的にも現状においても否定的な扱いを受けています。牧畜民の自給自足生活と文化は、非効率的、非合理的、ローテク、原始的、環境を破壊すると見なされています。このような固定観念は、牧畜民から土地や伝統的な慣習を奪おうとする政策の背景になっています。先祖伝来の自然放牧地を国有化する政策が一例です。最悪の場合、牧畜民に対する偏見が異文化に対する不寛容を生み、それが強制立ち退きや人権侵害につながる恐れがあります。遊牧型の牧畜と伝統的な自然放牧地管理は、牧畜民に定住や近代化を迫る社会的・政治的圧力に直面しながらも、世界の自然放牧地の大部分でまだ存続しています。共用区域の保全協定を結ぶ、先住民コミュニティに土地所有権を与えるか、固有の土地を返還するといった進歩的な取り決めは、牧畜民が自然放牧地を継続利用する権利を確保するのに役立っています。

火災管理（野焼き）：人類は世界中でさまざまな理由から歴史的に、そして今に至るま

231ページと次の見開きの写真は、カナダ国際保全基金（ICFC）の依頼で撮影された。ICFCはブラジルのカヤポ族と協力して、1,050万ヘクタールの土地保有権を森林伐採者、鉱山採掘者、ブラジルのフロンティア社会による侵害から守る活動をしてきた。衛星写真で見ると、マットグロッソ州とパラー州に広がるカヤポ族が代々暮らしてきた土地は、エメラルドのような無傷のアマゾンの宝石だ。道路建設、森林伐採、フロンティアの町、放牧や農業のための開墾で焼き払われる森林から立ち昇る煙──カヤポ族の土地は周辺部から脅かされている。カヤポ族の活動はいつも成功してきたわけではない。パラー州のシングー川に建設中の大きな自然破壊が懸念されるベロ・モンテ水力発電ダムは、数十年に及ぶ法的・政治的抵抗が実らず、2011年3月に着工した。法的な面の争いは続いている

温帯林
TEMPERATE FORESTS

世界の森林の4分の1は、主に北半球の緯度30度から50度ないし55度の温帯にあります。落葉性で冬季に葉を落とす森林もあれば、常緑の森林もあります。19世紀末まで、温帯林は森林破壊の中心地でした。人類史が始まって以来、木材の伐採、農地への転換、開発による破壊など何らかの形で人の手が入り、温帯林の99％は姿を変えられてしまいました。しかし、森林にはレジリエンスがあります。森林は、自然の影響にしろ、人間の影響にしろ、影響から絶えず回復する動的なシステムです。たとえ生態学的に完全に無傷の状態を取り戻すには何世紀もかかるにしてもそう言えます。

現在、温帯地域の広い範囲で森林が増加しています。その背景には、木材輸入への依存、農業生産性が向上した結果、一度は開墾された土地が放棄されたこと、森林管理の改善、意図的な保全活動があります。こうした傾向は、受動的に自然に任せるか、積極的に手を入れるかは別にして、劣化した土地や森林が減少してしまった土地を人為的な土地利用から解放し、回復を可能にしました。世界の温帯林、7億6,900万ヘクタールは今、正味炭

素吸収源になっています。バイオマス密度が
高くなり、全体的な面積が増加した結果、温
帯林の生態系は年に約0.8ギガトンの炭素を
吸収しています。森林再生は隔離量を増やす
機会です。世界資源研究所（WRI）によると、
大規模な閉鎖林の再生か、複数の森林、低密
度で生えている木、農業などの土地利用を混
合したモザイク型再生かは問わず、あと5億
7,000万ヘクタール以上が再生の候補です。
　WRI、国際自然保護連合（IUCN）、サウス
ダコタ州立大学の協力で、Atlas of Forest
and Landscape Restoration Opportunities

ニュージーランド南島にあるフィヨルドランド国立公園のコケ、
シダ、ナンキョクブナ。120万ヘクタールの森林景観は山頂
から海に至り、その間には湖と多雨林を抱えている。フィヨル
ドランドの降水量はメートル単位で測定すると言われている。
急な傾斜、深い渓谷、絶え間ない湿気は、1952年に公園に
指定されるまで、よほどのつわものを除いて、ここに住もうと
する人間を阻んできた

という地球規模で森林再生の見通しを定量化、視覚化できるツールが生まれました。現在の森林面積（Current Forest Coverage）の地図と再生可能な森林面積（Potential Forest Coverage）の地図を切り替えると、米国の東半分とヨーロッパ大陸がまだらな緑から濃い緑に変わります。このアトラスは、アイルランドの84％を大規模再生かモザイク型再生の機会がある領域と分類しています。エメラルド島とも呼ばれるアイルランドは、かつてはほぼ完全に森林に覆われていましたが、18世紀には森林の大部分が牧草地に転換されました。米国には、すでに動きだしている傾向が土台になって、再生の機会がかなりあります。1990年代から2000年代にかけて、米国の炭素吸収源になる森林地は33％増加しました。米国の東海岸は森林再生の本拠地です。それは、ジョージア州からメイン州まで走る古い山脈であるアパラチア山脈沿いの森林が規模において成長しつづけ、健全さも順調に取り戻しているからです。主な促進材料になってきたのは放棄された農地で、以前は畑だった場所で森林がゆっくりと成長しています──受動的な再生の一例です。

　温帯林の場合、熱帯林を悩ます大規模な森林破壊には脅かされていませんが、開発による分断が続いています。温暖化する世界は、再生活動が今後の継続に苦労を強いられるという新たな課題を提起しています。温帯林にかかる圧力が高まりつつあることから、「巨大撹乱」の時代が始まっていると言う人もいます。温帯林はより暑く頻繁な干ばつ、より長びく熱波、より深刻な山火事はもちろん、悪化していく昆虫や病原体の大発生も経験しています。このような障害が重なれば、温帯林はその回復力を超えて圧迫される恐れがあり、今や温帯林の持続性と健全性に対する大きな脅威は過剰開発ではなく、巨大撹乱です。再生の取り組みは、それに応じて進化していかなければなりません。

　森林の喪失を未然に防ぐことは、森林を元に戻し、荒廃した土地を治そうとすることよりも常に最善の方法です。再生された森林は、元の生物多様性、構造、複雑さを完全に回復することはなく、森林破壊で一挙に失われた炭素量を隔離するには何十年もかかります。したがって、再生は保護の代わりにはならないのです。●

インパクト：温帯林の再生は自然再生によってさらに9,500万ヘクタールに拡大すると私たちは予測しています。熱帯林の再生可能面積よりはるかに少ないとはいえ、その結果、2050年までに22.6ギガトンの二酸化炭素を隔離できる見込みです。

樹木たちの知られざる生活
The Hidden Life of Trees

ペーター・ヴォールレーベン

私が管理している森のなかに、古いブナの木が集まっている場所がある。数年前、そこで苔に覆われた岩を見つけた。それまでは、気づかずに通り過ぎていたのだろう。ところがある日、その岩が突然目に入った。近寄ってよく見ると、その岩は奇妙な形をしている。真ん中が空洞でアーチのようになっているのだ。苔を少しつまみ上げてみると、その下には木の皮があった。つまり、それは岩ではなく古い木だったのだ。

湿った土の上にあるブナの朽木は、通常は数年で腐ってしまう。だが驚いたことに、私が見つけたその木はとても硬かった。しかも、持ち上げることもできない。土にしっかり埋まっていたのだろう。ポケットからナイフを取り出し、樹皮の端を慎重にはがしてみた。すると緑色の層が見えてきた。緑色？　植物で緑といえばクロロフィルしか考えられない。新鮮な葉に含まれていて、幹にも蓄えられている“葉緑素”である。これが意味するのはただ一つ、その木はまだ死んでいないということだ！

そこから半径1メートル半の範囲に散らばっていたほかの“岩”の正体も明らかになった。どれも古い大木の切り株だった。切り株の表面の部分だけが残り、中身はとうの昔に朽ち果てたのだろう。察するに、400年から500年前にはすでに切り倒されていた木にちがいない。

では、どうして表面の部分だけがこれほどの長い年月を生き延びられたのだろうか？　木の細胞は栄養として糖分を必要とする。葉がなければ光合成もできない。つまり、普通に考えれば、呼吸も生長もできるはずがない。そのうえ、数百年間の飢餓に耐えられる生き物など存在しない。木の切り株も同じはずだ。少なくとも、孤立してしまった切り株は生き残ることができないだろう。

だが、私が見つけた切り株は孤立していなかった。近くにある樹木から根を通じて手助けを得ていたのだ。木の根と根が直接つながったり、根の先が菌糸に包まれ、その菌糸が栄養の交換を手伝ったりすることがある。目の前の“岩”がどのケースにあたるのかはわからなかった。とはいえ、無理やり掘り起こして確かめる気にはなれない。古い切り株を傷つけたくないからだ。

まわりの木がその切り株に糖液を譲っていたことだけは確かだ。だからこそ切り株は死なずにすんだ。栄養の受け渡しをするために根がつながっている姿は、土手などで観察できる。雨で土が流れて、地中にあった根がむきだしになっているのを見たことはないだろうか？　［ドイツのハルツ山地で］樹脂について研究した結果、根が同じ種類の木同士をつなぐ複雑なネットワークをつくっているのを発見した学者もいる。ご近所同士の助け合いにも似たこの“栄養素の交換”は規則的に行なわれているようだ。森林はアリの巣にも似た優れた組織なのである。

ここで一つの疑問が生じる。木の根は地中をやみくもに広がり、仲間の根に偶然出会ったときにだけ結ばれて、栄養の交換をしたり、コミュニティのようなものをつくったりするのだろうか？　もしそうなら、森のなかの助け合い精神は――それはそれで生態系にとっ

て有益であることには変わりないのだが——
"偶然の産物"ということになる。

　しかし、自然はそれほど単純ではないと、
たとえばトリノ大学のマッシモ・マッフェイ
が学術誌『マックス・プランクフォルシュン
ク』（2007年3号、65ページ）で証明してい
る。それによると、樹木に限らず植物という
ものは、自分の根とほかの種類の植物の根、
また同じ種類の植物であっても自分の根とほ
かの根をしっかりと区別しているらしい。

　では、樹木はなぜ、そんなふうに社会をつ
くるのだろう？　どうして、自分と同じ種類
だけでなく、ときにはライバルにも栄養を分
け合うのだろう？　その理由は、人間社会と
同じく、協力することで生きやすくなること
にある。木が一本しかなければ森はできない。
森がなければ風や天候の変化から自分を守る
こともできない。バランスのとれた環境もつ
くれない。

　逆に、たくさんの木が手を組んで生態系を
つくりだせば、暑さや寒さに抵抗しやすくな
り、たくさんの水を蓄え、空気を適度に湿ら
せることができる。木にとってとても棲みや
すい環境ができ、長年生長を続けられるよう
になる。だからこそ、コミュニティを死守し
なければならない。一本一本が自分のことば
かり考えていたら、多くの木が大木になる前
に朽ちていく。死んでしまう木が増えれば、
森の木々はまばらになり、強風が吹き込みや
すくなる。倒れる木も増える。そうなると夏
の日差しが直接差し込むので土壌も乾燥して
しまう。誰にとってもいいことはない。

　森林社会にとっては、どの木も例外なく貴
重な存在で、死んでもらっては困る。だから
こそ、病気で弱っている仲間に栄養を分け、
その回復をサポートする。数年後には立場が
逆転し、かつては健康だった木がほかの木の
手助けを必要としているかもしれない。互い
に助け合う大きなブナの木などを見ていると、
私はゾウの群れを思い出す。ゾウの群れも互
いに助け合い、病気になったり弱ったりした
メンバーの面倒を見ることが知られている。
ゾウは、死んだ仲間を置き去りにすることさ
えためらうという。

　木はその一本一本がコミュニティを構成するメンバーだが、それでもやはり、すべての木が同じ扱いを受けるわけではないようだ。たとえば、切り株のほとんどは朽ち果て、数十年後（ほとんどの樹木にとっては数十年は短期間にすぎない）には完全に土に還る。先ほど紹介した"苔むした岩"のように、数百年も延命措置がなされるのはごくわずかといえるだろう。

　では、どうしてそのような"差"が生じるのだろう？　樹木の世界も人間と同じく階級社

会なのだろうか？　基本的にはそのとおりなのだが、"階級"という言葉は当てはまらないだろう。むしろ仲間意識が、さらにいえば愛情の強さの度合いが、仲間をどの程度までサポートするのかを決める基準となっているように思える。

　森に入って、葉の茂る天井、いわゆる"林冠"を見上げてみれば、誰にでもわかることがある。通常、木は、隣にある同じ高さの木の枝先に触れるまでしか自分の枝を広げない。隣の木の空気や光の領域を侵さないためだ。一

243

見、林冠では取っ組み合いが行われているように見えるが、それはたくさんの枝が力強く伸びているからにすぎない。仲のいい木同士は、自分の友だちの方向に必要以上に太い枝を伸ばそうとはしない。迷惑をかけたくないのだろう。だから"友だちでない木"の方向にしか太い枝を広げない。そして、根がつながり合った仲良し同士は、ときには同時に死んでしまうほど親密な関係になることもある。

[中略]

木の根はとても大きく広がり、樹冠の倍以上の広さになることがある。それによって、まわりの木と地中で接し、つながることができる。だが、いつもそうなるとはかぎらない。森のなかにも、仲間の輪に加わろうとしない一匹狼や自分勝手なものがいる。

では、こうした頑固者が警報を受け取らないせいで、情報が遮断されるのだろうか？ありがたいことに、必ずしもそうはならないようだ。なぜなら、すばやい情報の伝達を確実にするために、ほとんどの場合、菌類があいだに入っているからだ。菌類は、インターネットの光ファイバーのような役割を担い、細い菌糸が地中を走り、想像できないほど密な網を張りめぐらせる。

たとえば森の土をティースプーンですくうと、そのなかには数キロ分の菌糸が含まれている。たった一つの菌が数百年のあいだに数平方キロメートルも広がり、森全体に網を張るほどに生長することもある。この菌糸のケーブルを伝って木から木へと情報が送られることで、害虫や干魃などの知らせが森じゅうに広がる。森のなかに見られるこのネットワークを、ワールドワイドウェブならぬ"ウッドワイドウェブ"と呼ぶ学者もいるほどだ。

だが、実際にどんな情報がどれだけの規模で交換されているのかについては、ほとんどわかっていない。ライバル関係にある、種類の異なる樹木とも連絡を取り合っている可能性すら否定できない。菌には菌の事情があるはずだ。彼らがさまざまな種類の樹木に対して分け隔てなく接し、仲を取りもっている可能性も否定できない。

[中略]

葉でできた屋根の下では、毎日たくさんのドラマと感動の物語が繰り広げられている。森林は、私たちのすぐそばにある最後の自然だ。そこではいまだに、冒険をしたり、秘密を見つけたりすることができる。

ある日、本当に樹木の言葉が解明され、たくさんの信じられない物語が聞けるかもしれない。その日がくるまで、森に足を踏み入れて想像の翼を羽ばたかせようではないか——突拍子もない空想だと思っていたことが、じつは真実からさほど遠くないのかもしれないのだから！●

The Hidden Life of Trees: What They Feel, How They Communicate, Discoveries from a Secret World, by Peter Wohlleben, 2016 (Greystone Books)から抜粋。

『樹木たちの知られざる生活　森林管理官が聴いた森の声』ペーター・ヴォールレーベン著、長谷川圭訳、早川書房（ハヤカワ文庫NF）2018年11月

土地利用
植林
AFFORESTATION

CO₂削減	正味コスト	正味節減額
18.06ギガトン	294億ドル (3.15兆円)	3,923億ドル (41.98兆円)

成長しながら光合成によって炭素を有機物に合成し、隔離する木の能力があるからこそ、植林は温暖化の時代に重要な習慣になりました。少なくとも50年間木のなかった場所にこれまでなかった新しい森林をつくることが植林の目的です。劣化した牧草地や農地、鉱業などの用途で深刻に荒廃してしまった土地は、木や多年生バイオマスを戦略的に植林するための機が熟しています。浸食が進んでいる斜面、工業用地、放棄された土地、道路の中央分離帯、あらゆる種類の荒れ地も同じです——ほぼすべての放置されるか忘れ去られてしまったスペースは、大気中の炭素を減らすために活用できます。

最も成功する植林プロジェクトは、そこに自生していた木を植えるものです。しかし、植林は画一的なものではありません。一定区画に多様な在来種を密植することもあれば、世界で最も広く植えられている木、成長の速いモントレーマツ（ラジアータパイン）など、プランテーションの栽培樹木として単一の外来種を導入することもあります。構成が何であれ、すべて炭素吸収源として機能し、炭素を取り込んで保持し、土壌に炭素を分配します。毎年どれくらいの量の炭素が隔離されるかは、植物種、場所、土壌条件、構成の詳細によります。

オックスフォード大学の最近の論文は、植林が2030年に年間1〜3ギガトンの二酸化炭素を削減するだろうと控えめに見積もっています。全世界でどれくらいの土地を利用可能かは重要な変数であると同時に予測の難しいものです。人口や食生活から作物収量やバイオエネルギー需要に至るまで多様な要因に影響されます。植林プロジェクトはかなりの炭素を隔離できる可能性がありますが、森林は、新しくても古くても、火災、干ばつ、害虫、そして斧やのこぎりに弱いものです。

現在のところ、プランテーションが植林プロジェクトの大半を占め、世界的に増加しており、木材やパルプ用などの木を植えています。カーボンオフセットの販売もますます増えています（プランテーション林業は森林総面積の7％しか占めていないが、商業木材の約60％を生産している）。プランテーションは、多くの場合、純粋に経済的な動機で開発され、その土地、環境、周辺コミュニティが長期的に良好な状態かは二の次なので、これまで賛否両論でしたし、今もそうです。自然林やほかの重要な生態系をプランテーションに転換すると、プランテーションの動物相を養う力は以前の生態系より格段に落ち、鳴き声の美しい鳥からカタツムリまで、動物が減ってしまう場合があります。そういう人工林は病気にかかりやすく、予防のために化学物質を必要とすることが多く、地下水を枯渇させる恐れもあります。中国の三北防護林計画「緑の万里の長城」がその一例です。結果的に、現地や先住民のコミュニティの権利と利害が軽視されたり、故意に侵害されたりすることにもなりかねません。特に外国資本が土地を取得してプランテーションを開発する低所得国ではその傾向が強くなります。そのため植林の実態に対する強い反感を招いてきましたし、パリ協定の後で利益にあおられて土地需要が急増し、強制移住、文化からの隔

オレゴン州ユマティラの典型的な単層の樹木プランテーション。強制的にまっすぐ伸びた節のない木にするために2.4メートル間隔で植えられたハコヤナギ

絶、人権侵害という問題が生じるのではないかという懸念につながってきました。

　こうした問題もあって、プランテーション林業をより持続可能なものにする取り組み、自然林の転換を禁止する第三者認証制度などの取り組みが生まれました。しかし、プランテーションがもたらす恩恵が否定されるわけではありません。木材生産と炭素隔離という面での有用性を超えて、樹木の農場であるプランテーションならではの「プランテーションによる保全の利点」があります。実際に自然林の伐採を減らすことができるのです。2014年の調査では、人工林のおかげで世界中の自然林伐採が26％減少しています。世界自然保護基金（WWF）の「新世代プランテーション」などのイニシアチブは、生態系やコミュニティを保全しながら、適切に設計されたプランテーションと包括的な管理法が主流になり、プランテーションの価値（と商品）が最大限に生かされるように取り組んでいます。プランテーションはその場所にずっとあるものなので、WWFのような団体は、企業や政府などの主要関係者に働きかけ、植林に理想的な劣化した土地を選定することが決定的に重要であることを知っています。多目的プランテーションならば、社会面、経済面、環境面のさまざまな目的を満たせますが（仕事が少ない場所で雇用を生むことも含め）、そうした目的を念頭に置いて計画し、実施し

なければなりません。

　プランテーションは決して唯一の選択肢ではありません。生態学的には不毛な単一樹種のプランテーションの場合、侵入種（外来種）を植えることが多く、生態系に悪影響を及ぼす恐れがありますが、それに対抗するために、傑出した日本の植物学者、宮脇昭はまったく異なる植林法を考案しました。1970年代から80年代にかけて、宮脇は日本本来の自然林をよく理解するために、寺や神社を研究しました。何十年も、もしかすると何世紀もかけて、在来種のカシ類、クリ、タブノキは、木材用に導入されたマツやスギ類でほぼ完全に置き換えられました。こうした偽物の天然林は気候変動に対する回復力や適応力が弱いことに宮脇は気づきました。「潜在自然植生」

単層の植林は、マツ、ポプラなど成長の速い木を選んで単一樹種で構成される。成長を速めるために遺伝子組み換えされている場合もある。単層プランテーションはかなりの量の炭素を隔離するが、生物多様性に欠け、短期間で土壌が消耗して酸性化するため木の生えた砂漠に等しい。この写真は、宮脇方式またはアナログ林業と呼ばれる自然林の形成を模した植林法。この方法だと高、中、低と多様な林冠木（高木）、潅木、草木からなる多層の森林になる——100年以上持続可能な生態系だ。この植林法は、バイオマスに対する生物多様性の比率が高く、生産性にすぐれ、はるかに多い炭素を隔離する。しかし、すべての木が同時に伐採される、同齢林の工業型樹木農場（プランテーション）で採用される収穫方法には適していない

と呼ばれるドイツの植林法を参考にして、宮脇は在来種の本物の森林を再生することを熱心に支持するようになりました。宮脇はこれまで世界中で4,000万本以上の植林に参加しています。

　宮脇方式では、たくさんの在来種の木をはじめ固有の植物相を、たいていは有機物に乏しい劣化した土地に密植します。植えた苗木が成長するにつれて、自然淘汰がはたらいて、生物多様性に富み、レジリエンスのある森林になります。宮脇式の森林は、除草や水やりが必要な最初の2年が過ぎると完全に自立し、わずか10〜20年で成熟します——自然に森林が再生するのに必要な何世紀という単位ではありません。同じ量の空間で比較すると、宮脇式は従来のプランテーションの100倍の生物多様性と30倍の密度があり、より多くの炭素を隔離します。そして美しい景観を見せ、動植物の生息地、食料源、津波からの防護になります。

　私たちは植林を広大な土地でやるものと考えていますが、植林は個人がどこででもできることです。宮脇式に触発され、トヨタの組み立てライン工程に倣って、起業家のシュベンド・シャルマの会社、アフォレストは、誰もが少しでも土地があれば森林生態系をつくれるオープンソースの方法を開発しています。6台の駐車スペースの面積があれば、300本の木が生き生きとした森になります——費用はiPhoneの値段くらいしかかかりません。「インドの森の住人」ジャダフ・ペイエンは、世界最大の中州、マジュリの530ヘクタールを自力で植林しました。ジャダフは、補助金や資金援助を受けずに、伝統的な知識に基づいて土を耕し、在来種を植えました。そこはブラマプトラ川のまったく草木のない砂州でしたが、自然再生への道を開きました。現在、ジャダフの森は、びっくりするほど動植物が豊富な生物多様性の宝庫になっており、中洲にとっても自然の浸食抑制作用として機能しています。

　植林に絶好の場所の多くは低所得国にあり、そこにはたいてい多面的なインパクトを与える機会があります。新しい森林をつくれば、炭素を吸収し、生物多様性を支え、人間の薪、食料、医薬品のニーズに応え、洪水や干ばつの防止といった生態系サービスを提供することができます。森林が社会経済や環境にもたらす利益を認識してもらうことで、現地コミュニティを植林プロジェクトに巻き込むことが成功の鍵です。植林は数十年がかりの活動なので、円滑に進めるには、植林から最終的な収穫までの連続性を維持するために初期費用の提供、森林産品の市場開拓、土地の権利を明確にすることが必要です。新しい地理空間技術やリモートセンシング技術をモバイルベースの地上検証に組み合わせると、健全なプランテーションを運営するための効果的な監視ツールになります。こうしたアプローチで植林に取り組めば、大気中の炭素を減らす以上のことができます。生態学的に健全で、社会的に公正、経済的にも有益な方法で新しい森林を生み出せるのです。●

インパクト：2014年時点で、2億9,000万ヘクタールの土地が植林に利用されました。あと8,300万ヘクタールの耕作限界地を木材プランテーションにすれば、2050年までに18.1ギガトンの二酸化炭素を隔離できます。耕作限界地を植林に利用することも、従来のシステムならば起きていたであろう森林伐採を間接的に回避します。290億ドルの実行コストで、土地所有者が増加した木材プランテーションから得る正味利益は2050年までに3,920億ドル以上になる見込みです。

TRANSPORT
輸送

輸送分野は二方面から攻めていかなければなりません。まず、依然として化石燃料に頼る飛行機、列車、船舶、自動車、トラックの燃費を大幅に改善する解決策があります。ただし、こうした輸送手段の利用を縮小しないかぎり、燃費を改善しても消費の増加に食いつぶされることになります。次に、輸送分野の化石燃料への依存を打開する解決策があります。電気自動車はガソリン車の4倍のエネルギー変換効率ですから、現価格の風力発電で給電する場合、ガソリンに換算すると1ガロン当たり30〜50セント（1リットル当たり8〜14円）になります。自転車も燃料を使わない移動手段です。輸送の利用と持続可能性は、人がどこで、どのように住まい、働き、遊ぶかということと切り離せません。今後、大きな影響を及ぼすのは、都市環境の設計と過剰消費の削減、この2つになるでしょう。

輸送
大量輸送交通機関
MASS TRANSIT

ブラジルのクリチバは、バスネットワークを整備した際に気候変動を念頭に置いていたわけではありませんでした。1971年、ジャイメ・レルネルという若い建築家がクリチバ市長になりました。ブラジルの当時の独裁政権が独裁主義路線に従ってくれるものと判断を誤って任命した市長でした。もちろん、創造力のある人間が黙って従うことはまずありません。当時、都市計画の専門家の間では地下鉄やライトレール（大部分は専用軌道を走行する車両数が少ない交通機関）が好まれていましたが、レルネルはレールを走る交通システムを実現するのはお金も時間もかかりすぎると考えました（レルネルは「創造性がほしいなら、予算からゼロを1つ削りなさい。持続可能性がほしいなら、ゼロを2つ削るのです！」と言ったことで有名）。

レルネルは、バスというまったく野暮ったい手段を中心にした代案を出しましたが、それはバスにレールの強みを組み合わせたものでした。最大の強みは、レール敷設の50分の1のコストで主要道路に一般車両とは分けてバス専用車線を設けたことでした。その後、1990年代初頭、クリチバのバス停は地下鉄駅に近いものに再設計され、乗客の流れがよくなりました。乗車してから運賃を支払うのではなく、バス停で先払いする方法に変わり、乗降口が1カ所ではなく、複数になりました。このクリチバを象徴するチューブ型バス停が今では市のあちこちにたくさんあり（クリチバ方式として定着）、毎日200万人の乗客がバス停を利用して移動しています（ロンドンの地下鉄の1日平均乗客数は300万人）。

クリチバは、バス・ラピッド・トランジット（BRT／バス高速輸送システム）と呼ばれるモデルのパイオニアです。このモデルは、ラテンアメリカ各地（ボゴタの有名な成功事例、トランスミレニオなど）や世界200都市以上のお手本になってきました。BRTは、今のところ乗客数と走行距離を車と張り合っている大量輸送手段のひとつです。方法が何であれ、公共交通機関は規模を頼みに排出量で優位に立っています。車を運転したり、タクシーを呼んだりせずに、路面電車やバスに乗れば、温室効果ガスは回避されます。専門用語を使えば、つまりは「モーダルシフト」です。

輸送分野は世界の排出量の23％を占め、都市交通は部門最大の排出源であり、しかも増加しています。原因は主に自動車の利用が増加していることです。もちろん、車が高所得国の大衆に手の届く価格になった第二次世界大戦までは、交通手段といえばほぼ大量輸送交通機関（以下、大量輸送）でした。固定されたルートやスケジュールから自由になることは大きな魅力でした。今もそれは変わりません。一方、都市と郊外の空間が車中心に設計されていくにつれて、ますます車なしでは暮らせなくなっていきました。市街地が無計画に郊外に広がっていくスプロール現象と車は、特に米国では表裏一体の関係になりました。米国の大都市圏では、公共交通機関があっても、それを利用するのは通勤者の5％未満です。対照的に、シンガポールとロンドンでは移動の半分に公共交通機関が利用されています。新興経済国では車の利用が増加し

ていますが（クリチバでさえも）、低所得国では大量輸送が依然として都市モビリティ（移動手段・移動の自由）の主要な形態です。バスは、専用車線を走るBRTにしろ、一般車両に混ざって走るにしろ、世界的に見て最も一般的な公共輸送手段です。

　排出量の削減のほかにも大量輸送には多くの利点があります。おそらく最も明白なのは交通渋滞の緩和でしょう。大量輸送は車よりも小さいカーボンフットプリントで多くの人を運ぶことができます。さらに、地下鉄のように、大量の旅客を道路から完全に切り離して別個の軌道で運ぶ形態もあります。ロンドン地下鉄とバンコク・スカイトレインは、別軌道による渋滞緩和の典型例です。車に乗る人が少なければ、交通事故も死者も少なくなります。ドライバー、同乗者、歩行者にとってより安全です。公共交通機関は車中心のシステムよりも省スペースですから（駐車スペースを考えただけでも）、緑地、宅地、ビジネス用地など、ほかの優先すべき用途のために土地を有効利用できます。したがって経済活動も活発になります。総合的に見て、大気汚染も減少します。従来、バスは大気を汚染するディーゼルエンジンを動力としてきましたが、新しいバスほどクリーンになっています。電気や天然ガスで走るバスもあります。

　大量輸送には重要な社会的利点もあります。運転できない人、つまり、若年者と高齢者、身体的な制約がある人、車を所有する経済力がない人にサービスを提供することで、都市をより公平な場所にするのです。そのためだけにあるわけではまったくありませんが、そ

ういう人々は大量輸送がなければ移動手段がないに等しくなってしまうかもしれません。それは、さまざまな種類の人々が出会い、互いに空間を共有する一種の公共広場としての性格をもちます。アダム・ゴプニクは『ザ・ニューヨーカー』誌にこう書いています。「電車は小さな社会。多かれ少なかれ定刻に、多かれ少なかれ一緒に、多かれ少なかれ同じ窓を共有し、共通の景色を見ながら、どこか唯一の目的地に向かっている社会である」そんな独特の市民体験ができ、輸送手段でもあるのが大量輸送なのです。

　こうした利点があるにもかかわらず、大量輸送はさまざまな課題に直面してきましたし、課題への取り組みは続いています。車の魅力は大きく、多くの場所で文化に定着しています（若い世代ではそれほどでもない）。習慣を変えるのは難しいものです。行動を変えるのに多くの努力や時間やお金が必要ならばなおさらです。公共交通機関が最もうまくいくのは、採算がとれるだけでなく、効率的で魅力がある場合です。決め手のひとつは、複数の交通手段をできるだけシームレスに利用できるようにすることです。たとえば、1枚のカードで地下鉄、バス、自転車シェア、ライドシェア*の料金を支払えるようにするとか、1つのスマートフォンアプリで複数の交通手段を利用する外出計画を立てられるようにするという対応が求められます。乗客にアピールすること以外では、大量輸送は全体的な都市計画に依存しています。その意味では、最寄駅などに歩いて行ける圏内で住み、働けるようにするためにも（米国では徒歩圏内に最

モスクワ（ロシア）の環状線、ガーデン・リングの夕刻のラッシュアワー

寄駅がないことを「ファーストマイル／ラストマイル問題」と呼ぶ）、交通機関の収益性と効率性を確保できる高い稼動率を達成するためにも都市密度が不可欠な要素になります。空っぽのバスでは解決策になりません。その密度を達成するために、根本的な再編と「再高密度化」の必要に迫られる都市も出てくるかもしれません。まだ成長中の都市ならば、それは先を見越して計画する機会になるでしょう。コンパクトな都市空間なら、交通網でつながった都市空間を低コストで実現しやすくなります。

　理想的な条件がそろっていても、輸送インフラへの投資は財政的にも政治的にも難題になる可能性がありますが、その投資には見返りがあります。大量輸送の利点は、利用者だけでなく、すべての都市住民に関わってきます（逆に大量輸送がなければ全住民の重荷になる）。バス、地下鉄、路面電車がある場所、整備できそうな場所に投資しなければ、モーダルシフトは、排出量の少ない輸送手段にシフトするどころか、自家用車とそれに伴う渋

オレゴン州ポートランドにはメトロポリタン・エリア・エクスプレス（MAX）というライトレールが走る。ポートランド中心部、「ヤムヒル・ストリート＆セカンド・アベニュー」駅に停車中の東回りのMAX電車。97駅あり、利用者数は週12万人ほど

滞や大気汚染に向かってしまうかもしれません。自転車や徒歩、そのためのインフラ整備と並行して、大量輸送を整備すれば都市にモビリティ、住みやすさ、公平性を定着させることができます。動くことは人間の基本的な欲求であり、移動の目的は用事、楽しみ、好奇心といくつもあります。モビリティは個人の生活にも街全体にも活力をもたらします。モビリティは大気を犠牲にしなくても達成できるのです。●

インパクト：大量輸送の利用は、低所得国が豊かになるにつれて、都市移動の37％から21％に減少すると予測されています。逆に大量輸送が2050年までに都市移動の40％に増えれば、車が排出する二酸化炭素を6.6ギガトン削減できます。私たちの分析には多様な大量輸送手段（バス、地下鉄、路面電車、通勤鉄道）が含まれます。コストについては、移動する人が支払うコスト（乗車券の購入と比較した車の購入費と維持費）を調査しています。

輸送
高速鉄道
HIGH-SPEED RAIL

1964年、日本は東京—大阪間の515キロメートルを結ぶ世界初の高速鉄道（HSR）「新幹線」を開業して東京オリンピックを祝いました。現在では、1日の乗客数が40万人以上と世界一利用者が多い高速鉄道です。国際鉄道連合（UIC）によると、世界合計で29,700キロメートル以上の高速鉄道があります。建設中の高速鉄道が完成すると、その数字は50％増加します。計画中か検討中のものはまだまだあります。中国は飛び抜けて多く（全体の50％以上）、西ヨーロッパと日本が続きます。中国、日本、韓国は高速鉄道の一種、磁力で車両をレールから浮かせて、驚くほど滑らかに静かに高速走行させる磁気浮上鉄道（リニアモーターカー）を導入しました——上海と遠く離れた空港間を最高時速435キロメートルほどで走行する速さです。

　高速鉄道は、ディーゼルではなく、ほぼ例外なく電気が動力です。車や飛行機と比較して、数百キロメートル離れた2地点間を移動する最速の方法であり、炭素排出量を最大90％削減できます。高速鉄道の市場優位性は7時間以内の移動です。鉄道駅は都市や主要な郊外の中心部にあり、当面は、安全上の問題はさほどの負担になりません。しかも、新しい列車は快適な客室、すばらしい視界、最大限の接続性を備えています。高速鉄道の長期的な成功は、中距離（4時間）の人口密度の高い地域を走る路線では十分に確立されています。西ヨーロッパとアジアの一定の普及市場では、そうした路線上の旅客輸送事業全体の半分以上を高速鉄道が占めています。

高速鉄道は実質的にロンドン—パリ、パリ—リヨン、マドリード—バルセロナの路線を占有しています。2013年には、高速鉄道は世界合計で3,540億旅客キロを記録し、鉄道市場全体の約12％を占めていました。

　米国の場合、アムトラック（全米鉄道旅客公社）のアセラ・エクスプレスという高速鉄道があり、マサチューセッツ州とロードアイランド州を結ぶ全長45キロメートルが最速区間です。高速鉄道に対する熱意がおそらく米国で最も高いカリフォルニア州では、有権者が最先端システムの頭金として100億ドル（1.07兆円）を承認しました。カリフォルニア高速鉄道の完成予測によると、年間58億キロメートルの車移動が削減される見込みです——1日30万台の車が道路から消え、220万トンの温室効果ガスが排出されなくなるのに相当します。それでも、計画はなかなか進まず、根強い抵抗があります。完成予定は2028年ですが、誰もそうなるとは期待していません。コスト見積もりは330億ドル（3.5兆円）から680億ドル（7.28兆円）に倍増しました。

　そこにはコストという大きな障害があります。新しい駅もそうですが、列車そのものが高額です。線路は通常1キロメートル当たり930万〜5,000万ドル（10億〜54億円）、それに鉄橋、トンネル、高架橋も必要です。アムトラックの見積もりでは、北東回廊線（ワシントンD.C.〜ボストン）の場合、時速354キロメートルの高速鉄道システムを建設すると約1,500億ドル（16兆円）かかります。それより遅く時速257キロメートルにしても多少の節約になるだけでしょう。金額を考え

CO₂削減	正味コスト	正味節減額
1.42ギガトン	1.05兆ドル	3,108億ドル
	（112.35兆円）	（33.26兆円）

ると、政府の補助金と物品税が必要ですが、高速鉄道の反対派は、高速鉄道が経済的ではないことの証拠として補助金を挙げます。しかし、すべての輸送システムが、隠れた補助金にしろそうでないにしろ、政府の大幅な補助金を受けているので、高速鉄道を建設しない場合の評価には補助金のコストを含めるべきです。新しい道路、古い道路の新車線、空港の拡張、交通渋滞、無駄な時間、そしてこれまで以上の温室効果ガスの代金を支払うのは民間企業ではなく、社会です。高速鉄道プロジェクトで回避される社会的コストは、高速鉄道の資本コストから差し引く必要があります。

高速鉄道の支持派は、高速鉄道で石油依存から脱し、排出量を大幅に削減できると主張してきました。それは非現実的な期待です。高速鉄道が収支とんとんになるには多数の旅客が必要です。高速鉄道の採算がとれるだけの人口密度がある場所は世界でも限られています。稼働中の高速鉄道のカーボンフットプリントは飛行機や車より低いですが、それは高速鉄道が大幅に飛行機や車の移動に取って代わる場合に限られます。もうひとつ考慮すべき要因があります。高速鉄道の建設に関連する温室効果ガスの排出量はかなり多いということです。特に高速走行する列車を支える強度の線路を敷設するには大量のセメントが必要です（滑走路や道路にも当てはまるが）（「代替セメント」参照）。

高速鉄道が飛行機、車、従来の鉄道に勝る強みのひとつは、エネルギー源が徐々にクリーンになる可能性が高いことです。各国政府が世界中でカーボンフリー発電を推進している今、電気を動力とする高速鉄道がクリーンになっていくのは時間の問題でしょう。ただし、電気自動車が普及するにつれて、自動車移動も徐々にカーボンフリーになっていくのですから、この高速鉄道の強みは薄らぐに違いありません。しかし、空の旅はエネルギー効率が大きく向上する可能性が低いので、高速鉄道の乗客1人当たりの排出量が少ないという強みは、利用者数が予想どおりか予想を上回るかぎり維持されます。

さらに、高速鉄道は「賢明な都市開発（smart growth）」と呼ばれるコンパクトで歩いて生活できる中心市街地の重要な要素となり、その活性化に役立つ可能性もあります。高速鉄道のハブアンドスポーク設計は、ほかの公共交通機関も発着する中心市街地の駅と近隣の適切に計画された複合用途地区との組み合わせで、より広い意味で気候、健康、社会に有益な役割を果たせるのです。持続可能な輸送システムの一部として見ると、高速鉄道の排出削減効果は意義を増します。

高速鉄道移動の拡大を主張する根拠となる経済面や環境面の利益はほかにもあります。たとえば、旅客が従来の鉄道から高速鉄道に移行すれば、貨物輸送に利用できる線路が増えます。そうなれば、ディーゼル燃料トラックによる物資輸送のコストと温室効果ガス排出量が削減され、結果的に経済成長を助けます。また、車や飛行機とは対照的に、高速鉄道による移動が比較的手軽で快適なこと、より多くの人にとって交通の便がよくなるであろうことも強みです。こうした利点は定量化

257

2016年1月19日、東京駅に到着したJR東海の新幹線。日本の鉄道車両メーカーは、JRグループと協力して新幹線システムに使われている技術と基準で事業を世界的に拡大している。テキサス・セントラル・パートナーズLLCは、新幹線技術を採用してヒューストン—ダラス間のテキサス・セントラル・レイルウェイ高速鉄道プロジェクトの建設を開始する予定だ

することや従来の費用便益分析に含めることは難しい傾向がありますが、研究が進めば、高速鉄道の形勢が有利だと判明し、インフラ開発の対象として最適な選択肢だと判断される見込みはあるでしょう。●

インパクト：高速鉄道の建設と利用者数が予測したペースで増加すれば、2050年までに二酸化炭素排出が1.4ギガトン削減される見込みです。線路網の世界合計が103,000キロメートル、平均移動距離が299キロメートルで年間60億〜70億人を輸送できる計算です。地域的には、アジア、特に中国からのインパクトが最大になります。高速鉄道が大型旅客機の短距離航空路線で結ばれた都市間に集中する場合、インパクトはさらに大きくなると予想されます。実行コストは1兆ドルと急増します。しかし、運用節減額は30年間で3,100億ドル、高速鉄道インフラの耐用期間では9,800億ドル（104.86兆円）になる計算です。

輸送
船舶
SHIPS

世界貿易の80％以上が、その貨物の重さゆえに、ある場所から別の場所へと水に浮かびながら移動しています。タンカー、ドライバルク船（ばら積み船）、コンテナ船など、9万隻の商船が、2015年には100億トン以上の貨物を運びました。船は、効率的な鉄道システムがないか、地理的に鉄道を利用できない場合に、ある地点から別の地点へ物資を動かす最も炭素排出の少ない方法です。飛行機は同じ量の貨物を同じ距離輸送するのに47倍の二酸化炭素を排出します。海運業は世界経済にとって不可欠な産業ですが、ほとんど表に出てきません。

石油、鉄鉱石、米、ランニングシューズを海上輸送すると、世界の温室効果ガス排出量の3％を排出し、その排出量は世界貿易が増加しつづければ増加します。予測では、経済変数やエネルギー変数によって幅がありますが、2050年には50％から250％増加するとされています。輸送部門のうち車両の排出量にはかなりの注意が払われてきましたが、海上輸送のインパクトは気候変動対策の優先事項ではありませんでした。それが変わりはじめています。海運業界、政府、NGOは、これ以上排出量を増やさずに航海する方法を探っています。

輸送量が膨大なだけに輸送効率が向上すれば影響も大きいと言えます。それは船の設計から始まります。最も効率的な船は従来の船より大きく、長い船で、構造の不要な部分をそぎ落とし、軽量素材を使っています。新しい船のなかには船尾にダックテール（船尾から突き出した水の抵抗を減らすためのフラッ

トな延長部分）を追加したり、船底から圧縮空気を吹き出して船の推進を「潤滑」にする気泡層を発生させたりする船もあります。この2つの技術革新だけでも、船の種類に応じて燃料消費を7〜22％削減できます。省エネ船には、電気を供給するソーラーパネル、人の勘に頼らず船の性能を最適化するためのオートメーションシステムなどの装備が追加されていることもあります。新船の造船時にしか適用できない設計や技術もありますが、それ以外は旧船の修繕時にも実現可能です。現役の船は今後何十年も現役なので修繕時の省エネ対策は特に重要です。

船舶設計と船上技術の向上をめざす主要な取り組みがいくつかあります。2011年、国際海事機関（IMO、海運の安全と環境負荷低減を担う国連の専門機関）が新造船に対する「エネルギー効率設計指標（EEDI）」を定めました。車の燃費基準と同様に、EEDIは新船が最低限の省エネ水準を満たし、そのレベルを引き上げていくことを求めています。持続可能な海運イニシアチブ（SSI）は、海運大手15社、世界自然保護基金（WWF）、フォーラム・フォー・ザ・フューチャーのパートナーシップで、2040年までに海運業界を完全に持続可能にすることをめざして協力しています。2011年、RightShipとカーボン・ウォー・ルーム（CWR）は共同で「A-to-G温室効果ガス排出格付け」システムを作成しました。これは新旧の商船を対象に、二酸化炭素汚染度に基づいて各船を同業者と比較評価するものです。格付け制度は、ほかの海運に特化した指標もそうですが、透明性を生み出し、船

CO₂削減	正味コスト	正味節減額
7.87ギガトン	9,159億ドル （98兆円）	4,244億ドル （45.41兆円）

の省エネ向上を妨げる主要問題、スプリットインセンティブ（当事者間で利害が一致しないこと）の対策になります。船の燃料費は貨物を送る企業が大部分を支払うため、船主側には、特に成果がはっきりしない場合、船をアップグレードする理由はないも同然です。「温室効果ガス排出格付け」は新しいレバレッジポイント（小さい努力で大きな効果が出る介入点）になります。つまり、コストを削減したい用船主（船主から船をチャーターして運航する海運会社）と貨物を依頼するグリーンな方針のサプライチェーンが目的にかなう船を選定できるということです。この格付けシステムは、すでに世界貿易の20％が利用しており、銀行、保険会社、現地の港湾当局も利用しています。ブリティッシュコロンビア州（カナダ）の2つの港湾当局は、クリーンで格付けが上の船に対して港湾手数料を割り引いています。

メンテナンスと運航も海運の燃料効率の決定的な要因です。プロペラから堆積物を除去する、サメ皮を模したコーティングで船体の表面に付着物がつきにくくするなど、単純な技術もあります。海洋生物はすぐ船体に付着して繁殖します。そうなると船が重くなり、推進力が落ち、燃費が悪くなります。この生物付着で燃料消費量が40％増えることさえあります。サメのざらざらした歯のような鱗は、藻類やフジツボがサメの皮膚に付着するのを防いでいます。フロリダ大学のアンソニー・ブレナン教授は、このサメ皮をヒントに船体をきれいに保ってスムーズに航海するための生体模倣技術によるコーティングを開発しました。貨物船の水の抵抗を減らし、エネルギー効率を高める数々の技術と方法のひとつです。

船を減速させると——海運業界では「減速航行（スロースチーミング）」と呼ぶ——燃料消費量がほかのどんな方法よりも少なくなり、最大30％削減されます。2009年の世界同時不況のプラス面は、スロースチーミングが業界の概ね標準になったことです。航路と気象計画も重要です。設計、技術、メンテナンス、運航の少しずつの効果が合わさると、業界の先頭を行く船は出遅れた船の2倍の効率になります。要するに、今できる効率改善策を実行すれば、海運の排出量は2020年までに20〜40％、2030年までに30〜55％削減することが可能だということです。

海上輸送の効率を改善することは、気候の健康状態を改善するだけでなく、空気の質と人間の健康にとっても重要です。船の燃料は、バンカー油といって石油精製業の残りものである低級品です。車やトラックのディーゼル燃料より3,500倍も多い硫黄が含まれています。船が集まる港湾都市は、船が大気中に吐き出す窒素酸化物と硫黄酸化物、粒子状物質（PM）に最も悩んでいます。毎年6万人が船から出るPMが原因の心血管疾患や肺疾患で死亡しているとする研究者もいます。港湾によっては、船が接岸する際はバンカー油よりはクリーンなディーゼル燃料に切り替えることを義務づけています。住民の健康を守るために船から出る大気汚染物質を格段に減らせる対策です。同様に、停泊中の船は自前の石油燃料発電機を動かさずに陸上の電力に接続

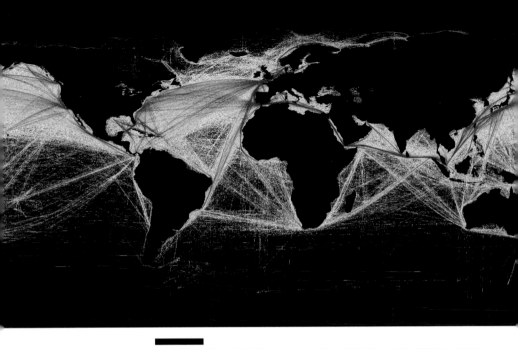

この地図の全航路で商船を運航するには、1日当たり500万バレルの燃料が必要だ。1年分を合計すると、国際海上輸送は二酸化炭素換算で8億トン以上の温室効果ガスを排出する——輸送部門の総排出量の11%を占める

することを要求する港も増えています。

　設計の革新と温室効果ガス排出格付けのおかげで、海運業界の一部は変化しています。しかし、船からの排出は世界的な気候変動協定には含まれていないため、世界的な排出削減目標はまだないか、合意に至っていません。2016年10月、国際海事機関（IMO）は会議を開き、炭素排出量の上限設定に関する議論を2023年まで延期しました——2050年には海運業が世界の炭素排出量の17％を占めると予測されているというのに遅すぎます。毎年数兆ドルの貨物が海上輸送されていることを考えれば、責任ある産業になることを海運業界に迫るのは貨物の依頼主である企業の役目とも言えます。現実的な時間軸では、RightShipとカーボン・ウォー・ルームの格付けの取り組みが海運の炭素排出量を削減する手段になりそうです。海上輸送の温室効果

ガス削減はまだ自発的な行為の段階です。これだけでは変化を十分に加速していけません。漁業、建築、食品、木材に続き、クリーンな海運認証も必要な時期になっているようです。経済学の観点からもクリーンになるほうが有利です。燃料は船舶運航の主なコストです。とすれば、海運会社、それを利用する企業、最終的に出荷された商品を購入する企業や消費者、誰にとっても燃料消費ができるだけ少なく、炭素排出が減ることが利益になります。●

インパクト：世界全体の海運業で50％の省エネが達成されれば、2050年までに7.9ギガトンの二酸化炭素排出を回避できる見込みです。それに伴って、30年間で4,240億ドルの燃料費の節約になり、船の耐用期間では1兆ドル（107兆円）の節約になる計算です。

輸送
電気自動車
ELECTRIC VEHICLES

CO₂削減	正味コスト	正味節減額
10.8ギガトン	14.15兆ドル	9.73兆ドル
	(1,514.05兆円)	(1,041.11兆円)

電気自動車は、1828年に初の試作品がつくられて以来、200年近く夢想されてきました。1891年、ヘンリー・フォードはデトロイトのエジソン電灯会社に入社しトーマス・エジソンの下で働くようになりました。エジソンとフォードは生涯の親友となり、フォードのキャリアの初期、ガソリン自動車をつくるよう友を支え、励ましたのはエジソンでした。皮肉なことに、エジソンは電気自動車専用に設計したバッテリーを開発しており、もっとよく、もっと安くと没頭していました。ある時、エジソンはフォードに対する立場をがらりと変えて、手紙にこう書い

ています。「電気こそが最高です。耳障りな音を立てながらきしむギアとそのたくさんのレバーにまごつくことはありません。強力な燃焼エンジンの例の気まぐれでぞっとするような振動とうなり声もありません。すぐ故障する水循環システムもありません——危険でひどい臭いのガソリンや騒音もないのです」

若きフォードは納得せず、モデルAとモデルTを生産するに至りました。360ドルの車の売上は1914年に25万ドルを超えました。しかし、その年、エジソンの助言が効いたのか、フォードはエジソンがまもなく安価で軽量なバッテリーを完成させると確信し、エジ

ソンと提携して電気自動車を生産すると発表しました——エジソン—フォードの誕生です。ところが、何カ月、何年待ってもエジソン—フォードは実現しませんでした。エジソンがその軽量で長もちするバッテリーの開発を果たせなかったからです。

実は、電気自動車は誰か1人によって発明されたというより、世界のあちこちで一連のブレークスルーがあって少しずつ進化してきたものです。英国、オランダ、ハンガリー、米国の19世紀初頭の発明家たちは、それぞれ種類の異なる小型電気自動車（EV）をつくりましたが、初の実用的な電気自動車ができたのは19世紀後半になってからでした。1891年、アイオワ州の化学者ウィリアム・モリソンは、最高時速23キロメートルの6人乗り電気自動車をつくりました。19世紀末の米国ではガソリン車、電気自動車、蒸気自動車という3つの選択肢がそろいました。電気自動車はさまざまな理由でガソリン車と蒸気自動車よりも売れました。始動時に手でクランクを回す必要がない、ギアチェンジが必要ない、蒸気自動車よりも走行距離が長い。そして現代の電気自動車のように静かで排気ガスを出さないというのが理由でした。

1920年代には、道路網が改善されて米国人はより遠くに移動するようになりつつありました。そうなってくると、ガソリン車に比べて走行距離が短いEVは不利になりはじめました。一方、ガソリン車は魅力を増しました。ヘンリー・フォードは大量生産を開始し、ガソリン車をEVより安くしました。チャールズ・ケタリングが電動スターターを発明し、

手でクランクを回す必要もなくなりました。しかもテキサス州で油田が発見され、平均的な消費者にとってガソリンが手頃な価格になりました。以来ずっと内燃エンジンは自動車業界を支配してきました。今や道路を走る車は10億台以上になり、その車は大気に温室効果ガスと大気汚染という大きな犠牲を強いてきました。幸いにも、現在100万台以上の電気自動車も道路を走っており、両者の影響の差は歴然としています。

世界の石油消費量の3分の2は車やトラックの燃料に消費されています。輸送部門の排出量は、二酸化炭素排出源として発電部門に次いで多く、総排出量の23％を占めます。発展途上国の産業が発展するにつれて、2035年までに自動車台数は20億台を超えると予測されています。

電気自動車は送電網からの電気か分散型の再生可能エネルギーで走ります。燃料電池を搭載して発電しながら走る水素自動車も電気自動車に含まれます。電気自動車のエネルギー（変換）効率は約60％、ガソリン車は約15％です。電気自動車の"燃料"もガソリンより安価です。完全電動車の日産リーフは、1キロワット時の電気で3.3マイル走ります。電気代が1キロワット時7セントの真夜中に車を充電するなら、ガソリン1ガロン0.72ドルに相当します。日産リーフがガソリン1ガロン相当の電気で23マイル走るなら、1ガロンで34マイル走る日産ヴァーサ（Versa）に1ガロン2.30ドルのガソリンを給油した場合と比べると、69％のコスト削減になります。（1マイル＝1.6キロメートル、1ガロン＝3.8

リットル、1ドル＝100セント）

　ガソリン1ガロン当たりの二酸化炭素排出量は11キログラムですが、10キロワット時の電気の排出量は平均5.5キログラムです――動力が電気なら二酸化炭素排出量が半減し、太陽光発電なら95％減ります。

　ますます電気自動車が好ましい選択肢です。販売台数は10年足らずで10倍に増えました。2014年から2015年にかけて、主に中国人の購買意欲に牽引されて販売台数が315,000台から565,000台に急増しました。世界のEV売上の3分の2は、乗用車の三大市場、米国、中国、日本です。EVをリードするテスラは、2016年、自動車業界に衝撃を与えました。コンパクトなModel 3の予約注文を頭金1,000ドル（107,000円）でほぼ瞬時に325,000台集めたのです。その地位を強化し、コストを削減するために、テスラはネバダ州にリチウムイオン電池の世界最大の工場を建設しました。7,500ドル（80万円強）の助成金を支給する米国を含め、世界中の政府プログラムが電気自動車の購入を奨励しています。米国と中国は現在、政府機関の自動車購入の少なくとも30％を無公害車にすることを義務づけています。インドは2030年までに電気自動車以外の販売を禁止する意向です。もちろん、それだけの刺激策があります。

　電気自動車は今後、米国の二大経済部門である自動車産業と石油産業のビジネスモデルを混乱させるでしょう。電気自動車はガソリン車より製造が単純で、可動部品も少なく、メンテナンスがほとんど不要で、化石燃料は

まったく不要だからです。しかし、その混乱はすぐには起こらないでしょう。電気自動車は自動車販売全体のまだほんの一部です。この不均衡は販売中のモデル数に反映されています。ガソリン車のモデルは何百とありますが、これまでのところ電気自動車のモデルは35しかありません。重工業市場では、電車、地下鉄、産業機器（フォークリフトなど）の長い伝統を土台に、変化がより迅速に進んでいます。商業部門は、コストを償却できるため、追加の資本投資を行ないやすく、その意欲もあります。多数の事業車両を保有する産業は、充電ステーションに容易に改修できる車庫があることから、完全電動のトラック、バン、車に無理なく移行できる候補部門です。UPSとFedEx（どちらも貨物運送）の一部車両を含めた何千もの電気バスと電気配送トラックが、北米、アジア、ヨーロッパの都市の道を定期的に走っています。中国には17万台以上の電気バスがあります。ロンドン名物の二階建バスもまもなく電動化されます。

　落とし穴は何でしょう？　電気自動車の場合、それは「走行距離の不安」です。最初のEVモデルは、手頃な価格を維持するためにバッテリーが充電1回で160キロメートル未満走行に設計されました。現在の標準的な走行距離は129 〜 145キロメートルです。プラグインハイブリッド車では、充電なしの走行距離が約80キロメートルです。ゼネラルモーターズは自社のプラグインハイブリッド車シボレー・ボルトについて、それで十分な距離であり、毎日の通勤を含む90％の移動をカバーすると述べています。数字は改善さ

れるでしょう。自動車メーカーは2017年に200マイル（320キロメートル）を約束しています。

　走行距離の問題に対する最終的な解決策は、充電ステーション網です。世界の充電ポイントは2012〜2014年に2倍以上増加して10万カ所を超えました。その数は需要とともに飛躍的に増えるでしょう。ステーションそのものはポート当たり3,000〜7,500ドル（32万〜80万円）と設置にそれほど高額を必要としません。ステーションでは電気料金が最も安いオフピークに車を充電するか、送電網に太陽光発電や風力発電の電力が豊富な時間帯に車に"燃料"補給することもできます。ショッピングモールや小売チェーンは店舗の充電ポート設置を進めています。アプリがあれば、公共でも民間でも最寄の充電ステーションを正確に探せるでしょう。充電ネットワークが拡大し、その革新と改良が進めば、走行距離の不安が軽くなり、同時に21世紀の電力網が必要とする電力貯蔵への対応にもなります。

　電気自動車市場の見通しはさまざまです。あと数十年で1億台が道路を走っているでしょうか？　1億5,000万台でしょうか？ブルームバーグは、2015年の60％売上増の数字を採用して今後25年間を予測し、2040年には累計売上が4億台になり、新車売上全体の35％を占めるという数字を出しています。電気自動車と自動運転車の組み合わせが四輪車のソフトウェア面のプラットフォームになったときに、両者の自然な相乗効果がどうなるかも未知数です。AppleとGoogleが

自動車設計に取り組んでいますが、あなたが思い浮かべる標準的なEVにはまずならないでしょう（標準的EVなるものがあるとすれば）。EVのイノベーションのペースを見れば、未来の車がEVになることは確実です。地球温暖化や二酸化炭素排出量を心配する人々にとっての問題は、その未来の到来がどれだけ早まるかなのです。●

インパクト：2014年には305,000台のEVが販売されました。EVの利用が2050年までに総旅客マイルの16％に増加すれば、燃料の燃焼に由来する二酸化炭素排出を10.8ギガトン回避できる見込みです。私たちの分析では、発電による排出量とEV生産で増える排出量も考慮に入れてガソリン車と比較しています。今後バッテリーコストが下がればEV価格も若干下がると予想され、それも考慮に入れています。

輸送
ライドシェア
RIDESHARING

CO₂削減　　コストなし　　正味節減額
0.32ギガトン　　　　　　　1,856億ドル
　　　　　　　　　　　　（19.86兆円）

フォード・モデルTが1908年に世に出て以来、人々は自家用車の定員を家族や友人以外のためにも有効活用してきました。2015年、『オックスフォード英語大辞典』に新しい動詞として「ride-share」が収録されました。昔からある習慣を表す新語、ライドシェアは、出発地、目的地、途中で立ち寄る場所を共有する運転者と同乗者を組み合わせて空席を埋めるという単純な行為です（普通の人が運転する車でのタクシーに似たサービスもライドシェアと呼ばれることが多いが、その場合、この説明は該当しない）。公共の利益のために相乗りする最初の例は、第二次世界大戦中、カーシェアリングクラブが登場したときでした。当時の米国では「1人だけで乗るなら、ヒトラーを乗せるも同然！」とまで言われていました。相乗りは戦争協力のために資源を節約することでした。雇用者は

運転者と同乗者をつなぐ責任があり、通常は職場の掲示板で相手を募っていました。1970年代に石油危機が起こると、大気汚染に対する社会の不安が高まっていたこともあって、再び雇用者肝いり、政府資金による取り組みが急増しました。燃料を節約するために、相乗り専用（HOV）車線ができて相乗りが奨励されました。HOVを利用するために見知らぬ他人どうしがヒッチハイク式で相乗りする「slugging」と呼ばれる相乗り通勤が、ワシントンD.C.をはじめ各地の通勤者の間に定着しました。1970年代のライドシェ

一見すると、こんな無謀なライドシェアはありえないと思うだろう。実は、停車したジープにみんなが乗ってユーモラスなライドシェアのポーズをとってくれたものだ。この写真をお見せするのには別の理由もある。車両とモビリティは、木材や漁業のように貴重な物資だ。富裕国の人々は、車を当たり前だと思い、ささいな用事に無頓着に車を使いがちだ。この写真でモビリティがいかに貴重かを、資源を使いたいなら資源を分かち合わなければならないことを知ってほしい

アの全盛期には5人に1人が相乗りで通勤していました。

2008年に米国国勢調査局が再び相乗りについて調査した頃には、相乗り通勤の傾向はかなり衰えていました。1990年代から2000年代初めにかけて、交通渋滞や大気の質への対策としてライドシェアを奨励する動きがありながら、相乗り通勤をしていた米国人はわずか10％でした。しかし、世界的な不況、スマートフォンやソーシャルネットワークの浸透、都市部ミレニアル世代の車所有欲の低下が要因で、ライドシェアは再び増加しています。この復活は、気候危機を考えるとタイムリーです。移動手段を共有すれば、費用が頭割り、渋滞緩和、インフラにかかる負担軽減、おそらくは通勤ストレスも軽減とメリットがあり、一方で1人当たり排出量も減ります。現在、米国では通勤車の相乗り率は100台にわずか5台です。この数字が少しでも変化したら、ドライバーが週1日でも乗客になったら、そのインパクトは？　ライドシェアは、A地点から公共交通機関まで、あるいは公共交通機関からB地点まで遠いというよくある大量輸送の欠点を解消して、「ファーストマイル／ラストマイル問題」の対策になることで、車以外の移動手段を現実的な選択肢にする一面もあります。

ライドシェアは目新しい発想ではありませんが、技術の新しい波が現代のライドシェアを加速しています。スマートフォンがあれば、どこにいて、どこへ行くのかリアルタイムに情報を共有できます。自分と相手のマッチング、ベストルートの検索を支えるアルゴリズ

ムも日々進化しています。ソーシャルネットで相手を確かめれば安心感があり、赤の他人でも相手を信頼して車に乗ったり、乗せたりしやすくなります。信頼性、柔軟性、利便性が広く認知されるのに必要な市場普及率「クリティカルマス」に達すれば、人気のあるライドシェアプラットフォームで必要なときに必要な場所で乗る車を見つけることができるようになり、過去のライドシェアにつきものだった制約が解消されます。1回限りの相乗りであれ、長期的な関係であれ、気の合う相手をマッチングすることは数多くのCtoC（個人間取引）ビジネスモデルのまさに焦点になっています。BlaBlaCarは、20カ国に2,500万人の登録者がいる長距離移動の相乗りマッチングサービスです。UberPoolとLyft Lineは、同じ方向か、近い目的地に行く人をリンクするアルゴリズムを用いて、乗客をグループにし、乗せたり、降ろしたりしながら運ぶサービスです。中国だけでも、Uberは毎月2,000万件の相乗り移動を運営しています。Google傘下のWazeは、IT版のヒッチハイク式通勤として、2015年以来イスラエルで相乗り通勤のマッチングサービスを提供してきました。現在はサンフランシスコで同じコンセプトを試験運用しています（Lyftもサンフランシスコのベイエリアで類似サービスをテストしたが、結果が振るわなかった）。こうした企業は、ユーザー層が厚いので、いろいろおもしろいことを試すことができ、運転する側はお金を稼げるか、まとめて乗せて効率がよくなるなら人を乗せる、乗る側はお得に手軽に車に乗れるなら喜んで

割り勘にするという可能性に賭けています。

　同乗者を増やすことは必ずしも簡単ではありません。過去1世紀に証明されてきたように、燃料が安ければ相乗りは減ります。無料か安い駐車場が豊富にあれば、やはり相乗りしようとは思わなくなります。相乗りの利点は明らかですが、自分のことは自分で決めたい、プライバシーがほしい、環境より自分の都合を優先したいという気持ちも相乗りの意欲をそぎます。その意味では、1人で車に乗るという行為は、社会学者のロバート・D・パットナムが『孤独なボウリング』と名づけた現象、現代社会のソーシャルキャピタル（社会関係資本）とコミュニティの衰退の一種にも思われます。安全上のリスクも、見知らぬ人が関与する以上、抑止力になるでしょう。ライドシェアの明るい面を挙げると、相乗りすれば、その道中で連帯感、つながり、相手への関心が生まれやすいということです。車で出かけるというだけでなく、ライドシェアは他者への想像力をはたらかせる機会でもあるのです。多くの人にとって、車は生活必需品扱いでした。しかし、モビリティは所有するのではなく、公共サービスだという考え方が一部では生まれています。個人が所有しなければならないものではなく共有するものとして、車がもっと共同で利用されるようになれば、総じて車の数が少ない未来がおぼろげながら見えてきます。

　では、車が走るときはいつでも空席を埋めるにはどうすればよいでしょう？　石油価格や都市設計といった領域のマクロ的変化は、ライドシェアの将来に確実に一定の役割を果たしますが、その成功の鍵は、これまで以上に活発で柔軟で費用対効果が高いライドシェアになることです。したがって、テクノロジーは現在と同様にライドシェアの将来に大きな影響を与えます。ライドシェア利用者数がクリティカルマスに達するには少なからずテクノロジーの力が必要だからです。世界最高のアルゴリズムも人数が少なくては役に立ちません。ビジネスの利益には反するかもしれませんが、プラットフォーム間でデータを共有すれば、これまでになく優秀なマッチング性能が実現する可能性もあります。起業家やプログラマーに加えて、雇用者や政府にも、ライドシェア華やかなりし時代のように、果たすべき役割があります。ライドシェアの促進・奨励策は、ライドシェア費用の税控除から相乗りの通行料や駐車料金を安くすることまで多岐に及びます。最終的には、誰かと一緒に車に乗り込むのが、自家用車で行くのと同じくらいか、ひょっとしたらそれ以上に簡単で賢明な選択ならば、ライドシェアが、そして排出削減も、自ずと活発になっていく好循環ができあがります。●

インパクト：ライドシェアの予測は、車所有率と単独運転率が高い米国とカナダの通勤者だけを対象にしています。相乗りは、2015年の車通勤者の10％から2050年には15％に増加し、相乗り1台当たりの平均人数は2.3人から2.5人に増加すると想定しています。ライドシェアは実行コストがかからず、二酸化炭素の削減見込みは0.3ギガトンです。

輸送
電動アシスト自転車
ELECTRIC BIKES

電動自転車は中国で大流行しています。この傾向は、中国の急発展する都市が、世界最悪とされる大気汚染を改善しようと厳格な公害防止規則を敷いた1990年代半ばにさかのぼります。現在、ものすごい数の人々が電動自転車で通勤しており、中国では電動自転車の所有者数は車の所有者数の2倍です。ある専門家によれば、これは「史上最大の代替燃料車両の採用」です。ということなら、中国が世界の電動自転車売上の約95％を占めていることは驚くにあたりませんが、この

ペダルとモーターのハイブリッド車は世界のあちこちで増加しています。都会の住人が混雑した街を動き回るのに便利で、健康的で手頃な価格の方法を求め、ついでに炭素排出量にも歯止めをかけようとしているからです。

都市移動の半分は10キロメートル未満、自転車で楽に行ける距離です。ところが、自転車をすいすい乗り回せるほど平らで温暖な場所に住んでいる人はそうそういません。高齢者や自転車に乗れない人もいます。通勤時間が長い人、時間の制約がある人、目的地に

CO₂削減	正味コスト	正味節減額
0.96ギガトン	1,068億ドル	2,261億ドル
	（11.43兆円）	（24.19兆円）

着いたとき汗だくでは困る人もいます。強い追い風で背中を押すように、電動自転車は坂を登りやすく、スピードを速く、長距離でも自転車で行けるようにしてくれます。従来の自転車に気が進まない人も、電動アシストがあれば考え直すかもしれません。実際、電動自転車の性能がよくなり、価格が下がるにつれて、車に1人で乗るような、環境をより汚染してしまう交通手段から電動自転車に乗り換える人がますます増えています。

2012年に販売された3,100万台の電動白転車は形も種類もさまざまでした。大きなバスケット付きのビーチクルーザーもあれば、スタイリッシュでスポーティーなテスラの二輪車版もありました。多くはスクーターに似ていましたが、スタイルに関係なく、基礎技術は共通していました。電動自転車も、ペダルがクランクを回し、クランクがチェーンを動かし、チェーンが車輪を回転させるのは同じです。ただし、これら典型的な自転車のパーツだけで動くのではありません。小型のバッテリー駆動モーターも搭載され、加速したり（通常は時速32キロメートル*まで）、脚が疲れたら補助したりできるようになっています（モーターの加速上限がないと、電動自転車は速すぎて自転車専用道で安全に乗れない恐れがある）。

もちろん、そのバッテリーは手近なコンセントから充電します。使う電気は、石炭火力発電から太陽光発電まで、そのコンセントに流れてくるものになります。つまり、電動自転車は必然的に通常の自転車や単に歩くよりは排出量が多くなるわけですが、それでも、電気自動車を含めた車、それに大方の大量輸送手段より低排出です（すし詰めの電車やバスなら、旅客マイル［旅客キロ］当たりのエ

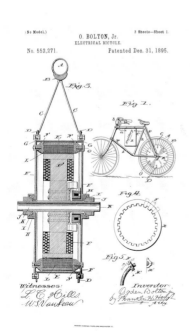

```
(No Model.)
O. BOLTON, Jr.                     3 Sheets—Sheet 1.
ELECTRICAL BICYCLE.
No. 552,271.                       Patented Dec. 31, 1895.
```

左：ドイツの自転車整備士がベルリンの自分の店から出発して最新の電動自転車を試走中
右：オハイオ州カントンのオグデン・ボルトン・ジュニアが1895年に申請した電動自転車の特許書類に含まれている図版

＊日本では道路交通法で電動アシストは時速24キロメートル規制が適用されている。

ネルギー効率では電動自転車を上回る場合もある）。炭素排出に関しては、電動自転車ではなく車や公共交通機関を使った場合、雲泥の差があります。内燃エンジンで動く交通手段が環境負荷の少ない動力に移行し、送電網の再生可能エネルギーへの移行がもっと進めば、電動自転車の排出量が圧倒的に少ないという今の優位性は縮小しますが、なくなりはしません。

　電動自転車の性能の中枢はバッテリーです。と同時に最大の課題でもあります。電動自転車は高価で、普通の自転車の軽く5倍か、もっと高いこともしばしばです。コストを大きく左右するのはバッテリーで、採用される種類に応じて差があります。中国では、密閉型鉛蓄電池が主流で、そのため電動自転車が比較的安価です。しかし、バッテリーのリサイクル方法が統一されているとは言い難いことが主な理由で環境汚染問題が生じています。リチウムイオン電池にすると、その汚染問題の対策になり、性能も上がりますが、大幅にコストがかかります。バッテリー技術が向上し、普及して、その結果、価格が下がれば、電動自転車はますます魅力を増します。それに水を差さないためには、適切なバッテリーリサイクルが不可欠になります。

　ほとんど知られていませんが、1895年に初めて電動自転車の特許を出願した男性がいました。オハイオ州のオグデン・ボルトンという発明家で、125年以上前のことですが、その設計は驚くほどモダンでした。ほかにも流行したベロシペードという自転車の元祖にモーターを付けようと研究していた人たちがいました。電動自転車は今、現代になって再び人気が上昇しているモーターなし自転車の後を追いかけています。今後何年かで、電動自転車は普通の自転車用に整備されたインフラとサイクリング文化の浸透の恩恵を受けるでしょう。しかし、電動自転車は自転車にはない規制の問題がからんできます。具体的には、いつ、どこでなら乗っていいのかという問題です。電動自転車は種類や機能がたくさんありすぎて、政策立案側も道路交通規則（自転車専用道も含め）を決めるのに苦労してきました。電動自転車を安全かつ使いやすくする明確で一貫性のある規制は、電動自転車の増加を促進するでしょう。電動自転車は、すでに地上で最も普及し、最も売れている代替燃料車です。今日の世界では、何よりも環境にやさしいモーター動力の交通手段が電動自転車であることを考えれば、その人気ぶりは今後もさらに電動自転車が普及することを約束しているかのようです。●

インパクト：2014年、電動自転車による移動距離は5,800億キロメートルで、圧倒的に多いのは中国でした。市場調査に基づいて、私たちは2050年までに年間1.9兆キロメートルに増加すると予測しています。アジア全域と高所得国で車離れが最大になる見込みですが、そうなれば電動自転車の利用者増を促進するでしょう。この解決策によって2050年までに二酸化炭素排出が1ギガトン削減され、電動自転車の所有者の節減総額は2050年までに2,260億ドルになる計算です。

輸送
自動車（ハイブリッド車／プラグインハイブリッド車）
CARS

2013年には、世界全体で約8,300万台の車が組み立てラインからつくり出されました。そのほぼすべてが従来の内燃エンジン——化石燃料を動力に変え、温室効果ガスを排出する産業革命の典型的な創造物——を搭載していました。米国では、「ライトデューティー」車（普通乗用車、バン、SUVなど）が年間排出量の15％以上の原因です。世界全体を見ると、エネルギー消費に由来する排出量の4分の1の原因は輸送部門にありますが、輸送部門のなかでも大きな原因になっているのが、そのライトデューティー車です。

ライトデューティー車の2013年新車のうち130万台には、内燃エンジンのほかに電動モーターとバッテリーも搭載されていました——燃費向上と排気ガス低減の機能を組み込んだハイブリッド車です。この融合は内燃エンジンと電動モーターの長所を生かし、欠点を補うものです。ガソリン／ディーゼルエンジンは高速を維持するのは得意ですが、いったん停止すると発進するのが苦手です。電動モーターは低速走行と停止から発進するときの効率にすぐれています。また、信号待ちでエンジンを切っても車のエアコンやアクセサリーを動かしておくことができる、ブレーキをかけると通常は熱として逃げてしまう運動エネルギーを回収して電気に変換できる、エンジン性能を高めるのでエンジンの小型化と効率化が実現するという特長があります。エンジンが苦手なところはモーターが得意、その逆もまた同様です。

ハイブリッドという名前のとおり異なるものを組み合わせたハイブリッド車では、内燃エンジンが全部の仕事をする必要がありません。したがって、ガソリンも必要なエネルギーの一部だけ提供すればよいのです。バッテリーに蓄えられた電気が補うので、1ガロン（または1リットル）当たりの走行距離が長くなり、その結果、温室効果ガス排出量も減ります。国際エネルギー機関（IEA）によると、ハイブリッド車はガソリン車より燃費が25〜30％向上します（主に都市部で走るなら、その数字は大きくなる）。すでに増加しつつある電気自動車こそが未来の車です。しかし、今のところハイブリッド車が決定打です。充電1回の走行距離が限られていることからインフラ増設が必要なことまで、完全電動の車が直面している問題が障害にならないというのが大きな理由です。社会が化石燃料を使わない車だけになるまで、今ある燃費向上技術で最も有効なのが車のハイブリッド化なのです。

「ハイブリッド」の代名詞になったトヨタプリウスは、1997年に日本の自動車販売店に衝撃を与えました。それは世界初の量産されたハイブリッド車でしたが、元祖ハイブリッド車が発表されたのはプリウス誕生より1世紀近く前でした。1900年、フェルディナント・ポルシェは自身の電気自動車の設計を基に、バッテリー駆動のホイールハブモーターと2つのガソリンエンジンを組み合わせました。それは「ローナーポルシェ "Semper Vivus"」（「常に生きている」の意）と命名され、「バッテリーを充電するために燃焼エンジンが始動しなければならなくなるまで、バッテリー駆動だけで長い距離を走行でき

る」ものでした。これと同じ基本技術は、現代のシボレー・ボルトやヒュンダイ・アイオニックにも見られます。ポルシェは1901年のパリ・モーター・ショーでハイブリッド車の試作品をデビューさせた後、「ローナー・ポルシェ"Mixte"」として完成度を高め、年末までに5台を販売しました。ミクステは技術的な複雑さゆえに価格もメンテナンス費用も高く、しかも当時のバッテリーは高価で重いものでした。結局、ポルシェのハイブリッド車は従来のガソリン車と競合できませんでした。

ハイブリッド技術は、技術的な複雑さ、バッテリー、コストという問題に加えて、石油価格が安かったこともあり、20世紀にはほとんど日の目を見ませんでした。ここ20年のハイブリッド車の再登場と成長は、世界の経済先進国と最近では中国でも採用された燃費基準が背景にあります。そうした基準の第一号は、1975年に米国が定めた「企業別平均燃費（CAFE）」基準でした。2014年現在、世界の自動車市場の83％が燃費規制を受けています。こうした拘束力のある基準によって、自動車メーカーはエネルギー非効率の解消に全力を挙げざるをえなくなりました。エンジンの熱損失、空気抵抗と転がり抵抗、ブレーキ、アイドリングなど性能の足を引っ張る要因で、ガソリン車が消費するエネルギー

CO₂削減	正味コスト	正味節減額
4ギガトン	−5,987億ドル （64.06兆円）	1.76兆ドル （188.32兆円）

のうち推進力に使われるのは平均して21％だけです。その21％のうち95％はドライバーではなく車を動かすために使われます。要するに、車に消費されるエネルギーの99％は無駄になります。体重68キログラムの人間を運ぶためにスチール、ガラス、銅、プラスチックなど1.4トンの塊を動かすのが車というものなのです。

ハイブリッド車は、この非効率性の一部を解消します。ハイブリッド化だけでなく、エンジンの小型化、車体のスリム化と軽量化、可動部品の摩擦を減らすための微調整も改良点です。こうした燃料消費を減らすための補

助技術は各所でわずか数パーセントですが差を生むため、従来のガソリン車の単独技術よりもハイブリッド化や完全電動化を補完するのに適しています。

燃費基準、石油価格、新しい車の環境性能表示、省エネ車に対する税率優遇などの経済的奨励策がハイブリッド車の採用に影響を及ぼします。燃費規制の基準が上がれば、ハイ

2007年、ゼネラルモーターズ（GM）は北米国際自動車ショーでプラグインハイブリッド車「シボレー・ボルト・コンセプトカー」を発表した。デビュー時のGMの推定によると、バッテリー駆動の電動モーターは最大40マイル（64キロメートル）単独走行でき、その後、燃焼エンジンが始動して発電し、バッテリーを充電し、走行距離を640マイル（1,030キロメートル）に延長する。一晩充電し、毎日60マイル（97キロメートル）運転した場合、燃費は驚きの1ガロン当たり150マイル（1リットル当たり63キロメートル）だという

ブリッド車が——そして完全な電気自動車も——市場シェアを高めるでしょう。ハイブリッド車の伸びは価格にも左右されるでしょう。つまりはバッテリーの価格です。ハイブリッド車は従来の車より高価ですが、バッテリーコストが下がれば競争力がついていきます。国際エネルギー機関（IEA）はハイブリッド化で価格は3,000ドル（32万円）上乗せになると見積もっていますが、所有者は燃料代が減れば車の寿命全体でいくら節約になるかを見ています。それでも、初期費用の高さに手が出ないことはあります。また、ハイブリッド車により総走行距離が早く増えて、合計で見れば結局は燃料を多く消費するのではないかという懸念もあります。しかし、研究によれば、このいわゆる「リバウンド効果」*は一般的に小さく、個人輸送に関してはわずか数パーセント差です。

　世界中に10億台以上の自動車が存在します。2035年までに20億台以上になるでしょう。相乗り、カーシェアリング、在宅勤務、公共交通機関の利用の増加にもかかわらず、車は消え去りません。車がもたらす自由、柔軟性、利便性、快適さに人はあいかわらず引きつけられています。車の数が増えても、特に中国やインドなどの新興国で増えても、排出量を減らすことは果たしてできるでしょうか？　ハイブリッド車は革命の先駆者と呼ばれ、燃費向上を刺激し、自動車産業に革新を挑んできました。しかし、それはハイブリッド車が完全な電気自動車への道を開く場合に限って言えることです。世界の車の97％はまだ内燃エンジンだけの車（ガソリン車とディーゼル車）ですが、その数は変化しています。その変化がぐっと加速して、完全電動モーター、完全にエンジンなしに向かう可能性はあるのではないでしょうか。●

インパクト：一部の現状維持の予測では、2050年のハイブリッド車は2,300万台、自動車市場の1％未満になります。私たちは、ハイブリッド車が2050年に市場の6％に達し、3億1,500万台に増えると推定しています。そうなれば、2050年までに二酸化炭素排出が4ギガトン削減され、所有者の燃料費と維持費の節約総額は30年間で1.76兆ドルになる計算です。

＊ p.392 参照

輸送
飛行機
AIRPLANES

CO₂削減	正味コスト	正味節減額
5.05ギガトン	6,624億ドル （70.88兆円）	3.19兆ドル （341.33兆円）

モビリティは、否定できない社会的利益であり、世界経済にとってなくてはならないものです。しかし、飛行機の後ろにたなびく汚染物質——二酸化炭素、窒素酸化物、飛行機雲に含まれる水蒸気、ブラックカーボン——はそうではありません。フロリダ州のタンパ湾を23分で横断した初の商業飛行から1世紀、航空産業は世界的な輸送手段としても世界的な排出源としてもすっかり定番になっています。2013年には30億枚以上の飛行機チケットが販売され、空の旅はほかのどの輸送手段よりも速く成長しています。旅客と貨物、両方の量が増加しています（航空貨物の約半分は旅客機の貨物室「ベリー」で、残りの半分は貨物機で運ばれる）。世界中で約2万機の飛行機が就航しており、年間排出量の少なくとも2.5％を排出しています。2040年までに5万機以上の飛行機が空に飛び立ち、しかも、より頻繁に飛び立つと予想されていますから、排出量を削減するには、燃費を飛躍的に向上させるしかありません。

燃費の傾向は正しい方向に向かっています。主にそれは燃料が航空会社の運航コストの30〜40％を占め、航空機の購入は燃費で決まることが多いからです。2000年から2013年まで、米国内線の燃費は40％以上向上しました。同じ期間に、より大型のジェット機を使う国際線の燃費は17％向上しました。この改善には主に所有機のアップグレードが貢献していますが、航空会社は各機の乗客数を最大化することにも努めました。推進技術、空気抵抗の少ない航空機の形状、軽量素材、運航方式の改善の面からも、燃費をさらに高めることができます。

どの輸送手段もそうですが、エンジンは燃費改善の大きな可能性を秘めた領域です。ジェットエンジンは、空気を吸い込み、吸い込んだ空気が圧縮され、燃料と混合され、燃焼して動きます。燃焼によるエネルギーは、エンジンのタービンを回し、推力も生み出します。エンジンの前面にある工業用強度のターボファンは、そのプロセスに補給するために空気の一部をコアエンジンに送り込みます。ターボファンはまた、コアエンジンの周囲を迂回する空気の流れ（空気バイパス）をつくって推力と効率を高め、騒音を減らします。空気バイパス比が高いエンジンは燃費が約15％向上します。エンジンメーカーのプラット＆ホイットニーの場合、ターボファンエンジンの設計にギアを1つ追加したら、燃料消費がさらに16％削減されました。そのギアによってエンジンファンがエンジンのタービンから独立して動作できるようになり、エンジンファンは空気バイパスをよくするために最適な速度で回転できます。燃料消費を減らすために複合セラミックスを採用している企業もあります。セラミックスは耐熱性にすぐれているため、燃料をより高温かつ効率的に燃焼させることができ、エンジン重量も軽くできます。ロールスロイスは、最新世代の軽量エンジンに強力で軽量な炭素繊維を使用しています。重量の問題を解決できるとすれば、最終的にはエンジンのハイブリッド化とバッテリー駆動エンジンからもっと抜本的な変化が生まれるかもしれません。

航空機の設計に関しては、変化は小さなも

のから大きなものまであります。ボーイング
が「ウィングレット」と呼び、エアバスが
「シャークレット」と呼ぶ翼端板——主翼の
空気抵抗を減らすために翼の端を上に折り曲
げたような小さい翼——は、新モデルでも旧
機の改造でも燃料消費を最大5％削減します。
1つ目のフィンは上に、2つ目は下に折り曲
げたスプリットシミターウィングレット（三
日月状に湾曲した剣、シミターにちなんで命
名された）ならば、その合計にさらに2％追
加できます。ウィングレットは現在、省エネ
設計の基本になっています。
　米国航空宇宙局（NASA）は、研究大学や

企業のエンジニアリングチームと協力して、
エンジンの配置、胴体幅、全長、全幅、翼の
配置、さらには機体の包括的な再設計など、
多くの全面的な進歩に取り組んでいます。た
とえば、ボーイングとNASAは共同で、翼と
機体がシームレスにつながったマンタ（エイ）
に似た航空機を開発しています。現在、
NASAの亜音速風洞で100分の6モデルが飛
行していますが、今後10年で実用化される
可能性があります。両組織はブレース（筋交
い）かトラス構造で補強したより長く・薄く・
軽い翼の設計にも取り組んでいます。エンジ
ンを機体後部に移動させると、精巧な翼の実

NASAは長きにわたり未来の航空機設計の実験をリードしてきた。NASAは、新設計が今後数十年で航空会社にとって2,500億ドル（26.75兆円）のコスト削減になるだろうと考えている。NASAの試作機は、燃料と環境汚染を70％削減するだけでなく、従来の旅客機より騒音も50％低減する。この写真の航空機は、いくつかあるN＋3設計の1つだ――今後3世代現役で飛べる航空機である。この「ダブルバブル」と呼ばれるMITモデルは、倍幅の胴体の後部に3つのエンジンを配置し、翼の小型軽量化を図っている。後部にエンジンを配置すると、エンジンの小型化と全体の軽量化が可能になる。大型航空機の最適化はそれぞれ、ほかのコンポーネントにも波及する好影響があり、画期的な燃費向上につながる

ています。ゲートから滑走路、またはその逆で消費する燃料が40％減り、大手航空会社1社が年間1,000万〜1,200万ドル（10.7億〜12.8億円）節約できる計算です。エンジンを切って飛行機を牽引するのも省エネなタキシング戦術ですが、時間がかかります。着陸については、連続降下方式（CDO）が注目を集めています。これは最も効率の悪い低高度で飛行する時間を減らすことによって燃料を節約する方法です。従来の着陸は管制官の指示で降下と水平飛行を繰り返す階段状の降下経路ですが、水平飛行中の推力維持に多くの燃料を消費するため、飛行機が機内コンピュータを介して互いに通信しながら航空管制の一部を自力で行ない、できるだけなめらかに連続的に降下する方式が次第に採用されるようになっています。別の研究者グループは最近、タキシングとフライトの全段階で、パイロットに対する行動経済学的な手法の導入を調査しました。その結果、機長が目標と個人別フィードバックと一緒に燃費の月次データを与えられた場合、燃費向上に結びつく行動が9〜20％改善されました。二酸化炭素が1トン減るごとに航空会社は250ドル（26,750円）節約できました。

飛行機は予測できる範囲では今後も液体燃料に依存するため、藻類などのバイオジェット燃料への投資が増加しています。カーボ

現が見込めるようになります。このような大胆な再設計で50〜60％の燃費向上になるだろうと推定されています。そう遠くない未来の飛行機の姿がここにあります。

　既存の航空機の場合、タキシング（地上の自力走行）、離陸、着陸それぞれを特有の理由で燃料を消費する行程と認識し、簡単な運航方式の変更を採用すれば大幅に燃料を節約できます。マサチューセッツ工科大学（MIT）の研究では、航空機が経由地での時間の10〜30％を費やす地上走行で燃料消費を減らす最も有効な策は、両方ではなく片方のエンジンでタキシングすることだという結果が出

ン・ウォー・ルーム（CWR）は、持続可能な航空燃料を「最も実現困難な排出削減機会」と呼ぶと同時に「航空産業のカーボンニュートラルな成長を達成するための最大の可能性」とも呼んでいます。バイオジェット燃料の選択肢は現在もありますが、コストが高く、供給が限られており、インフラが貧弱です。CWRは、需要を集約して一定規模にするために中心となる空港を選定し、供給の調整を試みています。また、採算のとれるビジネスモデルを実現することにも取り組んでいます。しかし、今のところ、バイオ燃料が航空産業の排出量に与える影響はいまだ不確実です。

　航空会社にとって燃費向上が経済的に有利なことは明らかですが、規制にも果たすべき役割があります。国際クリーン輸送評議会（ICCT）が燃費と航空会社の収益性の関係を調査したところ、因果関係が少ないことがわかりました。実際、2010年に最も収益性が高かった米国の航空会社は、燃費水準は最低でした。ICCTが述べているとおり、「燃料価格だけでは燃費向上の推進要因として不十分かもしれない……固定設備費、保守費、労働契約、ネットワーク構造はすべて、時には相殺圧力になることもある」のです。航空会社に燃費データの報告を義務付けることが、イノベーションと政策決定に情報を与える第一歩になるでしょう。航空会社別や航路別の燃費評価は、消費者が、そして投資家がしっかりと情報に基づいた選択をする判断材料になります。運航方式は航空会社ごとに大きく異なるため、政策側は燃費向上につながる運航が業界標準となるように促す役目を果たせま

す。

　長年にわたり、航空機の気候変動対策への貢献は国際的な規制を免れてきました（船舶も同様）。それが2016年10月に変わりました。191カ国が「国際民間航空のためのカーボンオフセットおよび削減スキーム（CORSIA）」によって航空産業の排出量を抑制することに合意したのです。この協定は、排出量の上限または課金を設定する代わりに、炭素を隔離するプロジェクトで航空産業の排出量をオフセット（相殺）する仕組みに航空会社を（当面は自発的に）参加させるものです（2020年の排出量が基準になる予定。それを超えたほとんどの排出量をオフセットしなければならない）。これは、航空会社にとって、業界からの排出量を削減することが切実な利害となるようにすることを意図しています。燃費を向上させた航空会社は、航空産業の年間収益の約2%と予測されるオフセットのコストを負担しなくてよいからです。航空産業が十分な前進を遂げるには、変化を促すほかの手段も必要になるでしょう。●

インパクト：この分析の対象は、最新かつ最も燃費性能の高い航空機の採用、既存の航空機の改造（ウィングレット、新型エンジン、軽量の内装）、旧型機の早期引退です。その結果、30年間で二酸化炭素排出が5.1ギガトン回避され、ジェット燃料と運航コストが3.2兆ドル節約できる見込みです。ほかの燃費向上策を追加すれば、排出削減量と節減額は増える可能性があります。

トラック
TRUCKS

CO₂削減	正味コスト	正味節減額
6.18ギガトン	5,435億ドル (58.15兆円)	2.78兆ドル (297.46兆円)

「最も環境にやさしいのはガス、ディーゼル、灯油、石炭を燃やさないことです」インターフェイスの創業者兼CEO、企業の持続可能性で名高い故レイ・アンダーソンはそう言いました。「最も環境にやさしい」を「最も安い」に入れ替えても同じことが言えます。最も安いのは燃やさないこと——そして買う必要がないことです。エネルギー効率対策の中心にあるのは、このお金を節約すること、汚染を防止することの組み合わせです。世界のトラック貨物輸送産業にとって、この経済面と環境面の利益の融合は気候変動の時代にあって特に的を射たことです。

荷馬車と鉄道だった時代から進化し、トラックは第一次世界大戦までせっせと荷物を運びました。第一次世界大戦ではトラックが軍事作戦の要になりました。トラック技術が改良され、道路事情もよくなったおかげでトラックはさらに現実的な輸送手段になりました。ディーゼルトラックは1930年代に初めて導入され、1950年代に本領を発揮、陸上貨物のおよそ半分を運んで現在に至ります。トラックは、米国の国内貨物合計トン数の70％近くを運んでいます——年間80億トンを超えます。物資が鉄道や水上輸送で運ばれる場合でも、その旅の始まりと終わりにはたいていトラックで運ばれます。

米国と世界中にあふれる貨物をすべて輸送するには大量のディーゼル燃料が必要です。米国だけでも、トラックは毎年500億ガロン（1,900億リットル）のディーゼルをがぶ飲みしており、トラックが温室効果ガス排出に与える影響も特大級です。米国の車両のわずか4％強、総走行距離の9％を占める程度にもかかわらず、トラックは燃料の25％以上を消費しています。世界全体でも道路貨物輸送は総排出量の約6％の原因になっています。輸送によって放出される炭素はここ数十年で膨れ上がり、トラック輸送からの排出量は個人輸送の排出量を大幅に上回っています。所得の増加に伴って貨物輸送は増加していくと思われ、道路貨物輸送の排出量が上昇しつづけると予測されていますから、飛躍的な燃費向上がどうしても必要です。

貨物輸送1トン当たりの燃料消費率を減らすには、主に2つの道があります。新しいトラックの設計から燃費性能にすぐれたものにするか、すでに道路を走っているトラックの燃費を上げるかです。2011年、オバマ政権は2014〜2018年に製造される大型トラックの新車に対する初の燃費基準を発表しました。第2ラウンドは、燃費技術の革新と採用を継続することを目的としています。これを受けて、エンジンと空気抵抗の改良、軽量化、タイヤの転がり抵抗の低減、ハイブリッド化、自動エンジン停止（アイドリングストップ）が求められています。最新鋭のオートマチックトランスミッションならば、手動で運転する場合の悪い運転習慣を克服できます。2010年の米国価格を基準にすると、新車トラックを最新型にする典型的な装備に投資すると約30,000ドル（320万円）かかりますが、年間燃料費でほぼ同額を節約できます。投資回収期間が短い技術もあり、わずか1〜2年のこともあります。

トレーラートラックは耐用年数が長く、米

国の平均は19年ですが、低所得国ではもっと長いことが珍しくありません。トラックの長寿命を踏まえて、既存の保有車両の燃費に対処することが不可欠です。これは、世界各地の年季が入った燃費の著しく悪いトラックを使っている地域に特に当てはまります。エネルギーの無駄を削り、燃費性能を高める対策はいろいろあります。たとえば、トラックの空気抵抗の改善、アイドリング防止装置、転がり抵抗を減らすアップグレード、トランスミッションの変更、自動クルーズコントロール装置などです。個々の対策の効果は、

比較的小さいかもしれませんが、まとめて最新のものにすると大きな差が生まれます。

既存トラックの燃費向上は比較的低コストですが、金銭的な投資リターンは大きくなります。カーボン・ウォー・ルーム（CWR）によると、米国の典型的な大型トラックの場合、燃料消費を5％減らすと、年間4,000ドル（約40万円）以上の節約になります。燃料タンクと最終的な損益が緊密に結びついている業界では、複合的なコスト削減が重要です。それでも、その先行投資をするための元手は、特に資金調達に苦労しがちな小規模事

業主にとっては、おいそれと用意できるものではない場合があります。スプリットインセンティブ*という問題が生じることも考えられます。燃費対策に投資するのは車両の所有者ですが、燃料代を負担するのが所有者以外なら、所有者の燃費向上に努める動機は乏しくなるからです。さまざまな燃費技術の成果に関する信頼できるデータで入手できるものが不足していることも燃費対策採用の障壁になります。カーボン・ウォー・ルームなどがこのデータ不足の問題を変えようとしています。

新旧トラックの燃費向上に加えて、A地点からB地点までのベストルートを優先すること、トレーラーの無積載走行を避けること、燃料倹約のドライバー教育と報奨制度も総走行距離を減らし、1ガロン当たりの走行距離を増やす方法です。長期的には、トラック貨物輸送産業が低排出燃料や電動モーターを使うトラックに移行することが避けられないでしょう。より重い貨物を運べるようにトラックを大型化することも目立った変化をもたらす可能性があります。その過程で大気汚染が減少することは、広く社会の利益になります。二酸化硫黄、窒素酸化物、粒子状物質（PM）が多くの都市部の空気を汚し、公衆衛生に悪影響を与えています。自発的なトラックの改造から燃費基準を定める国家政策まで、道路貨物輸送の燃費をよくする継続的な取り組みは、業界にとっても、気候にとってもプラスになります。●

インパクト：燃料節約技術の採用が2050年までにトラックの2%から85%に増加すれば、6.2ギガトンの二酸化炭素排出が削減される見込みです。実行に要する投資5,440億ドルで、30年間の燃料コスト節約が2.8兆ドルになる計算です。

MAN製の「コンセプトSトラック」は、従来の40トントラックと比較して燃料消費を25%削減する。トラックとトレーラーが一体化した組み合わせは、空気力学的に抵抗を減らす設計になっている。また、自転車に乗った人が車輪の下に引きずられるのを防ぐ配慮がなされている。フロントガラスは、ドライバーの視認性と安全性を大幅に向上させる仕様だ

輸送
テレプレゼンス
TELEPRESENCE

SF作家ロバート・ハインラインの1942年の短編小説『ウォルドウ』は、遠くからコミュニケーションをとる技術、テレプレゼンスという発想が生まれるきっかけになりました。マサチューセッツ工科大学教授で人工知能（AI）分野の第一人者だった故マービン・ミンスキーは、ハインラインが創作した原始的なシステムからインスピレーションを得ました。このような夢想はミンスキーにとって申し分のないものに思われました。ミンスキーは、自身のAIの研究は「科学と同じくらいフィクションのような世界で進んでいる」と認め、プラグマティズム（実用主義）とイマジネーションの中間のグレーゾーンを受け入れた人でした。ミンスキーは1980年の論文で「テレプレゼンス」という新語をつくり、遠く離れた場所にいるかのような感覚と、そこで行動を起こす能力を人に与えるための構想を明らかにしました。「離れた場所にいるもう1人のあなたは巨人の強さでも外科医の繊細さでも手に入れる」とミンスキーは来たる技術について書いています。

ミンスキーは、テレプレゼンス分野が取り組みつづけている中心的な問題も指摘しました。「テレプレゼンス開発の最大の課題は、その『そこにいる』という感覚を達成することだ。テレプレゼンスは実物の真の代用品になりえるのか？」対面での接触に勝るものはない、多くの人はそう主張するでしょうが、テレプレゼンスは対面と遜色ないものをめざしています。ビジュアル、オーディオ、ネットワークの一連の高性能な技術とサービスを統合することで、地理的に離れている人どうしが実際に顔を合わせる実体験さながらの臨場感で対話できます。SkypeやFaceTimeを強力にしたものを想像してみてください。リモートで存在し、職務を果たすことが可能なら、移動の必要性は少なくなります。ここにテレプレゼンスが気候に与える潜在的なインパクトがあります。ビジネスがグローバルに展開し、国際協力が進む世界では、人が同じ場所にいなくても一緒に働くことができれば、移動関連の二酸化炭素排出を大幅に回避できます。CDP（旧カーボン・ディスクロージャー・プロジェクト）によれば、1万台のテレプレゼンスユニットを有効活用すると、米国と英国の企業は2020年までに600万トンの二酸化炭素排出を削減できる計算です。それは——「100万台以上の乗用車からの年間温室効果ガス排出量に相当」します。ついでに約190億ドル（2兆円）の節約にもなる見込みです。

世界はミンスキーが1980年に想像したほど進んでいませんが、テレプレゼンスは今やさまざまな方法と多様な環境で実現しています。企業や学校、病院、博物館まで、バーチャルな相互作用が新たな可能性を切り拓いています。モバイルテレプレゼンスロボットを使うと、外科医は米国からヨルダンに出張しなくても、リアルタイムで稀な手術の助言をすることができます。シドニーとシンガポール間のテレプレゼンス会議室に集まれば、幹部たちは1回のフライトもすることなく買収の可能性を議論できます。意気込んでテレプレゼンスを導入した企業では、すべての出張をなくすことはできないものの、大方はなくせ

CO₂削減	正味コスト	正味節減額
1.99ギガトン	1,277億ドル （13.66兆円）	1.31兆ドル （140.17兆円）

るという結果になっています。二酸化炭素排出を食い止めるだけでなく、テレプレゼンスにはほかにもたくさんの利点があります。たとえば、出張が減ることによる経費削減はもちろん、社員の過酷なスケジュールの緩和、生産性の高いリモート会議、より迅速な意思決定、居場所を問わない対人関係の強化などです。

こうした特長を十分に引き出すには、標準的なビデオ会議よりも高い、かなりの初期投資が必要です。しかし、テレプレゼンスシステムの初期費用と維持費は高くなりますが、従来のビデオ会議より活用度がはるかに上がり、1回当たりのコストは同等になる傾向があります。投資回収期間は短く、わずか1〜2年です。しっかりしたネットワークインフラ、高度なテクニカルサポート、特定の会議室を使う場合は専用スペースもテレプレゼンスに欠かせない条件です。テレプレゼンス技術の導入後、企業が社員に活用を促すには、社員教育、出張削減の方針を打ち出す、利用状況の追跡とそれに応じた報酬などの方法が考えられます。コストは下がっており、シンプルさ、信頼性、有効性は逆に上がっていますが、テレプレゼンス技術の採用とそれに伴う行動の変化（テレプレゼンスを利用し、使いこなす）にはまだ時間がかかります。コストダウンと性能向上の傾向が続き、技術改良が実用化し、コストと排出量の削減圧力が高まり、テレプレゼンスに肯定的になる人が増えれば、増加傾向にある採用曲線が一気に上昇するはずです。今後ますます、私たちはどこにも行かずに仕事ができるようになり、出かければ増えるはずだった炭素排出量もじっとしてくれるようになるでしょう。●

インパクト：テレプレゼンスによって飛行機による出張からの排出が回避されると、30年間で2ギガトンの二酸化炭素排出が削減される見込みです。その結果、2050年には1億4,000万件以上のビジネス関連の移動がテレプレゼンスで代替されるという想定です。組織にとって、テレプレゼンスシステムへの投資リターンは1.3兆ドル相当の節約と非生産的な移動時間が820億時間減ることになります。

プラハのチームメンバーに手を振るトロントのプライスウォーターハウスクーパースの社員。モバイル二輪スクーターがオフィスを動き回り、このプラハの社員がトロントオフィスのほかの社員とも意のままに話したり、顔を合わせたりできるようになっている

輸送
列車（燃費向上と電化）
TRAINS

列車はレールの上を動きますが、燃料で走ります。ほとんどはディーゼル燃焼エンジンに依存していますが、送電網を利用する電車もあります。列車はここ数十年で燃料消費効率を着実に改善してきました。1975〜2013年に、エネルギー消費は旅客鉄道で63％、貨物輸送で48％減少しました。排出量の削減はそれぞれ60％と38％でした。それでも、2013年には、鉄道は輸送部門の総排出量の3.5％、2億6,000万トン以上の二酸化炭素の原因になっていました。鉄道が世界の乗客と物資の8％を運ぶ効率を今後も高めていくことは不可欠です。

鉄道会社はすでに技術面でも運転面でもさまざまな策を講じています。機関車が引退すると、効率的なモデルに変わり、多くは空気抵抗の少ない設計になります。新モデルにディーゼルと電気のハイブリッドエンジンやバッテリーが採用されることもあります。その場合、ハイブリッド車と同様の効率向上が達成され、燃料を10〜20％節約できます。一部の列車には、熱として失われるはずのエネルギーを回収して利用する回生ブレーキシステム、アイドリング中の燃料消費を抑制する「ストップ—スタート」技術が装備されています——省エネ車に似ています。米国の旅客サービス、アムトラックは回生ブレーキでエネルギー消費を8％削減しました。列車全体に機関車のパワーを分散させることも燃費の改善になります。

改良され、戦略的に配置された機関車は、

テキサス州フォートワースの工場で塗装される前のゼネラル・エレクトリック・エボリューション・シリーズ ティア4機関車。このディーゼル電気機関車シリーズは、排出量に関して世界屈指の性能の機関車で、ティア3の機関車と比較して粒子状物質（PM）と窒素酸化物の70％削減を達成している（ティア4は、2015年1月1日発効の米国環境保護庁［EPA］の新しい機関車に対する基準）。この200トンの巨体は、燃料3.8リットルで貨物1トンを805キロメートル輸送できる。エンジン全体にセンサーが搭載され、リアルタイムデータを収集して性能と効率を診断、改善する。各地で活躍しているが、ロサンゼルス—シアトル間を走る路線で貨物を牽引するティア4機関車を特に多く見かける

貨車の改良によってさらに効率が向上します。つまり軽量で、空気抵抗が少なく、できるだけ多くの貨物を積載でき、低トルクのベアリングが採用された貨車です。車両の隙間をなくせば効率を下げる要因を減らせますが、一方、長く、重い列車のほうが効率にすぐれていることはよくあります。レールそのものは潤滑性を高めれば摩擦を減らせます。効率をきわめた設計であっても、列車の運転方法は依然として重要です。運転支援ソフトウェアは、列車のスピード、間隔、タイミングを制御し、また効率を上げるための情報を提供して、機関士を"指導"するので、性能向上につながります。

電車の数は増えていますが、排出削減の程度は、電力網の効率次第です。国際エネルギー機関（IEA）は、「鉄道電化によりライフサイクル全体で約15％効率が向上する可能性がある」としています。再生可能エネルギー発電にすれば、鉄道はほぼ排出ゼロの輸送手段になる可能性があります。

一方、動力がディーゼルでも電気でも、列車の燃費を改善すれば、コスト削減になり、特に貨物輸送の場合は、競争力が上がります。ロッキー・マウンテン研究所（RMI）が述べているように、「列車、世界最古の輸送基盤のひとつは……トラックに比べて1ガロン当たり4倍のトンマイルを通常はトラックより安いコストで運べる」のです。コストの優位性は、企業が貨物の輸送手段としてトラックではなく列車を選択することを促し、その結果、商品の大量輸送に由来する排出量を削減できるでしょう（もちろん、発電が再生可能エネルギーに移行するまで、重要なパラドックスは残ります。つまり、貨物列車の多くは石炭と石油を運んでいるので、効率を上げるほど化石燃料会社が得をするというパラドックスです）。

蒸気機関車が19世紀初めに英国で一般的に利用されるようになったとき、1台の機関車は6台の石炭車と450人の乗客を1時間足らずで9マイル（14キロメートル）輸送できました。馬車と比べると、その速度は驚異的でした。今日、ディーゼル機関車は1トンの貨物を1ガロン（3.8リットル）の燃料で450マイル（724キロメートル）以上運べます。1980年なら、1ガロンのディーゼルで同じ量の貨物を運べた距離はわずか235マイル（378キロメートル）だったでしょう。中国、EU、インド、日本、ロシア、米国を合計すると鉄道部門の排出量の約80％を占めています。ということは、少しの政策介入で大きな影響を及ぼせる可能性があります。列車が年間280億人の乗客と120億トン以上の貨物を輸送しつづけている今こそ、業界全体が燃費のトップランナーを追いかける時です。●

インパクト：世界全体で鉄道電化は線路長の合計で267,000キロメートルです。これが2050年までに999,000キロメートルに増加すれば、貨物事業だけで燃料消費に由来する二酸化炭素排出を0.5ギガトン削減できます。この追加の電化には8,090億ドルかかり、30年間で3,140億ドル、インフラ耐用期間では7,750億ドル（82.93兆円）の節減になる計算です。利用率の高い路線を優先すれば正味コストを削減できるでしょう。

MATERIALS

資材

資材について20世紀で最も重要な見識を挙げるとすれば、それは生物学者ジョン・トッドの「廃棄物は食物である（Waste equals food）」という言葉です。あらゆる生命系はまさにこの言葉どおりに営まれていますが、トッドがそう発言した当時、製造業界の実態はそれとはかけ離れていました。当時から産業は大きく進歩し、責任ある企業ならば資材をどこから調達し、製品寿命がつきた後、資材がどうなるかに今は細心の注意を払っています。とはいえ、製品や建築に使われる資材についても、資材のリデュース（削減）・リユース（再利用）・リサイクル（再資源化）の手段についても、社会は再設計や再考にまだ手をつけはじめたばかりです。当然ながら、このセクションに最新の発見は含まれていませんが、ここでは地球温暖化を逆転させるために必須の、すでに一般的になっている方法や技術を詳しく紹介します。なんといっても、解決策ランキング1位はこの分野にあるのです。

資材
家庭のリサイクル
HOUSEHOLD RECYCLING

20世紀に入るまでは「リサイクル」なんてとりたてて言う必要はありませんでした。限りある資源を有効活用しようと誰もが物を無駄にせず、壊れたら修理し、まだ使える物なら別の使い道を考えました。廃棄物管理の観点から「リサイクル」と言われるようになったのは1960年代になってからですが、それ以降はたちまち現代の環境運動を象徴する言葉になりました。「リデュース（Reduce）・リユース（Reuse）・リサイクル（Recycle）」と言いはじめたのは、リサイクル運動の初期から活動する影響力のあるカナダの環境保護団体、ポリューション・プローブです。この「3R」は、消費者が出す廃棄物の問題に取り組み、資材が埋立地や焼却炉に向かう流れを制限するためのスローガンになりました——まず減らし（リデュース）、次いで再利用（リユース）、最後に再資源化（リサイクル）です。家庭のリサイクルは今や資材をバリューチェーンに戻す有意義な方法です。その過程で気候変動も緩和します。

社会が都市化するスピードを追いかけるように都市廃棄物の増加も加速しています。廃棄物の発生量は20世紀中に10倍になり、専門家は2025年までにさらに倍増すると予想しています——所得増に伴う消費増の副産物です。その廃棄物の約半分が家庭で発生し、その管理は地方自治体の責任とされるのが一般的です。低所得国の都市部は、その原則からはずれ、人手とハイテクによる回収・処理ではなく、処分場に野積みされた廃棄物から有価物を拾って生活するウェイストピッカーと呼ばれる個人による非公式なシステムで大部分が処理されています。廃棄物の流れに含まれるのは、食品、庭のごみ、紙、段ボール、プラスチック、金属、衣類、おむつ、木材、ガラス、灰、電池、家電製品、塗料缶、モーター油、粗大ごみ、その他諸々。その組み合わせは場所によって大きく異なりますが、高所得国では紙、プラスチック、ガラス、金属が廃棄物の流れの半分以上を占め、すべてリサイクルの最有力候補です（あまり流通していない品目の多くは毒性への対策として、また貴重な成分を含むためリサイクルされるべき）。

リサイクル可能な家庭廃棄物がリサイクルされるかどうかは、温室効果ガスの排出に影響を及ぼします。再生原料から新しい製品を生産すれば、たいていはエネルギーの節約になります。加えて資源の採取が減り、温室効果ガス以外の汚染物質が最小限になり、雇用が創出されます。たとえば、リサイクルアルミニウムで製品を製造すると、新しいバージン原料から製造するよりもエネルギー消費が95％少なくなります。もちろん、アルミニウムのようにきわめて効率的なリサイクルでさえも、リサイクル自体の温室効果ガス排出がないわけではありません。回収、輸送、加工は、まだしばらくは主に化石燃料が動力です。その汚染を差し引いても、リサイクルが温暖化ガスの排出対策をしながら廃棄物を管理する効果的な方法であることには変わりありません。

廃棄物の転換と再生の過程は「バロリゼーション」（valorization）と呼ばれることがあ

CO₂削減	正味コスト	正味節減額
2.77ギガトン	3,669億ドル （39.26兆円）	711億ドル （7.61兆円）

ります。これは捨て去られた物に残っている価値を引き出すという意味です（捨て「去る」は不適切な表現）。リサイクル原料は、実は2種類の価値の源泉です。商品としてだけでなく、吸収源としての価値もあるのです。1つ目は、リサイクルと聞いてすぐ思い浮かぶことです。たとえば、紙に残っている繊維を再加工してリサイクルパルプにする場合がそうです。この商品価値があるからこそ、ウェイストピッカーはごみを拾い、リサイクルで起業する人が現れ、ボストンやブエノスアイレスから中国に圧縮されたペットボトルのバレットが輸出されます（現在、中国は廃プラスチック輸入を禁止）。そしてリサイクル可能な資材の世界市場が活況を呈します。2つ目の、たいていは見過ごされているリサイクルの価値は、吸収源としての価値です。廃棄物を埋立地や焼却炉に送れば発生していたはずの経済、社会、生態系が負うコスト（費用、犠牲や代償）をリサイクルが吸収するのです。この2つの意味で、ごみの転換は価値を生み出し、一定範囲のコストを節約し、そして収入を生み出します（特に金属や紙の場合）。

リサイクル率は廃棄物から資源化された割合を指し、多くの場合、堆肥（コンポスト）も対象になります。世界の都市のリサイクル率には大きな差があります。出遅れている都市をフロントランナーの水準にすることは、手の届くところにあるチャンスです。おもしろいことに、低所得国の都市の大多数とその非公式システム（ウェイストピッカーなど）のリサイクル率は、高所得国の公式システムのリサイクル率とすでに肩を並べています。

デリー（インド）とロッテルダム（オランダ）はどちらも3分の1前後です。サンフランシスコとアデレード（オーストラリア）はリサイクル率65％以上で、よくリサイクルのリーダーと言われますが、ケソン市（フィリピン）とバマコ（マリ）も同じ水準です。非公式なリサイクルは、しばしば都市部の貧困層の生計を支え（健康への影響は別にして）、財政難の都市が廃棄物管理にかかる費用を節約するのに役立っていると知っておくことが大切です。ナイジェリアのWecyclersなど、三輪貨物自転車で家庭ごみリサイクルサービスを提供する零細企業は、リサイクルの担い手としてますます重要になっていきます。

高所得国の先駆的な都市は、家庭ごみの公式なリサイクルを成功させるノウハウを積んできました。社会の意識を高めることは必要ですが、決してそれで十分ではありません。確実にうまくいく方法はありませんが、とても効果を上げているシステムは、回収を容易にし、自然とリサイクル行動に向かわせる刺激策を活用しています。サンフランシスコで採用されているような、従量有料制（PAYT）は、埋め立て処理されるごみを出せば有料ですが、資源ごみと堆肥は無料で収集する仕組みです（サンフランシスコは衣類も対象にしている。衣類は同市のリサイクル構成において急速に増えているが見落とされがちな廃棄物）。消費者が後で払い戻される預かり金を購入時に払うデポジット方式は、ボトルから電化製品まで広く適用でき、回収率も上がります。ところが、ある共通の方法が功罪相半ばする結果を生み出しています。多くの自治

291

体が現在、道路脇のごみコンテナを大型にして、あらゆる素材が混在する一括リサイクルで増えた量に対応しようとしています。スペースが増えたぶん園芸ホースに発泡スチロール容器と"創造的"で"都合のよい"資源ごみを助長する結果になり、異物混入対策でリサイクルの処理費用がかさむようになりました。

　家庭のリサイクルは、別の新しい課題にも直面しています。ごみの素材や種類の変化を含めた廃棄物の内訳という課題です。昨今はソーダのボトルからベビーフードの容器までパッケージが「軽量化」されるようになりました。新設計のパッケージは原料の使用量が少なく、輸送コストも減らします（たいていは温室効果ガスの排出も）。同時に、リサイクルが難しい場合があり、量を大幅に増やさないと同じ価値の資源ごみになりません。かつてはリサイクル業者の安定した収入源だった新聞は量が激減しました。こうした変化は世界の商品市場につきものの流動性と切り離せず、リサイクル業界は気を抜けません。それでも、「廃棄物ゼロ」の動きは続きます。ドイツで導入されたグリーンマーク、Der Grüne Punkt（「緑の点」という意味）は、メーカーから費用を徴収して代行会社が回収とリサイクルを行なう制度で、参加企業は増えつづけています。さらに、自治体のリサイクル率の目標も高くなっており、たとえば、EUは2030年までに65％を掲げています。リサイクルとほか2つのRは、これ以上温暖化させない廃棄物管理の重要な要素になります（念を押しますが、リサイクルの前に減らし、

再利用する努力が最優先）。●

インパクト：家庭廃棄物と産業廃棄物のリサイクルは合わせてモデル化しました。対象は金属、プラスチック、ガラス、その他資材（ゴム、繊維製品、電子廃棄物など）です。廃棄物管理のうち紙製品と食品廃棄物はそれぞれ別の解決策として扱います。廃棄物に関わる排出削減は、埋め立てに伴う排出の削減とバージン原料をリサイクル原料で代替することによって達成されます。リサイクル原料の約50％が家庭から発生するため、リサイクル率の世界平均がリサイクル可能な廃棄物全体の65％に増加すれば、家庭のリサイクルによって2050年までに2.8ギガトンの二酸化炭素排出を回避できる見込みです。

スーダンのダサネッチ族は、世界有数の古来の生活を今にとどめる文化的集団。かつては牧畜民だったが、固有の放牧地を失い、現在は主に農業を営んでいる。伝統的かどうかはともかく、ダサネッチ族の女性はびっくりするほどクリエイティブにごみをリサイクルして瓶のふたや時計バンド、SIMカードで頭飾りやネックレスをつくる。オモ川の集落の近くに小さな町やバーが続々とでき、瓶のふたも豊富になった──あり余るほどあるので女性たちは観光客に頭飾りを売りはじめた

産業廃棄物のリサイクル
INDUSTRIAL RECYCLING

「獲得・製造・廃棄」——工業化時代の流儀です。必要な資源を「獲得」し、それで商品を「製造」し、副産物を捨て、最終的には使用済み商品を「廃棄」する。今日、この論法に代わって循環を基本にした新しい考え方が主流になりつつあります。自然界は循環にあふれています。水や栄養素は閉じたループ内を移動し、廃棄物は存在しません。捨てられたものは資源になるのです。循環型ビジネスモデルでは、自然界の知恵を借りて、古い商品や廃材を新しい製品の貴重な資源と見なします。原材料に始まり、埋立地や焼却炉で終わる直線的なフローを見直して、産業システムを生態系のように機能させようとしているのです。企業は廃棄物をリサイクルに送ることができますが、企業自身がリサイクル業者になることもできます。まず使う原材料を減らし、次に廃棄物をリサイクルして再利用すれば、企業は資源採取、輸送、原材料加工で生じる温室効果ガスの排出を削減できます。そして世界経済は現在、地球の再生能力よりはるかに多く、はるかに速く原材料を消費しているので、循環型ビジネスモデルは同時に資源不足問題の対策にもなります。

廃棄物の少なくとも半分は、家庭外で発生し、場合によっては半分をはるかに超えています。工業と商業の廃棄物源は無数にあります。ありとあらゆる製造業、建設現場、鉱山、エネルギープラントや化学プラント、店舗、レストラン、ホテル、オフィスビル、スポーツや音楽の会場、学校、病院、刑務所、空港、まだあります。すべて使って出す現場です。こうした場所から発生する廃棄物の流れには、食品や造園のありふれたごみ、繊維製品、紙、段ボールなどの包装材、プラスチック、ガラス、金属が含まれます。膨大な量の固形産業廃棄物も含まれます。たとえば、コンクリート、スチール、木材、灰、タイヤ、それに情報化時代の残骸であり、水銀、鉛、ヒ素などの有害物質を含む電子廃棄物（コンピュータ、ディスプレイ、プリンタ、電話など）です（世界の電子廃棄物の大部分は低所得国に行き着く。低所得国では規制もその強制力も緩く、闇市場が横行している）。少なくとも今はまだ、これだけの廃棄物のすべてに第二の人生は見つかりませんが、見つかるものもたくさんあります。

一連の取り組みが、商業廃棄物と工業廃棄物のループを閉じるのに役立っています（一部は家庭廃棄物にも影響を与えている）。拡大生産者責任（EPR）は、企業の責任を商品製造だけでなく、商品が使われなくなった後の管理（回収・リサイクル・廃棄）にも拡大する環境政策上の手法としてますます普及しています。さもなければ、社会が廃棄物処理の負担をもろにかぶることになります。EPRは純粋に経済的責任として回収とリサイクルのコストを生産者に負担させる場合もあれば、物理的責任として回収とリサイクルの過程に企業を直接関与させる場合もあります。2006年以来、オランダではパッケージにEPRが適用されています。生産者に「引き取り」を義務づける法律があれば、電子廃棄物への対策にもなります。タイルカーペットメーカーのインターフェイスなどの企業は、自発的に自社製品を回収し、廃棄されたタイ

CO₂削減	正味コスト	正味節減額
2.77ギガトン	3,669億ドル	711億ドル
	（39.26兆円）	（7.61兆円）

ルは新しい製品の原料になります。アウトドアブランドのパタゴニアは、「着古した服」を回収して補修するか、手遅れならリサイクルします。しかし、自発的にこのような責任を取る企業は例外です。それを正式な制度にすれば、企業は後でどうなるかを今考え、長持ちして、修理しやすく、できるだけリサイクルできる製品を製造しようとします。つまり、リサイクルは製品ライフサイクルの最後に発生しますが、最初から考えるのが最善ということです。

リサイクルや再利用ができる商品の交換を強化することも欠かせません。この方針の一歩として、2015年に米国で二次原料（再生資源）の仲介プラットフォームとしてマテリアルズ・マーケットプレイス（Materials Marketplace*）が創設されました。これは、機会を積極的に見つけ、関係者をつなぎ、必要に応じて企業間の取引を仲立ちする構想です。同時に、リサイクルの科学と工程も進化しなければなりません。スイスの建築家、ヴァルター・スタヘルは、学術誌『ネイチャー』で「回収ループを閉じるには、資材の解重合、脱合金、層間剥離、脱硫、脱膜を処理できる新しい技術が必要になる」と主張しています。革新的な変換技術が誕生すればリサイクル率が大幅に向上します。もちろん、リサイクルは必要な統合戦略の一部にすぎません。バージン原料をリサイクル原料で代替し、原料をできるだけ有効利用し、すぐれた設計と頑丈なつくりで製品寿命を延ばすのが本筋です。ごみが必ずしも宝になるとはかぎりませんが、

ごみの資源化が管理され、循環性が産業に定着すれば、環境面でも経済面でも利益が大きいことを示す証拠が増えています。●

インパクト：「家庭のリサイクル」で述べたように、家庭廃棄物と産業廃棄物のリサイクルを合わせてモデル化しました。両者を合計した場合に追加となる実行コストは推定7,340億ドル（79兆円）で、30年間運用の正味節減額は1,420億ドル（15兆円）と予測されます。平均して、リサイクル可能な資材の50％は工業部門と商業部門から発生していますので、コストと節減額を50％ずつ家庭リサイクルと産業廃棄物リサイクルに割り当てました。65％のリサイクル率で、商業・工業部門は2050年までに2.8ギガトンの二酸化炭素排出を回避できる見込みです。

＊ Materials Marketplace は、持続可能な発展のための世界経済人会議と同米国版の協力で立ち上げたオンラインプラットフォーム。

2012年、タイルカーペットの世界的トップメーカー、インターフェイスは、ロンドン動物学会と提携し、「どうすればカーペット製造で世界の不平等を解決できるか？」という独自の問題意識を探求することになった。答えはこの2枚の写真を見ればわかる。インターフェイスは、捨てられてサンゴ礁や環礁に散らばる漁網を発展途上国の沿岸住民に集めてもらい、買い上げることにした――海中投棄された64万トンの漁具の一部である。こうした漁具に魚がかかったり、死んだりする「ゴーストフィッシング」が問題になっている。それまで、現地コミュニティには使用後の漁網をリサイクルまたは処分する持続可能な方法がなかった。

この取り組みは「ネットワークス」（Net-Works）と呼ばれ、プログラムの中心はコミュニティバンクである。この銀行が資金調達、融資、海岸清掃、売上からの預金、現地自然保護プロジェクトの資金を管理する。回収された漁網はアクアフィルが加工し、廃棄物のナイロンから100％リサイクルのカーペット糸を製造する。その後、インターフェイスがそのリサイクル糸でカーペットをデザインする。その1枚が下の写真、網を回収する海をイメージしたデザインだ。2016年時点で、ネットワークスは35のコミュニティに設立され、137トンの投棄網を回収し、900世帯がマイクロローンと銀行業務を利用した

バンタヤン島（フィリピン）の回収拠点で働く女性たち。自分たちの労働の成果、漁網を100％リサイクルした糸で製造されたタイルカーペットを検品している。女性たちが回収した網を洗い、重さを量り、分類し終えると、その網は梱包、保管され、セブ市に輸出されるのを待つ

資材
代替セメント
ALTERNATIVE CEMENT

ランキングと2050年までの成果 **36**位

CO₂削減	イニシャルコスト	データが不明確で
6.69ギガトン	（初期費用）	モデル化できず
	−2,739億ドル	
	（−29.31兆円）	

米国西部でフーバーダムとグランドクーリーダムが建設される何世紀も前、コンクリート工学の偉業がローマの橋、アーチ、円形闘技場、水道橋を生み出しました。ローマの壮大な神殿、パンテオンの建設にはローマンコンクリートが使われました。128年に完成したパンテオンは、鉄筋で補強しない、5,000トン、高さ43.2メートルのコンクリート製ドームで有名です——2,000年近く過ぎても、まだ世界最大です。現代のコンクリートで建造されていたら、パンテオンは落成から300年後のローマ滅亡の前に崩壊していたでしょう。ローマンコンクリートは、現代のコンクリートと同じように砂と石の骨材を含みますが、石灰、塩水、特定の火山から採集されるポゾランと呼ばれる灰で結合されました。ラテン語ではオプス・カエメンティキウム（opus caementicium）と呼ばれるローマンコンクリートの混合物に火山灰を混ぜることで水中建築も可能なほど耐久性がありました。

コンクリートの芸術と科学は、大部分がローマ帝国自体の衰退とともに衰退してしまい、コンクリートが復活し、進化するのは

ローマの神殿だったパンテオン。2,000年前、執政官マルクス・アグリッパの命で着工し、128年頃にハドリアヌス帝が完成させた。2,000年近く過ぎた今でも、そのドームは世界最大の無筋コンクリート製ドームだ。さらに驚くのは、コンクリートがいまだに傷みがなく、強いままで、時間を超越していることだ。現在は教会になっている。ドームの中心にあるオクルス（円窓）までの高さは43.2メートルある。毎年600万人が訪れる

19世紀になってからでした。今日、コンクリートは世界の建築材料を支配し、ほぼすべてのインフラに見られます。その基本的なレシピは単純です。砂、砕石、水、セメント、これをすべて混合して硬化させます。セメント——石灰、シリカ、アルミニウム、鉄からなる灰色の粉末——は結合剤としてはたらき、砂と石を一緒にコーティングして接着し、その結果、硬化後に石のようになるすぐれた材料ができあがります。セメントは、モルタルにも、舗装材や屋根瓦などの建築用製品にも採用されています。セメントの使用は、人口より大幅に速いペースで増加の一途をたどり、セメントは質量単位では水に次いで世界で最も多用される物質になっています。

セメントはインフラの強さの源ですが、温室効果ガスの排出源でもあります。世界的に最も一般的なセメント、ポルトランドセメントを生産するには、砕いた石灰石とアルミノケイ酸塩粘土の混合物を摂氏1,450度ほどの巨大な窯（キルン）で焼きます。そうすることで、石灰石の炭酸カルシウムを分解する反応を進行させ、目的の石灰成分である酸化カルシウムと廃棄物である二酸化炭素に分離します。窯の反対側から出てくるのは「クリンカー」と呼ばれる小さな塊です。冷却したクリンカーに石膏を混ぜて、粉砕すると、私たちがセメントとして知っている小麦粉のような粉末になります。石灰石の炭素除去は、セメント産業の二酸化炭素排出量の約60％の原因になります。残りは焼成に使うエネルギーが原因です。セメント1トンを製造するには180キログラムの石炭を燃やすのと同等

のエネルギーが必要なのです。両方の排出量を合計すると、1トンのセメントを生産するたびに、1トン近くの二酸化炭素を空に向かって吐き出していることになります。セメント産業は世界合計で毎年約46億トンのセメントを生産し、その半分以上を中国が占め、セメント生産工程では社会の人為的な年間炭素排出量の5～6％が発生しています。

もっと燃焼効率のよいセメント窯と代替燃料（多年生植物のバイオマスなど）ならば、エネルギー消費からの排出対策になります。炭素除去工程からの排出を削減するには、セメントの組成を変えることが重要な戦略です。従来のクリンカーは、部分的に代替材料で置き換えることができます。たとえば、火山灰、ある種の粘土、細かく粉砕した石灰石、産業廃棄物などです。産業廃棄物とは、すなわち製鉄の副産物である高炉スラグ、そして石炭火力発電所から出る灰の一種、フライアッシュです。高炉スラグはエンパイア・ステート・ビルディングやパリのメトロ（地下鉄）の建設に使われ、フライアッシュはフーバーダムに使われました。これらの材料は窯で焼成する必要がないため、従来のセメント生産工程で最も炭素排出が多く、集中的にエネルギーを消費する工程を省けます。すでに高炉スラグの90％以上がクリンカー代替材料として使われています。フライアッシュは3分の1ですが、その割合は伸びる可能性があります。フライアッシュとポルトランドクリンカーは、セメントの最終用途とフライアッシュの種類に応じて、さまざまな比率で混合することができますが、通常のブレンド比率

はフライアッシュ45%です。

　最終的には、世界は石炭発電から脱却し、それに付随する排出物もなくなるでしょうが、石炭を燃やしているかぎり、フライアッシュセメントは石炭燃焼の副産物の適切な使い道です——埋立地やため池に送るよりはずっとよい処理方法です。入手しやすいかどうか、それが重要な普及要因です。それは地域によって異なり、石炭火力発電所を停止する方向のところでは、フライアッシュを確保するのが難しいかもしれません。コストは高くなりますが、埋立地から過去のフライアッシュを採掘することが今後の一方法として考えられます。輸送コストと品質のばらつきも、フライアッシュにクリンカー代替材料として第二の人生を与えられるかどうかを決定する要因です。また、フライアッシュは人間の健康に影響を及ぼさないかという疑問も残っています。石炭副産物であるフライアッシュには有毒物質や重金属が含まれます。そうした成分がコンクリート内で安全に保持されるか、溶け出る可能性があるのか、さらには建造物の寿命が尽きたときにどのようなリスクが生じるのか、研究が続けられています。

　国連環境計画（UNEP）によれば、クリンカー代替率の世界平均は現実的に見て40%に達し（すべての代替材料を考慮して）、年に最大4億4,000万トンの二酸化炭素排出を回避できる可能性があります。ポルトランドセメントの代案には、それぞれの組成に応じて、大気への排出回避にとどまらない利点があります。たとえば、扱いやすい、水使用量が少ない、密度が高い、腐食や火災に耐性がある、寿命が長いなどです。固まるのに時間がかかり、初めのうちは強度がそれほどではなくても、最終的な強度は高くなる場合もあります。

　政府や企業もクリンカー代替材料の可能性を具体化しはじめています。EUは、域内基準を定めて、利用可能なフライアッシュのほとんどを再利用しています。こうした政策変更以前は、利用率の差が大きく、場所によってはわずか10%でした。ニューヨーク市は、地域で調達できて、埋立用地の節約になる新しい代替材料として粉砕したガラス瓶を採用するようになりました。自治体レベルから国際的レベルまで、建設業界内の慣行を変えて、歩道や高層ビル、道路、滑走路に代替セメントを使うことを促すには、標準化と製品規模が重要です。●

インパクト：フライアッシュは石炭燃焼の副産物であるため、1トンできるたびに15トンの二酸化炭素排出が伴います。セメントにフライアッシュを使っても、その排出量の5%しか相殺できません。それでも、2020～2050年に生産されるセメントの9%が従来のポルトランドセメントにフライアッシュを45%混合したものになれば、2050年までに6.7ギガトンの二酸化炭素排出を回避できる見込みです。生産コストが2,740億ドルの節減になるのは、主にセメント寿命が長くなる結果です。

資材
冷媒
REFRIGERATION

冷蔵庫、スーパーマーケットのショーケース、エアコンには必ず吸熱・放熱する化学冷媒が使われており、食べ物を冷やしたり、建物や乗り物を涼しく保ったりしています。冷媒、特にクロロフルオロカーボン（CFC）とハイドロクロロフルオロカーボン（HCFC）は、かつて成層圏のオゾン層を破壊する主犯格でした。オゾン層は太陽が放射する紫外線を吸収するのに欠かせません。1987年の「オゾン層を破壊する物質に関するモントリオール議定書」のおかげでCFCとHCFCの使用は段階的に削減されています（スプレー缶やドライクリーニングに標準的に使われていたオゾン層を破壊する化学物質も同様）。南極上空のオゾン層に穴が開いたように見えるオゾンの減少が発見されてから2年という短期間で、国際社会は法的に強制力のある行動指針を採択しました。それから30年が過ぎた今、オゾン層は回復しはじめています。

しかし、冷媒はいまだに地球規模の問題を引き起こしています。大量のCFCとHCFCがあいかわらず流通しており、オゾン層にダメージを与える恐れがあるのです。ハイドロフルオロカーボン（HFC）に代表される代替化学物質（通称「代替フロン」）は、オゾン層に有害な影響は与えませんが、温室効果は二酸化炭素の1,000〜9,000倍（化学組成による）もあります。

2016年10月、170カ国以上の代表がルワンダのキガリに集まり、HFC問題に処する取り決めを交渉しました。国際政治は難しい状況にあったにもかかわらず、参加国は注目に値する合意に達しました。モントリオール

CO₂削減	データ変動が	正味節減額
89.74ギガトン	大きすぎて	−9,028億ドル
	算定できず	（−96.6兆円）

議定書の改正として、世界はHFCの使用を段階的に削減していくことになります。まず2019年に高所得国から着手し、低所得国は2024年か2028年に着手と順次拡大していく削減スケジュールになっています。プロパンやアンモニアなどの自然冷媒をはじめ、HFCに代わる冷媒はすでに市場に登場しています。二酸化炭素そのものも、特別に設計された高圧になるシステムならば冷媒になります。

　パリ気候協定とは異なり、キガリ協定には法的拘束力があり、具体的な目標と行動スケジュール、違反国を罰する貿易制裁、富裕国が移行費を資金援助する公約が定められています。それはドローダウンへの途上で果たされた偉業であり、当時の米国務長官ジョン・ケリーは「一挙にできる気候対策で最大の成果」と評しました。科学者は、キガリ協定で地球温暖化が摂氏0.5度近く抑えられるだろうと推定しています。

　それでもなお、HFCの段階的廃止は長年かかり、その間はキッチンの冷蔵庫やコンデンシングユニット（エアコンや業務用冷蔵庫

左：メキシコの化学者、マリオ・ホセ・モリーナ＝パスケル・エンリケス。クロロフルオロカーボン（CFC）ガスのオゾン層に対する危険性を解明した功績が認められて1995年にノーベル化学賞を受賞。同賞を共同受賞したシャーウッド・ローランドとの研究の結果、CFCが大気中に残存し、CFCが紫外線によって分解されると放出される塩素原子が大気中のオゾンを破壊する実態をつきとめた。2人の研究から「オゾン層を破壊する物質に関するモントリオール議定書」が生まれ、CFCが禁止された。2028年までにハイドロフルオロカーボン（HFC）の使用を段階的に削減することを取り決めた2016年のモントリオール議定書キガリ改正は、最終的に197カ国が採択した。HFCはオゾン層にはほとんど害を与えないが、人類が知るかぎり最も強力な温室効果ガスのひとつである

下：シンガポール中心部。エアコン室外機がずらりと並ぶアジアの街路

などの「室外機」に相当するもの）でHFCが使われつづけることになります。エアコン利用が急増すれば、特に急速な経済発展を遂げている国々でそうなれば、すべての国がHFCの使用をやめるまでにHFCの市中ストック（すでに生産されて使用・保管されているもの）は大幅に増えてしまいます。米国エネルギー省のローレンス・バークレー国立研究所によれば、2030年までに全世界で7億台のエアコンユニットが稼動します。こうした状況を踏まえると、並行した対策がどうしても必要になります。つまり、いずれ使われなくなる冷媒に対処しつつ、次世代の冷媒に移行しなければならないのです。

冷媒は現在のところライフサイクル全体、つまり生産時、充填時、稼動時、漏出時に放出されますが、最も害があるのは廃棄時です。冷媒放出の90%が寿命の最後に集中しています。冷媒となる化学物質（もしくは冷媒を使う機器）を適切に処分しなければ、大気中に漏れて、地球温暖化を引き起こします。一方、冷媒を回収すれば温暖化を緩和する可能性は計り知れません。慎重に取り除いて保管すれば、冷媒は不純物を除去して再利用したり、温暖化の原因にならない別の化学物質に変換したりできます。後者の無害化プロセスは、正式には「破壊」と呼ばれ、放出を確実に削減する唯一の方法です。コストも技術も要しますが、これが冷媒処理の標準となる必要があります。

米国では、エアコンが1世紀かからずに贅沢品から広く普及した生活必需品になりました。現在、米国の家庭の86%に冷房システムがあります。中国都市部の家庭では、わずか15年で、どの家庭でもとは言えないまでも、エアコンがあるのは当たり前になりました。そうならないはずがありません。暑くて湿度の高い季節には、エアコンがあれば快適で生産性が上がり、熱波から命を守ることもできます。それにしても、涼しさを保つ手段が温暖化を悪化させるとは、まさに地球温暖化の皮肉です。気温が上昇すれば、ますますエアコンに依存するようになります。冷蔵庫の利用も、あらゆる規模のキッチンで、食料の生産から供給までの「コールドチェーン」と呼ばれる物流全体で同様に拡大しています。冷却技術が急速に普及するにつれて、冷媒とその管理の進歩が不可欠になります。キガリ協定によって間違いなく変化の第1歩は踏み出しています。市中ストックへの対策によって冷媒放出はさらに削減できるでしょう。●

インパクト：私たちの分析に含まれるのは、すでに流通している冷媒の管理と破壊によって達成できる排出削減です。30年間で、放出が見込まれる冷媒の87%を封じ込めれば、89.7ギガトンの二酸化炭素に相当する排出を回避できる可能性があります。キガリ協定によるHFCの段階的廃止を達成すれば、さらに25〜78ギガトンの二酸化炭素に相当する排出を回避できる見込みです（301ページに示した合計には含まれない）。冷媒の漏出防止や破壊無害化の運用コストは高く、2050年までの運用は9,030億ドルの正味コスト（節減にはならない）になると予想されます。

CO₂削減
0.9ギガトン

イニシャルコスト
（初期費用）
5,735億ドル
（61.36兆円）

データが不明確で
モデル化できず

帳簿をつける。物語を表現する。情報を共有する。歴史を記録する。アイディアを探る。人間の人間たるゆえんは伝達すること、その伝達手段の主役は、2,000年の間、中国に始まり、次第に西洋に広まった紙でした。19世紀に製紙が工業化して以来、紙はどこにでもある安価な商品になりました。電子メディアの登場で印刷の必要性はある程度なくなりましたが、それでも紙の使用は世界的に増加傾向にあり、特に包装用途ではそれが顕著です。現在は、紙のおよそ半分が一度使用されると、いわゆるお払い箱になります。しかし、残りの半分は回収され、リサイクルされます。北欧では、その回収率が75％に達しています。韓国は2009年に回収率90％を達成しました。世界のほかの国々でも、紙のリサイクル率をその水準か、それ以上に引き上げれば、製紙産業の二酸化炭素排出量を削減する大きな機会になります。製紙産業の排出量は世界の年間総排出量の7％を占めると推定されるほど多く、なんと航空産業よりも多いのです。

　紙のリサイクルは、紙の典型的なライフサイクルを書き換え、紙のたどる道を伐採から埋立地までの一直線ではなく、循環するものにします。松の木のバイオマスから製造される標準的な紙の場合、そのライフサイクルの全段階、つまり原料調達、製造、輸送、使用、廃棄で炭素排出が発生します。しかし、再生紙は、特にこの最初と最後の段階において、その間をつなげることで、排出問題に介入し、現状を変えることができます。パルプ原料を新しい木材に頼るのではなく、つまり木を切

るたびに炭素を放出するのではなく、再生紙は、消費者の手に届く前に廃棄された紙か、理想的には雑誌やメモ用紙として本来の目的を果たした紙、どちらかの既存の材料を利用します。ごみ捨て場で分解されてメタンを放出するのではなく、紙くずは第二の人生を見つけます。ごみではなく貴重な資源と見なされるのです――もったいなくて埋立地や焼却炉には送れません。

　回収すれば、古紙は再加工できます。細断、パルプ化、洗浄、ホチキスの針やコーティングなどの異物除去という工程を経ると、埋立地に埋められていたかもしれない紙は、オフィス用紙から新聞紙、トイレットペーパーまで、いくつもの製品に生まれ変われます。アルミニウムのようなリサイクル可能な材料とは異なり、紙は同じ品質の製品に何回でもリサイクルすることはできません。紙の繊維はだんだん劣化するため、古紙はどうしてもリサイクル前より品質の低い製品になり、だんだん短く、弱い繊維が適した製品にしていくしかありません。再加工の限界は5〜7回くらいです。それでも、リサイクルはバージン原料のみの製紙に対する効果的かつ効率的な代替策です。

　再生紙の利点はたくさんあります。森林は伐採を免れ、動植物の生息地をそのまま保ち、おそらく悠久の貴重な生態系を保護してくれます。水消費が削減され、ますます脅かされるようになってきた水資源にかかる圧迫を緩和します。水路に流出する漂白剤や化学物質も減ります。研究によると、リサイクルは雇用を創出し、埋め立てや焼却よりも経済的価

写真家のクリス・ジョーダンは、2011年に9,600冊の通販カタログからマンダラを作成した。3秒ごとに印刷、出荷、配達されるカタログの数がこれだけあることを表現している。その97%は届いた日に捨てられる。これは『Running the Numbers: An American Self-Portrait』（写真で見る統計：アメリカの自画像）というシリーズの1作で『Three Second Meditation』（3秒間の瞑想）というタイトルだ

値を生み出します。何よりも重要なのは、再生紙はバージンパルプ紙よりも温室効果ガス排出がはるかに少ないということです。そうした気候変動を抑制する効果が正確に何であるかは、どの材料を使うか、どの原料を代替するか、回避されるライフサイクル最後の処理が何かによって異なります。もちろん、どんな紙をつくるにも、原料や最終製品の輸送と同様に、何らかのエネルギーが必要です。製紙工場が再生可能エネルギーと持続可能な輸送手段で操業されるかどうかは、バージンパルプにもリサイクルパルプにも等しく重要です。

ヨーロッパ環境ペーパー・ネットワーク（EEPN）が実施した複数の研究に基づく調査では、バージンパルプ紙は紙製品1トン当たり平均10.67トンの二酸化炭素（またはそれに相当するほかの温室効果ガス）を排出している計算になるのに対し、再生紙はわずか2.92トンでした。70％以上の差です。消費後再生紙とバージンパルプ紙を比較した最近のライフサイクルアセスメント（LCA）があります。その分析によると、再生紙の生産が気候に与える影響は、バージンパルプ紙の場合のわずか1％です。さらに、再生紙では同じ量の製品を生産するのに消費する水の量が4分の1になり、パルプ化と製紙に必要なエネルギーは20〜50％少なくなります。

紙の使用量を全体的に減らすことを補う策として、再生紙を支持することの正しさは明らかです。そのプロセスは効率にすぐれ、上流では資源の消費が減り、下流では廃棄物と排出量が減ります。回収され、リサイクルされる古紙が増えれば、木材と埋め立てまたは焼却の必要性が下がります。しかし、再生紙を可能なかぎり普及させるには、コストが下がらなければなりません。生産が増えればコストは下がるでしょう。従来の廃棄物処理を選ぶ動機を弱め、その金銭的負担も増やす政策でリサイクルは促進できます。逆に、あまり持続可能でない選択肢に対する補助金など、リサイクルに不利益を与える政策は放置すべきではありません。製紙産業の投資がリサイクルの方向に向かうには、小売から卸売まで、消費者の需要も欠かせません。関心の声が高まれば、再生紙が市場で圧倒的なシェアを獲得できない理由はありません。●

インパクト：再生紙による二酸化炭素排出量の削減は30年間で0.9ギガトンになる見込みです。この結論の前提は2つの主要な仮定です。（1）再生紙の総排出量は従来の紙の約25％である（2）製紙の再生紙率が2050年までに55％から75％に上昇する。再生紙率が上がると電力消費が増えますが、木材伐採と加工に関連する排出量、そしてパルプ化と製造からの合計排出量は、バージンウッドパルプを原料にした紙の場合のほうが多くなります。この解決策の排出削減には、再生紙の利用が増加した場合に伐採されなくなる立木による炭素隔離は含まれません。

資材
バイオプラスチック
BIOPLASTIC

石器時代から鉄器時代、スチール時代まで、社会の一時代はものづくりの主要材料で描写されます。現代はプラスチック時代と呼ばれるはずです。世界全体で毎年約3.1億トンのプラスチックが生産されています。1人当たり38キログラムで、その生産は2050年までに4倍になるという予想です。衣類からコンピュータ、家具からサッカー場まで、プラスチックはどこにでも使われています。そのほぼすべてが化石燃料からつくられる石油系プラスチックです。世界の年間石油生産量の5〜6%がプラスチックの原料になるのです。しかし、プラスチックを構成するポリマーは、石油に限らず、自然界のどこにでも存在します。専門家の推定によれば、現在のプラスチックの90%は植物など再生可能な原料からつくれる可能性があります。このバイオプラスチックは土から生まれて、多くはまた土に返すことができ、たいていは石油系プラスチックより炭素排出が減ります。

プラスチックの語源、ギリシャ語の動詞「plassein」は「形づくる」という意味です。プラスチックに可塑性（形成可能）を与える

ものはポリマーです。ポリマーとは、互いに結合した多くの原子または分子からなる鎖状の構造の物質です。ほとんどに炭素の主鎖があり、それに水素、窒素、酸素など、ほかの元素が結合しています。ポリマーは合成できますが、私たちの身の回りでも、私たちの体内でも自然に発生します。ポリマーは生物の一部なのです。地上で最も豊富な有機材料、セルロースは植物の細胞壁にあるポリマーです。キチンも豊富にあるポリマーで、甲殻類と昆虫の殻や外骨格に見られます。ジャガイモ、サトウキビ、樹皮、藻類、エビ、どれもプラスチックに変換できる自然のポリマーを含有しています。

今は石油系プラスチックが市場を支配していますが、最初期のプラスチックの材料は植物セルロースでした。19世紀、ビリヤードは欧米の富裕階級の社交に欠かせませんでした。ビリヤードのボールは100%象牙製でした。ビリヤード市場は貪欲に、ボールの材料ほしさにゾウを大量虐殺しました。ビリヤードの流行は社会の激しい抗議を受け、ビリヤード業界のコストも押し上げました。そこで、大物マイケル・フェランらビリヤードプレーヤーたちが、象牙に代わる材料を開発すれば賞金1万ドルというチャレンジをしかけました。それを受けて印刷と修繕を生業にし

1941年にミシガン州ディアボーンでヘンリー・フォードが発表した最初にして唯一のバイオプラスチックカー。大戦で深刻化する金属不足、工業と農業を融合するという発想を受けて試作された。フォードは当時すでにグリーンフィールドビレッジに大豆研究所を設立し、ヘンプ油から自動車燃料をつくっていた。フレームは鋼管製、ボディはプラスチック製、窓はアクリル製、動力は従来の60馬力エンジンだった。完成した車の重量は従来のすべてスチール製の車より450キログラム軽かった。ある意味では戦争協力として試作された車だったが、大戦中、自動車製造はほぼ停止し、バイオプラスチックカーは二度と復活しなかった

ていたジョン・ウェズリー・ハイアットが綿のセルロースから「セルロイド」を開発しました。セルロイドはビリヤードボールには向かないことがわかり、結局ハイアットは賞金を手にしませんでしたが、セルロイドはクシ、手鏡、歯ブラシ、映画フィルムなどの製品にぴったりでした。

ヘンリー・フォードもバイオプラスチックの可能性を試し、大豆から自動車部品を製造する研究をしました。1941年、フォードは「大豆カー」を発表しましたが、底値の化石燃料価格や第二次世界大戦一色の世相を克服できませんでした。セルロイドは、バイオプラスチック第一号であるばかりか、レオ・ベークランドの石油系プラスチック、ベークライトの発明にも火をつけました――初の石油系プラスチックです。石油化学産業の出現とともに、ベークライトは20世紀初頭の石油系ポリマー爆発的普及の先触れとなりました。突然、豊富なサイズや形で耐久性が高く、軽量の製品を安く製造できるようになったのです。

1970年代の石油危機で関心が再燃するまでバイオプラスチックは脇に追いやられていました。1990年代にグリーンケミストリー（環境や人体に配慮した合成化学）が登場し、石油価格の上昇もあって、バイオプラスチックの商業生産が本格的に始まりました。現在、

さまざまな配合、特性、用途の多種多様なバイオプラスチックが生産中か開発中です。何らかのパッケージ用途が中心ですが、繊維製品から医薬品、エレクトロニクスまで使い道が広がっています。「生物由来」プラスチックですから、少なくとも部分的には、バイオマスが原料です。ただし、生物由来だからといって生分解性があるとは限りません。サトウキビやトウモロコシが原料のポリエチレン（PE）製レジ袋は生分解しません。しかし、使い捨てコップに見かけるポリ乳酸（PLA）、縫合糸にもなるポリヒドロキシアルカノエート（PHA）などのバイオプラスチックは、生物由来かつ適切な条件下での生分解性があります（PLAは高温でのみ分解し、海や家庭のコンポスト容器では分解しない）。バイオプラスチックの研究が進み、原料、処方、用途の限界を押し広げています。バイオプラスチックに向いた持続可能な原料を見つけ、農薬や化学肥料を多用する農業を避けることは必須の条件です。

石油系プラスチックとは対照的に、バイオプラスチックは炭素排出を削減し、炭素を隔離できます。これは特に、パルプや紙、バイオ燃料の生産で余ったものなど、廃棄されるバイオマスを原料として活用する場合に該当します。気候変動への貢献を最大にするには、

原料の栽培から最後の廃棄まで、バイオプラスチックのライフサイクル全体を考慮すべきです。温室効果ガスの削減だけでなく、ほかにも石油系プラスチックにはないバイオプラスチックならではの利点があります。3Dプリンタに最適な熱特性など、技術的優位性をもつ種類もあります。低温で生分解する種類は、特に海洋プラスチックごみ問題の対策になりそうです。現在、全プラスチックの3分の1が生態系に行き着き、きちんとリサイクルされているのはわずか5％です。残りは埋め立てか焼却です。この傾向が続けば、2050年までに世界の海は魚よりプラスチックが多い海になってしまいます。

　おそらくバイオプラスチックが直面している最大の問題は、従来のプラスチックではないということです。バイオプラスチックはほかのプラスチックから分別しないかぎり堆肥化できません。バイオプラスチックを分解するには高温か特殊な化学的リサイクルが必要です。バイオプラスチックと従来のプラスチックを分別せずにリサイクルすると、従来の再生プラスチックに不純物が混入し、不安定で、もろく、使用に耐えないものができあがります。分別と適切な処理がなければ、ほとんどの自治体の廃棄物処理の流れでは、バイオプラスチックはごみ捨て場以外に行く場所がないだけの代物になってしまいます。

　それでも、バイオプラスチックへの速やかな移行は不可能ではありません。デュポン、カーギル、ダウ、三井化学、BASFは、バイオプラスチック発展を見越してバイオ系ポリマーに投資しています。バイオプラスチックは既存の材料を代替する材料ですから、世界中のプラスチック需要から利益を得ます。同時に、バイオプラスチックが克服しなければならない最大の課題は、石油系プラスチック産業です。原油価格が低いときに、まだスケールメリットも欠けていることが多いバイオプラスチックは、ニッチ市場を超えて競争するのに苦戦しています。石油系プラスチックには集中型生産に有利なパイプラインとタンカーもあります。バイオプラスチックの優位性を商業化するには、原料生産とバイオプラスチック製造の距離を近くしなければなりません。バイオ優先のプログラムや特定の種類のプラスチックを禁止する政策もバイオポリマーの成長とプラスチック産業の進化を支えることができるでしょう。●

インパクト：プラスチックの総生産量は2014年の3.11億トンから2050年には少なくとも7.92億トンに増加するというのが私たちの推定です。これは控えめな数字で、現在の傾向が続けば10億トン以上という推定もあります。私たちのモデルでは、バイオプラスチックが意欲的に成長して2050年までに市場の49％を占め、4.3ギガトンの二酸化炭素排出が回避されます。技術的にはもっと可能性がありますが、原料栽培を目的とした土地転換は増やさないとすると、入手できるバイオマス原料に限りがあり、それに制約されます。このシナリオのバイオプラスチック生産コストは30年間で190億ドルです。生産者側の経済的コストはそれより高い現状ですが、それは急速に下がっています。

シ ャワーを浴びる、洗濯をする、植物に水をやる——家で水を使えばエネルギーを消費します。浄水と送配水、必要ならば加温、そして使用後の排水の処理にエネルギーが必要です。お湯は全世界の住宅エネルギー消費の4分の1を占めます。自治体レベルの節水対策はもちろん必要ですが、節水は家庭ごと、蛇口ごとに取り組めます。

平均的な米国人は家で毎日370リットルの水を使います——世界の典型とはとうてい言えません。およそ60％は屋内で消費され、主にトイレ、洗濯機、シャワー、蛇口の水です。30％は屋外で消費され、ほぼすべてが芝生、庭、植物に水をやるためです——必ずしも水をやる必要がなくても、住宅の水消費で最も多いのはこれです。残る10％は漏水で失われます。

屋内節水の鍵を握るのは2つの技術、節水タイプのトイレと洗濯機です。節水タイプなら水消費をトイレは19％、洗濯機は17％減らせます。流量の少ない蛇口とシャワーヘッドに切り替え、効率の高い食器洗い機を設置することも節水効果があります。合計すると、節水型の家電製品や低流量の設備で屋内の水消費を45％減らせます。温水対策は関連するエネルギー消費に格別大きい影響を及ぼします。米国環境保護庁（EPA）の推定によると、米国の家庭100戸に1戸が古いタイプのトイレから新しい節水タイプのトイレに切り替えると3,800万キロワット時以上の節電になります——1カ月間43,000世帯の需要を満たせる電力です。

こうした技術は、一度採用するだけでよいのが強みです。住宅所有者や家主が投資して、投資回収期間が過ぎるのを待つつもりなら、後は何もする必要がありません。しかし、一人ひとりの行動も屋内の水消費を節約することにつながります。平均シャワー時間を5分に短縮し、洗濯機の容量いっぱいのまとめ洗いだけにし、トイレの水を流すのを1家庭1日3回減らせば水の消費量を7〜8％減らせます。欠点は、もちろん、習慣にならなければ長期的な効果はなく、言わずと知れたことですが、よい習慣はなかなか身につかないことです。

屋外で庭の手入れの水消費を減らすか、ゼロにするには、雨水をためて使う、水やり不要の植物にする、節水効果の高い点滴灌漑を設置する、蛇口を完全に閉めるという方法があります。

節水の成功事例は、何がうまくいくかの証明でもあります。自治体の水消費制限や効率的な配管を義務づける政策はきわめて効果的です。EPAのWaterSenseプログラムなど、節水認定の製品ラベルは消費者が製品を選ぶ目安になります。一方、奨励金、つまり節水型の家電製品や設備を購入した場合の還付金は自発的な行動を促します。こうした対策はすべてエネルギー消費と水消費を同時に削減する二重の効果があります。水資源の利用に苦労するコミュニティがますます増えている今、二重の効果はコミュニティの利害に関係します。気候変動の影響は人口圧（ここでは人口に比べて水資源の不足がある状態）に拍車をかけます。たとえば、干ばつのとき、灌漑の需要は上がりますが、水供給の量と質は

シャワーヘッドのネビア（Nebia）は設計と開発に5年を要し、マイクロアトマイジング技術に航空宇宙工学を採用した。ネビアは通常シャワーの5倍の面積に広がる細かい霧状の水滴を大量に発生させる。熱効率（体感温度）は13倍で、従来のシャワーヘッドと比べて70％の節水、米国環境保護庁（EPA）のWaterSense認定シャワーヘッドと比べても60％の節水になる

低下します。

　この解決策は家庭内の水消費を直接削減することが目的ですが、家庭でのほかの選択や技術は水消費に間接的な影響を及ぼします。エネルギー消費は最たる例です。原子力発電所や化石燃料火力発電所は冷却のために膨大な量の水を使います——米国の総消費量の半分近くを占めるほどです。1キロワット時の電気には目に見えない95リットルの水が関係していることがあります。水とエネルギーの密接なつながりは、多くの場合、一方の効率を高めることが他方に影響を与えることを意味します。●

インパクト：節水蛇口とシャワーヘッドの採用率が2050年までに95％になれば、無駄な水を加熱するエネルギー消費が減ることで二酸化炭素排出を4.6ギガトン削減できる見込みです。ほかの節水技術が普及すれば、さらに削減が促進されるでしょう。節約されるエネルギーを計算するために、お湯のみをモデル化しています。

COMING
ATTRACTIONS
今後注目の解決策

将来の世界の予告編とも言える本セクションは、私たちお気に入りのパートのひとつで、実はもっと長くなっていたかもしれません。前ページまでの80の既存の解決策の場合、私たちはきっちり一線を引いていました。実績とコストに関して豊富な科学的・経済的情報があり、しっかりと確立された解決策であること、という基準です。しかし、すでに普及しつつある解決策に絞ることで、私たちの地球温暖化を解決する力が、すでに知っていること、やっていることに限られているかのような印象を与えたくはありませんでした。本セクションでは、遠からず登場する手の届きそうな解決策をお見せしましょう。どの注目分野でも発明と革新のスピードには唖然とするほどで、誰も全容は知らないのではないかとさえ思います。有望なアイディアの多くは科学プロジェクトで、踏み込んだ話はできません。それでも、読めばわかるように、ここで紹介する技術と解決策はまぎれもないゲームチェンジャーになる可能性を秘めています。

今後注目の解決策
マンモスステップに草食動物を呼び戻す
REPOPULATING THE MAMMOTH STEPPE

　ヤクート馬は、毛がふさふさした、小柄で、ずんぐりしたシベリアの馬で、まるで映画『スターウォーズ』に出てきそうな姿をしています。厚い脂肪層、鋭い嗅覚、大きく、石のように硬いひづめのヤクート馬は、雪を削り取り、冬の暗闇のなかで縮こまったわずかばかりの草をかじって北極圏の零下70度の環境を生き抜きます。このヤクート馬の習性に永久凍土の融解を防ぐ手がかりがあります。

　地球の温度を上げないためには、亜寒帯地域に木ではなく草が必要です。草が生えるには草食動物を呼び戻すことが必要です。それがセルゲイとニキータのジモフ父子が自分たちの実験的保護区「更新世パーク」で目撃してきたこと、草の再生と灌木や樹木の抑制です。草原が草を食む動物を養うのと同じように、草を食む動物が草原を養います。動物が永久凍土を保護し、北極圏が温暖化から転じて冷えはじめたとしたらどうなるでしょう？

　北極圏に埋もれているのは1.4兆トンの炭素、地球上の全森林の2倍以上です。永久凍土は、長年凍結している厚い表層地盤で北半球の24％を覆っています。その名前は永続性が前提ですが、もはや「永久」とは言えない状態です。永久凍土が融けているのです。気温上昇が摂氏1.5度ならば、永久凍土は大量の炭素とメタンを大気中に放出します。気温上昇が摂氏2度を超えて融解が続くと、永久凍土から放出される温室効果ガスが地球温暖化を加速し、それがさらに永久凍土の融解を加速するという悪循環に陥ります。

　馬、トナカイ、ジャコウウシなど、凍てついた北の大地の生息者が積雪を押しのけて下の芝土を露出させると、土壌はもはや積雪によって断熱されず、摂氏で1.7〜2.2度冷たくなります。このくらい温度が低下すれば、世界が化石燃料から脱するまでの間、永久凍土が融解を免れます。ロシアのチェルスキーに近いノースイースト・サイエンス・ステーションを指揮する科学者のジモフ父子は、永久凍土を幅広く研究し、分析してきました。ふたりは長年の研究の結論を実証するためにシベリアのコリマ川流域に更新世パークをつくりました。かつて北極圏の亜寒帯地域に生息していた草食動物の多様な種を呼び戻せば、永久凍土の融解を防ぐことができるという結論です。この案の可能性と影響の見通しは、もし実現したら、本書の100の解決策のなかでも最大の解決策または潜在的な解決策になるということです。

　コリマ川流域に至る道、連邦道路コリマは「骨の道」と呼ばれています。流罪になってコリマ送りになった囚人たちは容赦ない冬の寒さに一冬もてばいいほうだと思われていたからです。人間の骨のほかにも、この流域にはかつて生息していた動物の無数の骨が保存されています。骨を数えると、草原1平方キロメートルの平均個体数がわかります。2万〜10万年前にはケナガマンモス1頭、バイソン5頭、馬8頭、トナカイ15頭でした。もっと多かったのは、ジャコウウシ、エルク、ケブカサイ、シベリアビッグホーン、アンテロープ（サイガ）、ムースでした。そのなかを歩き回っていたのは、オオカミ、ホラアナライオン、クズリといった捕食動物です。草原1平方キロメートル当たり9トンの動物の命が

繁栄していたのです。生息限界かほとんど生息できないと考えられている地域の生産力を証明する驚くほど大きい数字です。

　今、温度が上昇して凍結した死骸が融けだすにつれて、微生物や細菌の群れが腐った死体を食い尽くしています。融解する永久凍土からの悪臭は予兆であり、融解を防げなければもっと大きな危険が訪れる前兆です。融解池は、注いだばかりのソーダ水のように泡立ちます。ボウルか瓶を逆さまにしてガスを集めると、メタンをガスランプのように点灯させることができます。深さ10メートルの凍てついた土壌（有機物の巨大な貯蔵庫）も、同じように温度が上昇しています。解凍された微生物は生き返り、有機廃物を分解しながら二酸化炭素とメタンを放出するようになります。

　コリマ川流域はマンモスステップと呼ばれる、より大きなバイオーム（生物群系）の一部です。マンモスステップは、かつては地球上のあらゆる主要な生息地に存在する動植物の最大のコミュニティでした。それはスペインからスカンジナビア、ヨーロッパ全土からユーラシアへ、そして太平洋陸橋（かつて大陸をつないでいたとされる陸地）を経てカナダまで広がっていました。10万年間の寒冷で乾燥した時代に、マンモスステップは主に草、ヤナギ、スゲ、ハーブで構成され、何百万もの草食動物とそれに忍び寄る肉食動物の棲家でした。かなり唐突に、それが11,700年前に変わりました。気温が上昇し、降雨量が増加し、ケナガマンモスは海面上昇で形成された島で生き残った2つの個体群を除いて絶滅しました。マンモスステップは亜寒帯地域に収縮し、動物の命を養っていた草はほぼなくなりヒメカンバ、カラマツ、コケ、ベリー類が優勢になりました。最近まで、研究者たちは、マンモスステップに動物が生息しなくなったのは気候の変化と草原の喪失が原因だと考えていました。セルゲイ・ジモフは、コリマ川流域をつぶさに見て歩き、まったく異なる過去の姿を目の当たりにしてきました。

　ジモフは絶滅の理論が逆さまだと考えています。氷河期が終わる前、約13,000年前、狩猟者がユーラシアに広がり、アメリカ大陸にも進出しました。動物は食料として追われて捕獲され、絶滅に追い込まれました。比較的短期間で、ロシア、北米、南米では50種の大型哺乳類が狩られて絶滅しました――特に、動きが遅く、肉が豊富なケナガマンモスが格好の獲物になりました。反芻動物をはじめ草食動物がいなくなると、マンモスステップの植物相が変わりました。草が減り、その代わりに草食動物が好まないヒメカンバやとげのある潅木が増えました。

　ジモフに言わせれば、先にマンモスと草食動物が絶滅したから、風景が変わったのは間違いありませんでした。マンモスステップから動物が消えたのははるか昔に起こったことですから、ジモフの結論は理論にすぎません。しかし、それはシベリアの凍てつく地域を何十年も実際に足で歩いて調べてきた末の理論です。アレクサンダー・フォン・フンボルトが1831年に述べた気候変動は、仮説に基づく理論ではなく、ロシアとユーラシアを長く

旅した後に出した結論です。観察に基づく科
学では、何かの意味より実際に起きたこと、
起きていることのほうが重要です。現象、種、
生態系を徹底的に調査し、直に触れてから、
何かの意味を理解します。セルゲイ・ジモフ

はまさにそういう科学者です。研究者仲間の
アダム・ウルフが言うように、ジモフのマン
モスステップでの徹底したフィールドワーク
は、そこで起きたことについて学界の定説が
何だろうが、どんな論文が発表されようがび

くともしませんでした。ジモフは、気候変動がケナガマンモスの絶滅を早めたという理論が間違っていると見抜きました。マンモスほどの体重と破壊力があれば、カラマツ、キイチゴ、ヒメカンバをなぎ倒し、さらにほかの

ヤクート馬はシベリアの極寒に耐えられる珍しい品種。体高140センチメートルほど、小柄でずんぐりした丈夫な馬だ。この写真のヤクート馬はミドルコリマと呼ばれる亜種。1200年代にヤクート族によってコリマ渓谷に持ち込まれ、すぐに極寒に適応した。ヤクート馬はひづめで雪を押しのけて下の若芽を食べて冬を生き延びる。ヤクート族にはこんな伝説がある。世界の富を分配していた創造主がシベリアに着いたときに手が凍りつき、持っていたものすべてを落としてしまった。ダイヤモンドが豊富なこの地の豊かさ、富、珍しい生き物はそのときの落し物の賜物なのだ

エヴェンキ族の牧夫に追われて移動するトナカイ。ここはサハ共和国（ロシア）インディギルカ川流域にあるオイミャコン地区の谷。エヴェンキ族はトナカイに騎乗する牧畜民として有名。独特の鞍をトナカイの肩につけ、あぶみは使わない。写真のとおり、長い棒でバランスをとる

草食動物も踏み荒らせば、植物相の構成の変化を防ぐことができたはずです。

亜寒帯針葉樹林、タイガが北に広がっていることは、気候力学を変化させています。雪で熱が宙に反射されるのではなく、木や葉が熱を吸収して土壌に再放射します。大気は上空18キロメートルの高さでは均等に温暖化していますが、北極圏の地上では温帯や赤道付近よりもはるかに速く温暖化しており、それは植物相の変化が原因です。

更新世パークに動物を呼び戻すために、ジモフは頼んだり、借りたり、買ったりしなければなりませんでした。ケナガマンモスははるか昔に全滅してしまいました。ステップバイソンと在来種のジャコウウシも同様にいません。ジモフは南部からヤクート馬を連れて来ました。カナダ政府はバイソンを寄付しました。ジモフはスウェーデンからトナカイをアラスカからもっとたくさんのジャコウウシを確保したいと考えています。ジモフは老朽化したロシアの戦車も購入しました。パーク内で運転して、マンモスのように潅木とカラマツをなぎ倒し、先々のためにスズメノチャヒキ（イネ科の植物）の草の道をつけるためです。ジモフは、5,000頭のカナダバイソンを船で輸送すること、マンモスステップに動物を呼び戻すための資金源として世界的な炭素税を望んでいます。二酸化炭素1トン当たり5ドル（500円強）の低価格で、8.5兆ドル（900兆円）の価値がある凍ったマンモスステップが維持できます。

先進的なマルチパドック方式の放牧や環境再生型農業と同様に、マンモスステップに動物を呼び戻すというジモフの提案は、長期的な劣化傾向を逆転させる土地利用法です。亜寒帯地域の自然が実際には劣化した風景であるとは想像しにくいですが、それはジモフが証明してきたことです。現在、全飼育動物のバイオマスは、そのほとんどが工場化された飼育施設に閉じ込められ、ケージに入れられており、合計で10億トン近くに達しています。その代償は、資源の消失、生物多様性の喪失、土壌の劣化、不健康な肉、変わりゆく気候です。マンモスステップに動物を呼び戻すことは、一見マニアックな追求に見えるかもしれませんが、実際には、ほかの環境再生と何ら変わりません——規模が大きいだけです。マンモスステップの再生は、北の放棄された大地の自然を取り戻し、偉大な、かつて地球を支配するほど広大で炭素を隔離していた草原の共生者だった動物を取り戻すことによって実現します。草食動物が自由に歩き回っていた頃の地球は、今日の人間が牧場やフィードロット（放牧せず柵で囲って飼育する施設）、動物飼育工場で育てている動物の数と重量の2倍を養っていました。マンモスステップでは、少数の耐性のある動物を除いては生息できる動物はいないと考えられてきましたが、それを元の自然に戻すことの恩恵は計り知れないでしょう。●

今後注目の解決策
牧草地栽培
PASTURE CROPPING

800ヘクタールの農場が全焼したとき、天の啓示を受けることもあります——建物、木々、全長32キロメートルのフェンス、3,000頭の羊、何もかも失ったときに。コリン・セイスは、ニューサウスウェールズ州（オーストラリア）にある祖父が開いた農場ウィノナを1970年代に父親から受け継ぎました。コリンは父親が収量と生産性を向上させようと新しい農業技術をあれこれやってみるのを見ながら育ちましたが、肥料、除草剤、土を耕す農業はじわじわと農場を消耗させました。土は圧縮されて酸性化し、表土は10センチメートルで底を打ち、炭素含有率は1.5％ありませんでした。コストが急増し、ますます化学物質を使うようになり、木は茶色く変色し、農場はお金を失いました。そして1979年、森林火災は3世代の労働を灰にしました。

コリンが火災で負った火傷から回復した頃、同業の友人ダリル・クラフとパブで一緒になりました。ふたりとも一年生の穀物を栽培し、牧草地で羊を放牧し、農場では穀物用と放牧用に土地を分けて使っていました。牧草はあそこ、穀物はここ。でも、なぜでしょう？牧草地は過放牧で食い荒らされがちで、穀物畑は毎年機械で耕しては、土を乾燥させ、炭素を放出させていました。ビールを10本飲んだ頃、ふたりの頭にはふつふつと疑問がわいてきました。なぜ一年生作物と多年生作物を同時に同じ土地で栽培しなかったのだろう？なぜ作物の間で放牧して土を肥やさなかったのだろう？

その晩、思い描いたことが後に牧草地栽培（pasture cropping）と呼ばれる農法の土台になっていきます。牧草地栽培の土地では、土は決してだめになりません。生命力のある多年生の牧草地に一年生の作物を植えると、生態系が年ごとに健康になっていきます。広葉の草本、真菌類、イネ科草本、ハーブ、細菌の複雑な関係が、命のネットワークを再構築し、土、作物、草、家畜の健康、抵抗力や回復力、活力を高めます。そして、農家は同じ土地から2つの収穫を得ます。穀物と羊毛か肉です。

翌朝、セイスとクラフはしらふになっても、それがまだよい考えだと思えました。セイスは肥料、除草剤、農薬をすぐにやめました——無一文でしたから決断するのは簡単でした。そして移行の数年が過ぎました。農地はアルコール依存症の回復さながらでした。そう、リン酸アンモニウム依存症でした。当初、セイスは自生していた草が畑に再び生えるようにしたので、収量はぱっとしませんでした。多年草のタンパク質含有量がまだ低かったので、家畜も最初はそれではやっていけませんでした。隣人たちには見向きもされませんでしたが、セイスはそのまま続けました。彼はパドック（囲い地）に輪換モブ（群れ）放牧を採用しました（詳細はp.143「管理放牧」を参照）。やがて利益、生産性、家畜と土の健康など事態は好転しはじめました。すぐに農場の再生は誰の目にも明らかになりました。コストダウンも達成です。セイスは今や必要ない燃料と化学物質の投入にかかっていた年間6万ドル（640万円）を節約できるようになったのです。保水率と土壌炭素は3倍に増

コリン・セイス

加、害虫はいても問題になるほどではなくなりました。牧羊からの利益は、羊毛の収量と品質と一緒に上がりました。鳥も在来動物も戻ってきました。

　牧草地栽培は現在、オーストラリアの2,000以上の農場で行なわれ、温帯の農業全体に広がっています。世界の農業が一年生作物に偏っている現状があり、農学校や巨大アグリビジネスには想像もつかないでしょうが、失われた土壌肥沃度と土壌炭素の回復を望むならば、いずれどこかの時点では、農業は持続可能で環境再生型の方法に移行せざるをえません。牧草地栽培は、二重の収穫（穀物と家畜）で土地を有効活用しながら、環境インパクトを減らし、炭素隔離を増やすという点で異色の農法です。●

今後注目の解決策
鉱物の風化促進
ENHANCED WEATHERING OF MINERALS

何十億年も前、地球の大気に酸素は存在しませんでした。大気の成分は窒素、水蒸気、二酸化炭素（そしておそらくメタン）でした。やがて二酸化炭素を光合成する藍藻（シアノバクテリア）が現れ、酸素を吐き出しはじめました。植物プランクトンから松の木まで、無数の生命体が二酸化炭素を吸い込んでは、それを固形物に変換し、その一部を土壌や海洋堆積物に蓄積させてきました。このような生物学的に炭素を隔離するサイクルが地球を寒冷化させる一因となってきました。二酸化炭素濃度が低下することで、大気中に封じ込められる熱が少なくなり、気温が急激に下がったのです。その結果、氷河時代に入ると微生物の活動は大幅に減少し、最終的に二酸化炭素の減少が止まりました。何十億年という歳月で、活火山から放出された二酸化炭素がまた大気中に戻りました——すると地球は暖まります——このサイクルが繰り返されました。つまり、地球温暖化と寒冷化のサイクルに生物のはたらきが一役買っているということです。

現在、NASAの研究のおかげで、一般の人々も炭素循環の年間変動のシミュレーションを見ることができます。NASAのアニメーションを見ると、北半球の植物が休眠状態に入り、人間が化石燃料を使う暖房をつける晩秋、冬、春先に二酸化炭素が放出されることがはっきりわかります。晩春から初秋までは、ちょうど反対です。森林減少、車、電気の使用による排出が続いていても、大量の二酸化炭素（5〜6ppmに相当）が草、潅木、樹木に隔離され、そして温暖化している海域にも炭素循環を開始した祖先と同じ藍藻によって二酸化炭素が隔離されます。その合計は年間400億トンの範囲です。

もっとゆっくりした炭素循環もあります。

超苦鉄質のカンラン石の層（アラスカ州デューク島）

あまり目立ちませんが、今日の驚異的な生物多様性に至る37億年の間に、岩石は空気から何兆トンもの二酸化炭素を隔離してきました。自然な岩石の風化で年間約10億トンの大気中の二酸化炭素が除去されます。地表にある多種のケイ酸塩岩は、弱酸性の二酸化炭素によって風化して雨水に溶かされ、この過程で二酸化炭素は炭酸塩に変化します。この炭酸塩は、川や海に流れ込み、最終的には炭酸カルシウムになります。

　鉱物の風化促進とは、このプロセスを持続可能な方法で促進するための技術を指します。風化の人工的促進がうまくいきそうなケイ酸塩の種類としては、マグネシウムと鉄が豊富なオリーブ色の鉱物、カンラン石が挙げられます。従来の風化促進の工程は、カンラン石を含むケイ酸塩岩を採掘して粉砕し、その粉末を土壌や水にまいて、土壌、海、生物相が風化加速の"反応装置"として機能できるようにすることです。岩石粉末は計画的にさまざまな環境、特に農地、砂浜、波動の活発な浅い海に散布できます。風化促進に必要な主要技術は、すでに地域規模で利用されており、農場や森林の土壌の肥沃度・酸性度の管理に役立っています。

　風化促進によって二酸化炭素の蓄積を完全に止めるには、地表面のかなりの部分に広がる何十億トンもの鉱物を対象に、気の遠くなるような努力が必要でしょう。慎重に場所を選び、過去の採掘事業で残った選鉱くずの山など、既存の地表資源も有効活用すれば、コストとリスクを最小限に抑えながら、温暖化対策として意義ある量の二酸化炭素を永続的

に隔離する機会が生まれます。風化促進による環境への影響が、環境や生物活動に予期しない、望ましくない副作用を与えないともかぎらないため、注意深い監視とリスク管理が必要になるでしょう。

　カンラン石を応用すれば効果が大きいと思われる地域のひとつは熱帯の農地です。土壌の温度と湿度が高く、溶解を阻害する鉱物が少ないからです。大まかに言えば、カンラン石を熱帯の土地の3分の1にまけば、2100年までに大気中の二酸化炭素濃度が30〜300ppm下がる可能性があります。農業土壌の主な強みは、すでに集中的に管理されており、比較的容易に監視することができ、インフラもすでに整備されていることです。土壌改良として熱帯の耕地で鉱物の風化促進を実行すれば、岩石粉末が作物の肥料になるため、農業生態系にも有益という一石二鳥の効果を期待できます。

　カンラン石粉末1〜2トンは、温帯気候では約30年間炭素を隔離しつづけます。pHが低いと鉱物の溶解が加速されるので、カンラン石をまくのに最適な場所は酸性土壌または酸性雨が降る場所だとする研究もあります。これに該当するのは、たとえばヨーロッパの大部分、米国とカナダの一部です。同様に、風化促進は東ヨーロッパの環境破壊が進んだ森林の再生にも有効な可能性があります。そこでは、何十年も褐炭を燃やしつづけた結果、もう何年も地球上で最も酸性化した雨が降るようになっています。鉱山が閉鎖されたり放棄されたりした地域では、残留している選鉱くずの鉱物を利用すれば、コミュニティに貢

献する経済発展策になる可能性があります。

　研究者のなかには、自然界の風化は実験室よりもはるかに速く進む傾向があるため、カンラン石の風化率はいつも過小評価されていると考える人もいます。ある研究では、人工的に促進した場合の風化溶解率に関する以前の仮定が過小評価されていたという結果が出ました。つまり、自然界では実験室でのデータより10〜20倍多く二酸化炭素が隔離されるという結果でした。風化を促進する生物因子としては、地衣類、土壌細菌、そして鉱物溶解を促進する細菌に糖類の分泌物を提供する菌根菌の作用があります。

　この解決策の大きな足かせになると考えられるのは、風化促進を実行するための炭素コストと、生産の拡大に必要なインフラ整備の資本コストです。カンラン石を採掘して二酸化炭素を溶解するのに最適な大きさに砕くには、そのプラスの効果を80％まで打ち消すほどのエネルギーが必要な場合があります。新しい鉱山、鉄道、輸送施設といったインフラも必要になるでしょう。規模を実感できるように説明すると、1トンのカンラン石で3分の2トンの二酸化炭素を除去できます。化石燃料からの排出量の約30％に相当する11ギガトンの二酸化炭素を隔離するには、年間160億トンの岩石を採掘、粉末化、出荷しなければならない計算です。石炭産業の生産量の2倍強です。

　ケイ酸塩粉末を土地（と海）にまいて二酸化炭素を隔離する"従来の"風化促進の代替策もあります。この技術にはまだ名前がありませんが、実証試験は行なわれています。レイキャビク・エネルギーがアイスランドで、米国エネルギー省のパシフィック・ノースウェスト国立研究所が米国で実施した試験では、液体二酸化炭素が地下の玄武岩という火山岩の洞窟に注入されました。カンラン石の風化と同様に、二酸化炭素は玄武岩と結びつき、アンケライトという固形炭酸塩を形成しました。研究陣は、このプロセスを高速風化と呼んでいます。アリゾナ州立大学センター・フォー・ネガティブ・カーボン・エミッションズ責任者、クラウス・ラックナー教授は、この結果を「きわめて大きな進歩」と評価しました。教授は「玄武岩は陸にも海底にも豊富にあるので、これが実用化されれば、私たちは無限とも言える二酸化炭素の貯蔵能力を得ることになる」と続けました。

　今のところ、この解決策の実地試験は行なわれていません。数値と予測は、実験室データ、自然類似物、データ分析、シミュレーションに基づいています。基本的な仮定は、採掘・粉末化してまくカンラン石1トンごとに約1トンの二酸化炭素を隔離できるだろうということです。現在の分析では、隔離1トン当たりのコストは88〜2,120ドル（約9,000円〜22,000円）と高額です。この解決策が世界的に普及すると、その利点を相殺する不確実性、影響、潜在的なマイナスが生じないとも言い切れないようです。しかし、世界中で採用されている土壌に石灰やケイ素鉱石をまく方法と大差はありません。熱帯の農地と酸性化した温帯の土地での試験導入から始めれば、カンラン石の有用性が証明されるかもしれません。●

今後注目の解決策
海洋パーマカルチャー
MARINE PERMACULTURE

「全『目』の生き物のうちケルプ（大型のコンブ）に密接に依存して生存する生き物の数は驚くほど多い。この海藻の寝床のどれかひとつの住人たちについて語るだけでも、ものすごいボリュームになるかもしれない……この偉大な水中林に匹敵するのは私が知るかぎり……陸上では熱帯林くらいのものだ。しかし、どこの国にしろひとつの森が破壊されたとして、ここ、ケルプの森が破壊された場合ほど多くの動物種が消滅するとは思えない」──チャールズ・ダーウィン、『ビーグル号航海記』より

ビル・マッキベンは、1989年の著書『The End of Nature』（邦訳『自然の終焉──環境破壊の現在と近未来』河出書房新社）で自然がもはや人間活動から独立した力ではなく、人間の変化に従属するプロセスであり、その人間の変化はほとんどが生物に害をなすと述べています。科学者たちは最近、文明が地質時代の新区分「人新世」、人間が地球の物理的環境を支配する時代に入ったと発表しました。それは「完新世」の終わりを告げます。人類文明の誕生にちょうどよかった寒すぎず暑すぎない、11,700年続いた温和で安定した気候の「ゴルディロックス*」時代の終焉です。

人間活動といえば通常の想定は、どんなに善意だとしても自然を悪化させるということです。しかし、これまで必ずしもそうではありませんでした。たとえば、グレートプレーンズの丈の高い草の大草原は、ネイティブアメリカンが行なう火災生態学（野焼き）によって生産性が保たれていたとも言えます。ノー

マン・マイヤーズは、著書『The Primary Source』に民族植物学者と一緒にボルネオの4万年「手つかずの」原生林に入ったときのことを書いています。ふたりは1カ所に滞在し、1日がかりでそびえ立つフタバガキなどの植物相を確認しました。結局、森全体が最後の氷河期の前に人間の手で植林されたものであると判明しています。スイスの農業生態学者エルンスト・ゴッチュは、ブラジルの森林破壊が進んで砂漠化した土地の再生に取り組み、わずか数年で食料に満ちた緑豊かな森林農場を取り戻しています。自分の仕事を説明する動画で、ゴッチュは黒っぽい湿った土を手に取り、「私たちは水を育てている」と明言しています。

　言い換えれば、人間の介入で野生生物、土壌肥沃度、炭素貯留、多様性、淡水、降雨が増加しうるということです。本書は全体が、私たち人間は、ひとつの種として、地球温暖化を逆転させられるのか否かを問いかけています。逆転させるには、生態系の減少を逆転させなければなりません。海洋パーマカルチャーは、その問いに積極的に答える奇想天外な方法のひとつかもしれません。

　私たちは普通、海と森を同列には扱いませんが、海に植林できるとしたらどうなるでしょう？　ブライアン・フォン・ヘルツェン博士は、この案に一生をかけています。プリンストン大学で物理学の学位を取得後、カリフォルニア工科大学で博士号を取得した彼は、電子設計とシステム工学を専門とするコンサルタントとして実りあるキャリアを積みました。インテル、ディズニー、ピクサー、マイクロソフト、HP、ドルビーのソリューショ

ケルプ生態系の生き物の数は驚くほど多い。枝分かれしたサンゴに似た海藻、サンゴモがケルプの茎と葉をそっくり覆っていることもある。イカが素早く姿を見せ、すぐにまた消える。色とりどりのホヤ（小さい無脊椎動物の濾過摂食者）が波打つ葉に点々としがみついている。平らな面には海貝、笠貝、軟体動物、二枚貝がいる。この波動する風景のすみずみに、付着しているもの、していないもの含めて、オキアミ、エビ、フジツボ、ワラジムシ類（等脚目）、イカ、カニの姿があるだろう。ウニが茎をかじり、オオカミウオ（ウルフイール）、ヒトデ、モンガラカワハギがウニを餌にする。捕食される小さい魚、ワカサギ（キュウリウオ）、サヨリ、トウゴロウイワシもケルプの森の住人だ。そして、密生するケルプ周辺の海中を泳ぎ回りながら、人間が釣りでねらうきらきら光るゲームフィッシュが捕食魚を餌にする（ダーウィンに影響されて）

＊昔話『3匹の熊』の主人公ゴルディロックスに由来。熊の家で見つけたお粥がほどよい熱さだったことから中庸の利を指す。

ンを手がけた実績もあります。そんな彼ならば、冒険のために自分の双発機「セスナ337スカイマスター」を操縦して大西洋を横断してもおかしくはありません。

337sは偵察機としてよく消防士が使う飛行機です。氷河学者の友人たちの依頼で、フォン・ヘルツェンは2001年にグリーンランドの氷床の上空を飛びながら融けた池を探しました。いくつか小さいものが見つかりました。2年後、再び飛んだときは何百とありました。2005年には、それが何千になっていました。翌年には、長さ10キロメートル、深さ30メートルを超える湖がありました。2012年までに氷床表面の97％が融けていました。これを機にフォン・ヘルツェンは、唯一の可能な手段で地球温暖化を逆転させることに専念するようになりました。その手段とは、生態系の一次生産、特に海の一次生産を増やすことです。一次生産とは、光合成を介して水中または大気中の二酸化炭素から有機化合物を生成することです。海の場合、これはケルプ（大型のコンブ）と植物プランクトンによって行なわれます。植物プランクトンは海で成長する微細な浮遊植物で、コップ1杯の海水に2億5,000万もの植物プランクトンが存在します。

ここで紹介するのは、ケルプ林、沖合にある何十万エーカーもの水中プランテーション、海の真ん中に浮かぶ森林のことです。現在、ケルプ林の面積は770万ヘクタールです。最終的には、海に漂うケルプ林は、世界の大部分に食料、飼料、肥料、繊維、バイオ燃料を供給できる可能性があります。ケルプは木や竹より何倍も速く成長します。フォン・ヘルツェンは、亜熱帯の砂漠化した海とその魚の生産性を無数の新しいケルプ林で再生したいと考えています。彼はこれを「海洋パーマカルチャー」と呼びます。

海の状況は悲惨です。大気から取り込まれた二酸化炭素の半分が海中に入り、海面を酸性化させます。そして地球温暖化による熱の90％以上が表層水に吸収され、海洋食物連鎖を着実に消し去っている傾向が生まれています。海が生産的なのは、深海から冷たく栄養豊富な水がわき上がるからです（湧昇）。自然の湧昇は、世界有数の豊かな漁場、ラブラドル海流（寒流）とメキシコ湾流（暖流）がぶつかるニューファンドランド島のグランドバンクスなど、世界中で発生しています。この現象は「鉛直混合」と呼ばれます。

水が温まるにつれて海の砂漠化が拡大しました。亜熱帯海洋と熱帯海洋の99％は広範な海洋生物を失っています。風と海流で動く海のポンプは1つまた1つとスイッチがオフになっています。大西洋では、衛星画像が生物活動の年率4～8％の減少を検出しています。地球温暖化モデルの予測を上回る数値です。

暖かい水は、水温躍層（水深とともに水温が大きく変化する層）の上下の海水の鉛直混合を減少させます。表層水の加温が進むにつれて、海流が遅くなるか妨げられ、栄養素の湧昇が減少または完全に停止します。植物プランクトンと海藻の生産が低下し、次いで水中食物連鎖が衰えます。植物プランクトンは微小ですが、海のプランクトンとケルプが年

に1％減るだけでも多大な影響があります。プランクトンとケルプは地球上の有機物の半分を構成し、地球の酸素の少なくとも半分をつくっているからです。

　フォン・ヘルツェン案は、亜熱帯の鉛直混合を再生するでしょう。陸地から遠く離れた沖合に面積1平方キロメートルの海洋パーマカルチャーアレイ（MPA）を沈めると、海洋生態系全体が再生される見込みです。それは砂漠（この場合は海の砂漠）を緑化するようなものです。チューブをつないだ軽量な格子状の構造物が海面下25メートルに沈んでいるところを想像してみてください。MPAは、陸の近くにつなぐことも、外洋で自然に定置させることもできます。MPAは大型の貨物船や石油タンカーが真上を通過できる深さに沈むので、ケルプが傷んで細かく千切れないようになっています。

　MPAに取り付けられたブイは波動で上下して、ポンプに電力を供給し、そのポンプで海面下数十〜数千メートルの冷たい水を上に送ります。栄養豊富な水が日の当たる海面に届くと、海藻やケルプが栄養素を吸収して成長します。その後まもなく、いわゆる「栄養ピラミッド」が築かれます。植物プランクトンとともに藻類、ケルプ、海藻が増えます。これらが草食性の魚、濾過摂食者、甲殻類、ウニなどの個体群を養っています。この小型の草食性の魚を肉食性の魚が食べ、それをアザラシやアシカ、ラッコが食べます。この上に海鳥、サメ……そして漁師です。消費されない植物プランクトンやケルプは死に絶えると、大部分は深海に沈み、溶存炭素と炭酸塩

の形で何世紀も炭素を隔離します。

　多くの場合、海は単一の流体物と考えられていますが、これほど真実からかけ離れた誤解はありません。人間活動によって放出される炭素のほとんどは、「有光層」と呼ばれる海の表層150メートルに含まれています。その層は海のほかの部分よりもかなり速く炭素を蓄積しています。全体として、海は大気全体に含まれる炭素の55倍の炭素を貯留しています。別の見方をすると、仮に大気中の全炭素が海全体で均一に除去され、貯留されても、海洋炭素の増加は2％未満にしかなりません。したがって、海面に近い有光層から中層と深層に炭素を移動することができれば、効率的に大気中の炭素を隔離できるということになります。海は自然に表層水から深海まで炭素を送る絶妙な仕事をしています。生物ポンプと言われるプロセスです。海洋パーマカルチャーは、この生物ポンプの機能を補助して、海が常に果たしてきた役割を果たせるようにすることです。

　ケルプを収穫すれば、食料、魚の飼料、肥料（硝酸塩、リン酸塩、カリを含む）、バイオ燃料になる可能性があります。ケルプは乾燥重量1トン当たり1トンの二酸化炭素を隔離します。魚の個体数は急増するでしょう。ケルプ林は究極の養魚場（放し飼いの水産養殖）になるからです。ただし、魚が多様で、野生で、薬物に汚染されず、オメガ3脂肪酸たっぷりな点が通常の養殖とは違います。より大規模にMPAを設置すれば、表層水温とハリケーンの元になるエネルギーを下げるはたらきをして、ハリケーンの季節にはその最

悪の影響から海岸線を保護する効果もあるかもしれません。季節的な水温上昇によるサンゴ礁の白化も防げる可能性があります。ハリケーン・カトリーナだけでも被害額は1,080億ドル（12兆円）で、2015年にはカテゴリー4または5のハリケーンが22件あったことを考えると、これは費用対効果の高い解決策ではないでしょうか。材料費は1平方キロメートル当たり1億円という見積もりです。100万台のMPAが30年間稼動したとすると、削減される二酸化炭素は12.1ppm、すなわち1,020億トンに相当します。経済的リターンは10兆ドル（1,070兆円）を超えるでしょう。理論上は、再生した漁業資源からのタンパク質は、地球人口のほぼ全員分のタンパク質必要量を供給できます。MPAを実行に移せば、おそらく人間は魚やケルプ林の再生と生産性の向上の代理人になれます。●

今後注目の解決策
集約的シルボパスチャー（林間放牧）
INTENSIVE SILVOPASTURE

シルボパスチャー（林間放牧）は、今では世界全体で1億4,000万ヘクタール以上に広がっているアグロフォレストリー（森林農法）の一般的な形態です。理論は単純です。木や木質低木と牧草を組み合わせて収量を増やす方法です。牛は、ほかのどの肥育法よりも速く肥えて肉の味がよくなります。家畜と気候緩和が同じ文脈で語られることはめったにありません。しかし、シルボパスチャーは、放牧だけ行なうよりも1エーカー（0.4ヘクタール）当たり最大3倍の炭素を隔離します。熱帯地域なら1エーカー当たり1〜4トン、温帯地域なら平均2.4トンです。

シルボパスチャーをもっと強めたらどうなるでしょう？　さらに牛を増やし、植える木の種類も増やし、群れをもっと頻繁に回転させたら？　意外にも、そうすると土地や気候はもちろん、人間の健康にも有益なのです。フィードロット（放牧せず柵で囲って飼育する方法全般）や肥育促成法を採用した従来の畜産システムが、最悪とは言わないまでも、明らかに気候変動を悪化させていることを示すデータは大量にあります。ありそうにないことですが、牧場主たちが集約的シルボパスチャーを考案しました。炭素を隔離する効果が最も高いとされている手段のひとつです。最初に始まったのは1970年代のオーストラリアで、その後、熱帯地域に広まりました。素人目には何やら秩序のない寄せ集めに見えます。レーザー誘導で作物が整然と並んだちんとした畑を見慣れている人にとっては、集約的シルボパスチャーは手入れされていな

いジャングルに見えるでしょう。牧場経営と農業が不規則な降雨と熱波に圧迫されている場所でも、集約的シルボパスチャーの農場は生命に満ちあふれています。気候の変化が極端になると、牧畜業は、壊滅状態とはならなくても、リスクが大きくなります。牧草地は、降雨を含め、手に入る天然資源に完全に依存しているからです。対照的に、集約的シルボパスチャーは、動植物の密度を高めることで何かあっても立ち直る力をつけます。

最も集約的なシルボパスチャーは、急速に成長し、食用にもなる、マメ科の木質低木を中心に展開します。たとえば、1エーカー当たり4000本のギンネム（*Leucaena leuco-cephala*）を植え、その間で草や在来種の木も混作します。こうした集約的なシステムでは、放牧地を次々と移す輪換（ローテーション）放牧が必要です。電気フェンスで囲ったパドックで1、2日放牧したら、その場所は40日間休ませます。木があると防風になり、保水性も向上するので、バイオマス（総生物量）が増加します。牧草以外にも多様な植物が生育することで、熱帯地方では周辺温度を摂氏で8〜13度下げる効果があり、その結果、土壌の湿度が保たれ、植物の成長も促されます。種の生物多様性は、集約的シルボパスチャーでは倍増します。炭素隔離速度は3倍近くになります。1エーカー当たり年間肉生産量は、従来の畜産システムの4〜10倍です。ギンネムに含有されるタンニンは、牛の第1胃（ルーメン）でタンパク質分解を保護するらしく、メタン発酵前に牛が吸収できるタンパク質を増やしてメタン排出量を減ら

します。それが集約的シルボパスチャーで飼育された動物の有意な体重増加の一因です。乾季には、ギンネムの種子を収穫できます――これも1エーカー当たり1,800ドル（19万円）の純益になります。ギンネムは、フロリダをはじめ、多くの場所で侵入種であり、人や馬のような胃が1つの動物には有毒です。米国や世界中の熱帯高地では、別の種が試されています。集約的シルボパスチャーで重要なのは、成長が速く、高タンパク質で、家畜に若芽をどんどん食べられても、またすぐ発芽する木質植物です。オーストラリア熱帯地域とラテンアメリカで、これまでのところテストに合格したものがギンネムです。

現在、オーストラリア、コロンビア、メキシコで50万エーカー（20万ヘクタール）以上の集約的シルボパスチャーが行なわれています。コロンビアとメキシコでは、生産者が果物、ヤシ、木材用の木を栽培し、収入をさらに増やしています。話がうますぎて疑わしいかもしれませんね。もうひとつデータを挙げておきましょう。木と草とギンネムを融合した集約的シルボパスチャーの5年間の調査では、炭素隔離速度は1エーカー当たり年に約3トンで、どの土地利用法よりも速いという結果でした。●

今後注目の解決策
人工葉
ARTIFICIAL LEAF

何十年もの間、ひたむきな科学者グループが、人工植物の葉で自然の光合成を再現し、日光を動力にして大気から直接燃料をつくることを試みてきました。成功すれば利益は明らかです。ほぼすべてのエネルギーが太陽に由来し、そのほとんどは光合成に由来します（私たちは植物から食物という形でエネルギーを得るか、石油、ガス、泥炭、石炭、木材、エタノールなど植物派生物からエネルギーを得る）。光合成は単純に見えます——水、日光、二酸化炭素が入り、炭水化物と酸素が出ます。しかし、世界のエネルギー需要の高まりを自然の光合成だけで満たそうとすると、それは実現不可能です。

トウモロコシ、ポプラ、スイッチグラスを栽培してバイオ燃料を生産すると、エネルギー変換効率の面で大きく不利になります。植物はやすやすと確実に日光を変換します。しかし、光子（光の粒子）を有用な貯蔵エネルギーに変換するとなると、その効率は約1％です。トウモロコシの場合で考えてみましょう。まず農家がディーゼル駆動トラクターで畑を耕し、おそらく除草剤を使って雑草をコントロールし、コンバインで作物を収穫したら、加工のために作物をトラックで何マイルも運ぶ。加工工場では、トウモロコシを粉砕し、どろどろにし、酵素とアンモニアを混ぜ、殺菌のために加熱し、液化し、それから酵母で数日間発酵させて糖をエタノールに変換する。次にエタノールを蒸留し、遠心分離する。固形物が分離され、液体は分子ふるいにかけられる。二酸化炭素は回収して、清涼飲料水メーカーに売る。非課税の飲用不

可アルコールにするために変性剤を添加してから貯蔵タンクに入れる。そこから、エタノールはタンカートラックに積まれて、精油所に向かい、そこでガソリンにブレンドされる。

業界はこれを再生可能燃料と呼んでいますが、それは再生可能の意味を拡大解釈しています。今述べたプロセスは、ディーゼル、石油、ガソリン、電気、補助金に大きく依存しています。完全に計算すると、トウモロコシ由来のエタノールは、生産に要したエネルギーよりわずかに多いエネルギーを生産するだけです。土地利用、地下水の枯渇、生物多様性の喪失、窒素肥料の影響に由来する排出量も計算に入れると、炭素を増やさないという大気への利点は疑わしくなります。トウモロコシの最高かつ最良の利用法は、SUVを走らせるエタノールにすることではなく、主食として人の空腹を満たすことです。

では、農場、肥料、トラクター、トラック、加工工場、補助金を飛ばして、水と二酸化炭素から、あなたがどこにいても、どこの水を使おうと、燃料を生産できたとしたら？　それこそが、20年以上前にダニエル・ノセラが着手した人工葉プロジェクトの目標です。

ノセラはハーバード大学のエネルギー科学の教授です。1980年代初めにカリフォルニア工科大学の大学院生だったとき以来、水を水素と酸素に分解することに専念してきました。その研究は水素経済を活発にする手段として始まりました。初期に開発した技術は、片面をコバルトニッケル触媒でコーティングしたシリコンの細長いシートを用い、シートを水の容器に浸すと、片面で水素がぶくぶく

と発生し、もう片面では酸素が発生するというものでした。当時のマスコミは絶賛し、技術の影響を大げさに報じました。ノセラ自身は貧しい人々に与える恩恵を予言し、水素ガスを調理の燃料にするとか、燃料電池で電気に変える用途を説明しました。しかし、1缶の水素があったところで貧しい人に何ができるでしょうか？　値の張る技術である燃料電池を持っていないかぎり、何もできないでしょう。それは経済的な使い道のない科学上のブレークスルーでした。

　水素はこの世で最も軽い元素であり、はかない望みのように拡散します。1ポンド（0.45キログラム）の水素には1ポンドのガソリンより3倍多いエネルギーが含まれていますが、1ポンドの水素を得ることは一筋縄ではいかないプロセスで、機器、高圧タンク、コンプレッサーが必要です。一家の暮らしに十分なエネルギーをつくるには、ベニヤ板1枚の大きさのシリコンシート1枚と浴槽3つ分のタンクが必要です。ノセラは貧しい人々に手頃な価格のエネルギーを提供することを重視していましたが、貧しい人々が実際にどうすれば電気をつくれるかは頭から抜け落ちていました。それでも、ノセラはみんなで共有できるエネルギー

源と技術を見つけようと決意しました。1970年代の「デッドヘッド」(グレイトフル・デッドの熱狂的ファン) だからこそのコンセプトだと本人は言います。ロックバンドのグレイトフル・デッドは、音楽共有のコンセプトで数十年先を行っていました。最終的には音楽産業を凋落させることになった発想です。バンドは、ファンにコンサートの録音を許し、むしろ歓迎し、今日に至るまで録音の共有と交換の専用サイトがあります。このコンセプトはエネルギー技術でも可能でしょうか？

ノセラは可能だと思っています。

ノセラの信念は、最も持たざる者の利益になる技術に集中すれば、それが社会全体に一番利益になるということです。長年ずっと、懐疑的な声があると、電池に投資するだけのお金を人工光合成に投資すればブレークスルーが早まるとノセラは答えていました。

ついにブレークスルーが到来しました。2016年6月3日、ノセラと同僚のパメラ・シルバーが、太陽エネルギー、水、二酸化炭素を結合してエネルギー密度の高い燃料をつくることに成功したと発表したのです。2つの触媒を用いて、ふたりは水から遊離水素を生成しました。液体燃料を合成するバクテリア (Ralstonia eutropha) にその水素を与えます。バクテリアに純粋な二酸化炭素を与えると、光合成より10倍効率的なプロセスになります。二酸化炭素を空気から取り込むなら、光合成の3〜4倍の効率です。

最近まで、ノセラは水素ガスを発生させるために無機化学に着目していました。水素を人間のエネルギー源としてではなく、バクテリアのエネルギー源として見ることで、ノセラたちハーバード大学チームは、ノセラの当初の目標、日光と水からつくる安価なエネルギーに向けて大きな一歩を踏み出しました。あ、そうそう、バクテリアも必要でした。おそらく、経済的に実現性のある人工光合成は、結局のところそれほど人工的にはならないでしょう。●

今後注目の解決策
自動運転車
AUTONOMOUS VEHICLES

私は風変わりな車の周りをぐるりと歩いて、ようやく乗る決意をした……車に乗り込んで座ってみると、ハンドルもギアシフトレバーもまったくないのが奇妙だった。しかし、ダッシュボードには実にさまざまなダイヤルがあった。そして何かが機械の中のどこかで静かに動いていた。「カチッ」と音がして、モーターが始動し、車は縁石から静かに滑り出した。そして向きを変えて道に出ると、スピードを上げて、角を右に曲がった。前方に道を渡る2人の女性がいると減速し、こちらに向かって来るトラックを避けた。こんな代物に座って、自動的に連れ回されるとは得体の知れない感覚だった。たった独り、見知らぬ街の見知らぬ道で、あまりのスピードに飛び降りることもできないまま疾走し、なじみの場所からどんどん遠ざかっていることに愕然とした。──マイルズ・J・ブルウアー医学博士『Paradise and Iron』(1930年)

　自動運転車(AV:autonomous vehicle)は、究極の破壊的技術かもしれません。「autonomous」(自律的)の語源は、ギリシャ語の「autonomos」、「自身の法を有する」という意味です。車両に当てはめると、それは車が乗る側のではなく、車自身の法や規則をもつという意味になります。自動運転車は、これまでの技術にないスピードでプログラミング、設計、テスト、準備が進んでいます。文字通り数兆ドルが懸かっています。自動運転車という着想は90年以上前にさかのぼりますが、これから都市、道路、家庭、仕事、生活を根底から変えるのは、近年の人感センサー、GPS、電気自動車、ビッグデータ、レーダー、レーザースキャン、コンピュータビジョン、人工知能の融合です。電気・情報工学分野の学術団体、標準化機関であるIEEE財団は、AVが2040年には道路車両の75％を占めると予測していますが、それが現実になるには、先に克服すべき法律や規制の障壁が数多くあります。自動運転車が社会に与える影響がプラスなのか、マイナスなのか、どちらでもないのか、それはまだはっきりしていません。専門家の意見は賛否両論です。

　現在の車の所有と利用の実態ほど非効率なものはありません。約96％が個人所有です。米国人は年間2兆ドル(210兆円)を車の所有に費やしていますが、車を使う時間は4％です。現代の自動車は運転するための機械というより駐車するための機械です。米国だけで既設の駐車スペースは約7億台分、コネチカット州に相当する面積です。もし市民がモビリティ(移動手段・移動の自由)を公共サービスと見るように変化すれば──二酸化炭素と健康に有害な汚染物質を排出するスチールとガラスとプラスチックとゴムの2トンの集合物を高い保険をかけて私有するのではなく──原材料、インフラ、医療の節減効果は計り知れません。しかし、これはどうなるかわかりません。電気自動車は、全体的なエネルギー消費を見るとガソリン車より少なくとも4倍は効率がよく、主にその意味で自動運転車は温室効果ガス対策になるでしょう。

　AVと並行して発展し、AVを補完する3つの研究・実践領域があります。ライドシェア、オンデマンドカー、コネクテッドカーです。

これらを理解せずにAV技術の基本的な技術力について議論するのは難しいでしょう。

- 「ライドシェア」は、近い目的地に行く人の相乗りを促して車両の乗車人数を増やす方法。Lyft LineとUberPoolはすでにこのサービスを提供している代表的なプラットフォーム。
- 「オンデマンドカー」は、利用者の依頼で妥当な時間内に運転手が配車するサービス。アプリから依頼するリービスとしてすでに存在。これが自動運転車になると、無人の車が迎えに来ることになる。
- 「コネクテッドカー」（常時インターネット接続）には車車間通信機能と車両—インフラ通信機能が搭載されることになるだろう。そうなれば、リアルタイムにデータを収集し、それをほかの車両、道路、信号機などと共有することで、交通の流れを円滑にし、安全性を高めることができる。これまでのところ、この市場で競合する企業は、車車間通信や車両—インフラ通信の搭載に同意していないが、それは損失になるだろう。この通信と車載人工知能を組み合わせれば、車が絶えず学習し、地理、道、状況、目的地について次第にスマートになるからだ。

環境負荷を減らせるだろうという自動運転車の潜在的な強みはたくさんありますが、必ずしも期待どおりになるとは限りません。現在のAV実演モデルのほとんどは、センサーパッケージを後付けした既存の量産車が基になっています。一方、テストされ、提案される自動運転車のコンセプトモデルは、より小型で空気抵抗が小さく、専用車線があれば、車間距離を短くして後続車が走る隊列走行、プラトーンを組めます。プラトーン走行すると、自転車競技のプロトン（集団）のように風圧が小さくなる利点があります（そのぶん燃費がよくなる）。しかし、専用車線への移行は数十年がかりになるかもしれません。自動運転車を複数人で共有すれば、渋滞が緩和されるでしょう。駐車場を探して一画をぐるぐる走ることはもうなくなります——自動運転車なら誰かを降ろしたら別の乗客を乗せます。自動運転で電気自動車の採用も加速するでしょう。ほとんどの移動が近距離で、したがって充電切れの心配はないからです。小型で効率的な車両なら、道幅が狭くてもよくなり、土地をほかの用途に使う余地が生まれそうです。

しかし、自動運転車への移行は厄介な問題になりそうです。移行には無数の障害があります。まず、この技術は高額であり、あらゆる条件で許容値を厳密に満たさなければなりません——ドライバー、乗客、居合わせた人の命が懸かっている以上、ミスは許されません。AVの性能と規制環境との間で調整に決着がつくまでには時間がかかり、細則は州ごとに異なる可能性があります。AVだけになるまでのかなりの期間、AVは非自動運転車のドライバーと何らかの交信をすることになるでしょうが、通信の送受信の方法はありません。最大の障害は、自分の車を所有したい

2016年10月11日、ロンドンの北、ミルトン・キーンズで行なわれたメディアイベントで歩行者ゾーンをテスト走行中の自動運転車と車の前を歩きスマホで通りすぎる女性。その日、乗客を乗せた無人運転車（ドライバーレスカー）が初めて英国の公道に出た。全英に無人運転車が導入される下地をつくる節目のテストとなった

という欲求がどれほど根強いか、かもしれません。私有の従来の車が、文化的にも機能的にも、AVにとって最も手ごわい競争相手になりそうです。それは米国に限らず個人の自由の象徴であり、それに取って代わるのは未来の四輪ロボットにとって小さな仕事ではありません。ことによるとライフスタイルの世代交代を要します。家に車がないと孤立しているような、自由がなく束縛されているような気持ちになる人もいます。

　ヨーロッパの都市やカリフォルニア州のタクシー運転手によるUberに対する怒りの反発から予想されるように、利害の代弁者が自動運転車に対してかなりの反乱を起こす可能性があります。運転手のいないタクシーはコストが急落します。それは止めようがありません。一方、自律型コネクテッドカーの世界では，個々のドライバーはほかの誰にとっても危険とされ、運転を禁止される時代が来ないとも限りません。未来学者のトーマス・フレイは、無人運転時代に消えるものリストを作成しました。リストのトップにくるのはドライバーです。ドライバーが不要になるもの：タクシー、Uber、UPS、FedEx、バス、トラック、リムジン。同様になくなるもの：保険代理店、自動車セールスマン、信用調査主任、保険支払額査定者、銀行貸出、ニュースの道路交通情報レポーター。カセットテープと同じ道をたどるもの：ハンドル、走行距離計、アクセル、ガソリンスタンド、AAA（日本のJAFに相当）、自動車修理工場から洗車まで個人が自分の車を維持するためのサービス

を提供する数々の商売。なくなって幸いなもの：かっとなるドライバー、衝突事故、すべての負傷と自動車関連の死亡の90％以上、運転免許試験、道に迷うこと、カーディーラー、交通違反切符、交通警官、交通渋滞。

　自動車・トラック産業は、気候に不相応な影響を与えています。車とトラックは温室効果ガス排出総量の5分の1を占めており、しかも、それには道、幹線道路、その他のインフラの建設や維持は含まれていません。温室効果ガスが削減されれば、数百万人の雇用も削減される可能性があります（これが全体的な雇用にとって何を意味するのか、倒産したレンタルビデオチェーンのブロックバスターとNetflixを比較してみてください）。

　高速道路や自動車産業が都市を変えたように、AVも都市を変えます。総走行距離は下がらずに上がる可能性があります。理由は単純です。サービスや物の値段が下がると、消費は常に増加します。予約できる自動運転車

リヨン（フランス）のラ・コンフリュアンス（再開発プロジェクト地区）の自動運転バス、ナブリー（Navly）。ドライバーレス、自動運転、完全電動のバスは、コンフリュアンスのショッピングエリアとプレスキル地区（中心街）の先端を結ぶ路線で乗客を運ぶ。レーザー、カメラ、高精度GPSを搭載したナブリーは最高時速25kmだが、乗客や歩行者にとって安全に設計されている

が家まで来てくれるなら、特に運転せずに車内で仕事ができるなら、人は都市から離れていくのではないでしょうか。

　カーシェアと自動運転の融合に関する楽観的ビジョンは、この分野を開拓する企業に共通しています。米国の自動車保有総数は50〜60％減少するという推計があります。Lyftの共同創業者であるジョン・ジマーはこれを「第三次輸送革命」と呼びます。それは、車ではなく、人のために建設された都市景観や郊外景観への変容を指しています。オンデマンドの自動運転車が実現すれば、都市の住人の大多数が車の所有権を手放せるようになり、それは本人にとっても住んでいる都市にとっても大幅な節約になります。都市部で車を所有するのは苦労ばかりで、米国では平均して年間9,000ドル（100万円弱）の所有コストをかけていることを考えると、オンデマンドカーの乗った距離に応じて課金されるモデルは富裕層にも貧困層にもアピールするで

しょう。ただし、こうした将来の話はいずれもラッシュアワーが落とし穴になります。既存のLyft Lineなどのように、自動運転車の相乗りサービスを利用しないかぎり、密集した都市環境や郊外の大規模な企業本社で渋滞にはまる自動運転車の数がせっかくの利点を圧倒してしまうでしょう。

　もうひとつの変化は都市化です。2050年までに、さらに1億人が米国の都市に住むと予想されます。そのとき都市はどうなっているでしょうか？　明らかに今より高密度になります。説得力のある反論もありますが、ほぼ間違いなく1人当たりの車両は少なくなります。都市景観は人間志向に変身し、歩道は広く、車道は狭く、木や植物が増え、自転車専用道がいくらでもあり、駐車場が公園に変わるでしょう。輸送からコミュニティに重点が移るのです。

　都市形態（都市のレイアウト、道路、建築物、物理的パターン）は、自動運転モビリティが入念に計画された機能的サービスならば、劇的に変化する可能性があります。今日、どの都市も騒がしく混雑しており、その騒音と混雑の圧倒的な原因は車両です。対照的に、電気自動車はほとんど騒音を出しません。自動運転車に1人しか乗らないか、誰も乗らないなら、都市に、すなわち地球にほぼメリットがないでしょう。自動運転車が人間のドライバーがいない専用車線でのサービスになれば、そのインパクトは大きく、有益です。都市計画家のピーター・カルソープは、これを「自動運転大量輸送」と呼んでいます。●

今後注目の解決策
固体フロートによる波力発電
SOLID-STATE WAVE ENERGY

年に約8万テラワット時のエネルギーで寄せては返す海の運動力は桁外れです。人間の需要の少なくとも100倍以上の電力を供給できる驚異的エネルギー量です。1テラワットは1兆ワットに相当し、米国ならば1テラワットで3,300万世帯に1年間ゆうに電気を供給できます。水は空気の1,000倍近く密度が高いため、水中タービンは風力タービンより技術的には効率的です。波力エネルギー技術の問題は経済的に非効率なことです。深海の水圧や腐食作用に耐えられる可動部品が必要です。驚異的な潜在力だけに海のエネルギーを適切に制御できなければ、たちまち波力発電の失敗につながります。

シアトルのオシラ・パワーは、外部可動部品を使わずに海の運動エネルギーを変換する波力エネルギー技術を開発しました。原理はシンプルな技術です。それは海面に浮いた大きい固体フロート（浮体）で構成されます。フロート表面の内部に磁石、そして外側に鉄アルミニウム合金製の棒があります。この棒にかかる水圧が、加圧と減圧によって変化すると、その水圧変化が棒に巻かれたコイルによって電気に変換されます。水圧を変化させるのは、ケーブルで水面下につながれた大きいコンクリート製ヒーブプレートです。これは、固体フロートが表面波の上昇と下降で移動するのを防ぐ錨のように機能し、その結果、フロート内に圧縮パルスが生じます。海面の水の縦横無尽の上下運動やうねりが絶えず水圧の流れをつくり、発電します。ヒーブプレートの重量の算定、合金棒が圧迫される磁場の構成、海面の動力学に応じたシステムの全体的な質量分布は、最適な出力を得るための複雑な計算になります。しかし、いったんパラメータを設定してしまえば、タービン、ブレード、モーターなどの可動部品がないため、メカニクスはかなり簡単です。

海の運動エネルギーのごく一部を回収する技術は驚くべき成果になるでしょう——実現性のある価格ならば、ですが。実現性のある価格には当然、メンテナンス、交換部品、外洋でのサービスゆえのコスト、送電のための水中ケーブルが含まれます。海洋エネルギーが強烈でランダムで強大な力だからこそ、波力発電は夢のある有望株なのですが、そのエネルギーを制御できないかぎり、波力発電は人間の手の届かないものになるかもしれません。固体フロート波力エネルギーは、波力発電の新興企業を悩ませてきた主要問題の一部を解消します。それはブレークスルーかもしれません。それとも、ひょっとしたら波力エネルギーのブレークスルーはまだ来ていないのかもしれません。ブレークスルーが今か将来かはともかく、海は地球上で最大の未開拓の再生可能エネルギーの源です。●

今後注目の解決策
リビング・ビルディング（生きた建築物）
LIVING BUILDINGS

2000年、米国グリーン・ビルディング評議会（USGBC）は、持続可能な建築物の評価・採点方法として認証プログラムLEED（エネルギーと環境に配慮したデザインにおけるリーダーシップ）を公表しました。LEEDと認証レベル（シルバー、ゴールド、プラチナ）は、建物の価値を測る方法について建築業界を啓発して再考を促し、建物が環境と居住者に与える影響を定量化し、評価するために達成基準（クレジットと呼ぶ）を開発しました。LEED認証の対象は設計、建設、メンテナンス、運用に及びます。指標にはルーメン（明るさ）、水、エネルギー消費、清掃機械・洗剤、採光、室内空気質、再生可能エネルギーなどがあります。

LEED基準の制定から6年後、建築家ジェイソン・マクレナンとカスカディア・グリーン・ビルディング評議会が別の基準、リビング・ビルディング・チャレンジ（LBC）を発表しました（LBCは現在、国際リビング・フューチャー協会が所有・運営）。これもコア原則と性能カテゴリを定めた建築認証プログラムです。場所、水、エネルギー、健康と幸福、建築材料、公平、美しさの7つのカテゴリがあり、「ペタル」（花びら）と呼ばれています。LEEDは、持続可能性、構築環境（自然環境に対して人の手による建造物すべて）に起因する負の環境インパクトの削減がテーマです。LBCは、環境再生を基本とし、自然界と人間のコミュニティ両方のために、環境を生き返らせ、一新することができる建築物がテーマです。

基本的に、LBCは業界をリードする環境性能かどうかよりも、生きた建築物（リビング・ビルディング）であることが主眼です。建築物は森林のように呼吸して、機能と形にプラスの正味余剰を生み出し、世界に価値を吐き出すことができます。言い換えれば、建築物は単に環境に悪くないという以上のことができるのです。建築物はもっと大きな幸福に貢献できます。LBCはリビング・ビルディングとは何かという基準を提示しますが、それは人間にも地球にも利益をもたらすことが目的の基準です。7つのペタルそれぞれは、建物が満たすべき必須条件で構成され、全部で20あります。必須条件はチェックリストではありません。あらゆる行為と結果が世界をよくするように建物を設計し、建てるにはどうすればいいか？　このシンプルな問いに基づいて期待する成果、あくまで建築をホリスティックに（有機的なつながりのなかで）とらえる姿勢を明確にするための条件です。

たとえば、リビング・ビルディングでは、食べ物を育てる、廃棄物を正味プラスにする（生物や土の養分になる廃棄物の流れ）、使う以上の水をつくる、再生可能エネルギーで消費するより多く発電するといったことが推奨されます。バイオフィリックデザイン*を取り入れ、自然素材、自然光、自然の景色、水の音などを好む人間の本能的欲求を満たすことも求められます。不自然なことを避ける観点からは、「レッドリスト」で指定する有害な材料、ポリ塩化ビニルやホルムアルデヒドなどを避けなければなりません。また、車の

---

*バイオフィリックデザインとは、人間には自然とつながりたいという本能的欲求があるとするバイオフィリア（biophilia）の概念を反映した空間デザイン。幸福度の向上、生産性の向上、創造性の向上が期待できる。

尺度ではなく、人間を尺度にした（ヒューマンスケール）住みやすさ、使いやすさに応え、建物が単なる入れ物ではなく教師として、意図的に人を教育し、刺激することが求められます。

　温室効果ガスの排出に関しては、リビング・ビルディングは、消費するより多くのエネルギーを生産し、すべての実際に排出した炭素をオフセット（相殺）することで、最大のインパクトを与えます。世界にエネルギーを供給するには、リビング・ビルディングはきわめて効率がよく、始めから従来の「環境にやさしい」建築物より大幅に少ないエネルギーしか必要なく、太陽光や地熱など、敷地内で生産する再生可能エネルギーを組み込んでいます。

　正味プラスのエネルギーとほか19の必須条件をどう達成するかは規定されていないので、リビング・ビルディングはそれぞれ現地の状況に合わせて計画、調整されます。現地の人材も活用できます。20項目のどれを選択するかは現地事情の問題です。最終的に、LBC認定は規定の設計仕様や予測される建物性能に基づいて行なわれるわけではありません。代わって重要なのは、少なくとも1年間の居住と実際の成果に基づいて、リビング・ビルディングがどのように生命を宿すかです。

　多くのイノベーションがそうですが、リビング・ビルディング・チャレンジも最初に理解されるまでに時間がかかりました。チャレンジという名前だけあって、デザイナー、建築家、エンジニア、建築検査官、銀行、請負業者にとって乗り越えるのが不可能に近い

チャレンジであることがわかりました。要求水準の高さから初期の採用が伸びませんでした。しかし、現在では、20カ国以上で延べ面積が数百万平方フィートに達し、さまざまな認証段階の建物が350以上あります。LEEDと同様に、デザイナーや請負業者が認証基準を達成する手段や方法を習得するにつれて、コストが下がり、信頼度が上がります。最近の経済性調査によれば、リビング・ビルディングの初期費用は低下傾向にあり、同時に、証明可能な金額ベースのリターンは、リビング・ビルディングが長い目で見ればというだけでなく、短期的にも経済的であることを示しています。

　LBCの流儀で建築することに課題がないわけではありません。各プロジェクトの個性的な動向に対処するには先行投資、リターンを長期的に見ること、そしてかなりの専門能力が必要です。場所によっては、リビング・ビルディングが違法になる厳格な建築基準を克服しなければならないことがあります（たとえば、敷地内での下水処理が許されない場所もある）。奨励策、政策変更、専門家の層を厚くすることによって、こうした障害を解決することが重要になるでしょう。さもなければ構築環境に対するリビング・ビルディングというアプローチの有望性に説得力があっても、その実現が難しくなります。LBCプログラムの甲斐あって、前向きな規制の改正がすでに多数ありました。私たちが建てる建築物が実は人間の生息環境、つまり「人間のために、人間によって築かれた生態系」であると社会が理解すれば、生きている建築物こ

そがほんとうに意味ある建築物だと認識されるでしょう。

　最後のペタル、美しさも欠かせません。LBC認証の建物は、外から見ても、中に入っても壮観です。建築家のデビッド・セラーズは持続可能性への道は美しさであると言って、それを見事に看破しました。人間は精神と心を養ってくれるものを保存し、大切にするからです。そうでない建築物はすべて遅かれ早かれ取り壊されるのです。

必須条件

1. 「**成長の限界**」すでに開発された場所のみに建て、未開発の土地、その隣接地には建てない。
2. 「**都市農業**」リビング・ビルディングは、床面積比に基づいて食料を育て、貯蔵する能力をもたなければならない。
3. 「**生息環境の交換**」開発1エーカーにつき、1エーカーの動植物生息地を永久に保存しなければならない。
4. 「**人力による生活**」リビング・ビルディングは、徒歩や自転車で暮らせる、歩行者にやさしいコミュニティに貢献しなければならない。
5. 「**正味プラスの水**」雨水の利用と水の再利用が水消費量を超えなければならない。
6. 「**正味プラスのエネルギー**」消費エネルギーの少なくとも105％は、敷地内で生産する再生可能エネルギーであること。
7. 「**快適な環境**」リビング・ビルディングには新鮮な空気と日光を取り入れ、景色を望める開閉可能な窓を必ずつける。
8. 「**健康的な室内環境**」リビング・ビルディングには、完璧にクリーンでリフレッシュされた空気が必須。
9. 「**バイオフィリアに配慮した環境**」デザインには人間と自然のつながりを育む要素

が含まれていなければならない。

10.「**レッドリスト**」リビング・ビルディングには「LBCレッドリスト」に従って有害な建築材料や化学物質を使ってはならない。

11.「**カーボンフットプリントの定量化**」建設中に生じた炭素はオフセットしなければならない。

12.「**責任ある産業**」すべての材木は、FSC（森林管理協議会）認証か、廃物利用か、建築現場自体にあったものでなければならない。

13.「**地元経済を活性化する調達**」建築材料やサービスの調達は地元経済を支えるものでなければならない。

14.「**正味プラスの廃棄物**」建設時の廃棄物は重量で90〜100％を再利用・リサイクルしなければならない。

15.「**ヒューマンスケールと人間中心の場所**」車ではなく人間を志向する特別な仕様を満たすプロジェクトでなければならない。

16.「**自然と空間へのユニバーサルアクセス**」インフラは誰でも平等にアクセスできなければならない。また新鮮な空気、日光、自然の水路が利用できなければならない。

17.「**公平な投資**」投資額の半分は社会貢献に寄付しなければならない。

18.「**JUST組織**」少なくとも1つの事業者は、国際リビング・フューチャー協会が認定するJUST認定組織であり、透明性のある社会的に公正な経営をしていなければならない。

19.「**美と精神**」精神を高め、喜ばせるパブリックアートとデザイン特性を組み込まなければならない。

20.「**インスピレーションと教育**」子どもと市民の教育に関与するプロジェクトでなければならない。●

ブロック環境センターは、バージニア州バージニアビーチのプレジャーハウスポイントにチェサピーク湾財団によって建設された。2014年完成。雨水から全飲料水をつくり、同サイズの商業ビルより水消費が90％少ない。また消費より83％多いエネルギーを生産する。同センターは連邦飲料水基準を満たす雨水処理を許可された米国初の商業ビルだ

ともに暮らす家を大切に
On Care for Our Common Home

教皇フランシスコ

この40年というもの数え切れないほどの本や記事が気候変動をテーマにしてきました。しかし、教皇フランシスコが環境問題に関する回勅で「ともに暮らす家を大切に」と書かれたとき、わかりにくい専門用語にかかった霧が晴れたようでした。地球温暖化という科学的問題に人間性あふれる次元、思慮深さ、思いやりが与えられました。回勅とは、ローマ教皇がローマカトリック教会の全司教、5,100人へ送る通達で、指導者がどのように信徒を教え導き、信徒の信頼に応えるべきか教皇の立場を示すことが目的です。「ラウダート・シ（Laudato Si）」＊はローマカトリック教会からのメッセージです。そして、間違いなく、憐れみに満ちた心からのメッセージであり、地球温暖化を招いた原因と、貧しい人々ほどリスクにさらされる温暖化の不当で不公平な影響を決然と指摘しています。このメッセージでは、地球温暖化が――おそらく初めて――環境の問題であるのみならず、人類共通のモラルの問題として描かれています。これから紹介する引用は、全37,000語の回勅から抜粋した1,353語です。――PH

　気候は共有財の一つであり、すべての人のもの、すべての人のためのものです。地球規模レベルで見ればそれは、人間として生きるために不可欠な諸条件の多くとつながっている一つの複雑なシステムです。わたしたちには、気候システムの憂慮すべき温暖化を目撃しているということを示す、非常に堅固な科学的コンセンサスがあります。ここ数十年間、

この温暖化には不断の海面上昇が伴っており、また、たとえ科学的に決定可能な原因が個別事象ごとには当てはまらないとしても、異常気象の増加に関連しているように見受けられます。人類は、この温暖化と闘うため、あるいは少なくともそれを生み出し悪化させている人為的要因と闘うために、ライフスタイルを変え、生産と消費に変化をもたらす必要があることを認めるよう求められています。他の諸要因（たとえば火山活動、地球の公転軌道や自転軸の変動、太陽周期）があることは事実です。しかしそれでも、ここ数十年間の地球温暖化の大部分は、おもに人間活動の結果として放出される温室効果ガス（二酸化炭素、メタン、窒素酸化物、その他）の異常な蓄積によるものであることを、いくつもの科学研究が示しています。こうしたガスは、大気圏内に蓄積されて、地表で反射された［生じた］太陽光線の熱が大気圏外に発散するのを妨げます。世界規模でのエネルギーシステムの中核をなす化石燃料の集約的利用に基づく開発モデルが、この問題を悪化させます。もう一つの決定要因となってきているのは、土地の転化利用の増大、おもに営農目的の森林伐採の拡大です。

　気候変動は、環境、社会、経済、政治、そして財の分配に大きく波及する地球規模の問題です。それは、現代の人類の眼前に立ちはだかる重大な課題の一つです。おそらく、今後数十年のうちに、開発途上諸国が、その最悪の打撃を味わうでしょう。貧しい人々の多くは、温暖化がらみの諸現象にとくに影

＊この回勅のタイトルで、「ラウダート・シ、ミ・シニョーレ（Laudato si', mi Signore）」――たたえられよ我が主――で始まるアッシジの聖フランシスコ作の賛歌から引用されている。

響されやすい地域で暮らしており、自然にあるものや生態系の恩恵に大きく依存する農・林・漁業のような生業によって暮らしています。このような人々は、気候変動への適応や自然災害への対応を可能にする他の経済的方策や財源をもたず、また利用できる社会的なサービスや保護はきわめて制限されています。たとえば、気候の変動は、適応困難な動植物の生息地移動を招来するものですが、今度はそれが貧しい人々の生計に打撃を与え、そうして彼らは自分たちと子どもたちの将来の見当がまったくつかないまま、家を後にせざるをえなくなるのです。環境悪化によってますますひどくなる貧困から逃れようとしての移住者数は、痛ましいまでに増加しています。こうした人々は、国際条約によって難民と認定されず、いかなる法的保護も享受することなく、後にしてきた生活を奪われたものとして堪え忍んでいるのです。悲しいことに、いまも世界中至るところで生じているそうした苦しみへの無関心が広まっています。わたしたちの兄弟姉妹を巻き込むこうした悲劇に対する反応の鈍さは、あらゆる市民社会の基礎である同胞への責任感の喪失を示しています。

　生態学的危機の複雑さやその原因の多様性に鑑みれば、解決策が生まれるのは、現実を解釈し変容させるたった一つの方法からではない、ということに気づかなければなりません。さまざまな民族が有する多彩な文化的富、芸術や詩、内的生活や霊性に対しても敬意が示されてしかるべきです。わたしたちが与えてきた損傷をいやしうるエコロジーを本気で開発するつもりなら、科学のいかなる部門も

知恵のいかなる表現も除外されてはならず、それには宗教と宗教特有の言語も含まれます。

　自然環境は、一つの集団的な財、全人類が代々受け継いでいく財産であり、あらゆる人がその責任を負っているものです。何かをわたしたち自身のものにするということは、皆の善のためにそれを管理するということにすぎないのです。そうでなければ、他者の存在を否定したことの重荷を自らの良心が背負うことになります。

　エコロジーとは、生命体とその生育環境とのかかわりの研究です。こうした研究は、社会の存在と存続に必要な諸条件に関する考察と討議、そして開発と生産と消費の特定のモデルの問い直しに必要な正直さを必然的に伴うものです。すべてがつながっているといくら主張しても主張しすぎることはありません。時間と空間はおのおの独立してあるものでなく、また原子や素粒子でさえ、それ単独で捉えることはできません。ちょうど地球のさまざまな側面──物理的、化学的、生物学的──が関係し合っているのと同じように、生物種もまた、探り尽くされたり知り尽くされたりすることは決してないネットワークの一部です。わたしたちの遺伝情報の大部分は、多くの生物と共有されています。それゆえ、知識の断片化や情報の細分化は、現実に対するより広範な展望へと統合されないのなら、実際には一種の無知となりうるのです。

「環境」について話すときにわたしたちが本当にいおうとしているのは、自然と、その中で営まれている社会とのかかわりのことです。自然を、わたしたち自身とは関連のない何か、

あるいは、わたしたちの生活の単なる背景とみなすことはできません。わたしたちは自然の一部で、その中に包摂されており、それゆえ、自然との絶えざる相互作用の中にあります。ある領域の汚染原因を突き止めるには、社会の仕組み、その経済のあり方、行動パターン、現実把握の方法についての研究が必要になります。変化の規模を考えれば、問題の各部分にぴったりと当てはまる答えを見いだすことはもはや不可能です。さまざまな自然システム間の相互作用および社会の諸システムとの相互作用を考慮した、包括的解決の探求が不可欠です。わたしたちは、環境危機と社会危機という別個の二つの危機にではなく、むしろ、社会的でも環境的でもある一つの複雑な危機に直面しているのです。解決への戦略は、貧困との闘いと排除されている人々の尊厳の回復、そして同時に自然保護を、一つに統合したアプローチを必要としています。

わたしたちは、後続する世代の人々に、今成長しつつある子どもたちに、どのような世界を残そうとするのでしょうか。こうした問いは、環境を他のことがらから分離して問題にするのではもちろんなく、環境にかかわる諸問題はそれぞれ別個には取り扱えないものなのです。どのような世界を後世に残したいかと自問するとき、わたしたちはまず、その世界がどちらに向かい、どのような意味を帯び、どんな価値があるものなのかを考えます。エコロジーへの関心をわたしたちが抱いていても、そうしたより深い問題との格闘がなければ、大した実りは期待できないであろうと、わたしは確信しています。しかし、こうした

問題と勇敢に向き合うならば、他の重大な問いを避けて通ることはできません。それは、この世界でわたしたちは何のために生きるのか、わたしたちはなぜここにいるのか、わたしたちの働きとあらゆる取り組みの目標はいかなるものか、わたしたちは地球から何を望まれているのか、といった問いです。ですから、もはや、将来世代のことを考慮すべきだと言明するだけでは足りません。わたしたち自身の尊厳こそが危機にさらされていると理解する必要があります。生息可能な惑星を将来世代に残すことは、何よりもまず、わたしたちにかかっているのです。こうした問題は、わたしたちの地上での滞在の究極的意味と関係するため、私たちに劇的な影響を及ぼすものなのです。

進路を改めるべき物事がたくさんありますが、とりわけ変わる必要があるのは、私たち人間です。わたしたちには、共通の起源について、相互に属し合っていることについて、そしてあらゆる人と共有される未来についての自覚が欠けています。この基本的な自覚が、新しい信念、新たな態度とライフスタイルを成長させてくれるでしょう。わたしたちは、文化的で霊的で教育的な重要課題に直面しており、再生のための長い道に踏み出すようにとの要求を突きつけられています。

わたしたちは互いを必要としていること、他者と世界に対して責任を共有していること、善良で正直であることにはそうするだけの価値があること、こうした確信を、わたしたちは取り戻さなければなりません。いかなるシステムも、善・真・美へと開く心を、あるい

は、心の奥底で働く神の恵みにこたえるため
に神から授かった能力を、完全に押しつぶす
ことはできません。わたしは、世界中のすべ
ての人に、わたしたちのものであるこうした
尊厳を忘れないようにと訴えます。この尊厳
をわたしたちから奪い取る権利は、だれにも
ないのです。希望に根ざしたわたしたちの喜
びが、この星を思う懸念と苦闘によって、消
し去られることがありませんように。●

『回勅 ラウダート・シ——ともに暮らす家を大切に』教皇フラン
シスコ著、瀬本正之・吉川まみ訳、カトリック中央協議会発行、
2016年8月10日、カトリック中央協議会認可

ダイレクトエアキャプチャー（二酸化炭素の直接空気回収）

DIRECT AIR CAPTURE

何億年もの間、植物は光合成の力で空気から二酸化炭素を取り込んで、それをバイオマスに変換してきました。これが植物の世界の太陽光という再生可能エネルギーを利用した基本要素です。人間が似たようなシステム、ダイレクトエアキャプチャー（DAC）を開発しはじめたのはごく最近です。DACの目標は、周辺環境の二酸化炭素を回収して、濃縮することで「空を採掘する」ことです。短期的には、回収した二酸化炭素は、製造業や各種産業の工程に需要を求めることになります。長期的には、DACと二酸化炭素貯留によってドローダウンを達成し、維持することをめざしています。

　概念的には、DACの機械は1台2役の化学的なふるいとスポンジのように機能します。周囲の空気が固体物質か液体物質の上を通過すると、二酸化炭素だけがその物質中の選択的に「くっつく」性質のある化学物質と結合し、空気中の残りのガスは放出されます。その二酸化炭素を回収する化学物質が二酸化炭素で完全に飽和状態になると、何らかのエネルギーを利用して精製された二酸化炭素分子を放出します。二酸化炭素を放出すると、その化学物質の二酸化炭素を選別する能力が復活します。ですから、このサイクルは何度でも繰り返されます。

　DACシステムの基本的な技術面の課題は、効率的に処理でき、採算もとれると証明することです。第1に、空気中の二酸化炭素は非常に希薄で、0.04％しか含まれていません。わざわざ回収する意味のある量の二酸化炭素を分離するには、大量の空気を回収材料に接触させなければなりません。第2に、回収して放出するサイクルはエネルギーを消費します。したがって、低コストで低炭素、しかも競合する用途がないエネルギー源を見つけて賢く利用しなければなりません（たとえば、そもそも炭素排出の削減を促進しているエネルギー源）。

　こうした課題があるにもかかわらず、世界中の先進企業は、いつか経済的に実現性のある方法になると信じて、さまざまなDACの設計を追求しています。回収段階では、多くの企業が、以前から産業用の二酸化炭素回収法で主流のアミン（アンモニアに似た化合物）の化学的性質を土台にしています（アミン系システムによる二酸化炭素回収は、さまざまな燃料や化学製品の製造工程から出る高濃度の排気流から二酸化炭素を回収するために何十年も前から行なわれてきた）。陰イオン交換樹脂など、二酸化炭素回収の新材料を採用しているDACの先進企業もあります。さらに、金属有機構造体（MOF）やケイ酸アルミニウム材料などの分野で材料科学が進歩すれば、空気から二酸化炭素を効率的に回収する技術に新たなフロンティアが開ける可能性があります。

　回収した二酸化炭素の再生段階、つまりDACシステムが回収用の「スポンジ」を絞る方法をめぐっては、重要なイノベーションが起こりつつあります。飽和した回収材料に温度、圧力、湿度を加えると、精製された二酸化炭素を放出できます。DACシステムの設計者は、できるだけエネルギーを使わない、できるだけ風力、太陽光、産業廃熱のエネル

ギーを利用する再生技術を開発しています。

近い将来、DACユニットから放出される精製された二酸化炭素は、幅広い製造用途に生かせる可能性があります。たとえば、一部のDAC関連の新興企業は、空気から回収した二酸化炭素を利用して合成輸送燃料を開発することに取り組んでいます。温室で空気中の二酸化炭素を有効活用して屋内農業の収量を上げようとしている企業もあります。しかし、それはほんの始まりにすぎません。DACシステムで回収された二酸化炭素をプラスチック、セメント、炭素繊維の製造に活用する案があり、さらには地下の地層に大気中の過剰な二酸化炭素を永久処分する案もあります。

将来的には、DACシステムは気候変動対策できわめて重要な役割を果たすでしょう。持続可能なバイオ燃料供給が限られている場合、DAC由来の燃料が実用化されれば、脱炭素化が進む長距離輸送の代替燃料需要の増加を満たすことができ、幅広い製造用途で化石燃料に代わる選択肢になります。さらに、脱炭素化が困難な経済部門にとって、DACシステムは安定した拡張性のあるカーボンオフセットとカーボンニュートラルの方法になり、最終的には隔離技術として大気中の二酸化炭素の一掃に貢献する可能性があります。

しかし、ここでもまた、今日DAC起業家が直面しているビジネス上の主な課題は経済性です。今のところ、ほとんどの地域で厳しい炭素規制はなく、そのため企業がDACの二酸化炭素を利用する市場は小規模です。DAC貯留のパイロットプラント建設にお金を出そうという人はいません。

圧縮二酸化炭素の市場はすでにあります。用途は、石油増進回収法（EOR）や炭酸飲料から温室、その他ニッチな用途まで多岐に及びます。しかし、安価で濃縮された二酸化炭素の供給はどこにでも豊富にあります。地層に埋蔵された天然二酸化炭素もあれば、エタノールや化学製品の製造など産業界にも高濃度の二酸化炭素供給源があり、二酸化炭素価格の相場を押し下げる要因になっています。たとえば、米国で石油生産に利用されるパイプライン規模の二酸化炭素の量ならば、二酸化炭素1トン当たりわずか10〜40ドル（1,070〜4,280円）のコストです。DACの初期のプロトタイプで回収した二酸化炭素の場合、1トン当たり100ドル（10,700円）またはそれ以上ですから、それよりはるかに安いわけです。

学者の計算によれば、DACシステムが大規模に採用されるようになれば、競争力のある範囲にコストは下がるとされています。しかし、起業家は現在、成長を停滞させる経済サイクルに巻き込まれています。研究開発資金は全般的に不足しており、市場に採用を促す要因はなく、DACシステムが技術的に成熟するには、もっと多くの学習とイノベーションが必要です。しかも、DAC設計が進歩すれば、競合し、同じ技術を使う、より高濃度の産業排気システムの二酸化炭素回収コストを削減することになりかねません。そうなれば二酸化炭素価格の下げ圧力がおそらく維持されてしまいます。DACシステムは設置場所の融通がきき、二酸化炭素輸送に伴う

コストが削減されますから、その点は全体的なコスト競争力を押し上げますが、それがどれくらい有利かは場所によって異なるでしょう。

　今後、DAC開発者は創造的なエンジニアリングとビジネスモデルを開発しなければなりません。長期的な気候目標に焦点を当てた政策からもっと支持を得る必要もあります。既存の低コストの二酸化炭素供給源、発電所や産業から回収された圧縮二酸化炭素の供給増に対抗していくには、そうするしかありません。

　さらに、DACは、ほかの炭素削減策や炭素除去策と連携できるように規制当局にもっと働きかけていく必要があります。現在、DACシステムで回収した（貯留は言うまでもなく）二酸化炭素に対して気候関連のクレジットを得るための取り決めはないも同然です。DAC技術は、世界が正味ゼロエミッションに到達し、その後ドローダウンに入るのを促す政策の枠組みに適合しなければなりません。さまざまなステークホルダーや考え方に対処しながら進むのは可能ですが、簡単ではないでしょう。

　経済面、技術面、政治面の課題があるにもかかわらず、多くの果敢な起業家や研究者がDAC技術の向上に打ち込んでいます。北米やヨーロッパにはDAC技術の商業化をめざす企業がたくさんあります。アリゾナ州立大学のクラウス・ラックナー教授は、DAC技術を研究するためにセンター・フォー・ネガティブ・カーボン・エミッションズを立ち上げ、米国エネルギー省は2016年に初のDAC研究プロジェクトに着手しました。

　このようなDACの研究と商業化に挑む草創期のベンチャーが今後どう進化するか見守るのは夢があります。DACのこうした取り組みと初期の市場は、何十億トンもの二酸化炭素を直接空気から回収し、貯留するための新しい、持続可能なプロセスエンジニアリング産業を刺激できるでしょうか？　人類がそれを実現できるかどうかは、時がたてばわかるでしょう。●

グローバル・サーモスタット製の炭素回収ユニット。アミン系の化学吸収剤を多孔質ハニカムセラミックに結合し、両者ともに炭素吸収スポンジとして機能させ、大気中や煙突から二酸化炭素を効率的に直接吸着する。回収した二酸化炭素を低温蒸気で分離、収集すると、標準温度・圧力で純度98%の二酸化炭素になる。蒸気と電気しか消費せず、廃水や排出物は何も出さない。プロセス全体がマイルド、安全、カーボンネガティブだ

今後注目の解決策
水素─ホウ素核融合
HYDROGEN-BORON FUSION

1924年、英国の物理学者サー・アーサー・エディントンは、核融合が太陽の放射エネルギーの中心であるに違いないという理論を立てました。知らず知らずのうちに、彼は史上屈指の巨費を投じることになる科学的な探求を始めるボタンを押していました。それは核融合炉で「星のエネルギー」をつくるというものです。重い原子を分裂させて熱を生成する核分裂とは異なり、核融合は軽い原子を衝突させて星の輝きの元になるエネルギーをつくります。世界にはすでに完璧な核融合炉があるとも言えます。地球外にですが。太陽をつかまえることができるなら、その1日分のエネルギーで地球の何年分ものエネルギーになるでしょう。現在、そのエネルギーのごく一部なら太陽光発電で、そして間接的にはバイオマス、水力、波力、風力でつかまえています。化石燃料は、何百万年もの生産時間が必要で、エネルギー変換効率も悪いとはいえ、それ自体が空の巨大核融合炉である太陽から蓄えたエネルギーです（生態学者ジェフリー・S・デュークスによる2003年の研究では、平均1ガロン（3.8リットル）のガソリンは原料として90トン以上の先史時代のバイオマスを必要とすると推定された）。しかし、再生可能エネルギーは自然変動し、電気事業者は停止しない安定したエネルギー源を望んでいます。そのために、科学者やエンジニアは1930年代から物理学の"聖杯"を追い求めてきました。世界を石炭、ガス、石油の時代から新しい時代へ連れて行き、何千年も先の未来までエネルギーを供給してくれるクリーンで実質的に無限のエネルギー源

という聖杯です。星のエネルギーを完成させれば、「人類史の変曲点」になるだろうとレフ・グロスマンは2015年の『タイム』誌で明言しました──化石燃料の終わりを告げる「エネルギーのシンギュラリティ（技術的特異点）」になるだろうと。

地上で星の光をつくることは途方もなく困難です。50年以上の間、理論家やエンジニアはこうすればうまくいくのではないかと核融合炉を考え、建設しました。無数の実験が試みられ、1,000億ドル（約11兆円）をゆうに上回る投資が行なわれましたが、誰も成功に近づけませんでした。最近までは、の話です。ここ20年は、この分野に民間企業が参入しました。資金力がないため、こうした企業はハイテク業界のスタートアップで採用される革新的な手法ですばやくやるしかありませんでした──格段に少ないコストで「速く失敗せよ、前よりましな失敗をせよ」です。

2015年6月、型破りなアプローチで異端視されていた会社が聖杯の半分を達成したと発表しました。「long enough」（十分に長い）とあだ名された、より困難な聖杯の半分です。その会社、トライ・アルファ・エナジー（TAE）は、創業以来18年ほぼ秘密主義を貫いていました。それにはそれなりの理由がありました。核融合エネルギーの歴史は、誇大宣伝、夢想、不発に終わる主張に満ちています。黙々と仕事をするほうがよく、それがTAEのしたことです。発表の時点で、TAEはすでに45,000回以上の試験運転を完了していました。

TAEのビジョンある共同創業者、故ノーマ

ン・ロストーカーと最高技術責任者（CTO）のミヒル・バインダーバウアーは、最終ゴールを念頭に置いて会社を立ち上げました。ふたりは、言うまでもないことのようですが、プラズマ物理学の学術誌が発表したがることは何かではなく、電気事業者が求めるものは何かという問いを発しました。電気事業者が発電設備に望む条件は、安全、コンパクト、妥当な価格、信頼性、どこにでも必要な場所に建設、設置できるということです。安全性は決定的に重要です。核融合炉は核分裂炉のようには放射線を出しませんが、これまで核融合炉は、自由中性子を発生させる水素の同位体であるトリチウム（三重水素）燃料と重水素燃料を基本にしてきました。中性子は核融合炉を少しずつ放射化します（放射能をもつようになる）。つまり、部品が劣化し、6〜9カ月ごとに交換する必要があります。

ロストーカーとバインダーバウアーは思い切った策に出て、安全性、実用性、入子の容易さを理由に燃料として水素—ホウ素を選びました。水素—ホウ素は、役立たずの中性子を発生させません。この核融合炉なら1世紀ではないにしても、何十年も長持ちするでしょう。どこにでも安全に設置できます。シャットダウンしても何も起こりません。言い方を変えれば、何かが起これば、シャットダウンします。シャットダウンした場合は、家庭用発電機で再起動できます。トリチウムと重水素は不足しているのに対し、ホウ素は少なくとも10万年分の供給があり、しかも安価です。要するに、TAEが冗談半分に言うように、あなたがTAE製の核融合炉を買った

としたら、燃料はただ同然ということです。

水素—ホウ素核融合は3つのヘリウム原子を生成し、残りの質量のわずかな部分がエネルギーに変換されます……膨大なエネルギーに。原子は、分かれるか、くっつくか、つまり分裂か融合か、2つの方法でエネルギーをつくることができます。アインシュタインは、適切な条件を与えると、質量はエネルギーに、エネルギーは質量になりえること、ごくわずかな質量に含まれるエネルギー量は人間からすれば驚異的なものであることを予測しました。水素—ホウ素核融合は、核分裂よりも燃料の質量当たり3〜4倍のエネルギーを生産し、実質的に廃棄物はありません。つまり、プルトニウムなし、放射線なし、メルトダウンなし、核拡散なしです。

一部のプラズマ物理学者はTAEの燃料選択をばかにしました。従来の核融合炉で必要な温度が"ほんの"摂氏1億度なのに対し、水素—ホウ素核融合はその30倍以上の熱を必要とするからです——正確に言うと、摂氏30億度です。水素—ホウ素の場合、これで「hot enough」（十分に熱い）なのです。核融合成功の残りの半分の課題です。long enoughとhot enoughを合わせたら、地上で星がつくれるのです。

「long enough」は、核融合炉がプラズマを無限に維持する能力を指します。プラズマは物質の第4の状態であり、ほかの状態（固体、液体、ガスの3つ）とはまったく異なります。雲のような銀河、太陽、地平線で踊るオーロラ、あれがプラズマです。プラズマはイオン化されたガスで、加熱すると、制御すること

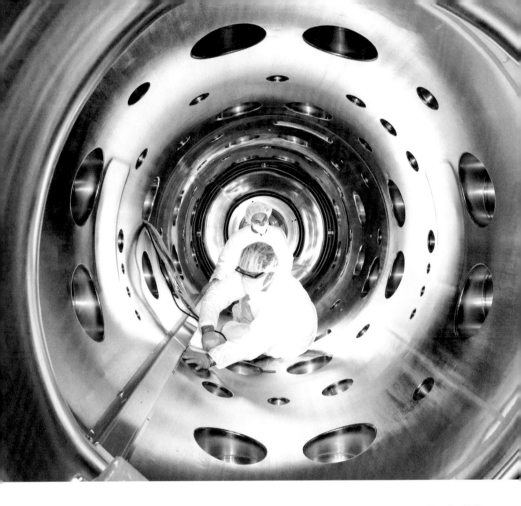

が事実上不可能になります。プラズマは何かに触れると、ナノ秒で消えます。それは、しっぽをつかんで猫を持ち上げようとするようなものです。プラズマは、原子が陽子と電子に分かれた雲のような状態で、宇宙の99％を構成しています。核融合を達成するためには、プラズマを封じ込めて制御し、超臨界温度に加熱しなければなりません。しかし、制御と加熱の両立は至難の業です。プラズマは熱くなるほど、激しく不安定になるからです。それを封じ込めることは、かねてよりプラズマ物理学者やエンジニアの課題です。

　バインダーバウアーは「long enough」、すなわち無限に持続できそうなプラズマ状態を独創的な方法で達成しました。プラズマ場の周辺に水素原子を発射する6つの粒子ビームインジェクターを配置することで、プラズマのこまに相当するものを編み出しました。子どもなら誰でも、こまが速く回転するほど

安定することを知っています。同様に、プラズマを回転させることで、熱が上がり、独自の磁場が発生するにつれて、プラズマを安定させることに成功しました。TAEの核融合炉では、プラズマは回転速度が維持されているかぎり自らを閉じ込めます。プラズマは速く回転するほど熱くなり、熱くなるほど安定します——以前に推進され、出資を受けたどの核融合技術とも反対です。

　2017年末までに、TAEは自社史上4番目の核融合炉を建設する予定です。核融合を達成するのに十分な大きさの炉です。独自の「long enough」理論でプラズマ安定化を果たし、今度は「hot enough」を果たさなければなりません。太陽の最高温度が摂氏1,400万度だというのに、どうやって摂氏30億度にするのでしょうか？　バインダーバウアーによると、プラズマにそれをやらせるそうです。スイスの大型ハドロン衝突型加速器（LHC）は、TAEが必要とする温度の1,000倍、数兆度の温度を生み出しています。この数字はハドロン粒子加速器で達成されますが、それは粒子が加速器の26キロメートルの円周を移動するエネルギーが高いからなのです。したがって、TAEの場合、残る問題は、もう科学ではなく、エンジニアリングの問題だとバインダーバウアーは考えています。プラズマ場の円周を知っているので、メモ帳があれば（プラズマ物理学の学位も必要ですが）新しいTAE核融合炉の温度が何度になるか計算できます。

　核融合炉が生産する豊富でクリーンなエネルギーがどうなるかは未知数です。エネルギーの面では、実現性のある核融合炉は未来の発電所になる可能性があります。水素—ホウ素核融合はカーボンフリーで持続可能で安全です。現時点では、TAEは1キロワット時当たり10セント（約11円）のコストを予測していますが、いずれ5セント（約5円）に下がるでしょう。風力エネルギーの最新の電力購入契約は1キロワット時当たり2セント（約2円）に近づいており、太陽光もそれほど遅れていません。しかし、再生可能エネルギーは、出力調整できる（自然変動しない）電力かエネルギー貯蔵手段があってはじめてほんとうに実用化されます。ガスや石炭に代わる信頼できるエネルギーや高性能エネルギー貯蔵が普及するまでは、炭素排出量の多い燃料で発電した出力調整できる電力への需要は持続するでしょう。しかし、核融合がうまくいくかどうかにかかわらず、エネルギー革命が起こっています。核融合がほかの再生可能エネルギー技術と一緒に仲間に加われば、それは化石燃料発電から見れば敗北になるでしょう。やがて、こうしたエネルギー源は全産業のドローダウンへの道を下支えするようになるかもしれません。

　カリフォルニア州アーバインにあるTAE社屋のロビーには、翼をつけたピンクのブタのゴム人形を入れたバスケットが置いてあります。ブタが飛ぶわけないと思うように、疑い深い世の中に対する同社の姿勢を表しているのです。どうやら、ブタが飛ぶ日はそう遠くないようです。●

今後注目の解決策
スマートハイウェイ
SMART HIGHWAYS

26万キロメートル以上のアスファルトが全米幹線道路網（NHS）を構成しています。そのうちの29キロメートル、ジョージア州西部アトランタの南にある区間で、ザ・レイ（The Ray）という名称の活動が幹線道路の再考に取り組んでいます。ザ・レイは、タイルカーペットメーカー、インターフェイスの創業者兼CEOだった故レイ・C・アンダーソンにちなんだ名称です。1990年代半ば以降、同社はビジネスの持続可能性の模範を示してきました。アンダーソンとインターフェイスのコミュニティは、事業活動を根本的に見直し、石油に依存した製造会社を環境先進企業に変えました。第1段階の持続可能性の使命は、インターフェイスが環境や社会にマイナスの影響を与えないことでした。次の段階は、その影響を正味プラスにすることです。

　その名に忠実に、ザ・レイも同様に現状維持をひっくり返すでしょう。現在、幹線道路は持続"不"可能性の縮図です。乗用車やトラックは石油燃料を燃やし、汚染物質を排出しながら、生産に多大なエネルギーを消費するアスファルト面を疾走し、悪くすれば、渋滞にはまってアイドリングします。幹線道路そのものが生態系を分断し、スプロール化（市街地が無計画に郊外に広がっていく現象）や車中心の開発を助長します。ラッシュアワーに幹線道路を見れば、こんな世の中でいいのかと思わずにいられません。気候変動の時代ですからなおさらです。生きた実験室を活動の趣旨とするザ・レイは、よりよい社会は達成できると証明することをめざしています。

自動車とそのインフラは、ほかの交通手段が増えても、やはりモビリティとコネクティビティ（移動しやすく相互接続の進んだ社会）の重要な要素でありつづけるでしょう。それを理解して、ザ・レイは道路の一部を社会と環境の前向きな力に変身させようとしています。世界初の持続可能な道路です。ここでうまくいくとわかれば、この"スマート"ハイウェイは、インターフェイス同様に革命的な変化に火をつけるのではないでしょうか。

　車両と走行面は同時に進化する傾向があります。ローマ帝国では、現代アメリカの幹線道路網の3分の1に相当する舗装道路網が敷

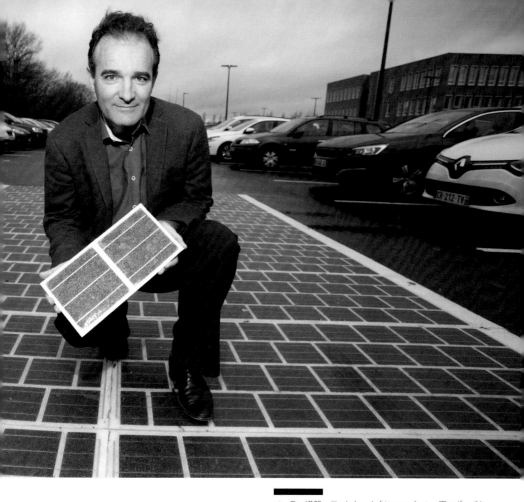

かれていたので車輪のある乗物で軍隊と物資
を全土に輸送できました。20世紀に自動車
の量産が登場して、自動車道も登場しました。
ドワイト・D・アイゼンハワー全米州間国防
高速道路網という正式名称の州間高速道路が
一例です。気候変動とエネルギー革命を前に
して、省エネ車、電気自動車、自動運転車が
現代の道路を走る一員になりはじめています。
自動車を基本にした輸送を変えようという努
力は、すべてと言ってよいほど乗用車が焦点
になっています。ザ・レイのチームは、その
乗用車が依存しているインフラ、すなわち幹
線道路もクリーンな輸送を実現するために進
化しなければならないと考えています。地元
や国の専門家の助言を受けながら、ザ・レイ
はその進化の実験を始めています。

　この生きた実験室の活動の中心は電気自動
車（EV）です。現在、実験対象の29キロメー
トル区間で年間10万トン以上の二酸化炭素
が排出されています。この統計値を変えるた
めに、ザ・レイは、最もクリーンな車である

355

EV向けのインフラを整備しています。この区間の道路沿いのビジターセンターに現在は太陽光発電（PV）の充電ステーションができ、EVは45分までなら無料で充電できます。最終的にザ・レイがめざしているのは、EV専用車線でEVが通過するだけで充電されるようにすることです。停車する必要がないのです。ジョージア州のEV登録数はすでに全米第2位です。EVインフラが増えればEV移動が増え、EV移動が増えれば排出量が減ります。次世代の車はすでに道を走っています。スマートハイウェイは、それに追いつき、先を読むという課題に向き合っています。

ザ・レイの活動目的のもうひとつの中心はエネルギーの未来です。ソーラー技術は、道路脇の使われていない空き地の活用にぴったりです。そこで、ザ・レイは実験区間沿いに1メガワットの太陽光発電所をつくる予定です。すでにほかの場所で採用されている方法です。90％の時間太陽にさらされている路面のほうも太陽光発電の場所として有力候補です。フランスで開発され、「ワットウェイ（Wattway）」とふさわしい名前がついた太陽光発電舗装技術を使えば、ザ・レイはLED照明やEV充電に使うクリーンな電気を生産できるようになります。しかも、この技術でタイヤのグリップと路面の耐久性も向上します。PVパネルを並べた防音壁も、エネルギー生産と今は近隣住民が我慢している音の公害対策が同時にできるので、ザ・レイにとって一石二鳥の解決策でしょう。

ザ・レイと同じイノベーション精神が大西洋の向こう側にもあります。デザイナーの

ダーン・ローズガールデとヨーロッパの建設サービス会社、ヘイマンスは、オランダで受賞歴もあるスマートハイウェイのパイロットプロジェクトを連携して進めてきました。なかでも「未来のルート66」は環境発電、気象センサー、ダイナミックペイント（温度感受性塗料*）を融合した技術です。たとえば、日中は太陽光を吸収し、夜になると光る、生物発光を応用した「発光するライン」が道路に引かれています。街灯とそれに伴うエネルギーは不要です。このオランダ人のプロジェクトはオランダ国内はもとより、中国や日本にも拡大しています。

現代の自動車道が最初に現れて以来、その設計は驚くほど進歩していません。今、気候変動と電気自動車や自動運転車の出現は、自動車道に新たな要求をつきつけています。幹線道路はもっとスマートに前進する方法を必要としています。ローズガールデやザ・レイなどの取り組みは、道路というクリーンではないインフラがクリーンになれること、安全に、効率的に、エレガントにさえなれることを証明する先例です。幹線道路は何十年も停滞していたからこそ、逆にイノベーションの機会が大きいと言えます。ただし、道路というのは規制が厳しいため、その機会を実現するということは、すなわち官僚を動員し、持続可能性が安全と並んで道路の重要な優先事項になることを意味します。「スマートハイウェイ」という言葉から、技術に注意が向きますが、制度面の変化の車輪に油を差すことも、スマートハイウェイの成功に等しく欠かせないことがわかるでしょう。●

＊路面の薄氷に反応して雪の結晶の絵が現れ、ドライバーに警告を促すなどの技術。

今後注目の解決策
ハイパーループ

HYPERLOOP

建物内や都市で手紙、現金、書類を金属製の筒に入れて送る真空管を使っていたことを知らない世代のほうが多くなりました。ニューヨーク市では、1953年まで気送管郵便システムがウエストサイドとイーストハーレムを結んでいました。ロケッティアと呼ばれたオペレーターが配置され、街路の下を通る気送管はグランド・セントラル駅から中央郵便局へ小包や郵便物を4分で送ることができました。

さて今度は自動化されたカプセルを思い浮かべてみてください——直径2.2メートル、人間工学的に設計された座席、心地よいBGM、ショルダーベルト——それがスチール製導管を最高時速760マイル（1,223キロメートル）のロケットのようなスピードで移動してサンフランシスコからロサンゼルスまで35分で到着、料金はバス乗車券ほど。これがハイパーループ、カリフォルニア州を南北に走る700マイル（1,127キロメートル）の減圧チューブのビジョンです。ハイパーループは、イーロン・マスクが2013年に書いた論文、第5の交通手段を提言する「ハイパーループ・アルファ」に基づいています。マスクは高速鉄道の概念に異議を唱え、カリフォルニア州に60億ドル（6,400億円）を投じて太陽光発電を利用した交通システムを建設するために世界的なオープンソースの開発協力を呼びかけました。そして、それはうまくいきました。今、ハイパーループシステムを完成させようと尽力している企業が世界にいくつかあります。

真空チューブ列車が初めて構想されたのは、1910年にさかのぼります。ロケット科学で有名なロバート・ゴダードが、磁力で浮揚させたロケットを真空チューブ内で推定時速960マイル（1,545キロメートル）で飛ばすというシステムを考案したときでした。それは紙の上での設計に終わりましたが、1世紀後にマスクが構想したシステムはこれとさほど変わりません。ハイパーループは、提案されているように、きわめて効率的です。理由のひとつは、空気が存在しないことです。すべての輸送手段は空気中か水中を進み、高速なほど抵抗が大きくなります。時速600～700マイル（966～1,127キロメートル）ともなれば、海面高度の空気は水より抵抗が大きいのです。子どもはよく、スピードを出して走る車の外に手を出して、その力を感じています。真空システムの課題は、最後の10%の空気を取り除くことです。

完全な真空状態をつくり、維持するには多大なエネルギーが必要なので、マスクたちは譲歩して、部分真空で稼動するシステムを開発しています。ポッド（車両）前面のファンでチューブ内にたまる空気を吸い込み、その一部はポッド後面から排気し、残った空気をベアリング代わりにしてポッド側面に流し、ポッドがチューブ内壁に触れないようにします。ポッドは加圧され、密封されます。

ハイパーループが約束するのはスピードですが、ハイパーループの真価は、人や貨物を運ぶのに使うエネルギーがきわめて少ないことです。旅客マイル当たりの消費エネルギーは飛行機、電車、車よりも90～95%少ないと推定されています。構想上のスピードでは、

車輪は足かせにしかなりません。ハイパーループは、太陽光発電と風力発電を動力にした磁力で浮上し、唯一実際の摩擦はチューブ内の空気の残量です。空港シャトルシステムで使われるのと同じ種類のリニアモーターが、客車ポッドの始動と加速に使われる予定です。ポッドは炭素繊維製になる予定で乗客と荷物の3分の1以下の重量です。両側に磁石があるセンターレールは、高速走行時の安定装置として機能し、必要に応じて緊急ブレーキシステムとしても機能する設計です。窓はありませんが、LEDスクリーンの仮想ウィンドウに通過風景のイミテーションパノラマを映すデザイン案もあります。

　万人向けとは言えません。緊急時に止めて、避難する方法が定かでないのにロサンゼルスまでチューブの中を運ばれるなんてぞっとすると、閉所恐怖を感じる人もいます。しかし、飛行機はまさにそういう乗り物です。高速で移動し、そこから出ることはできませんし、乱気流、稲妻、着氷、鳥の群れなど、制御不能な力の影響を受けます。逆に、ハイパールー

プのポッドには、いざとなれば開くドアがあり、最も近い非常出口まで乗客を運ぶリニアモーターも備えています。もっと難しい問題は、曲がるときに乗客にかかる力かもしれません。時速700マイル（1,127キロメートル）以上になると、少しの方向転換でも戦闘機のパイロットに近いG力（重力加速度）が乗客にかかる可能性があります。旅客機は、乗客にかかる力を最小限に抑えるために何マイルもかけてゆっくり旋回します。地形に従わざるをえないハイパールーブの場合、その方法は選べないでしょう。

　安全性に加えて、ハイパールーブはインフラのコスト、許認可などの問題にも直面しそうです。結局、高速鉄道の建設はコストが高すぎ、難しいと判明しました。ハイパールーブの設計要件は、まっすぐで平らなレール、耐久性のある基礎、ピーク時の電力需要が大きいなど、多くが高速鉄道と共通しています。むしろ高速鉄道より程度がはなはだしいくらいです。これはハイパールーブの実用化は不可能だという意味ではありませんし、まして価

値がないと言っているわけではありません。米国は第二次世界大戦後にたくさんの幹線道路を建設しましたが、それで都市や郊外がどうなったか見てください。ハイパーループ網ができたらどうなるでしょう？　そもそもネットワークになるのでしょうか？　接続される都心部はどうなりますか？　ほとんどの敷設権を取得したらどこで開業しますか？　これ以上どんどん速くなることに意味がありますか？人はライト兄弟が固定翼機でかろうじて高度3メートル、飛行距離37メートルを達成したときに世間から向けられた疑念を思い出します。フランス人はライト兄弟を「bluffeurs」（はったり屋）とあざ笑いました。ライト兄弟がノースカロライナ州キティホークの海岸で初めて有人動力飛行に成功すると、それががらりと変わりました。ハイパーループはまだキティホークの瞬間に至っていません。

　ハイパーループ企業は大忙しです。ハイパーループ・ワンはすでにノースラスベガスのトラックで試験走行に成功し、屋外で時速330マイル（531キロメートル）を記録しました。同社はドバイのジェベル・アリ港と契約を結び、同港に上陸する毎年1,800万個のコンテナを迅速かつ安全に輸送する方法を探っています。また同社はドアツードアのポッドシステムも提案しています。ドバイの乗客が自宅から自動運転ポッドに乗り込んでハイパーループに移動すると、12分でアブダビに到着するというシステムです。さらに同社は、ロサンゼルスからラスベガス、ヘルシンキからストックホルム、モスクワからサンクトペテルブルクの貨物輸送ルートも提案

しています。スロバキアの経済大臣は、ブラチスラバからブダペストとウィーンまでのハイパーループルートを計画しています。おそらく最も革新的なのは、クラウドソーシング方式のバーチャル企業、ハイパーループ・トランスポーテーション・テクノロジーズです。世界中から500人以上の科学者やエンジニアが無給で参加し、報酬の代わりに株式を受け取っています。

　ハイパーループ支持派は、情報技術が通信を高速にし、世界を近づけた、今度は輸送の番だと信じています。|輸送は新しいブロードバンド」が支持派のスローガンです。カリフォルニア州のハイパーループシステム構想ならば、ロサンゼルスに住み、シリコンバレーで働くこともできるでしょう。そこには「ジェボンズのパラドックス」と呼ばれるものがあります。サービスや製品の価格が下がっても、そのぶん節約になるかというと必ずしもそうではないのが人間だというパラドックスです。安い電気の場合のように、もっと消費したり、別の何かを買ったりします——車をもう1台、別荘、どの部屋にも薄型テレビという具合に。このパラドックスに従えば、値の張るエネルギーを節約すれば、もっと出費するためのお金ができるということになります。省エネしても、消費者の行動次第で部分的に、あるいは完全に相殺されてしまう可能性があります。言い換えれば、ハイパーループは、考えられるかぎり最高に省エネ、高性能、再生可能な輸送システムになるかもしれないし、すでに世界の大部分が飲み込まれている物質主義の洪水をまた誘発するかもしれないということです。●

今後注目の解決策
微生物農業
MICROBIAL FARMING

ちょっと想像してみてください。農家が4トンのピックアップトラックを運転して地元の肥料店に行き、窒素固定菌10ポンド入りを1袋買って帰り、畑にまくと、それが空気中の窒素から植物が利用できる形態の窒素肥料をつくり、60ヘクタールの小麦畑の肥料になるとしたらどうでしょう？　小麦に対する窒素固定菌はまだ発見されていませんが、それを探す研究が始まったところです。大豆、アルファルファ、ピーナッツなどマメ科植物に対しては、大気中の窒素を植物が利用できる硝酸塩に変換する嫌気性細菌がすでに存在します。マメ科植物の根はその細菌と共生して、細菌を酸素から保護し、糖を分泌して細菌に供給します。その見返りとして、マメ科植物は重要な窒素を受け取ります。デイビッド・モントゴメリーとアン・ビクレーが、本書で「自然の隠れた半分」として抜粋を紹介した著書『The Hidden Half of Nature』（邦訳『土と内臓──微生物がつくる世界』）で明らかにしているように、土壌マイクロバイオーム*の認識と研究はヒトマイクロバイオームの発見と並行して急激に活発になっています。どちらも想像を絶する複雑な生態系であり、どちらも健康と幸福の基盤です。

1グラムの土には最大100億の住人がいて、50,000～83,000種の細菌や真菌類がいます。たかがそれだけの土は、この世でそれ以上はないほど多様な生きたシステムなのです。土がソルガムの下にあるか、オークの木の下かモグラ塚の下かによって、このせいぜい地下1メートルの生態系はがらりと変化することもあります。

土壌中の細菌、ウイルス、線虫、真菌類の潜在能力は今はまだ未知数ですが、農業が地球温暖化に及ぼす影響の対策になる可能性が広がっています。それだけはわかっています。これら微生物が気候変動に及ぼす重要性は、微生物によって化学肥料、農薬、除草剤の必要性を格段に減らしながら、作物の収量、植物の健康、食料安全保障を改善できるという見通しに根ざしています。

土壌マイクロバイオーム分野は、世界最大手のアグリビジネスがこぞって研究し、土壌微生物の同定や試験の事業で起業した会社と提携したり、買収したりしています。アグリビジネスは、これまで常にしてきたことに役立つ微生物を探しています。そう、工業型農業でもっと儲けるためにです。皮肉なことに、その探求は、なんと、殺してくれる微生物を見つけることに向かっています。この陣営の研究者は、ヨトウムシ、ネキリムシ、アブラムシ、ダニ、キャベツを食害する害虫や雑草に対する「武器」と微生物を見なしています。毛虫、ガ、チョウを殺す結晶タンパクをつくるバチルス・チューリンゲンシス（*Bacillus thuringiensis*）という細菌を組み込んで遺伝子組み換えしたトウモロコシと大豆があります。除草剤としての微生物はすでに商品化されています。

巨大アグリビジネスは微生物の武器化を夢見ていますが、微生物の世界の本質は逆です。それは第一に相互主義、つまり互いに有益な2つの生物の活動です。競争、つまりある種が別の種を支配するという考え方ではないのです。

　＊宿主に定住する微生物の遺伝子の総体。ある宿主の特定の微生物相、つまり微生物個体群も指す。

健康な土壌バイオームは炭素が豊富です。土壌微生物は植物の根から出る糖が豊富な浸出液を餌にし、それと引き換えに微生物が岩石や鉱物を溶解し、その栄養素を植物が利用できるようにするからです。健康なバイオームは、劣化した土壌の3～10倍の水分を保持する有機物で満たされ、土壌に回復力と干ばつ耐性をつけます。それはまた健康な植物を育て、地上では生物多様性をより豊かにします。本書で紹介した解決策、環境再生型農業と環境保全型農業、それにアグロフォレストリー（森林農法）、間作林、管理放牧は、すべて土壌マイクロバイオームを養い、その利益を享受し、化石燃料由来の肥料を大幅に減らすか、まったく使わない方法です。

　現在、窒素を肥料用アンモニアに変換するには、世界のエネルギー消費の1.2％が必要です。その過程では化石燃料によるエネルギー生産からの排出を生み出し、その窒素の大部分は最終的に亜酸化窒素として空気中に残ります（亜酸化窒素は100年値で二酸化炭素の298倍強力な温室効果ガス）。あるいは窒素が地下水や水路に流れ込み、海洋生物が酸素不足で窒息する藻類の大繁殖やデッドゾーンを引き起こします。

　環境を再生する力をつけるために、生物や自然と闘うのではなく、協調する農業が始まっています。種子が土に埋まると、土壌微生物が勢ぞろいした複雑な世界が総動員で種子の成長を助け、成熟し、開花し、実り、また種子になるとともに共進化します。土壌マイクロバイオームは、土が求めるものに農業を調和させてこそ、人が土に求めるもの（健康的でおいしい豊富な食料）に恵まれる農業になるのだと教えてくれます。それは、植物と土は互いに養っているという純然たる事実に行き着きます。そのサイクルが合成物によって妨げられると、それが肥料でも農薬でも、植物が弱くなり、土の肥沃度と生気も衰えます。

　微生物農業革命は出遅れてしまいました。推定値はさまざまですが、農業は温室効果ガス総排出量の約30％を占めています。過去には、知識や技術が今より限られていたことを考えると、農業からの排出量を減らすことは世界の食料生産を減らすことを意味したかもしれません。2050年の世界人口が90億人を超えると予測されている今、食料生産を減らす選択はありえません。

　土壌の質は世界的に低下しており、人類は選択を迫られています。さらに多くの化学物質でそれを修正しようとするのか、健全な土壌生態系を再建するのか、という選択です。劣化し、生産力が低下した土壌に人間が求める作物や食料と共生する多様な微生物を取り戻せば、農業は好循環を生み出せます。それは生物が当たり前にしていることです。生物学者のジャニン・ベニュスの言葉を借りれば、生物は生物のためになる環境条件をつくります。だとすれば、農業の新時代が始まっていると信じるに足る理由があります。それは2つの責務を果たす農業です。農業は今、環境を害さない豊富で栄養価の高い食料を生産し、かつ地球を全生物にとって今より活気に満ちた、命を育む惑星にしていく真に持続可能な農法を追求しなければならないという使命を託されています。●

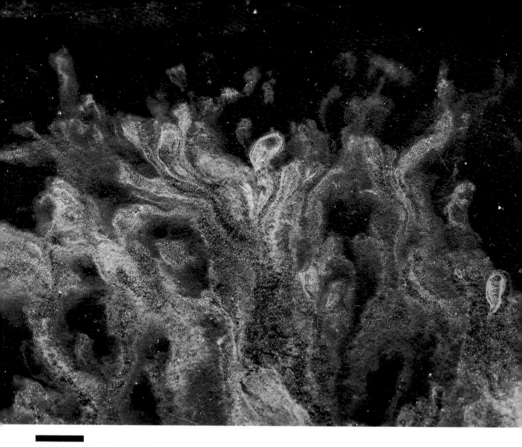

上：養魚池の泥の中の鉄酸化細菌とマンガン酸化細菌
下：ケニアのアンボセリ国立公園で土壌細菌を採取する研究者たち

今後注目の解決策
産業用ヘンプ
INDUSTRIAL HEMP

産業用ヘンプ（大麻）を「今後注目の解決策」と呼ぶのは、1万年前から人間の衣類用の繊維を紡ぐために使われてきたのにと不思議に思うかもしれません。ヘンプをここで紹介するのは、ヘンプで何ができるかではなく、何を代替できるかを説明することが目的です。1937年、米国は実質的に全種類のヘンプの栽培を禁止しました。ニュース記事やドキュメンタリーが「ヘンプは暴力や精神異常を引き起こす麻薬だ」と派手に報じて宣伝活動を行なった後のことでした。ヘンプ製ロープや産業用ヘンプ製品には抵抗がなかったので、精神活性作用の強い種類（*Cannabis sativa*）は、その強い精神作用を表す人種差別的なニュアンスのあったメキシコのスラング、「マリファナ」と呼ばれるようになりました。現在、嗜好品や医療用のマリファナを合法化する州が増えつづけていますが、産業用ヘンプの栽培は米国では麻薬取締局（DEA）の承認が下りず、いまだに妨げられています（本書執筆時点）。世界のほ

かの場所では、ヘンプは多くの用途がある商品作物です。産業用ヘンプにも嗜好品や医療用のマリファナの有効成分であるカンナビノイドが含まれますが、無視してよいほどの微量です。

ヘンプは、何千年も昔に茎が繊維状であるために注目を集めました。茎の外皮の下の靭皮と呼ばれる部分には長く、強い繊維が含まれ、それだけで糸に紡いだり、布を織ったりできるほか、亜麻や綿と混紡して衣服をつくることもできます。1840年代に製紙原料として木材パルプが使われるようになりましたが、それ以前は、紙といえばほぼすべて捨てられたヘンプの衣服が原料でした。くず拾いたちは、ぼろ布を探してヨーロッパの都市を行き来し、道に落ちているごみをかき分けてぼろ布を見つけては、かろうじて生計を立てていました。拾ったぼろ布は、現代のリサイクルセンターに当たるところに売られ、そこでヘンプは製紙業者に渡すために仕分け、洗浄、結束されました。

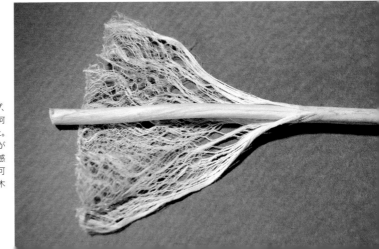

ヘンプ繊維は、帆布、ロープ、撚糸、衣類をつくるために何千年も昔から利用されてきた。リネン（亜麻）に近い感じがするが、梳けば綿と同じ質感にできる。ヘンプは、使用可能な繊維の生産量では綿や木の10〜100倍だ

ヘンプは強く、耐久性のある繊維になります。用途としては、紙、繊維製品、ロープ類、コーキング材、カーペット、キャンバス（帆布）などです。「canvas」はフランス語で麻を意味する「canevas」に由来します。ヘンプの貴重な繊維部分、繊維製品やロープ類に使われる靭皮の収量は、綿より多く、1ヘクタール当たり900〜2,700キログラムです。ヘンプと綿の影響の差は歴然としています。綿は、化学物質の投入量では世界一ダーティーな作物で、化石燃料に大きく依存しています。綿の栽培面積は全耕地の2.5％ですが、綿は殺虫剤の年間使用量の16％を占めています。農薬中毒、水質汚染、農薬に起因する疾患、化学肥料や除草剤の大量使用、乾燥地での灌漑が原因の土壌塩害によって毎年死亡する推定2万人を加えると、この綿というひとつの作物が社会、環境、気候に及ぼす影響がわかってくるでしょう。世界の温室効果ガス排出量の1％近くが綿花生産に由来します。白いコットンシャツ1枚が畑から消費者に届くまでの二酸化炭素排出量は合計36キログラムです。

　ヘンプから靭皮を取り除くと、残るのは種子とハードと呼ばれる部分です。このハードは、ファイバーボード、建築用ブロック、断熱材、石膏、化粧漆喰など、さまざまな製品になります。あまりの汎用性にヘンプが農業万能薬だと思っている人もいますが、そうではありません。ヘンプは一年生植物ですから、肥沃度対策として輪作されます。しかし、ヘンプは一般的な一年生作物ほど耕す必要がありません。ヘンプは密に植え、とても速く成長しますから、アザミのような雑草にも成長する空間と日照を与えず、除草剤代わりになります。殺虫剤も不要か、使われません。現在の価格では、小麦と比較して1エーカー当たりの正味収益は2〜3倍多くなります。ただし、ヘンプはかなりの量の水、深く、養分豊富な土壌を必要としますから、やせた土地を回復させるには適していません。ヘンプの環境上の利点は大きいですが、価格面の競争力は、少なくとも米国では、大きくありません。たとえば、効率を上げようとヘンプをコンバインで収穫すると、靭皮繊維が傷みます。靭皮は木材パルプに負けずに有用なはずですが、コストは木材パルプの6倍近くになります。

　ヘンプが違いを生み出せるとすれば、綿の代替品としてであり、それ以外のヘンプの用途は経済性がネックになっています。2009年に中国の胡錦濤国家主席が国内のヘンプ加工業者を視察したとき、主席は綿の有害な影響を回避するために中国のヘンプ栽培を80万ヘクタールに増やすよう要請しました。この規模の増産は、手頃な価格でファッショナブルで快適なヘンプの繊維製品を生産できるかどうかにかかっているでしょう。ヘンプは繊維の柔らかさでは綿に勝てませんが、コスト競争力があれば、ジーンズ、ジャケット、キャンバスシューズ、キャップなどの日常衣料で世界の綿の半分を確かに代替できる可能性はあり、そうなれば炭素排出量に与えるインパクトもかなり大きいでしょう。●

今後注目の解決策
多年生作物
PERENNIAL CROPS

人類は必ずしも植物の種子を食べてきたわけではありません。人類史初期の食事は、肉（内臓、骨髄、脂肪を含め）、塊茎（ジャガイモのように肥大する地下茎）、キノコ、海産物（海藻、海の哺乳動物、貝・甲殻類を含め）、どこかで見つけた卵、蜂蜜、鳥、トカゲ、昆虫、ベリー、多彩な野生の野菜やハーブで構成されていました。時折、場所によっては野生の穀物を食べました。「十分な」食事はなく、季節と運がその日の食べ物を大きく左右しました。最後の氷河期が終わってからしばらくして、11,000 ～ 12,000年前、人類は食料として一年生植物の栽培を始めました——肥沃な三日月地帯で栽培されたエンマーコムギという小麦の古い祖先が最初でした。1万年前にアジアでは米が栽培されており、9千年前にメソアメリカ*で野生のトウモロコシが栽培化されました。3つとも世界の基本作物になり、今日までそうです。そして3つとも一年生作物です。

　土壌、炭素、コストに大きな違いをもたらすのは、多年生の穀物でしょう。多年生作物は、土をそのまま残すため、どの農業システムでも炭素を隔離する最も効果的な方法です。一年生植物と多年生植物の違いは、一年生は毎年、根もすべて完全に枯れて、種子だけで再生することです。多年生も枯れますが、根は生きており、土の下で新たに成長します。多年生は種子からも再生できます。多年生の食用作物である穀物と食糧種子植物（ゴマ、アブラナなど）、そこに世界中の研究者が追求している可能性があります。

　カンザス州サライナのザ・ランド・インス

ティテュートと中国の雲南省農業科学院では、多年生の基本作物を育種する取り組みから2つの成功例が生まれています。雲南アカデミーが研究したのは、根か地上の茎で広がり（イチゴに似ている）、数年間米を実らせる4つの野生種が祖先の米です。米は水を張った水田でも、灌漑のない高地の畑でも育ちます。どちらの場合も、根系が深く発達して干ばつ耐性があり、高地米の場合は土壌浸食の予防になります。多年生の高地米は、土地がやせているために焼き畑農法で数年おきに栽培場所を変える農家による森林破壊を最小限に抑える効果があるでしょう。

　ザ・ランド・インスティテュートの場合、40年以上前から多年生小麦の育種に取り組んでおり、Kernza（カーンザ）という品種で軌道に乗りつつあるようです。この研究所の創設者ウェス・ジャクソンは、地元の小麦農家の土地と自然のままのトールグラスプレーリー（丈の高い草の大草原）の豊かな土壌の違いに驚きました。植物遺伝学者のリー・デハーンは2001年に研究所に参加し、ヨーロッパや西アジアが原産の、米国ではウィートグラスと呼ばれるイネ科植物の中間品種からKernzaを開発しました。農家が「トール・ウィートグラス」と呼ぶ小麦の祖先は、牧草として広く植えられていますが、1980年代にロデール研究所で人間の食用の多年生小麦作物として評価されました。ロデールで試験された種子を2000年代初めにデハーンが植え、それ以来、望ましい形質にするために選抜して植え、また選抜することを繰り返してきました。栽培して販売されたのはKernza

が初めてで、今ではKernzaをマフィン、トルティーヤ、パスタ、エールビールとして提供しているレストランやベーカリーもあります。

畑に植えた場合の従来の小麦とKernzaの違いは歴然としています。従来の小麦栽培法で隔離される炭素は土壌の表層にあり、畑を耕す前後に大気中に放出されます。一年生小麦の根は細く、長さ90センチメートルですが、Kernzaの根は太く、丈夫で、深さ3メートルまで根を伸ばすので、大気中の炭素を何倍も多く隔離し、地中深くに埋めます。炭素を埋めるというのは間違った言い方かもしれません。Kernzaの根は、岩石を酸性化して自分に必要なミネラル養分に変えてくれる細菌と炭素を交換します。それは植物と土壌にとって得な取引で、耕す必要もありません。

土壌を撹乱しない農業ほど土壌の健康と炭素隔離（または排出削減）に貢献するものはおそらくないでしょう。土壌の養分循環は、施肥する方法に関係なく、撹乱のない土壌のほうがはるかに良好です。多年生作物の耕作地は川の流域のようなものです。つまり、流域内の小川が多様な生き物の個体群を維持できるほうが、流域全体として生物多様性の向上につながるということです。さらに、多年生作物は耕作放棄地に植える作物としても適しています。

Kernzaはまだそこまでにはなっていませんし、ミシガン州立大学、ワシントン州立大学、国際稲研究所（IRRI）などの研究機関で開発中の多年生の穀物作物も同様です。穀粒が小さく、収量が足りないのです。明るい情報としては、新しい多年生の基本作物を開発しようという世界的な協力があること、Kernzaは誕生してまだ14年ということです。植物育種の分野では、それは新生児にすぎません。●

今後注目の解決策
牛と海藻の意外な関係
A COW WALKS ONTO A BEACH

古代ギリシャからアイスランドまで、海藻は何千年も前から家畜飼料として利用されてきました。特に飼料が乏しくなる冬はそうでした。牧畜を営む人々は昔から海藻の肥育効果を知っていました。現代では、プリンスエドワード島（カナダ）の酪農家、ジョー・ドーガンが自分の海辺の放牧場の牛のほうが内陸で放牧されている牛より健康で乳生産量が多いことに気づきました。ドーガ

ンは嵐で海岸に打ち上げられた海藻を集めて、自分の家畜全頭に与えはじめました。この海藻飼料の販売が承認されたら、ビジネスチャンスになるとドーガンが気づくのに時間はかかりませんでした。科学調査の専門家、ロブ・キンリーの協力で必要なテストを行なった結果、海藻にはほんとうにドーガンの牛の消化を助ける効果があることがわかりました。牛が餌を消化する際に発生する主な廃棄物であ

るメタンが、ドーガン特製の飼料では12％少なかったのです。メタン生成で使うカロリーを節約することで、消化効率がよくなり、その結果、乳量が増えたのです。海岸に打ち寄せられたコンブを見て、キンリーは考えました――牛の消化過程につきものの副産物メタンをなくす効果がもっと高い海藻の種類があるのではないか？

　牛は反芻動物に属します。反芻動物（ruminant）という名称は、共通する臓器「ルーメン（rumen）」という胃室（第一胃）に由来します。反芻動物は、餌を咀嚼してルーメンに送り、そこで細菌によって部分的に消化された餌を口中に戻し、また咀嚼して、飲み込みます。牛、羊、ヤギ、水牛が草などセルロース（植物繊維）の多い餌を消化できるのは、このガスが発生する微生物による消化過程があるからです。その結果、メタン廃棄物が動物の口と肛門の両方から排出されますが、90％はげっぷとして排出されます。世界中で、このささいな排出物が集まって、世界の家畜生産に由来する排出総量の39％、世界のメタン汚染の4分の1を占めています。オーストラリアでは、国内の農場や牧場で発生するメタンが全温室効果ガス排出量の10％近くを占めています。反芻動物は解剖学的な性質上、必ず腸内発酵で餌を消化することは今後も変わりませんが、プリンスエドワード島でのキンリーの調査結果を見ると、腸内発酵によって必ずしも大量のメタンが発生するわけではないと言えそうです。

　オーストラリアのクイーンズランド州北部の調査会社で、キンリーは海洋藻類と反芻動物の栄養に関する専門家チームに加わり、牛の人工胃（簡単に言えば小さい発酵タンク）で飼料に配合したさまざまな種類の海藻をテストしました。大量に送られてきた多種類の海藻は、どれもメタン生成に何らかの影響がありましたが、研究者たちはすぐにカギケノリ（Asparagopsis taxiformis）に的を絞りました。この種の紅藻は、クイーンズランド州の沖合いを含め、世界中の暖かい海で育ちますが、場所によって原産種の場合と侵入種の場合があります。テスト結果が出たとき、キンリーたちチームは計器が壊れたのかと思いました。人工ルーメンでカギケノリはメタン生成を99％削減していたのです――飼料に2％配合しただけでこの結果でした。生きている羊の場合、同じ配合量でメタン生成が70〜80％低下しました（生きている牛ではまだテストされていない）。

　カギケノリには、ブロモホルムという決め手となる化合物が含まれています。反芻消化の主な段階では、ルーメンの細菌は通常、廃棄物としてメタンをつくる酵素を利用します。ブロモホルムはビタミンB12と反応し、その過程を阻害します。カギケノリとそのブロモホルムがない場合、反芻動物は飼料中のエネルギーの2〜15％をメタン廃棄で失います（正確な損失率は飼料によって異なる）。あらゆる廃棄物と同様に、メタンは反芻動物の消化器系の非効率性を示しています。つまり、反芻動物が消費する餌の一部は体重に変換されないということです。ブロモホルムは、ガス発生を減らすことで、メタン排出を回避するだけでなく、家畜生産高も改善する可能性

があります。ブロモホルムの効力は飼料の種類や質によって異なるため、試験管の内と外の両方でまだ多くの研究が続いています。

現在、14億頭以上の牛と19億頭近い羊とヤギが地球に生息しており、カギケノリでメタン排出量を抑制するには、その普及が大きな課題です。オーストラリアの家畜の10％に与えるだけでも、十分な量を生産するには60平方キロメートルの海藻農場が必要になる計算です。どこでどのように量産できそうでしょうか？

乾燥や貯蔵はブロモホルムの効果に影響するでしょうか？　キンリーのような擁護派は、課題を認めながらも、障壁を打破するだけの価値があると主張します。海藻生産が広がれば海にもプラスになる可能性はあります――酸性化を引き起こす二酸化炭素を吸収して、逆に酸素を放出し、海洋生息環境をつくるかもしれません。それでも、必要な規模が桁外れです。本パートで紹介した海洋パーマカルチャーは、遠く沖合にはなりますが、平方マイル単位でカギケノリの増産を期待できます。この2つの解決策を組み合わせれば、地球規模の相乗効果を生み出せる可能性があります。

また、反芻動物をはじめ家畜に起因する温室効果ガスはメタンだけではないことも注目に値します。飼料の生産と加工がもうひとつの元凶であり、家畜関連の排出量の45％を占めます。家畜の消化効率を高めるだけでなく、飼育頭数も取り組むべき課題です。そのためには家畜の飼育方法を変え、すなわちシルボパスチャー（林間放牧）や管理放牧に移行し、そして人間の食事からも動物性食品の全体的な摂取量を減らすことが前提になります。それでも、カギケノリは前途有望な策です。ハワイではこの海藻を「最高においしい海藻」という意味の「リム・コフ（limu kohu）」と呼び、生魚の調味料として使います。世界中の反芻動物に食べさせれば、生産性が向上し、飼料として必要な大豆、トウモロコシ、牧草の量が減り、結果的に農業が土地に及ぼす影響も減ります。何よりも重要な点は、毎年世界中で放出される温室効果ガスの現在6〜7％を占める家畜メタン排出量がカギケノリによって飛躍的に減る可能性があるということです。●

今後注目の解決策
環境再生型養殖
OCEAN FARMING

何十年もの間、環境保護活動家は、乱獲、気候変動、汚染の危険から世界の海を救うために運動を展開し、苦心してきました。それを逆に考えたらどうなるでしょうか？問題は、どうすれば自然のままの海を保存できるかではなく、海をどう開発すれば海と地球を守れるのかだったら？

それこそが、ある世界的な広がりを見せている研究者や養殖従事者、環境保護活動家の

ネットワークが答えを出そうと打ち込んでいることです。豊かだった漁業資源の90％近くが乱獲によって脅かされ、かつ35億人が主要な食料源として海に依存している今、養殖支持派は、これからは採取ではなくアクアカルチャー（養殖も含めた栽培漁業）だと結論を出しています。

といっても、統制された工場のような養殖場ではありません。小規模な養殖場、それも

互いに補い合う種を育て、それが食料にも燃料にもなり、環境を浄化し、気候変動を逆転させるような養殖場を考えています。持続可能性の倫理を規範に、ネットワークの仲間たちは気候、エネルギー、食料危機の三重の問題を解決しようと私たち人間と海との関係を再考しています。

養殖は現代のイノベーションではありません。何千年も昔から、古代エジプト人、ローマ人、アステカ人、中国人など多様な文化で魚、貝、水生植物が養殖されてきました。アトランティックサーモンは1000年代初めからスコットランドで養殖されています。海藻はアメリカ大陸の入植者にとって重要な食料でした。

かつて持続可能な漁業だったものは大規模な工業型の養殖に近代化されました。農業が工業型になったのと同じです。工場のような畜産農場をモデルにした従来の養殖の経営方法は、現地の水路を汚染する抗生物質や殺菌剤を投与された低品質の味のない魚で知られています。最近の『ニューヨーク・タイムズ』紙の社説によると、養殖は「工業型農業の過ちをあまりに多く繰り返している——遺伝的多様性の縮小、保全の軽視、結果を完全に理解しないまま世界的に拡大する集約的農業などと同じ轍を踏んでいる」のです。

ある養殖従事者と研究者の小さなグループは別の道をめざしています。新しい養殖場は「多栄養段階養殖」（multitrophic aquaculture）と呼ばれるものの草分けです。食物連鎖を再現するように多種類の水産種を育てる方法です。

ロングアイランド湾には、小規模な貝のオーガニック養殖場に多種類の海藻を組み合わせて多様な生物の生息環境をつくり、汚染物質を濾過し、酸素枯渇を軽減し、肥料や魚粉の持続可能な供給源を開発することに取り組んでいる生産者がいます。スペイン南部の養殖場、ベータ・ラ・パルマは湿地回復を目的にした養殖場を設計し、その過程で220種以上の鳥がいるスペイン最大のバードサンクチュアリをつくりました。

海藻農場は栄養豊富な食料を大量に栽培する能力を秘めています。オランダのヴァーヘニンゲン大学のロナルド・オシンガ教授の試算では、合計18万平方キロメートル、ワシントン州とほぼ同じ面積の海藻農場の世界的なネットワークがあれば、世界人口全体を十分にまかなえるタンパク質を供給できます。これはほんの始まりにすぎません。海には1万種以上の食べられる植物があるのですから。

シェフのダン・バーバーに言わせれば、目標は農場も養殖場も「枯渇させるのではなく再生させる」場所である世の中をつくり、「すべてのコミュニティが自力で食べられる」ようにすることです。養殖場は、土地を基本にする農業の重大なマイナス面である淡水、森林伐採、肥料を必要としないため、特に環境に影響されやすい従来の農場よりも持続可能であると期待できます。また、水深を生かして垂直方向に利用できるため、フットプリントが小さく、単位収量が大きく、景観への影響も少なくなります。

環境にやさしい養殖場の基幹作物は、魚ではなく、海藻と貝という、地球温暖化に対す

る母なる自然の秘密の処方箋となるであろう2つの生物です。沿岸生態系の木と見なされる海藻は、光合成によって大気と水から炭素を引き出し、一部の品種は陸上植物の5倍の二酸化炭素を吸収します。

海藻はこの世で最も急成長する植物のひとつです。たとえば、ケルプ（コンブ）はわずか3カ月で9〜12フィート（2.7〜3.7メートル）の長さに成長します。このターボチャージャー装備の成長サイクルのおかげで、生産者は炭素吸収源をたちまち拡大できます。もちろん、排出量を減らす目的で栽培した海藻はカーボンニュートラルなバイオ燃料の生産用に収穫してエネルギーとして使い、単に炭素が大気中に逆戻りしないようにする必要があるでしょう。海藻が食べられたり、水中や陸上ですぐ分解されたりした場合はそうなりかねないからです。

カキも炭素を吸収しますが、そのほんとうの貢献は水中から窒素を濾過することです。亜酸化窒素は、あまり注意されていませんが、二酸化炭素の300倍近く強力な温室効果ガスです。学術誌『ネイチャー』によると、亜酸化窒素はすでに「地球の限界」を超えているという点で最悪度2番目です。炭素と同様に、窒素も生命に欠かせない要素です。植物、動物、細菌みんな生存するには窒素が必要ですが、多すぎると陸と海の生態系に致命的な影響を与えます。

主な窒素汚染源は農業肥料の流出です。結局、化学肥料と農薬の生産は毎年4.5億トン以上の温室効果ガス排出の原因になっています。この肥料由来の窒素の多くは海に流れ着き、現在は正常な濃度を50％上回っています。学術誌『サイエンス』によると、過剰な窒素は「水中の必須酸素濃度を減少させ、世界中の気候、食料生産、生態系に大きな影響を与える」のです。

この事態を打開するのはカキです。1個のカキは1日に30〜50ガロン（114〜189リットル）の水を濾過します。メリーランド大学のロジャー・ニューウェルの最近の研究は、健全なカキの生息地は増えた窒素の合計量の最大20％を削減できることを示しています。3エーカー（1.2ヘクタール）のカキ養殖場は、沿岸住民35人が発生させる窒素負荷に相当する窒素を濾過します。

海藻と貝の組み合わせで汚染された都会の水路をきれいにし、コミュニティの気候変動の影響に対する備えにもしようというプロジェクトが続々と増えています。そのひとつ、コネチカット大学のチャールズ・ヤリッシュ博士が先頭に立つ活動は、ニューヨークのブロンクス川でケルプと貝を育て、窒素や水銀などの汚染物質をニューヨークの汚染度の高い水路から除去しています。その目標は、水路をもっと健全で生産性が高く、経済的な利益も出せる環境にすることです。

それからアーキテクチャーならぬ「オイスターテクチャー」という新分野も生まれています。これは、将来のハリケーン、海面上昇、高潮から沿岸コミュニティを保護するために人工のカキ礁と浮遊庭園を建設する専門分野です。デザイン会社、スケープのランドスケープアーキテクト（景観設計家）、ケイト・オルフは都会の養殖パークを開発しています。

水にいかだを浮かべたり、貝が生育する長いロープを吊り下げたりして、都会の自然空間を増やしながら、環境を改善することがねらいです。新しい都会の養殖業は、カキ礁を世話する貝漁師であり、水上では浮遊パークを世話する造園家でもあるというのがオルフの構想です。

コネチカット州では、州の既存の窒素クレジット取引プログラムの拡大を強く求める動きがあります。プログラムに貝養殖場も含め、毎年カキ養殖場がロングアイランド湾から除去している窒素に対して金銭的な対価があるべきだという主張です。全米に新しいカキ事業が増えているなか、自分の養殖場が環境にプラスの影響を与えている「グリーンな漁師」に報いることは、炭素吸収源をつくりながら雇用拡大を刺激するモデルになる可能性があります。

既存のバイオ燃料のクリーンな代替品を見つけることはますます急務になっています。EUが委託した報告書によると、人工原料バイオ燃料からの温暖化を進行させる排出量は同等の化石燃料より最大4倍多い場合があります。以前にも増して、海藻、ほかの藻類は実現性のある代替品に思われます。海藻の重量の約50%は油ですから乗用車、トラック、飛行機用バイオディーゼルの原料になります。最近、インディアナ大学の研究陣が従来のバイオ燃料よりも4倍速く海藻をバイオディーゼルに変える方法を考案し、ジョージア工科大学の研究陣はケルプから抽出したアルギン酸塩を利用してリチウムイオン電池の蓄電力を10倍増やす方法を発見しました。

陸上バイオ燃料作物とは異なり、海藻農場は肥料、森林伐採、水が不要で、燃料を燃焼させる機械もあまり使いません。その結果、世界銀行によると、海藻農場のカーボンフットプリントはマイナスです。海藻バイオ燃料技術はまだ開発中ですが、生産者は自家消費用の燃料を栽培し、閉じたエネルギーループの海藻農場をつくっていきたいと熱く望んでいます。

米国エネルギー省は、海藻バイオ燃料は大豆などの陸上作物よりも1エーカー（0.4ヘクタール）当たり最大30倍のエネルギーを生産できると推定しています。バイオ燃料の日刊情報サービス『Biofuels Digest』は、「藻類からの油収量の多さを踏まえると、米国の現状の石油ディーゼル燃料の総消費量を代替するには約1,000万エーカー（400万ヘクタール）あれば十分だろう。これは、米国の現在の放牧地と農地の合計面積の約1％である」と述べています。

世界のエネルギー需要は、世界の海の3％を海藻栽培に割けば満たせる計算になります。「それは油田を掘り当てるに等しいと思います」とカリフォルニア大学バークレー校の微生物学教授タシオス・メリスは言います。

海は、現状のまま進めば、死に向かう悪循環から脱け出せません。海洋研究の世界的な第一人者27人のコンソーシアム、International Programme on the State of the Ocean（IPSO：海洋の現状に関する国際プログラム）は、海の温暖化・酸性化・貧酸素化の影響がすでに「人類史上前例のない海洋生物種の絶滅の段階」を引き起こしていると

警鐘を鳴らしています。

　地球温暖化の逆転とは、世界の海を救うために今こそ海の開発が求められているという意味ではないでしょうか。一方、何もしなければ海は死んでしまうかもしれません。海水は、地上最後の、人間の手によって支配されない、手つかずの自然空間として尊ばれています。私たちがそれを開発すれば、今の農業とそっくりに、そのうち海岸線に養殖場が点々と並ぶようになるでしょう。しかし、悪化する気候危機に直面して、私たちは地球を保護しながら人類を存続させる新しい方法を模索しなければならないようです。

　これは、海洋保全公園に当たる広大な面積を残しながら、海の一部を養殖に使うという意味です。もちろん、無計画に広がる海洋工場を建設するのではなく、食料を育て、発電し、現地コミュニティの雇用を創出する小規模な食料兼エネルギー養殖場の分散型ネットワークを築かなければなりません。特効薬ではありませんが、環境再生型養殖は──綿密に考えるという条件なら──温暖化を逆転させ、よりグリーンな未来を築くうえで不可欠な役割を果たす可能性を秘めています。●

今後注目の解決策
スマートグリッド
SMART GRIDS

21世紀は20世紀の電力網で回っています。世界の高所得国の都市や地域ではほぼどこでも、三大要素がグリッド（電力系統）と呼ばれる複雑な機械を構成しています。電気を生産する発電所、それを遠くに運ぶ送電線、それを住宅や商工業の最終消費者に届ける配電網の3つです。集中型の供給者から消費者のいる広範な地域に電気を運ぶことを目的に設計され、基本的に一方通行のシステムです。信頼性、供給範囲、容量は間違いなく強みですが、前世紀のグリッドは、今世紀に必須のクリーンな再生可能エネルギーへの移行に四苦八苦しています。集中型の化石燃料発電は予測ができ、管理しやすく、電気事業者は電気の供給と需要を一致させることができます。しかし、太陽光や風力などの再生可能エネルギー源は自然変動し、はるかに分散しています。標準化できませんし、必要になったら急に送るというわけにいきません。その変動に対応し、再生可能エネルギーを成功させるには、もっと軽快で順応性のあるグリッド（電力系統）が必要です。

軽快で順応性があると言えば、新しい「スマートグリッド」の得意分野です。スマートグリッドは、クリーンエネルギー経済のニーズを念頭に置いて従来のグリッドをデジタル版に改良したものです。スマートグリッドが"スマート"なのは、供給者と消費者の間で双方向の通信を行ない、電力の需要と供給を予測、調整、同期するという意味でスマートだからです。現在、供給者と消費者の需給バランスをとる行為は、電気事業者のオペレーションセンター内で行なわれています。イン

ターネット接続、インテリジェントソフトウェア、応答性の高い技術がそろうと、電気の流れの管理を支援し、場合によっては自動化し、グリッドのさまざまな要所をリアルタイムに調整できます。スマートグリッドは、ソーラーパネルと風力タービンの時代にふさわしいグリッドの信頼性とレジリエンス（強靭性・復元力）を確保すると同時に、システム全体のエネルギー効率を最大化する役割を果たせます。スマートグリッドが気候緩和策になるとすれば、それこそが核心部分です。スマートグリッドならば、集中型の化石燃料発電所とその温室効果ガス排出からの脱却を促進しながら、全体的な消費を削減することができるのです。また、電気自動車の充電による電力需要増を管理し、電気自動車技術を成長させるのにも役立ちます。国際エネルギー機関（IEA）によれば、スマートグリッドは2050年までに二酸化炭素の正味排出量を年間0.7 ～ 2.1ギガトン削減できる見込みです。

スマートグリッドは多数の部分から構成される複雑なシステムです。決まった定義はありませんが、韓国のようなスマートグリッドのパイオニアは、次のように3つの必須要素

を明確にしています。

1. 高圧電線にセンサーを搭載して状態と多方向の流れを監視および報告する。
2. 電力消費と価格設定をリアルタイムに無線通信できる高度なメーター（電気事業者とエンドユーザーの両方に）。
3. インターネット接続の電化製品、プラグ、サーモスタットで電力消費を削減する必要があるとき、あるいは余っている電気を利用する必要があるときに応答できること。

この3要素やスマートグリッドのほかの要素を組み合わせることで、需要のピークをならし、再生可能エネルギーからの変動する分散型供給を吸収することが可能になります。電気の需要は1日の時間帯によって、季節によって変化し、通常は午後遅く、最も暑い月、最も寒い月にピークを迎えます。現在の化石燃料を基本にしたシステムでは、こうした需要の急増はいわゆる「ピーク発電所」、ピンチのときだけ稼動させて需要の急増に対応するための小さい発電所で満たしています。ピーク発電所は仕事を成し遂げますが、コストが高く、環境を汚染するダーティーエネルギーです。スマートグリッドなら、ダイナミックプライシング（変動料金制）を導入し、何百万ものスマート家電に微調整せよという信号を送り、たとえば、冷凍庫なら1度だけ温度を上げて、需給バランスをとるという方法になります。同様に、風力タービンがまだ回っているけれども需要が最も少ない夜間に電気

自動車をせっせと充電するとか、必要とあれば電気自動車のバッテリーに蓄えたエネルギーを利用するということができるようになります。電気の流れにピークと谷が少ないほど、炭素排出量が減り、電気事業者もユーザーもお金を節約できます。

現在のグリッドは、地球上で最も大きく、最も相互接続の進んだ機械と言われてきました──20世紀最大のエンジニアリングの偉業のひとつです。このグリッドのスマート化は、スマートグリッド内のさまざまな技術が本格的に採用されるにつれて、今後数十年かけて段階的に進む大仕事です。しかし、必要な投資がそれに十分見合う価値があることは研究でも立証されています。それは排出量の緩和、経済的な節約、グリッドの安定性の向上というリターンがあるからです。たとえば、米国の場合、インテリジェントグリッドシステムに3,400億〜4,800億ドル（36兆〜51兆円）投資すると、20年間で1.3兆〜2兆ドル（140兆〜210兆円）の正味利益になります。グリッド制御への不正アクセスと個々の家庭のデータプライバシー、両方のセキュリティリスクに対処することがきわめて重要になります。大方の人は、再生可能エネルギーで世界の電力が足りるのかとまだ疑っています。しかし、それは根本的な誤解です。大きな課題は太陽光発電や風力発電ではありません。太陽光や風力に特有の傾向に順応できるグリッドこそが課題なのです。もっとグリーンな社会を実現するには、もっとスマートなグリッドが欠かせません。●

今後注目の解決策
木造建築
BUILDING WITH WOOD

柱から垂木、床板から屋根板まで、木材は元々建築材料です。木造骨組みの大きな建築物の建設は7,000年前の中国にさかのぼり、日本の斑鳩町（奈良県）にある1,400年前に建立された法隆寺も一例です。法隆寺は地震の脅威と湿度の高い環境を耐え抜き、現存する最古の木造建築物に数えられます。産業革命が起こり、スチールとコンクリートが支配的になり、木材の使用は減少し、主に一戸建て住宅や低層建築物に使うものに格下げされました。近頃では、都市の建設と言えば、思い浮かぶのはビルの屋上で鉄骨を吊り上げるクレーンの様子です。しかし、それが変わりはじめています。今日、都市の高層建築物がほぼ完全に木材で建設され、その過程で炭素を隔離しています。

ノルウェー語の「Treet」は「木」という意味で、ノルウェーのベルゲンにある14階建てアパートにぴったりの名前です。これは、メルボルンの10階建てのForté（フォルテ）やロンドンの9階建てのStadthaus（シュタットハウス）のように、現代の木造建築のパイオニアです。まもなく、ブリティッシュコロンビア大学の18階建て学生住宅プロジェクトや、おそらく30階以上になる意欲的なほかのプロジェクトが追い越すでしょう。これら高層の木造建築物はすべて、大きな木製の梁、モジュール、パネルでつくられており（予定も含め）、その多くはプレハブ材かプレカット材で、現場ですぐに組み立てる工法が採用されています。グルーラム（Glulam）という集成材（薄板を層状に重ねて接着したもの）は、スチールの代替材になり、175年

前に英国の教会や学校で採用されました。1990年代には、直交集成板（CLT）と呼ばれるパネル技術がオーストリアに登場し、その強度と耐久性から「新しいコンクリート」と言われてきました。グルーラムもCLTも、人が働き、集まり、居住する場所の建設が気候に与える影響を減らす手段として、今さらに注目を集めています。

気候に関しては、木造建築には2つの重要な利点があります。まず、木は成長するにつれて炭素を吸収して隔離します。その炭素は建築材料になった材木にも蓄えられています。乾燥木材の50％は炭素で、木材が使われている間は、その炭素は封じ込められています。木を育て、持続可能性に配慮した方法で伐採し、加工した材木が炭素を隔離するかぎり、このサイクルは続きます。もうひとつは、こうした建築材料の生産過程で排出される温室効果ガスは、木材の代替品を生産するより少ないという利点です。コンクリートなどの建築材料に使われるセメントは、航空産業の2倍、排出量世界合計の5～6％を占める排出の原因になっています。スチールもほぼ同じくらい多く、スチール製の梁の製造には集成材の製造より6～12倍多い化石燃料が必要です。さらに、木造建築の寿命が尽きた場合、その部材は別の建物に再利用したり、堆肥化したり、燃料にしたりできます。このように二重、三重のメリットがあるおかげで、木材利用が適度に増加すれば、気候にかなり大きい利益をもたらします。イェール大学の2014年の調査によれば、木造建築にすると世界全体の二酸化炭素の年間排出量が14～

31%も削減できる見込みです。

　一般通念では、木材と高層ビルは両立せず、木造は燃えやすいのが問題とされています。木材の加工・製造の分野では、知識の蓄積が進み、業界ルネサンスが起こり、その限界への挑戦が続いています。スチールは火で曲がるのに対し、木材は外側が中を守るために炭化し、内部構造は完全に保たれます。新しい高性能製品は、さらに耐火性が高く、費用対効果も高くなり、これまでになく頑丈です。グルーラムとCLTの間に板を挟んだ複合製品はスチール並の強度がありますから、さらに高層の建築に利用できるほど重さを支えることができます。もうひとつの利点は、プレハブ加工して、現場で巨大な組み立て家具のように組み立てられることです。つまり、工期が短くなり、コストが下がり、建設現場につきものの廃棄物、騒音、車両の出入りを大幅に削減できるということです。

　木造建築が代替策よりすぐれている特長に影響を及ぼし、注意しなければならない要因が主に3つあります。第1に、建設現場の近くから建築材料を調達すれば輸送の排出量とコストが抑制されます。第2に、持続可能な林業で木材を伐採すれば生態系の完全性が保護され、最大限の炭素隔離が維持されます。伐採が適切に管理されない場合、建築材料として木材を多用すると、森林とそこに生息す

建築デザイナーのマイケル・チャーターズの表現を借りれば「高層ビルは疲れている」写真は彼のデザインでシカゴの一角に建築されたビル。超高層ビル発祥の地シカゴは、「ビッグウッド」発祥の地にふさわしいとチャーターズは考えている。都市の建物の材料だけでなく、形も変える大量の材木を使ったカーボンニュートラルな建築物のことだ。このユニークなビルはシカゴ大学の多用途複合施設で図書館、メディアハブ、3種類の住宅、小売店、スポーツ複合施設、駐車場、公園、市民農園で構成されている

る動植物に大きな損害を与える恐れがあります。第3に、ライフサイクルの終わりに、木造建築の部材を再利用するか、リサイクルするか、堆肥化などの方法で廃棄しなければなりません。これは、貯蔵された炭素の放出や木材が嫌気性分解されてメタン排出の原因になるのを防ぐためです。三重県の伊勢神宮は20年ごとに解体され、ヒノキで再建されます。このヒノキは、自然界の死、無常、再生力を崇める儀式のために付近の山で栽培されています。何も捨てません。どんな廃材もほかの建築物の一部になります。200年後、神宮内の茶室の記念品として役目を終えることもあります。

おそらく木造建築普及の最大の課題は認識です。バンクーバーの建築家でエンパイア・ステート・ビルディングの木造版を設計したマイケル・グリーンのような推進派は、それを変えようと積極的に動いています。高層木造建築物そのものが何よりも説得力のある証言になるでしょうが、米国のTall Wood Building Prizeのような高層木造建築のコンテストは、ニューヨーク市からオレゴン州ポートランドまで各地の実証プロジェクトを宣伝するのに一役買っています。集成材の技術は確立されていますが、さまざまな市場に参入しはじめたばかりです。サプライチェーンが発達すれば、集成材はますますコスト競争力をつけます。それでも、多くの建築基準は木材の使用を4、5階建てまでに制限しています。規制が建築技術に追いつき、イノベーションを妨げるのではなく、促進する可能性はあります。地球は私たちの食料を育てるのとまったく同様に、第一級の建築材料も生み出せるのです。●

生き物は互恵主義
Reciprocity

ジャニン・ベニュス

大学で林業の勉強をしていたときのことです。ふと我に返ると私はアイアンウッドと呼ばれる木のなめらかな幹にスプレー塗料を向けていました。ニュージャージー州の実験林で「木を間引く」準備として印をつけようとしていたのです。オレンジの塗料が吹きつけてある木は、製材用の木のじゃまになりそうなので切り倒すか、薬剤処理で枯らすか、皮むき間伐（環状剥皮）してくださいという意味で伐採業者はそれを見て作業することになっていました。間伐はオークとクルミの成長を助け、木が自分のものにできる水、日光、養分が増えると私たち学生は教わりました。クラスの学生の大半は群生している木を間引く作業が好きでした。私にとっては胸が痛む、空虚な選択でした。

私がずっと思い描いていたのは、大学実験林のすぐ隣にある200年間伐採されていない古い森でした。林冠をなす巨木が2本、3本、4本と群生し、中間層には広葉樹と針葉樹、私の足元にはエンレイソウやゼンマイ、そして腐葉層からワキアカトウヒチョウが飛び出してくる。こうした木々が競い合うのを誰も間引いたりしないけれど、みんな元気そう。そこはそういう森でした。
「古い森はここほど開けてもいないし、管理されてもいませんが、もっと健康そうです」と私は教授に言ってみました。木は何か理由があって集まっているかもしれないとは思いませんか？　何らかの方法で互いの利益になっているかもしれないとは思いませんか？

教授は首を横に振って否定し、ちょっとおどかすようにこう言いました。「そんなにク レメンツ主義にならないように。大学院に入れなくなるぞ」教授が言ったのは、フレデリック・エドワード・クレメンツ、1900年代初めに活躍した植物生態学者で生態学史上最大の論争に勝ち、後に負けた人物のことでした。クレメンツを引き合いに出すのは、周知の戒め、「青臭い」と言われているようなものでした。

1977年の当時、クレメンツが否定されて植物生態学にパラダイムシフトが起きてからもう30年が過ぎ、私たちが原野について実験し、語ることはその影響を受けていました。特に強く影響を受けたのは、森林地、牧場、農場を管理するための鉄則でした。木は間引いて競争から解放する必要があるという教えは、フレデリック・クレメンツと同時代の植物生態学者ヘンリー・グリーソンとの論争の結果でした。ふたりがまったく異なる見方から説明しようとしたのは、何が植物群落を構成するのか、植物がどう共生するかを決定する要因は何で、それはなぜかということでした。

クレメンツは、バイユー（米国南部に多い流れのゆるやかなよどんだ水域）、チャパラル（カリフォルニアに特徴的な低木林）、広葉樹林、プレーリー（大草原）を研究し、それぞれ異なる植物群落が土壌や気候だけでなく、互いに反応するのを目の当たりにしました。クレメンツは、植物が協力者でもありライバルでもあり、互いに相手の益になる方法で定着を促進し合うと提唱しました。林冠木は枝の下の幼木を"世話"し、植物どうしが助け合う「ファシリテーション」と呼ばれる過

程で、より保護された養分の多い生育環境を生み出していました。林冠木は日陰をつくって土を乾燥させる太陽から幼木を守り、風をさえぎり、葉を落として土壌を肥沃にする役割を果たしていたのです。時とともに、ある植物群落は別の植物群落に好適な環境を用意して優勢な植物群落が移り変わっていきました（遷移）。一年生植物は多年生潅木の土になり、多年生潅木はやがて森林に成長する幼木を養います。クレメンツが観察したどの場所でも、植物群落は密接に影響し合っていたのです。クレメンツは植物群落をひとつの有機体と見ていました（バイオーム）。

グリーソンは別の見方をしていました。クレメンツが群落と呼ぶものは、単なる偶然の産物、ランダムな個体がたまたま分散し、水、日光、土壌にどう適応したかに応じて配置されたにすぎないと考えました。相互扶助などなく、植物は場所を競い合って生存競争をしていただけでした。全体として研究対象になる何らかのつながりがある相互依存の群落があるのではないかという概念は、彼にとって幻想でした。部分を調べることに意味があるというのがグリーソンの立場だったのです。

20世紀前半はクレメンツ説が主流でした。植物生態学の文献はファシリテーション研究一色でした。グリーソンの研究は、1947年になって少数の研究者グループがグリーソンの個体主義の見解を復活させ、クレメンツの全体論を批判するまで忘れられていたも同然でした。個体として植物を扱うグリーソン説の復活で、まるで原子であるかのように、整然とした統計的な精度で植物を研究できるよ

うになりました。

その後12年で、生態学者の大半は、正の相互作用が植物群落の形成を促進するという説を否定し、代わって競争や略奪など負の相互作用に着目するようになりました。科学誌の論文が様変わりし、大学院に志願した場合、許される研究課題は「競争から見た……の解明」のような一定のものだけでした。時代を考えると、驚くことではありません。クレメンツ説の凋落が始まった1947年は、トルーマン・ドクトリンの発表と冷戦の開始と一致します。以後何十年も、植物について話すときでさえ、"共産"主義は口にできなくなったのです。

しかし、そこが科学的手法の私がとても好きな点ですが、文化は事実をごまかせても、測定可能な事実のたゆみない探求は止められません。反米的であろうとなかろうと、計算の答えは1つでなくてはいけません。植物の競争を50年間くまなく研究しても結論が出ないことがわかったとき、ほかに何が作用しているのかをつきとめようと研究者たちはまた現場に戻りました。

私がアイアンウッドにスプレーするのをためらっていたのと同じ年、生態学者のレイ・キャラウェイはシエラネバダ山脈のふもとにいて、ブルーオークを悪習から救おうとしていました。支配的な通念、グリーソン説の賜物は、カリフォルニアの放牧地に点在するオークを伐採して牧草を競争から解放すべきということでした。キャラウェイを大いに失望させたのは、数千エーカーのブルーオークが薪のために切り倒されていたことです。

遥か昔からブルーオークがあるから草が茂っていたという事実はキャラウェイを苦しめました。2年半というもの、キャラウェイは鍋やバケツに葉、小枝、枝、6つの林冠から滴り落ちる栄養を含んだ雨水を集めてはオークと草原の相互作用を測定しました。彼の学位論文は、養分の合計がオークの下のほうが開けた草原より20〜60倍多いことを証明していました。枝を大きく広げたオークは、カリフォルニアの地形に絶妙に配置された栄養ポンプとして、地中深くからミネラルを吸い上げ、毎年の落葉でそれをまき散らします。地中に広がる主根は密な土壌をほぐして、大枝の下の貯水量を増やし、さまざまな植物が育ちやすい環境をつくります。キャラウェイは、植物がどのように「シャペロン（付添い人）」として、隣人の生存、成長、繁殖を強化するか説明する研究を集める仕事に取りかかり、今では千以上もの研究例が集まりました。その事例を読むことは、自然界のコミュニティが逆境をどう解消し、克服するかという気候変動した世界で必読のマニュアルを発見するようなものです。

これから干ばつが深刻化するにつれて、どの植物がヘルパーであるか、植物群落のシャペロンであるか把握することは重要になります。たとえば、アマゾンの熱帯雨林は乾季でもなぜ、どうやって雲を生み出すのでしょう？　アマゾンの年間降水量の10％は、一定の分散した潅木の浅い根に吸収されてから、主根系によって地中深くの土壌に運ばれることが判明しています。雨のない月になると、主根系が水を吸い上げて、浅い根に送り出し、

森全体に分配します。世界中の多くの植物種がこの水圧「リフト」を行ない、林冠の下で多数の植物に水を補給しています。

過酷な環境ほど、相互生存のために協力する植物を見かける可能性が高くなります。チリの山頂には有害な紫外線や寒さ、乾燥させる風に抗って身を寄せ合い塚のようになった植物が見られ、その研究から複雑な相互補助が明らかになりました。1.8メートル幅のヤレータというクッション植物は、数千歳にもなり、その塚に何十種類もの開花種が定着することがあります。まるで、あざやかな緑のクッションにカラフルなピンが刺さっているようです。（前ページの写真がヤレータ、3,000歳超えがざらだという）

斜面では、木が耐え抜き、落石の上に定着できるなら、木は保護シェルターになります。そこでは風が弱く、吹きだまりになった雪が木の下にある若い植物に水分補給します。鳥の止まり木になり、哺乳類が隠れ、その糞に含まれる養分や種子が持ち込まれながら、そこは拡大する島のようになります。下に落ちた葉や針葉樹の針状葉が腐敗するにつれて、夏の乾燥した日に水分を放出する有機物スポンジができあがります。

競争の先入観や経済理論は逆を説くのに、植物が資源不足にもかかわらず寄り添って成長するところを想像するのは直感に反することはわかります。長年、慎重な実験者はこれを例外として説明しようとし、生存競争の研究において善行というものを見逃しました。今、私たちは共生する植物はひとつだけではないことを知っています。相利共生──複雑

な善の交換——は地上でも地下でも想像を超える方法で営まれています。

　キャラウェイがカリフォルニアでオークを測定している頃、森林管理官のスザンヌ・シマールはブリティッシュコロンビア州（カナダ）の大量の皆伐に顔をしかめていました。ダグラスファー（ベイマツ）の周囲で育つアメリカシラカンバを除去する森林管理の決まりは、シマールにとって論外に思われました——両者は遥か昔から一緒に生えているものでした。何らかの方法で助け合っているとしたら？

　シマールは、成長中の苗木に2種類の放射性同位体で標識した二酸化炭素を吸収させる（ダグラスファーに^{14}C、シラカンバに^{13}C）というすぐれた研究を行ないました。苗木は二酸化炭素を吸収し、糖に変換します。シマールは炭素を追跡して、何か交換が生じるかどうか調べることにしたのです。最初の結果は1時間後に出ました。ガイガーカウンターの音が鳴り出したときは陶酔感にも似た不思議な感覚だったとシマールは振り返っています——シラカンバの^{13}Cがダグラスファーに移動し、ダグラスファーの^{14}Cはシラカンバに移動していたのです。

　どうやって？　次に森に行く機会があったら、腐葉層を掘ってみてください。白いクモの巣のような糸が根にくっついているのがきっと見つかるはずです。これは、炭素をもらう代わりに木にリンを供給する菌類の地下部分です。教科書の説明では、これは植物と菌の1対1の交換です。シマールの研究は、菌類が1本の木の根から広がって何十本もの

木や潅木、ハーブをつないでいること、しかも近縁種だけでなく、まったく異なる種もつないでいることを初めて証明したものでした。シマールはこれをワールドワイドウェブ（WWW）ならぬ「ウッドワイドウェブ」と呼びますが、この木のWWWは、水、炭素、窒素、リン、防御化合物を交換する地下インターネットです。1本の木が害虫に侵されると、その木の警報化学物質が菌類を介してネットワークのほかのメンバーに伝わり、防御を強化する時間を与えます。

　森林の有機的につながったホリスティックな性質に関する発見は、林業、自然保護、気候変動に大きな影響を与えています。農地も同じように鋭い洞察力で見る時が来ました。全陸上植物の80％は菌根菌と共生する根をもっていますが、農地に共通する菌根ネットワークが見つかることはめったにありません。土を耕すことや除草剤（グリホサートなど）はネットワークを乱し、窒素やリンの人工肥料を年々増やしていくと、ヘルパーである細菌や真菌類にもう出番はないよと伝えることになります——水の輸送も害虫防御もしなくていい、私たちの体に必須の微量栄養素も吸収しなくていいと伝えることになってしまうのです。

　植物群落が二酸化炭素を呼吸して糖に変え、その糖を微生物ネットワークに供給すると、植物は何世紀も土中深くに炭素を隔離できます。しかし、そのためには、植物群落が健康で多様性に満ち、植物どうしが十分に手を組む必要があります。自然や農林業の環境に大気中に放出されてしまった土壌炭素の50％

を回収してもらいたいなら、チェーンソーを動かしたり、肥料の袋を開けたり、幼木に伐採マークを付けたりする前に立ち止まる必要があります。私たち人間が木どうしの重要な会話をじゃましてはいけないのです。

地球温暖化を逆転させるには、炭素循環の流れに新しい方法で踏み込み、私たちが二酸化炭素を過剰に吐き出すのを止め、地球の息もたえだえの生態系が元気を取り戻して深呼吸できるようにしなければなりません。それは、錬金術のように炭素を生命に変える仕事を日々している微生物、植物、動物というヘルパーたちをヘルプすることを学ぶという意味になります。この相利共生の役割を果たし、この互恵主義を実践するには、生態系が実際にどう動いているのかもっと細やかに理解する必要があります。幸いなことに、植物はす

べて利己的に生きているという世界観を長年さまよった末、私たちはようやく地球がひとつの有機体であるという感覚を身につけているところです。

競争に焦点を当てた50年の副産物のひとつは、私たちが人間を含め、あらゆる生物をまず消費するもの、競争相手として見るようになったことです。今、私たちは別の認識をもつようになって20年です。ようやく共有とシャペロンの普遍性を認め、共同体の特性はきわめて自然であるという事実を認めるようになって、私たちは自分自身を新たに見つめることができます。私たちは育てる役割に、そう、この地球の共同作業による癒しの物語に登場するたくさんのヘルパーたちの1人に回帰できるのです。●

可能性の扉　AN OPENING

富める者も貧しき者も、人生は次々と押し寄せる問題に支配され、
そのほとんどに現実的で永続する解決策がないように見える。
……どの問題にせよ根源は思考そのもの、我々の文明がまさに誇ってやまないもの、
ゆえに「隠れて見えない」ものに行き着く。
なぜなら我々は個人生活でも社会全体の営みでも
思考の実際のはたらきに真剣に向き合わないからである。
──デヴィッド・ボーム、マーク・エドワーズ著『Changing Consciousness』より

　本書を何のために読むか、論理的に言えば、それは現状を変える方法を見つける参考にしてもらうことです。一人ひとりが世の中で果たす役割と責任をどう考え、認識するか、それがあらゆる変革の第一歩、あらゆる変化のよりどころです。研究する側の私たちは、個々の解決策の潜在的なインパクトに驚きました。それは今も変わりません。特に食料の生産と消費の両方に関わる解決策には驚かされました。何を食べるかという選択、それを育てるために採用する方法は、地球温暖化の原因としても救済策としてもエネルギーと肩を並べて最上位にランキングされています。個人の責任と機会がある領域はそれだけではありません。家を管理する方法、交通手段、何を買うか、などもそうです。

　しかし、個人に重点を置きすぎると、人はひとりでは背負いきれないほどの責任を感じて、目の前の仕事の途方もない大きさに圧倒されてしまうこともあります。ノルウェーの心理学者で経済学者のペール・エスペン・ストクネスは、気候変動を脅威や不吉な運命を表す言葉づかいで説明する科学ばかり見聞きすると人がどう反応するかを分析しました。そういう場合、恐怖が生じ、罪悪感と絡み合い、人は受け身の姿勢、無関心、否定に至るものです。私たちがもっと効果的に問題と向き合うには、人類の破滅ばかり繰り返し強調する話ではなく、可能性とチャンスがあるという話が必要ですし、私たちにふさわしいのはそういう問題提起です。

　その話は個人を超えて広がる必要があります。人間が孤立した存在として存在するという考えは根拠のない作り話だからです。私たちはみんな複雑な社会構造と文化に属し、その入り組んで相互につながった一部分を成します。より広い意味では、生命の網全体──水、食料、繊維、医薬品、インスピレーション、美、芸術、喜びの究極の源──の一部分です。

　おそらく、ビル・マッキベンほど気候変動について社会を啓発するために尽力してきた人はいないでしょう。1989年に出版し、ベストセラーになった『自然の終焉──環境破壊の現在と近未来』（河出書房新社）は、一般向けに書かれた気候変動を警告する最初の本です。マッキベンは、精力的に話し、旅し、書き、組織的なアウトリーチ活動も行う、これぞ活動家という人、一個の人間が達成できることの象徴的な例です。これほどの人なら、個人としてもっとできることがあるでしょう、私の模範的な生活を真似しなさい、地球温暖化を逆転させるために必要な変化を起こしなさいと人に熱心に説こうと思えばいくらでもできるはずです。しかし、マッキベンはそれを勧めません。「私」という代名詞を使うことこそが問題だとマッキベンは書いています。

個人には、不正なパーム油会社がインドネシアの熱帯雨林を焼き払うのを防ぐことも、オーストラリアのグレートバリアリーフのサンゴの白化や死滅に終止符を打つこともできません。個人には、世界の海の酸性化を食い止めることも、欲望と物質主義をあおることに専念するコマーシャルの猛攻撃を阻止することもできません。個人には、化石燃料会社に与えられた実入りの多い補助金を停止させることはできません。個人には、匿名の裕福な出資者が圧力をかけて気候科学と研究者を意図的に抑圧したり、悪魔呼ばわりしたりするのを防ぐことはできません。

　個人ができることはムーブメントになることです。マッキベンが書いているように、「ムーブメントは社会の5％ないし10％の人を要し、それが勝負の分かれ目になるものです──なぜなら、無関心が支配する社会では、5％ないし10％は膨大な数だからです」ムーブメントは、私たちの考え方、世界の見方を変え、より進化した社会規範をつくります。かつて受け入れ、正常だと考えていたことが論外になります。疎外され、嘲笑されていたことが尊重されるようになります。抑圧されていたことが原則として認識されるようになります。米国は自明の真理があるという前提で建国されました。その言うまでもない真理のひとつは、私たちが暮らす家は1つしかないということです。私たちがここに残りたいなら、力を合わせてもっと大切にするしかありません。そのためには、「私」ではなく「私たち」に、止めることのできない、恐れ知らずのムーブメントにならなければなりません。ムーブメントは、手足を持ち、心と声を持つ夢です。『ドローダウン』執筆と関連ウェブサイト作成に際し、単に厳密な調査を行い、情報を提供する以上のことをしようとしたのは、それが理由です。私たちは、読む人が夢中になれるような、驚くようなものを世に出し、地球温暖化への解決策を新しい方法で提示したいと思いました。人類全体の有志の人々やネットワークを一貫性があり、もっと成果を出せるひとつの大きなネットワークに結集し、気候変動の逆転に向けて進歩を加速させることをめざす、そんな新しい方法です。

　今後、プロジェクト・ドローダウンのスタッフ、フェロー、ボランティアがやろうとしているのは、環境再生の経済面（雇用、政策、経済的複雑性）をモデル化すること、気候変動対策を具体的な国民経済に対応づけること、気候変動対策の技術とプロセスによる雇用創出（尊厳ある社会的に公正な家族を養える賃金の雇用）を計算することです。私たちが収集した経済データは、世界中の問題がもたらす出費のほうが今や解決策を実行するためのコストを上回っていることを明確に示しています。言い換えれば、環境再生型の解決策に着手することで達成できる利益は、問題を引き起こしながら、あるいは現状維持で得る金銭的利益より大きいということです。たとえば、農業で最も収益性と生産性が高い方法は環境再生型農業です。発電産業の場合、2016年時点の米国では太陽光産業の雇用者数はガス、石炭、石油の合計より多くなっています。環境再生は環境破壊より多くの雇用を生み出します。未来を奪うのではなく、未

来を修復する経済を実現するのは、まったく難しいことではないのです。

「職・雇用（job）」という言葉は、義務、退屈な仕事、骨折り仕事という意味が含まれているという点で厄介です。「仕事（work）」のほうが、キャリア、天職、専門性という含みがあるので適切な言葉かもしれません。私の友人が小学校3年生のクラスに向けて話をし、世界の失業者の増加について話し合ったことがありました。そのとき女の子が手を挙げて「やり残した仕事はもうないんですか？」と聞きました。この世にはかつてなくやらなければならない仕事が山積みです。何億人もがその仕事を求めています。

地球の環境システムの加速的な破綻を見たり、世界的に礼儀や節度が失われて陣営、イデオロギー、紛争で分断されるのを見たりするのはつらいことです。しかし、私たちの前にあるのは、敵か味方かどちらかにつく選択ではなく、地球を守る責任を託された管理人としての役割です。私たちは、協力して地球温暖化に取り組むか、文明としておそらくは消え去るか、どちらかです。協力するには、階層的な意味ではなく、生物学的、文化的な意味で自分たちの居場所をよく知り、人類存続の主体としての役割を取り戻さなければなりません。私たちは戦争を連想させる比喩には飽き飽きしています。たとえば、「防衛」と聞けば攻撃を考えますが、世界の防衛は一体となって、相手に耳を傾け、一緒に働くことでしか達成できません。

気候変動対策はコミュニティ、共同作業、協力にかかっています。最終的には、『ドローダウン』のどの解決策も、新しい、おそらく見たこともないような提携を結ぶ人々のグループ（不動産開発業者、都市、非営利組織、企業、農家、教会、州・省・県、学校、大学など）が始め、前に進めます。食料と土地利用に関する解決策では、炭素を隔離し、あらゆる命の営みの質を向上させるために、自然とどう協力するかが焦点です。女児の教育機会と家族計画は、世界中のコミュニティが女児の可能性と女性の力を認識し、支援するかどうかという問題です。エネルギーと原材料の効率化は、チームとして仕事をする建築家、エンジニア、都市計画者、活動家、発明家から生まれます。プロジェクト・ドローダウンでは、研究員、アドバイザー、出資者、専門分野の査読者、スタッフなど250人以上が協力する連盟を結成しました。私たちは、このプロジェクトを支えてくれた一人ひとりに深くお世話になっています。

ほぼすべての子どもが、まだ話せもしないうちから、利他行動を示すことは科学的に知られています。ほかの人に心を配ることは骨の髄まで染み込んだ、人間固有の生まれつき備わったものだとわかっています。私たちは協力し、助け合うことで人間になりました。それは今日でも当てはまります。地球温暖化を逆転させるために必要なのは、自分がほんとうは何者なのか思い出す人が一人また一人と増えることです。──ポール・ホーケン

調査方法　**METHODOLOGY**

プロジェクト・ドローダウンは、大気中の温室効果ガス濃度を確実に減少させることができる社会的・生態学的・技術的解決策に関して入手できるかぎり最善の研究とデータを収集、分析、提示します。ドローダウンに向けて努力するために、各解決策は次のうち1つ以上に該当します。

- 効率性の向上、原材料の削減、資源生産性の向上によってエネルギー消費を削減する。
- 既存のエネルギー源を再生可能エネルギーシステムで代替する。
- 農業、放牧、海洋、森林に関する慣行を環境再生型に改めることで土壌、植物、海藻に炭素を隔離する。

各解決策の調査は、次の3段階プロセスで構成されます。

- テクニカルレポート（調査報告書）：技術仕様、経済・気候データに基づく予測シナリオを含めた解決策の詳細な分析。
- レビュープロセス：テクニカルレポートとモデルのインプット（入力情報）をすべて各分野の専門家が慎重に検証する。これでデータの正確性、信頼性、最新性が保証される。
- 統合モデル：重複計算と解決策どうしの相互作用によって生じる不正確さを排除するために各解決策モデルをより大きな分野モデルに統合する。

私たちは、定評ある国際機関の調査研究、世界的コンサルタント会社や業界最大手企業の市場報告書など、複数のデータセットを採用しています。気候変動に関する政府間パネル（IPCC）、国際エネルギー機関（IEA）、国際再生可能エネルギー機関（IRENA）、国連食糧農業機関（FAO）、国際応用システム分析研究所（IIASA）、そのほか広く引用されている研究機関やピアレビュー（同分野の研究者による査読）を経た研究のデータが、世界規模の分析の中核を成しています。

統計的分析手法を用いてデータを評価するために2つの主要モデルが開発されました。「削減・代替モデル」は、エネルギー消費を削減するか、既存の化石燃料に依存したエネルギー生産を代替する解決策を計算することを目的に設計されました。「土地利用モデル」は、地上・地下バイオマスによって大気から二酸化炭素が隔離される場合のさまざまなダイナミクスを評価し、また森林伐採などの破壊的な土地利用法が減少すれば回避される排出量も計算に含めるために開発されました。分析する解決策に応じて適切なモデルを採用し、カスタマイズしました。

プロジェクト・ドローダウンの目的は、全解決策を組み合わせた場合の効果を調べることでした。したがって、共通のデータセットとインプットを用いる解決策をグループ分けするために次の14種類の統合モデルが開発されました。

農業／ Agriculture
建物外皮／ Building Envelope
建物システム／ Building Systems

発電／Electricity Generation
家族計画／Family Planning
フードシステム／Food Systems
森林管理／Forest Management
貨物輸送／Freight Transport
冷暖房／Heating/Cooling
照明／Lighting
家畜管理／Livestock Management
旅客輸送／Passenger Transport
都市部の輸送／Urban Transport
廃棄物転換／Waste Diversion

シナリオ

『ドローダウン』に示したデータは、市場規模に対する各解決策の成長が現在の水準に固定されたままの30年間と比較して、各解決策が意欲的だが実現性の高い普及率になった場合に増加するインパクト、コスト、節減額です。たとえば、再生可能エネルギーは現在、世界のエネルギー消費の24％を占めています（太陽光、風力、大規模水力、バイオマス、廃棄物、波力、潮力、地熱）。私たちは、各分野で生産されるエネルギーが現在値と比較して何パーセント増えるか計算します。人口増加と経済成長の結果、エネルギー生産は増加するでしょう。それでも再生可能エネルギーの割合が24％のままであれば、それをゼロと算定します。私たちは、楽観的で実現可能な枠組みであり、解決策の採用が増えたインパクトがゆるやかに大きくなる予測モデルを「実現性の高いシナリオ」と呼びます。

このシナリオは楽観的な見通しながら現実的でもあります。経済的コストと排出量インパクトに関しては、広く引用され、ピアレビューを経た研究に基づいた控えめな推定を用いています。情報源を綿密に調べ、メタ分析を実施して、一定範囲の潜在的なインパクトを評価してから1つの結論を出し、常に控えめな予測に偏向する方針をとっています。経済的モデリングに関しては、過去の傾向よりコスト下落がスローペースであるという選択を意図的にしました。

各解決策の世界規模のインパクトを予測するには、市場ごとに今後どのくらい採用が増える可能性があるか評価する必要があります。商品とサービスの世界的な需要は、国際市場と地域市場、両方の予測を用いて算定します。市場需要の例としては、総発電量、総旅客キロメートル、住宅と商業ビルの総床面積などがあります。したがって、人口と経済状況はモデルに大きな影響を与えます。「国連2015年版世界人口予測」は、2050年の世界人口を低位推計、中位推計、高位推計の3パターンで予測しています。私たちは、中位推計の97億2,000万人に基づいて市場成長、需要、インパクトを評価しています。

完成させた予測シナリオはほかにも2つあります。「ドローダウンシナリオ」は、「実現性の高いシナリオ」の排出量削減と経済面の控えめな想定を、より積極的な見通しに調整したシナリオです。「最大限シナリオ」は、主要な解決策、特に100％クリーンで再生可能なエネルギーが2050年までに最大限普及すると想定した場合のシナリオです（393ページ参照）。

基本仮定

本プロジェクトの対象範囲を世界全体としたため、全解決策に共通するいくつかの仮定条件を設定しました。次に示す6つを前提にすることで、妥当な期間で調査を実施することができました。解決策それぞれのモデルでは、その解決策に特有の仮定条件も追加しています。その詳細については、プロジェクト・ドローダウンのウェブサイトで公開している個別のテクニカルレポートを参照してください。

- **仮定1**：製造を要する解決策の場合、それを全世界で十分に製造し、普及させるために必要な将来のインフラは、採用年にすでにあるものとし、実行の主体（個人または家庭、企業、コミュニティ、都市、電気事業者など）が負担するコストに含まれる。これを前提にしたため、製造の開始または拡大に要する資本支出（設備投資）の分析は省いてある。
- **仮定2**：各解決策の実行、拡大、規制に必要な政策は、採用年に現地・国・国際社会レベルですでにあるものとする。これを前提にしたため、解決策の推進における直接的な政府介入の国レベルの分析は省いてある。
- **仮定3**：炭素に価格はないものとする。カーボンプライシング（炭素価格付け）とそれを確実に実行するために必要な政策が不確実であるため、その潜在的なインパクトは私たちの分析では評価していない。
- **仮定4**：すべてのコストと節減額は、解決

策の実行主体に応じて計算する。たとえば、家庭のLED照明に関連するコストは、住宅所有者が負担するコストに基づいて計算するが、ヒートポンプに関連するコストは、商業用か住居用かを問わず、建物所有者が負担するコストとする。
- **仮定5**：生産効率と技術の向上の結果、価格は変化する。信頼できる将来のコスト予測がない場合、その解決策に特有の過去の傾向から導かれる学習率*のうち控えめなデータに従って価格を調整してある。
- **仮定6**：解決策は、分析の対象期間内に時代遅れになる、大幅に改良される、新しい技術や方法の普及で廃れるということもある。信頼できる予測がない場合、そのような展開は分析では考慮しなかった。

今述べた基本仮定は、必ずしも私たちが望む未来予想を反映しているわけではありません。たとえば、本プロジェクトの目的上、カーボンプライシングを実施する政策はないものと仮定しましたが、キャップアンドトレードなど、カーボンプライシング制度はすでにあり、成長しています。そういう政策も前提にすれば、ほぼすべての解決策の採用が本書でモデル化した以上に大幅に促進される可能性があります。

システムダイナミクス

本書の解決策は相互に関連した複雑なシステム内で作用します。その影響は切り離されたものではなく、むしろ相互に依存し、双方向的で、循環しています。したがって、私た

＊学習率は累計設備容量が倍増するたびに生じる費用低減率

391

ちは、ある解決策のインパクトがほかの解決策にどの程度影響を与えるか、解明と分析を試みてきました。あるモデルのアウトプットは、そのシステム内の別の解決策のインプットになる場合があります。

一例を挙げると、「食料廃棄の削減」「堆肥化」「農業」「メタンダイジェスター」という4つの解決策の間のダイナミクスです。食料廃棄を減らすと、堆肥とメタンダイジェスター処理に使える有機物の量も減ります。また別の見方をすると、食料廃棄を減らせば、既存の耕地で増加する人口を養うことになり、結果的に耕地の開墾のために手つかずの森林を伐採する必要もなくなります。ひとつの解決策のインパクトを考えるときは、システムのより広い範囲の解決策に与えるインパクトを考えなければなりません。

重複計算

たくさんの多様な解決策を分析するには、2つのモデルが同じインパクトを計算していないか慎重に確認する必要があります。たとえば、太陽光発電によって回避される排出量を1つの解決策として計算し、太陽光発電のネット・ゼロ・ビルディングを別の解決策として計算すれば、太陽光発電を2回計算したことになります。これは重複計算であり、複数の解決策の合計インパクトをモデル化する場合に対処すべき重要な問題です。私たちは重複計算にならないように分析しました。

リバウンド効果

リバウンド効果は人間の基本原則のような本質です。ある製品やサービスの価格が下がると、一般的に人はもっと買い、もっと使い、せっかくの節約効果を打ち消します。たとえば、エネルギー効率が向上して消費者が払う費用が減ると、消費者はおそらくもっとエネルギーを使います。リバウンド効果は、製品やサービスの値下げに反応して消費者がどう行動するかに大きく左右されるため、評価することが困難です。私たちはリバウンド効果を直接モデル化することはしませんが、オンラインで公開されているテクニカルレポートでは潜在的なリバウンド効果を分析しています。

調査の詳細について

ここで述べたことは、『ドローダウン』執筆のための調査で採用した方法の概要にすぎません。ご想像いただけるかと思いますが、モデルの背景には何百万ものデータポイントを含め、膨大な調査があります。調査の詳細については、www.drawdown.orgにアクセスしてください。解決策ごとのテクニカルレポート、各解決策をモデル化した方法の説明、調査方法に関する参考情報を公開しています。

――チャド・フリッシュマン

数字は何を語るか？
WHAT DO THE NUMBERS TELL US?

本書のページ上部に記載したランキングと成果は、各解決策の世界的な成長（普及）率の予測のうち妥当でありながら楽観的でもある予測データを用いて、30年間でモデル化した各解決策の総合インパクトを表しています。私たちはこれを「実現性の高いシナリオ」と呼びます。この方法で計算すると、2050年までに回避および隔離される二酸化炭素*の総量は1,051ギガトンになります。

シナリオはあと2つあります。その1つ「ドローダウンシナリオ」は、「実現性の高いシナリオ」の控えめな予測に偏向する方針を排除したらどうなるかというシナリオです。その場合、2050年までに削減される二酸化炭素の総量は1,442ギガトンに増えます。発電は100％再生可能エネルギーになりますが、それにはバイオマス、埋立地メタン、原子力、廃棄物エネルギーも含まれます。これらの解決策が全体に占める割合は低下していきますが、二酸化炭素のドローダウンを達成するためにはまだ重要です。「ドローダウンシナリオ」と呼ぶのは、2050年に大気中の二酸化炭素が正味0.59ギガトンのマイナスになると推定されるからです。

もう1つの「最大限シナリオ」は、解決策の、特に再生可能エネルギーの最も積極的な成長を想定したシナリオです。このシナリオでは、2050年までに完全にクリーンな再生可能エネルギーの採用率が100％になり、バイオマス、埋立地メタン、原子力、廃棄物エネルギーはゼロになります。このシナリオの場合、削減される二酸化炭素の総量は1,612ギガトン、2050年には二酸化炭素の放出量よりも回避または隔離される量がかなり多くなります。早ければ2045年にドローダウンに到達し、大気中の二酸化炭素が正味0.99ギガトンのマイナスになる可能性があります。

ドローダウンを達成できそうなのは3つのうちどのシナリオでしょうか？　「実現性の高いシナリオ」では達成できないでしょう。「ドローダウンシナリオ」なら可能性があり、「最大限シナリオ」ならさらに可能性が高くなります。いずれの場合も、海洋、陸地、メタン吸収源のインパクトはモデル化しません。ドローダウンが実際に起こる時点を推定するためには、その時点で海洋と自然のままの陸地が吸収している炭素の量を知る必要があるでしょう。温暖化が進行したため、海洋はもう大量の炭素を吸収して蓄えることはできない可能性があります。化石燃料が排出する二酸化炭素の約半分が海洋と陸地に吸収されてきました。この二酸化炭素の吸収の結果、炭酸濃度が増加して海洋と陸地が酸性化し、海洋生物の連鎖全体、つまり炭素を隔離する海洋の能力そのものが損なわれています。同じ原理が陸地に関しても当てはまります。気温が上昇するにつれて、土壌、草原、森林は乾燥して、隔離するよりも多く炭素を放出するようになる可能性があります。したがって、今後数十年で海洋と陸地がどう変化するかは推定することしかできません。吸収源である海洋と陸地がいつまで炭素を吸収できるかわからないため、ドローダウンを達成するには、地球温暖化対策になることは何から何まで

---

* 「二酸化炭素」という用語は、二酸化炭素だけでなく、地球温暖化係数（GWP）に基づいて二酸化炭素に換算した温室効果ガス全般を指す（メタン、亜酸化窒素、CFC-12、HCFC-22、その他影響の小さいガス）。

べて、今できるかぎり積極的に、完全に、徹底して実行しなければなりません。

　次ページからは、解決策別、分野別のランキングの概要です。私たちが調査して知りたかったことのひとつは、地球温暖化を逆転させるのにいくらかかるか？　でした。モデル化した全解決策の「イニシャルコスト（初期費用）」（実行するための総コスト）は30年間で131兆ドル（約1京4,000兆円）で、1人当たり年額450ドル（約48,000円）に相当します。しかし、もっとわかりやすい数字は「正味コスト」──現状維持を続けた場合のコストと比較して、気候変動の解決策を実行するのにいくら多くかかるか──です。「正味コスト」は「イニシャルコスト」より小さい数字になります。たとえば、ソーラーファームと石炭火力発電所のコスト差、電気輸送システムと石油を燃料とする輸送システムのコスト差を計算します。再生可能エネルギー、ネット・ゼロ・ビルディング、LED、ヒートポンプ、バッテリー、電気自動車などが安くなっていくのに後押しされて、本書でモデル化した全解決策を「実行するための正味コスト」は30年間で30兆ドル（約3,200兆円）です。また、現状維持を続けた場合と比較して、気候変動の解決策の「正味運用コスト」または「正味運用節減額」も調べました。全解決策のそれを合計すると節減になり、「正味運用節減額」は30年間で74兆ドル（約7,900兆円）です。

　ある解決策の数字が思っていたより大きい、小さい、意外だということもあるかもしれません。たとえば、ソーラーファームが気候変動の解決策で8位になるとはまず誰も予想しないでしょう（ソーラーファームと屋上ソーラーを合計した太陽光発電全体としては7位になる）。太陽光技術は地球温暖化対策の代名詞のようになっていますが、それは単純化しすぎです。重要な解決策ではありますが、太陽光技術だけでは問題解決になりません。私たちのモデルでは、いくつかの代表的モデルで用いられる太陽光技術の採用に関する楽観的な将来予測を上回る結果が出ています。それでも、ほかにもっとインパクトが大きい解決策があるのです。繰り返しますが、どの解決策もすべて必要だということを忘れないでください。

　6位と7位の解決策は、女児の教育機会と家族計画です。なぜ両者のインパクトは同じ数字なのでしょう？　家族計画と女児の教育機会は絡み合っており、どちらも出生率に影響を及ぼすため、両者の間に明確な線を引くことは難しく、したがって両者合計のインパクトをそれぞれに半分ずつ割り当てています。家族計画とは、すべての国のすべての女性が避妊や性と生殖に関する医療を誰でも利用できることを指します。中等教育を受けた女性は、子どもの数が少ない傾向があります（何人少ないかは国によります）。女児が平等に教育を受ける機会があれば、女性に不利な条件がなくなり、女性は生涯を通じて自分で自分の家族計画を決める自由と知識をもてます。この2つの解決策の相関は切り分けることが難しく、女性と女児のエンパワーメントとしてまとめるのが妥当です。

　私たちは、実行コストの下落、政策の変更、

技術効率の改善など各種の要因を考慮して、3つのシナリオそれぞれに異なる成長予測を当てはめています。そのため、次に示す解決策ランキングの概略はシナリオによって順位が変わります。たとえば、電気自動車は「実現性の高いシナリオ」では26位ですが、「最大限シナリオ」では一気に10位に上がります。家族計画と女児の教育機会は、どのシナリオでもほぼ順位が変わりません。それは、女性に平等な権利と自由を提供する過程に積極性の強い弱いがあってはならないからです。

道は1つしかなく、どのシナリオにも共通です。

データは流動的で常に更新されていますから、私たちのウェブサイトで公開されている情報は必ずしもこの表と同じではありません。現在、各解決策のダッシュボードを作成中ですが、それが完成すれば、主要な入力値を変更すると将来のインパクトとコストがどう変わるか調べることができます。それまでは、各シナリオの上位15位の解決策は次のとおりです。●

解決策	順位	実現性の高い シナリオ CO$_2$削減(GT)	順位	ドローダウン シナリオ CO$_2$削減(GT)	順位	最大限シナリオ CO$_2$削減(GT)
冷媒	1	89.74	2	96.49	3	96.49
風力発電（陸上）	2	84.60	1	146.50	1	139.31
食料廃棄の削減	3	70.53	4	83.03	4	92.89
植物性食品を中心にした食生活	4	66.11	5	78.65	5	87.86
熱帯林	5	61.23	3	89.00	2	105.60
女児の教育機会	6	59.60	7	59.60	8	59.60
家族計画	7	59.60	8	59.60	9	59.60
ソーラーファーム	8	36.90	6	64.60	7	60.48
シルボパスチャー（林間放牧）	9	31.19	9	47.50	6	63.81
屋上ソーラー	10	24.60	10	43.10	13	40.34
環境再生型農業	11	23.15	14	32.23	15	32.08
温帯林	12	22.61	12	34.70	11	42.62
泥炭地	13	21.57	13	33.51	14	36.59
熱帯性の樹木作物	14	20.19	15	31.50	10	46.70
植林	15	18.06	11	41.61	12	41.61
80の解決策 TOTAL		1,050.89		1,442.27		1,612.89

解決策総合ランキングの概要
Summary of Solutions by Overall Ranking

順位	解決策	章	CO₂削減 (GT)	正味コスト (10億ドル)	正味コスト (兆円)	正味節減額 (10億ドル)	正味節減額 (兆円)
1	冷媒	資材	89.74	N/A	N/A	-902.77	-96.60
2	風力発電（陸上）	エネルギー	84.60	1,225.37	131.11	7,425.00	794.48
3	食料廃棄の削減	食	70.53	N/A	N/A	N/A	N/A
4	植物性食品を中心にした食生活	食	66.11	N/A	N/A	N/A	N/A
5	熱帯林	土地利用	61.23	N/A	N/A	N/A	N/A
6	女児の教育機会	女性と女児	59.60	N/A	N/A	N/A	N/A
7	家族計画	女性と女児	59.60	N/A	N/A	N/A	N/A
8	ソーラーファーム	エネルギー	36.90	-80.60	-8.62	5,023.84	537.55
9	シルボパスチャー（林間放牧）	食	31.19	41.59	4.45	699.37	74.83
10	屋上ソーラー	エネルギー	24.60	453.14	48.49	3,457.63	369.97
11	環境再生型農業	食	23.15	57.22	6.12	1,928.10	206.31
12	温帯林	土地利用	22.61	N/A	N/A	N/A	N/A
13	泥炭地	土地利用	21.57	N/A	N/A	N/A	N/A
14	熱帯性の樹木作物	食	20.19	120.07	12.85	626.97	67.09
15	植林	土地利用	18.06	29.44	3.15	392.33	41.98
16	環境保全型農業	食	17.35	37.53	4.02	2,119.07	226.74
17	間作林	食	17.20	146.99	15.73	22.10	2.36
18	地熱	エネルギー	16.60	-155.48	-16.64	1,024.34	109.60
19	管理放牧	食	16.34	50.48	5.40	735.27	78.67
20	原子力	エネルギー	16.09	0.88	0.09	1,713.40	183.33
21	クリーンな調理コンロ	食	15.81	72.16	7.72	166.28	17.79
22	風力発電（洋上）	エネルギー	14.09	545.28	58.34	762.54	81.59
23	農地再生	食	14.08	72.24	7.73	1,342.47	143.64
24	稲作法の改良	食	11.34	N/A	N/A	519.06	55.54
25	集光型太陽熱発電	エネルギー	10.90	1,319.70	141.21	413.85	44.28
26	電気自動車	輸送	10.80	14,148.03	1,513.84	9,726.40	1,040.72
27	地域冷暖房	建物と都市	9.38	457.07	48.91	3,543.50	379.15
28	多層的アグロフォレストリー	食	9.28	26.76	2.86	709.75	75.94
29	波力と潮力	エネルギー	9.20	411.84	44.07	-1,004.70	-107.5
30	メタンダイジェスター（大型）	エネルギー	8.40	201.41	21.55	148.83	15.92
31	断熱	建物と都市	8.27	3,655.92	391.18	2,513.33	268.93
32	船舶	輸送	7.87	915.93	98.00	424.38	45.41
33	家庭用LED照明	建物と都市	7.81	323.52	34.62	1,729.54	185.06
34	バイオマス	エネルギー	7.50	402.31	43.05	519.35	55.57
35	竹	土地利用	7.22	23.79	2.55	264.80	28.33
36	代替セメント	資材	6.69	-273.9	-29.31	N/A	N/A
37	大量輸送交通機関	輸送	6.57	N/A	N/A	2,379.73	254.63
38	森林保護	土地利用	6.20	N/A	N/A	N/A	N/A
39	先住民による土地管理	土地利用	6.19	N/A	N/A	N/A	N/A
40	トラック	輸送	6.18	543.54	58.16	2,781.63	297.63
41	太陽熱温水	エネルギー	6.08	2.99	0.32	773.65	82.78
42	ヒートポンプ	建物と都市	5.20	118.71	12.70	1,546.66	165.49

＊1ドル107円で換算（2020年7月1日時点）

順位	解決策	章	CO₂削減 (GT)	正味コスト (10億ドル)	正味コスト (兆円)	正味節減額 (10億ドル)	正味節減額 (兆円)
43	飛行機	輸送	5.05	662.42	70.88	3,187.80	341.09
44	商用LED照明	建物と都市	5.04	-205.05	-21.94	1,089.63	116.59
45	ビルのオートメーション	建物と都市	4.62	68.12	7.29	880.55	94.22
46	家庭の節水	資材	4.61	72.44	7.75	1,800.12	192.61
47	バイオプラスチック	資材	4.30	19.15	2.05	N/A	N/A
48	小水力発電	エネルギー	4.00	202.53	21.67	568.36	60.81
49	自動車(ハイブリッド車／プラグインハイブリッド車)	輸送	4.00	-598.69	-64.06	1,761.72	188.50
50	コジェネレーション	エネルギー	3.97	279.25	29.88	566.93	60.66
51	多年生バイオマス	土地利用	3.33	77.94	8.34	541.89	57.98
52	沿岸湿地	土地利用	3.19	N/A	N/A	N/A	N/A
53	イネ強化法(SRI)	食	3.13	N/A	N/A	677.83	72.53
54	歩いて暮らせる街づくり	建物と都市	2.92	N/A	N/A	3,278.24	350.77
55	家庭のリサイクル	資材	2.77	366.92	39.26	71.13	7.61
56	産業廃棄物のリサイクル	資材	2.77	366.92	39.26	71.13	7.61
57	スマートサーモスタット	建物と都市	2.62	74.16	7.94	640.10	68.49
58	埋立地メタン	建物と都市	2.50	-1.82	-0.19	67.57	7.23
59	自転車インフラ	建物と都市	2.31	-2,026.97	-216.89	400.47	42.85
60	堆肥化(コンポスティング)	食	2.28	-63.72	-6.82	-60.82	-6.51
61	スマートガラス	建物と都市	2.19	932.30	99.76	325.10	34.79
62	小規模自営農の女性	女性と女児	2.06	N/A	N/A	87.6	9.37
63	テレプレゼンス	輸送	1.99	127.72	13.67	1,310.59	140.23
64	メタンダイジェスター(小型)	エネルギー	1.90	15.50	1.66	13.90	1.49
65	窒素肥料の管理	食	1.81	N/A	N/A	102.32	10.95
66	高速鉄道	輸送	1.42	1,049.98	112.35	310.79	33.25
67	農地の灌漑	食	1.33	216.16	23.13	429.67	45.97
68	廃棄物エネルギー	エネルギー	1.10	36.00	3.85	19.82	2.12
69	電動アシスト自転車	輸送	0.96	106.75	11.42	226.07	24.19
70	再生紙	資材	0.90	573.48	61.36	N/A	N/A
71	水供給システム	建物と都市	0.87	137.37	14.70	903.11	96.63
72	バイオ炭(バイオチャー)	食	0.81	N/A	N/A	N/A	N/A
73	グリーンルーフ(屋上緑化)	建物と都市	0.77	1,393.29	149.08	988.46	105.77
74	列車(燃費向上と電化)	輸送	0.52	808.64	86.52	313.86	33.58
75	ライドシェア	輸送	0.32	N/A	N/A	185.56	19.85
76	小型風力発電	エネルギー	0.20	36.12	3.86	19.90	2.12
77	エネルギー貯蔵(分散型)	エネルギー	N/A	N/A	N/A	N/A	N/A
77	エネルギー貯蔵(発電所規模)	エネルギー	N/A	N/A	N/A	N/A	N/A
77	グリッド(送電網)の柔軟性	エネルギー	N/A	N/A	N/A	N/A	N/A
78	マイクログリッド	エネルギー	N/A	N/A	N/A	N/A	N/A
79	ネット・ゼロ・ビルディング	建物と都市	N/A	N/A	N/A	N/A	N/A
80	建物の改修	建物と都市	N/A	N/A	N/A	N/A	N/A
			1,050.89	29,620.82	3,169.43	74,305.09	7,950.64

分野別の解決策の概要
Summary of Solutions by Sector

順位	建物と都市	CO₂削減 (GT)	正味コスト (10億ドル)	正味コスト (兆円)	正味節減額 (10億ドル)	正味節減額 (兆円)
27	地域冷暖房	9.38	457.07	48.91	3,543.50	379.15
31	断熱	8.27	3,655.92	391.18	2,513.33	268.93
33	家庭用LED照明	7.81	323.52	34.62	1,729.54	185.06
42	ヒートポンプ	5.20	118.71	12.70	1,546.66	165.49
44	商用LED照明	5.04	-205.05	-21.94	1,089.63	116.59
45	ビルのオートメーション	4.62	68.12	7.29	880.55	94.22
54	歩いて暮らせる街づくり	2.92	N/A	N/A	3,278.24	350.77
57	スマートサーモスタット	2.62	74.16	7.94	640.10	68.49
58	埋立地メタン	2.50	-1.82	-0.19	67.57	7.23
59	自転車インフラ	2.31	-2,026.97	-216.89	400.47	42.85
61	スマートガラス	2.19	932.30	99.76	325.10	34.79
71	水供給システム	0.87	137.37	14.70	903.11	96.63
73	グリーンルーフ（屋上緑化）	0.77	1,393.29	149.08	988.46	105.77
79	ネット・ゼロ・ビルディング	N/A	N/A	N/A	N/A	N/A
80	建物の改修	N/A	N/A	N/A	N/A	N/A
	建物と都市　TOTAL	54.49	4,926.62	527.15	17,906.26	1,915.97

順位	エネルギー	CO₂削減 (GT)	正味コスト (10億ドル)	正味コスト (兆円)	正味節減額 (10億ドル)	正味節減額 (兆円)
2	風力発電（陸上）	84.60	1,225.37	131.11	7,425.00	794.48
8	ソーラーファーム	36.90	-80.60	-8.62	5,023.84	537.55
10	屋上ソーラー	24.60	453.14	48.49	3,457.63	369.97
18	地熱	16.60	-155.48	-16.64	1,024.34	109.60
20	原子力	16.09	0.88	0.09	1,713.40	183.33
22	風力発電（洋上）	14.09	545.28	58.34	762.54	81.59
25	集光型太陽熱発電	10.90	1,319.70	141.21	413.85	44.28
29	波力と潮力	9.20	411.84	44.07	-1,004.70	-107.50
30	メタンダイジェスター（大型）	8.40	201.41	21.55	148.83	15.92
34	バイオマス	7.50	402.31	43.05	519.35	55.57
41	太陽熱温水	6.08	2.99	0.32	773.65	82.78
48	小水力発電	4.00	202.53	21.67	568.36	60.81
50	コジェネレーション	3.97	279.25	29.88	566.93	60.66
64	メタンダイジェスター（小型）	1.90	15.50	1.66	13.90	1.49
68	廃棄物エネルギー	1.10	36.00	3.85	19.82	2.12
76	小型風力発電	0.20	36.12	3.86	19.90	2.12
77	エネルギー貯蔵（分散型）	N/A	N/A	N/A	N/A	N/A
77	エネルギー貯蔵（発電所規模）	N/A	N/A	N/A	N/A	N/A
77	グリッド（送電網）の柔軟性	N/A	N/A	N/A	N/A	N/A
78	マイクログリッド	N/A	N/A	N/A	N/A	N/A
	エネルギー　TOTAL	246.13	4,896.24	523.90	21,446.64	2,294.79

順位	資材	CO₂削減 (GT)	正味コスト (10億ドル)	正味コスト (兆円)	正味節減額 (10億ドル)	正味節減額 (兆円)
1	冷媒	89.74	N/A	N/A	-902.77	-96.60
36	代替セメント	6.69	-273.90	-29.31	N/A	N/A
46	家庭の節水	4.61	72.44	7.75	1,800.12	192.61
47	バイオプラスチック	4.30	19.15	2.05	N/A	N/A
55	家庭のリサイクル	2.77	366.92	39.26	71.13	7.61
56	産業廃棄物のリサイクル	2.77	366.92	39.26	71.13	7.61
70	再生紙	0.90	573.48	61.36	N/A	N/A
	資材　TOTAL	111.78	1,125.01	120.38	1,039.61	111.24

食

順位	食	CO₂削減 (GT)	正味コスト (10億ドル)	正味コスト (兆円)	正味節減額 (10億ドル)	正味節減額 (兆円)
3	食料廃棄の削減	70.53	N/A	N/A	N/A	N/A
4	植物性食品を中心にした食生活	66.11	N/A	N/A	N/A	N/A
9	シルボパスチャー（林間放牧）	31.19	41.59	4.45	699.37	74.83
11	環境再生型農業	23.15	57.22	6.12	1,928.10	206.31
14	熱帯性の樹木作物	20.19	120.07	12.85	626.97	67.09
16	環境保全型農業	17.35	37.53	4.02	2,119.07	226.74
17	間作林	17.20	146.99	15.73	22.10	2.36
19	管理放牧	16.34	50.48	5.40	735.27	78.67
21	クリーンな調理コンロ	15.81	72.16	7.72	166.28	17.79
23	農地再生	14.08	72.24	7.73	1,342.47	143.64
24	稲作法の改良	11.34	N/A	N/A	519.06	55.54
28	多層的アグロフォレストリー	9.28	26.76	2.86	709.75	75.94
53	イネ強化法（SRI）	3.13	N/A	N/A	677.83	72.53
60	堆肥化（コンポスティング）	2.28	-63.72	-6.82	-60.82	-6.51
65	窒素肥料の管理	1.81	N/A	N/A	102.32	10.95
67	農地の灌漑	1.33	216.16	23.13	429.67	45.97
72	バイオ炭（バイオチャー）	0.81	N/A	N/A	N/A	N/A
	食 TOTAL	321.93	777.48	83.19	10,017.44	1,071.87

土地利用

順位	土地利用	CO₂削減 (GT)	正味コスト (10億ドル)	正味コスト (兆円)	正味節減額 (10億ドル)	正味節減額 (兆円)
5	熱帯林	61.23	N/A	N/A	N/A	N/A
12	温帯林	22.61	N/A	N/A	N/A	N/A
13	泥炭地	21.57	N/A	N/A	N/A	N/A
15	植林	18.06	29.44	3.15	392.33	41.98
35	竹	7.22	23.79	2.55	264.8	28.33
38	森林保護	6.20	N/A	N/A	N/A	N/A
39	先住民による土地管理	6.19	N/A	N/A	N/A	N/A
51	多年生バイオマス	3.33	77.94	8.34	541.89	57.98
52	沿岸湿地	3.19	N/A	N/A	N/A	N/A
	土地利用 TOTAL	149.6	131.17	14.04	1,199.02	128.3

輸送

順位	輸送	CO₂削減 (GT)	正味コスト (10億ドル)	正味コスト (兆円)	正味節減額 (10億ドル)	正味節減額 (兆円)
26	電気自動車	10.80	14,148.03	1,513.84	9,726.40	1040.72
32	船舶	7.87	915.93	98.00	424.38	45.41
37	大量輸送交通機関	6.57	N/A	N/A	2,379.73	254.63
40	トラック	6.18	543.54	58.16	2,781.63	297.63
43	飛行機	5.05	662.42	70.88	3,187.80	341.09
49	自動車（ハイブリッド車／プラグインハイブリッド車）	4.00	-598.69	-64.06	1,761.72	188.50
63	テレプレゼンス	1.99	127.72	13.67	1,310.59	140.23
66	高速鉄道	1.42	1,049.98	112.35	310.79	33.25
69	電動アシスト自転車	0.96	106.75	11.42	226.07	24.19
74	列車（燃費向上と電化）	0.52	808.64	86.52	313.86	33.58
75	ライドシェア	0.32	N/A	N/A	185.56	19.85
	輸送 TOTAL	45.78	17,764.32	1,900.78	22,608.53	2,419.11

女性と女児

順位	女性と女児	CO₂削減 (GT)	正味コスト (10億ドル)	正味コスト (兆円)	正味節減額 (10億ドル)	正味節減額 (兆円)
6	女児の教育機会	59.60	N/A	N/A	N/A	N/A
7	家族計画	59.60	N/A	N/A	N/A	N/A
62	小規模自営農の女性	2.06	N/A	N/A	87.60	9.37
	女性と女児 TOTAL	121.26	N/A	N/A	87.60	9.37

プロジェクト・ドローダウン協力者の略歴
WHO WE ARE – THE COALITION

ドローダウン・フェロー
DRAWDOWN FELLOWS

Zak Accuardi, MA 政策研究者。都市の持続可能性の多様な課題に取り組んだ経験5年。Uberのような新しい交通手段を提供するビジネスと政府とのパートナーシップをテーマにした研究を主導し、報告書を共同執筆。

Raihan Uddin Ahmed, MDS 環境スペシャリスト。経験14年以上、特にインフラ整備プロジェクト、再生可能エネルギー技術、気候変動のインパクト評価が専門。

Carolyn Alkire, PhD 環境エコノミスト。土地・資源管理の改善政策を進めるための研究と分析に携わって35年。政府機関と協力して温室効果ガスの排出削減に向けた地域輸送計画に取り組んできた。

Ryan Allard, PhD 輸送システムアナリスト。世界各地の交通システムの改善方法を調査した経験6年。査読審査のある専門誌や国際会議で輸送の技術と接続性に関するコンピュータモデルを発表してきた。

Kevin Bayuk, MA パーマカルチャーのデザインが、人間のニーズを満たすことをめざす協同組織と出会う、エコロジーと経済の交差点で働く。社会的企業ときわめて有益なインパクトを与える組織への投資を促進するインパクトコンサルティング会社、LIFT Economyのパートナーであり、Urban Permaculture Institute San Franciscoの創設パートナー。

Renilde Becqué, MBA 持続可能性とエネルギーのコンサルタント。国際的な仕事の経験15年以上。現在、循環型経済、カーボンフリー、エネルギー効率のプロジェクトやプログラムに関するいくつかの国際的な非営利組織と仕事をしている。

Erika Boeing, MA 起業家、システムエンジニア。エネルギー技術に携わって7年。新しい屋上風力エネルギー技術を開発し、商業化するビジネスを創業。

Jvani Cabiness, MDP 国際的に活動する健康と開発の専門家。特に家族計画が専門で、性と生殖に関する健康（リプロダクティブヘルス）の促進に5年の経験がある。アフリカ全土で医療システムの強化と能力開発プロジェクトを支援。

Johnnie Chamberlin, PhD 環境アナリスト。環境科学、環境保護、研究に携わって10年、著作に2冊のガイドブックがある。

Delton Chen, PhD 土木技師。持続可能性のための建造物、地下水、システム、水資源、鉱山計画のモデリングを15年以上経験。オーストラリアで「高温岩体」地熱エネルギーと島の帯水層を調査した。新しい気候緩和ファイナンスに対する新しい国際的ポリシー、Global 4Cの共同創設者、主執筆者。

Leonardo Covis, MPP プログラムアナリスト、マネージャー。経済開発と環境政策の分野で経験8年。低所得地域に数百万ドルをもたらし、自然の生息地を復活させ、カリフォルニア州全体の燃料政策決定を導いた実績がある。

Priyanka deSouza, MSc, MBA, MTech 都市計画の研究者。さまざまなエネルギー技術と環境政策を研究して7年以上。最近、ナイロビの学校のために低コストの大気質監視ネットワークを構築した。

Jai Kumar Gaurav, MSc リサーチアナリスト。気候変動の緩和と適応の分野で経験8年。クリーン開発メカニズム（CDM）およびゴールドスタンダード認証の自主的排出削減プロジェクトに携わる。廃棄物部門の「開発途上国による適切な緩和行動（NAMA）」提言の策定にも取り組んでいる。

Anna Goldstein, PhD 科学政策の専門家。学術研究歴10年。科学の知見からクリーンエネルギー研究プログラムの管理について洞察してきた。

João Pedro Gouveia, PhD 環境エンジニア。エネルギーシステム分析、低炭素先物、新エネルギー技術評価の分野で経験10年、研究と政策の両方に貢献し、いくつかの査読論文を発表している。リスボン・ノヴァ大学で気候変動と持続可能な開発政策（持続可能なエネルギーシステム）の博士号を取得。

Alisha Graves, MPH　公衆衛生の専門家。特に家族計画の世界的な普及に傾注。カリフォルニア州に拠点を置く非営利組織、Venture Strategies for Health and Development（VSHD）のPopulation Program（人口プログラム）バイスプレジデントとして、Rebirth of Population Awareness（人口認識の再生）を監督するほか、カリフォルニア大学バークレー校とVSHDの共同プロジェクトであるOASISイニシアチブの共同創設者でもある。

Karan Gupta, MPA　高性能建築スペシャリスト。公益事業・建築業界で経験7年。モジュール式建築システムを研究し、住宅と商業ビルに応用してエネルギー効率市場を促進することに取り組んできた。

Zhen Han, BSc　コーネル大学で生態学の博士号取得予定。農薬生態系の栄養循環を研究テーマに、さまざまな農業管理慣行が亜酸化窒素に及ぼす影響を調査するために定量的データ合成とフィールド測定を実施した。国連環境計画（UNEP）の環境政策フェローを務め、生態系を基本にした気候変動適応とジェンダー主流化に取り組んだ。

Zeke Hausfather, MS　気候科学者、エネルギーシステムアナリスト。特に省エネルギーとエネルギー効率が専門。Berkeley Earthの研究員、Essess Inc.のエネルギー分析責任者、C3の主席研究員を務め、行動ベースのエネルギー効率会社、Efficiency 2.0を共同創業した。

Yuill Herbert, MA　カナダ全土で35以上のコミュニティ気候行動計画に取り組むほか、多数のコミュニティ計画立案や気候変動関連プロジェクトに携わる。カナダの労働者協同組合であるSustainability Solutions Groupのディレクター・創設者。高く評価されているエネルギー、排出量、土地利用計画のモデル、GHGProofの開発者でもある。

Amanda Hong, MPP　公共政策の専門家。主な実績は、カリフォルニア州の包装廃棄物に関する省資源化、リサイクル、堆肥化の政策提言、スリランカのマングローブ保護のブルーカーボン評価。現在、米国環境保護庁（EPA）の太平洋南西部地域を担当するオーガニック・リサイクリング・スペシャリストを務めている。

Ariel Horowitz, PhD　エネルギーアナリスト。エネルギー技術・システム分野で経験6年。化学工学の博士号を取得、特にエネルギー貯蔵が専門。

Ryan Hottle, PhD　土壌炭素・気候科学アナリスト。研究テーマは生物学的炭素隔離による気候変動緩和。気候変動対応型農業、早急な行動による緩和戦略、建築環境における省エネとエネルギー効率にも関心を寄せる。世界銀行と国際農業研究協議グループ（CGIAR）の気候変動および食料安全保障プログラムのコンサルタントを務める。

Troy Hottle, PhD　米国環境保護庁（EPA）オークリッジ科学教育研究所（ORISE）の博士研究員。環境プロジェクトや調査研究に携わって10年、バイオポリマー分解、車両質量の削減、国のエネルギーインベントリー作成など、実社会のシステムを評価し、情報を提供するためにライフサイクルアセスメントの応用に取り組んできた。

David Jaber, MEng　戦略アドバイザー。グリーンビルディング調査、温室効果ガス分析、廃棄物ゼロの履行を15年以上経験。食品の加工、製造、小売の分野で温室効果ガスのインベントリー作成や削減戦略の策定に多数携わってきた。

Dattakiran Jagu, MTech　気候変動の科学と管理で博士号取得予定。クリーンエネルギー技術の推進を5年経験。太陽エネルギーで運営されるインド初の鉄道駅を設計したクリーンエネルギー関連スタートアップの創業メンバー。

Daniel Kane, MS　イェール大学林学環境大学院博士課程に在学中。農業研究歴5年。農業管理のためのオープンソースツールの応用、農業に気候変動への抵抗力・回復力をつけるための土壌管理法が研究テーマ。

Becky Xilu Li, MPP　経験4年のエネルギー政策コンサルタント。米国および中国政府、企業、研究機関と協力して、再生可能エネルギー普及に向けた市場主導の解決策を促進してきた。

Sumedha Malaviya, MA　気候とエネルギーの専門家。気候緩和・適応およびエネルギー効率プロジェクトの経験7年以上。数カ国と協力して「低排出開発」戦略の策定と実行に取り組んできた。

Urmila Malvadkar, PhD　応用数学者、環境科学者。特に水、環境保護、国際開発の研究とモデリングが専門。博士論文のテーマは生態学モデリングで、以来、ダムや取水の配置、混乱下の人口管理、発展途上国の水問題、効果的な保護地域の規模など、幅広く環境問題を研究してきた。

Alison Mason, MSc　太陽エネルギーの経験16年の機械エンジニア。サウスダコタ州のオグララスー族がソーラーの導入トレーニングと製造プログラムを立ち上げるに際して支援した。

Mihir Mathur, BCom　気候変動分野の学際的な研究者。金融、コミュニティエンゲージメント、政策の経験9年。現在、ニューデリーのエネルギー・資源研究所、TERIで持続可能性の解決策をモデル化するためにシステムダイナミクスを実践している。

Victor Maxwell, MS　環境金融で博士号取得予定。物理学とエネルギーシステム管理の経験9年。チリ、デンマーク、南アフリカの農村部で持続可能な分散型エネルギーシステムの開発を促進してきた。

David Mead, BA　建築業界で経験13年以上の建築家、エンジニア。LEED、リビング・ビルディング、パッシブハウス、ネット・ゼロ・エネルギーなど、持続可能性の目標を高く設定した50以上のプロジェクトに携わる。

Mamta Mehra, PhD　環境専門家。農業部門に関連した気候変動の適応と緩和の分野で、国内組織や国際組織と仕事をして7年以上。まもなく博士課程を修業予定。農業部門における資源管理領域の区分けと特徴分類のためにGIS（地理情報システム）フレームワークを開発することが博士号の研究テーマ。

Ruth Metzel, MBA　生態学と進化が専門の生物学者。イェール大学林学環境大学院で林学修士、イェール大学経営大学院でMBAを取得。農業―森林の接点を探求し、複数部門の当事者が統一された景観管理目標を達成するために協力する方法を研究している。

Alex Michalko, MBA　コーポレートサステナビリティ専門家。テクノロジー、メディア／エンターテインメント、小売など、さまざまな業界で経験10年以上。ディズニー、REI、Amazonと協力して、ビジネスのレジリエンスを高め、環境や地域社会にもプラスの影響を与える持続可能性の取り組みを進めてきた。

Ida Midzic, MEng　機械工学で博士号取得予定。研究と教育の経験6年。製品開発における概念設計ソリューションをエコ評価するために機械エンジニア向けの方法を開発してきた。

S. Karthik Mukkavilli, MS　エネルギーと気象学衛星データを融合するアカデミックな起業家。計算科学と工学の経験8年。大気物理学と人工知能のハイブリッドモデルを用いてオーストラレーシア上空のエアロゾルに対応した太陽予測を開発してきた。

Kapil Narula, PhD　電気技師、開発エコノミスト、海運領域で経験15年のエネルギーと持続可能性の専門家。船上で、学術機関の教員として、研究員として仕事をしてきた。

Demetrios Papaioannou, PhD　輸送分野の土木技師。専門は大量輸送交通機関、需要モデリング、ユーザー満足度、持続可能性。博士論文の研究テーマは、大量輸送交通機関と輸送の質・ユーザー満足度・交通手段選択の関係。国際会議で研究を発表し、査読論文を発表した実績がある。

Michelle Pedraza, MA　グローバル市場のビジネス・戦略アナリスト。現在は零細企業がビジネス拡大で直面する課題の解決に注力。クリントン・グローバル・イニシアチブ（CGI）のインターンシップを終え、「市場ベースのアプローチ」と「フードシステム」に対するコミットメントを評価、策定した。

Chelsea Petrenko, PhD　生態系生態学者。特に森林資源と土壌炭素貯留が専門。博士課程の研究では、米国北東部で森林皆伐後の土壌炭素貯留の変化を測定した。Polar Environmental Changeの研修生として働いた経験があり、グリーンランドと南極大陸に派遣され、厳寒環境での炭素循環を研究した。

Noorie Rajvanshi, PhD　持続可能性エンジニア。ライフサイクルアセスメントの評価法を用いた環境インパクト定量化の分野で経験7年以上。北米のさまざまな都市と協力して、各都市の2050年持続可能性目標を達成するための技術的なロードマップを評価してきた。

George Randolph, MSc　経験5年のエネルギー政策アナリスト。直近では電気事業者の規制業務に従事。カリフォルニア州、ネバダ州、アリゾナ州、コロラド州の公益事業委員会に提出されたエネルギー効率と住宅屋上ソーラーの手続きに関してコンサルタントを務める。

Abby Rubinson, JD　経験10年以上の国際的な環境問題・人権弁護士。先住民の権利を守る訴訟や弁護、学術出版物、国際条約交渉など、気候変動と人権のつながりに注力してきた。

Adrien Salazar, MA　政治生態学と組織戦略を専門とする活動家、詩人。環境団体や地域社会組織（CBO）のプログラムや運動の管理に携わって8年以上。フィリピン北部の先住民米農家と協力して、農家のエンパワーメントと米の在来種保全を支援するプロジェクトで地域密着型の評価指標を開発してきた。

Aven Satre-Meloy, BS　環境管理学修士課程の学生。エネルギーと持続可能性の問題に取り組んだ経験5年。4大陸で持続可能なエネルギー分野の研究や仕事に携わってきた。

Christine Shearer, PhD　環境社会学者。学際的な気候変動とエネルギーの研究歴10年以上。エネルギー政策、気候インパクト、気候適応が研究テーマで、学術誌『ネイチャー』や『ニューヨーク・タイムズ』紙などに研究が掲載された実績がある。

David Siap, MSc　エネルギー効率の分野で経験5年のエンジニア。米国エネルギー省の省エネ基準と試験手順でリードテクニカルアナリストを務め、正味現在価値10億ドル以上、約4分の1の省エネ達成と予測される実績に貢献した。

Kelly Siman, MS　アクロン大学でバイオミミクリーの博士号取得予定。大学や環境非営利組織で経験10年以上。気候変動のレジリエンスとバイオミミクリーを応用した適応策と緩和策を研究している。

Leena Tähkämö, PhD　博士課程修了の研究者。照明工学の経験6年。排出削減において最も重要な領域を特定するためにライフサイクルアセスメントの評価法を用いて照明システムの持続可能性を環境面と経済面から研究してきた。

Eric Toensmeier, MA　経済植物学者。アグロフォレストリーと多年生作物の調査に携わって25年。著作に『The Carbon Farming Solution: A Global Toolkit of Perennial Crops and Regenerative Agriculture Practices for Climate Change Mitigation and Food Security』がある。

Melanie Valencia, MPH　サン・フランシスコ・デ・キト大学（エクアドル）でイノベーションと持続可能性の責任者を務め、環境持続可能性を教えている。有機廃棄物を市場性のある植物油代替品にリサイクルするスタートアップ、Carbocycleを共同創業した。

Ernesto Valero Thomas, PhD　建築家。新興都市の持続可能な成長のための環境戦略に取り組んで7年。世界中の都市の水、食料、石油、廃棄物、電気通信、住民のフローを研究するための方法を開発してきた。

Andrew Wade, MS　不動産金融と不動産開発を学ぶ大学院生。世界各地の都市で持続可能な都市開発プロジェクトを研究して7年。ハーバード大学で不動産業界のイノベーションに関する研究チームを指揮してきた。

Marilyn Waite, MPhil　経験10年以上のエンジニア、クリーン技術投資の専門家。著作に『Sustainability at Work』がある。

Charlotte Wheeler, PhD　熱帯生態学者。森林再生と気候変動緩和に携わって6年。大規模な熱帯林再生の炭素隔離の可能性に関する研究をしてきた。

Christopher Wally Wright, MPA　研究者、アナリスト。公共部門の行政、環境教育、資源管理、社会・公共政策の分野に携わって6年以上。

Liang Emlyn Yang, PhD　地理学者。人間対環境の相互作用を研究して10年近い。中国と南東ヨーロッパで長期的な過去の気候・環境インパクト、自然災害、社会と人間の対応を研究してきた。

Daphne Yin, MA　環境コンサルタント。気候変動、天然資源管理、開発の経験5年。放牧地に焦点を当てて、インドにおける共有地の自然資本と社会資本の評価法を共同開発してきた。

Kenneth Zame, PhD　エネルギーと環境の持続可能性を専門とする研究者、教育者。研究歴7年以上。全米科学財団（NSF）と米国エネルギー省が後援するテラワット級の太陽光発電を展開する持続可能性プロジェクト、QESSTの研究者を務めたことがある。

ドローダウン・アドバイザー
DRAWDOWN ADVISORS

Mehjabeen Abidi-Habib　パキスタンのレジリエンス研究者・実務家。地元の気候変動と適応能力を研究し、関連するガバナンスの問題と機会を分析してきた。パキスタンのラホールにあるガバメント・カレッジ大学（GCU）持続可能な開発研究センターの上級研究員、オックスフォード大学の客員研究員。

Wendy Abrams　環境活動家、芸術と教育を媒体にして気候変動の意識を高めることをめざす非営利組織、Cool Globesの創設者。2007年以来、その作品は4大陸で展示され、9言語に翻訳されている。シカゴ大学ロースクールのAbrams Environmental Law Clinicとブラウン大学のAbrams Environmental Research Fellowsの設立を支援。

David Addison　サー・リチャード・ブランソンが創設した賞金2,500万ドルの「ヴァージン・アース・チャレンジ」、大気中の温暖化ガスを除去するスケーラブルで持続可能な方法に贈られるイノベーション賞を管理する。

David Allaway　オレゴン州環境質局の資材管理プログラムの分析調査官として、資材、廃棄物管理、温室効果ガス計算に関するプロジェクトを率いる。

Lindsay Allen　Rainforest Action Networkのエグゼクティブディレクター。多雨林、人権、気候を保護するために、世界最大規模の企業数社に圧力をかけ、影響を与えてきた10年以上の経験がある。

Alan AtKisson　持続可能性と変革をテーマに著述、講演、コンサルティングを行なう。国連事務局にSDGsの実施について助言し、欧州委員会（EC）の委員長科学技術諮問会議のメンバーを務め、企業、公共部門、市民社会部門のクライアントに長年コンサルティングを行なってきた。

Marc Barasch　地球の森林再生、農村部貧困層の生活水準向上、地球規模の気候変動に取り組む組織、Green World Campaignのエグゼクティブディレクター・創設者。2011年国連森林年の諮問委員会メンバー、作家、雑誌編集者、テレビプロデューサー、メディア活動家。

Dayna Baumeister　『Biomimicry Resource Handbook: A Seed Bank of Best Practices』（2013年）のシニアエディター、バイオミミクリーイノベーションのコンサルティング、専門家教育、教育プログラム・カリキュラム開発をリードするBiomimicry 3.8の共同創設者・パートナー。ナイキ、インターフェイス、ゼネラル・ミルズ、ボーイング、ハーマン・ミラー、コーラー、セブンス・ジェネレーション、プロクター・アンド・ギャンブルなど100社以上に対して、自然界にヒントを得たエレガントで持続可能なデザインソリューションを助言してきた。

Spencer B. Beebe　Ecotrust の会長・創設者、Ecotrust Forest Management（EFM）の会長、コンサベーション・インターナショナル（CI）の初代会長。1980 ～ 1986年、The Nature Conservancy Internationalの会長を務めた。

Janine Benyus（ジャニン・ベニュス） Biomimicry 3.8共同創設者、Biomimicry Institute共同創設者、生物学者、イノベーションコンサルタント。『Biomimicry: Innovation Inspired by Nature』（邦訳『自然と生体に学ぶバイオミミクリー』オーム社）など著書6冊。同書の1997年の刊行以来、バイオミミクリーをミームからデザインのムーブメントに進化させ、世界中のクライアントやイノベーターに自然という天才から学ぶ姿勢を伝えてきた。

Margaret Bergen スイスで行動、文化、規制の変化を促す活動をするシンクタンク、Panswiss Projectの科学政策アドバイザー。ジャーナリストでもあり、PR活動の専門家。

Sarah Bergmann 世界中の既存緑地を原産種の花粉媒介生物のためにつなぐビジョンを掲げた計画とチャレンジ、Pollinator Pathwayの創設者・ディレクター。ベティ・ボーエン賞とストレンジャー・ジーニアス賞を受賞。

Chhaya Bhanti 気候変動と林業を専門とする持続可能性の戦略アドバイザー。インドを拠点に、環境金融・政策コンサルティング会社、Iora Ecological Solutionsと気候コミュニケーションのコンサルティング会社、Vertiverの共同創業者として活動。

May Boeve 気候をターゲットにしたキャンペーン、プロジェクト、アクションに取り組む188カ国の人々によるボトムアップ活動組織、350.orgのエグゼクティブディレクター。『タイム』誌が毎年選出する「次世代リーダー」に選ばれた初の米国人。

James Boyle 持続可能性の高いビジネスのベストプラクティスの開発と採用を促すことに特化した調査・コンサルティング会社、Sustainability Roundtableの創業者・CEO・会長、非営利組織であるAlliance for Business Leadershipの筆頭共同創設者。

Tom Brady NFLチーム、ニューイングランド・ペイトリオッツ所属のクォーターバック（QB）。史上最高のQBの1人と評される。環境の持続可能性にも熱心で、一家の土地へのインパクトを最小限に抑えようと、妻のGisele Bündchenと太陽エネルギー、生活排水の再利用技術、堆肥化を採用し、80%は再利用またはリサイクル建築材料を使った家を新築した。

Tod Brilliant マーケティング専門家、ライター、写真家。住宅ローン貸付会社であるPeoples Home Equityのマーケティング担当バイスプレジデントとクリエイティブディレクターを務める。以前は、レジリエンス、公平性、持続可能性の高い社会への移行をリードすることをめざすPost Carbon Instituteでクリエイティブディレクターとソーシャル戦略アドバイザーを務めていた。

Clark Brockman 建築環境全般のエネルギー効率が高く、気候に対応した設計と計画を長年提唱してきた。現在、SERA Architectsの代表としてカリフォルニア州サンマテオにある同社オフィスを率いている。国際リビング・フューチャー協会（ILFI）創設者の1人であり、過去に同理事を務めた。ポートランド州立大学の研究所、Institute for Sustainable Solutionsのアドバイザー、サンフランシスコの水と気候に関して政策を提言する非営利組織、SPURのメンバー。

Bill Browning グリーン・ビルディングと不動産業界の考察と戦略にかけては第一人者。ビジネス、政府、市民社会のあらゆるレベルで持続可能なデザインソリューションを提唱。Terrapin Bright Greenの創業パートナーであり、ホワイトハウス、Google、ディズニー、バンク・オブ・アメリカ、スターウッド、ルーカスフィルム、クリフ・バー、グランドキャニオン国立公園、2000年シドニーオリンピック選手村など、グリーン化のコンサルティング実績多数。

Michael Brune 米国で最大かつ最も影響力のある市民参加型の自然保護団体、シエラクラブのエグゼクティブディレクター。以前はRainforest Action Networkの仕事をしていた。著作に『Coming Clean: Breaking America's Addiction to Oil and Coal』がある。

Gisele Bündchen モデル、起業家、環境保護活動家、慈善活動家。熱帯雨林保護ときれいな水を守る活動を支持し、人道、教育、環境保護の活動を助成する財団、The Luz Foundationを設立。2009年、国連環境計画（UNEP）親善大使に任命された。これまで支援してきた社会貢献組織は、レインフォレスト・アライアンス、セーブ・ザ・チルドレン、国境なき医師団など多数。

Leo Burke ノートルダム大学メンドーサ・カレッジ・オブ・ビジネス（インディアナ州）で学内と国連などのパートナーと連携して教育を提供するGlobal Commons Initiativeを指揮。また同大学で副学部長とエグゼクティブ教育のディレクターを務めており、モトローラでも仕事をしている。

Peter Byck 映画監督、プロデューサー、編集者、アリゾナ州立大学教授。最初のドキュメンタリー映画『Garbage』は1996年サウス・バイ・サウスウエスト映画祭で審査員賞を受賞、2作目の『Carbon Nation』は気候変動の解決策がテーマ。現在、土の健康を大切にする牧場主をたたえる短編映画シリーズを制作中。

Peter Calthorpe（ピーター・カルソープ） 都市デザイナー、作家。世界中の都市再生、持続可能な成長、地域計画に対する新しいアプローチを開発する先頭に立っている。受賞歴のあるデザインスタジオ、Calthorpe Associatesを指揮。ニューアーバニズム会議（CNU）の初代会長を務め、近著に『Urbanism in the Age of Climate Change』がある。

Lynelle Cameron オートデスク財団のプレジデント・CEO、CADソフトウェアを開発するオートデスクの持続可能性シニアディレクター。どちらの取り組みも現代の最も困難な課題を解決するために設計を用いる人々への投資と支援のために彼女が始めたもので、そのリーダーシップの下、オートデスクは持続可能性、気候リーダーシップ、社会貢献活動で多数の賞を受賞している。

Mark Campanale 気候変動が資本市場に及ぼすインパクトや化石燃料への投資インパクトを詳細に分析し、リスク、機会、低炭素な未来への道筋をマッピングする独立系金融シンクタンク、カーボントラッカー（Carbon Tracker Initiative）の創設者・エグゼクティブディレクター。共同創設者のNick Robinsとともに、カーボンバジェット（炭素予算）の研究に基づいて、座礁資産や差し迫ったカーボンバブルに投資家がさらされるリスクを見積もる「燃やせない炭素」という考え方を発表している。

Dennis Carlberg アメリカ建築家協会（AIA）会員、LEED認定プロフェッショナル／建物設計と建設（LEED AP BD+C）の建築家、ボストン大学の持続可能性ディレクター。同大学では、地球環境学部の非常勤講師、生きた学習コミュニティであるEarth Houseの教員アドバイザーを務める。Urban Land Institute Bostonの気候変動が地域社会に及ぼす影響に対処する政策と解決策を探求する委員会、Climate Resilience Committeeの共同議長。

Steve Chadima 先進的なエネルギーや技術に30年近く携わる。世界のエネルギーシステムをより安全、クリーン、手頃な価格にすることに取り組んでいるビジネスリーダーの全米協会、Advanced Energy Economyの対外関係担当シニアバイスプレジデント。

Adam Chambers 米国農務省（USDA）の天然資源保全局（NRCS）の研究者として、「大気質と大気変化」チームに所属し、管理農地の保全策の実施に取り組んでいる。過去20年間、主に大気の応用科学と大気汚染物質・温室効果ガスの削減を研究してきた。

Aimée Christensen Sun Valley Institute for ResilienceとChristensen Global Strategiesを率いる。米国エネルギー省、世界銀行、ベーカー・マッケンジー、Googleなどで気候問題に携わって25年。Googleの社会貢献部門、Google.orgでは「climate maven（気候の達人）」を務めた。1994年の米国対コスタリカなど、初の二国間気候変動協定を交渉し、初の気候変動に関する大学基金投資方針を作成した（1999年のスタンフォード大学）。2011年ヒラリー賞、2010年アスペン研究所のCatto Fellow。

Cutler J. Cleveland 作家、コンサルタント、学者、企業経営者として、天然資源、エネルギー利用、関連経済に関する研究に取り組む。『Encyclopedia of Energy』編集長、ボストン大学教授。

Leila Conners Tree Media Groupを設立、心に訴えるストーリーを語ることで市民社会を支え、持続させるためのメディアを創造する制作会社をめざす。

John Coster　いくつかの低炭素または炭素隔離イニシアチブの独立したアドバイザーを務める。建設サービスの提供に加えて、小規模なリノベーションから10億ドル規模のプロジェクトまで官民パートナーシップを展開する大手建設グループ、Skanska USA Buildingでグリーンビジネス責任者を務めたこともある。

Audrey Davenport　Googleで企業不動産のエコロジープログラムのリーダーを務める。同じくGoogleで「エネルギーと持続可能性」チームに所属し、社内のコーポレート・サステナビリティ活動を主導したこともある。フルブライト奨学生としてマレーシアに留学した。ジョンズ・ホプキンス大学とプレシディオ大学院で持続可能なビジネス戦略に関する大学院コースを教えていた。

Edward Davey　チャールズ皇太子が運営するInternational Sustainable Unit（ISU）のシニアプログラムマネージャーとして、森林と気候変動に関する活動を指揮する。『A Restored Earth: Ten Paths to a Hopeful Future』と題する本を執筆中。コロンビア大統領の環境に関するチーフアドバイザーを務めたことがある。

Pedro Diniz（ペドロ・ジニス）　実業家、元F1レーサー。ブラジルのサンパウロ州の家族経営農場をトカ・ファームに変え、ブラジル有数のオーガニック食品生産者に育てた。大規模なアグロフォレストリー生産の発展に精力的に取り組んでいる。

AshEL "SeaSunZ" Eldridge（別名Uber Rapper）Earth Amplified ConsultingのCEOとして起業家、スタートアップ、非営利組織に向けてクリエイティブ戦略を提供。サンフランシスコ州立大学で気候正義（気候の公平性）、人種、実力行使主義の非常勤教授を務める。ルーツ・ラップ・レゲエ集団のEarth Amplified創設者。西アフリカ／ウェストオークランド出身メンバーのバンド、Dogon Lightsのボーカリスト。シャーマンと植物をベースにしたヘルスコーチ。Purium（サプリメント）ディストリビューター。アクティビスト、クリエーター、起業家を対象にした瞑想、創造性、マニフェステーション（潜在願望実現）のインストラクター。

John Elkington　起業家、環境保護活動家。著書17冊、近著は『The Breakthrough Challenge: 10 Ways to Connect Today's Profits with Tomorrow's Bottom Line』漸進的な変化を超えた視点で、大規模なシステムとしての課題解消をめざして変革を支援するVolansほか、SustainAbilityやEnvironmental Data Servicesなど、いくつかのベンチャーを創業または共同創業した。

Jib Ellison　持続可能なビジネス成長を専門とする経営コンサルティング会社、Blu Skyeの創業者・CEO。「フォーチュン500」企業と連携して市場変革や新市場創出に取り組み、持続可能性の視点で新しい市場チャンスを明らかにしている。

Donald Falk　アリゾナ大学天然資源・環境学部の准教授、流域管理と生態水文学が専門。研究分野は、火災史、火災生態学、再生生態学、景観生態学、土地管理と地球規模の変化が生態系に及ぼす影響（急激な変化のダイナミクスほか）など。

Felipe Faria　ブラジル建設業界のグリーン化を進め、ブラジルをLEED認証の世界五大市場の1つにし、2014年FIFAワールドカップや2016年オリンピックなど、大規模なプロジェクトに影響を与えてきた組織、グリーン・ビルディング評議会ブラジル（GBCB）のCFO。以前は、グローバルなリーダーシップのツールとしてLEEDを維持する専門家グループ、LEED運営委員会のボランティアを務め、現在は、世界グリーン・ビルディング評議会（WGBC）米州ネットワーク委員会の委員長を担う。

Rick Fedrizzi　米国グリーン・ビルディング評議会（USGBC）の創設者・元CEO、LEED認証の審査組織、Green Business Certification Inc.（GBCI）のCEO。USGBCのLEEDグリーン・ビルディング・プログラムがキャリアの基盤であり、2000年の立ち上げ以来、101億平方フィートに及ぶ55,000以上の商業プロジェクト、および世界中の154,000以上の住宅ユニットがLEEDに参加している。

David Fenton　1982年にFentonを設立し、環境、公衆衛生、人権の分野で広報キャンペーンを展開してきた。MoveOn.org（オンライン政治活動）の立ち上げ支援、オーガニック食品売上増、ネルソン・マンデラとアフリカ民族会議（ANC）の代理、アパルトヘイトに対する制裁措置の可決、米国初の同性愛者の結婚の公表、気候変動に関してアル・ゴアや国連に協力、タバコと環境ホルモンに反対する公衆衛生キャンペーン主導などの実績がある。

Jonathan Foley（ジョナサン・フォーリー）　20年以上、地球環境問題の解決に焦点を当てた学際的な大学ベースのプログラムを主導した後、カリフォルニア科学アカデミーのエグゼクティブディレクターに就任し、子どもにも大人にも科学の興味と喜びを知ってもらうことに努めてきた。130以上の科学論文、多数の新聞論説を発表し、「科学者とエンジニアのための大統領初期キャリア賞」（ビル・クリントン元大統領が授与）をはじめ、数々の賞や栄誉を受けてきた。

Bob Fox　ニューヨーク市で最も尊敬されるグリーン・ビルディング運動リーダーの1人。2003年に建築事務所、CookFoxを設立し、美しく環境に配慮した高性能建築に専念してきた。CookFoxは、LEEDプラチナ認証を取得した初の商業超高層ビル、バンク・オブ・アメリカ・タワーの設計で広く知られている。

Maria Carolina Fujihara　持続可能な都市計画を専門とする建築家。5年間、グリーン・ビルディング評議会ブラジル（GBCB）の技術コーディネーターを務め、ブラジルでのLEED認証の推進に従事した。ブラジルの住宅市場向けの認証ツールを作成した技術委員会の責任者でもあった。

Mark Fulton　広く認められているエコノミスト、市場戦略アドバイザー。1991年に執筆した気候変動と市場に関する報告書から出発して、環境と持続可能性に特に重点を置いてきた。ドイツ銀行気候変動アドバイザーの調査責任者を務めており、投資家向けに気候、クリーンエネルギー、持続可能性に関するソートリーダーシップ（thought leadership）の論文をまとめた。

Lisa Gautier　1998年に夫のPatrice Gautierと共同設立した環境問題の社会貢献組織、Matter of Trustのプレジデント・理事。Matter of Trustはエコ教育、人為的な余剰農産物の使い道、自然界に豊富な再生可能資源に集中的に取り組んでいる。

Mark Gold　UCLAで環境・持続可能性担当の副学長補佐と環境・持続可能性研究所の非常勤教授を務める。水質汚染、水供給、統合水資源管理、沿岸保護の分野に携わって25年。さらにロサンゼルスとサンタモニカの持続可能な都市計画の開発に幅広く取り組み、現在はSustainable LA Grand Challengeの先頭に立って、ロサンゼルス郡全体で2050年までに100％再生可能エネルギー、100％現地取水、生態系と人間の健康向上を達成するという目標をめざしている。

Rachel Gutter　建築環境を通じて人間の健康と幸福を改善することを使命とする公益法人、国際WELLビルディング研究所（IWBI）の最高製品責任者。以前は、米国グリーン・ビルディング評議会（USGBC）の知識担当シニアバイスプレジデントとCenter for Green Schoolsのディレクターを務めていた。同センターでは、約30年（1世代）で全学生を環境に配慮した学校に入れるという目標に国際的な企業、世界的に評価されている機関、政府機関の関心を集めるダイナミックなリーダーシップを発揮した。

André Heinz　ハインツ基金の理事。理事会に加わってすぐ、1993年に環境助成金プログラムの創設を監督した。15億ドルの基金の管理を監督する理事会と投資委員会で仕事を続けており、ベンチャーキャピタルを介した持続可能な技術への投資を追求している。

Gregory Heming　カナダのノバスコシア州アナポリス郡議会の議員。議会の経済開発委員会と気候変動委員会の委員長を務め、カナダ地方自治体連合（FCM）の理事会で全国的にも役割を果たしている。大学院で宗教史と科学哲学を研究して生態学の博士号を取得し、農村経済学、場所の生態学、パブリックエンゲージメントについて幅広く講演、執筆、出版してきた。

Oran Hesterman　持続可能な農業とフードシステムの米国を代表するリーダー、Fair Food Networkのプレジデント・CEO。科学者、農家、慈善家、実業家、教育者、活動家として35年以上の経験があり、政策立案者、慈善活動リーダー、活動家の尊敬されるパートナーとされている。

Patrick Holden　持続可能なフードシステムへの移行を加速するために国際的に活動するSustainable Food Trustの創設ディレクター。バイオダイナミック農業のUK Biodynamic Associationの後援者であり、2005年に有機農業への功績が認められてCBE（大英帝国勲章）を授与された。

Gunnar Hubbard　世界的なエンジニアリング設計・調査・分析サービス会社、Thornton Tomasettiの代表・持続可能性リーダー。米国、アジア、ヨーロッパでグリーン・ビルディングの第一人者と認められている。

米国下院議員Jared Huffman　カリフォルニア州ノースベイとノースコーストを代表する下院議員。下院きってのクリーンエネルギー、温室効果ガス削減、自然環境保護の支持者。輸送・インフラ委員会と天然資源委員会のメンバー。前職はカリフォルニア州議会下院議員を6年、州議会では水・公園・野生生物委員会の委員長を務め、多数の重要な法案を起草した。天然資源保護協議会（NRDC）の上級弁護士だったこともある。

Molly Jahn　ウィスコンシン大学マディソン校の農学部、グローバルヘルス研究所、持続可能性・グローバル環境センターの教授。オークリッジ国立研究所（ORNL）の共同研究員。100以上の査読論文を発表し、自身の植物育種プログラムに失効していない商用ライセンスが60あり、品種改良した野菜は6大陸で商業的に生計手段として栽培されている。

Chris Jordan（クリス・ジョーダン）　シアトルを拠点とする写真アーティスト、映画制作者。大量消費社会や大衆文化をテーマに、個人や社会全体の生活にある無意識の行動を浮き彫りにする大胆なメッセージを提示している。

Daniel Kammen　カリフォルニア大学バークレー校の再生可能・適正エネルギー研究所（RAEL）創設ディレクター。同校のエネルギー資源グループ、ゴールドマン公共政策大学院、原子力工学科の教授。2010年には、ヒラリー・クリントン国務長官によって初の米州エネルギー・気候パートナーシップ（ECPA）フェローに任命され、2016年から2017年までは米国務省の科学特使を務めた。

Danny Kennedy　クリーンテクノロジー起業家、環境活動家。著作に『Rooftop Revolution: How Solar Power Can Save Our Economy—and Our Planet—from Dirty Energy』（2012年）がある。Sungevityの共同創業者、California Clean Energy Fundのマネージングディレクター、Powerhouseの共同創業者。

Kerry Kennedy　人権活動家、弁護士、人権団体であるRobert F. Kennedy Human Rightsのプレジデント。著作に『Speak Truth to Power: Human Rights Defenders Who Are Changing Our World』、『ニューヨーク・タイムズ』紙ベストセラーの『Being Catholic Now』がある。10年以上、アムネスティ・インターナショナルUSAリーダーシップ評議会の議長を務めた。ブッシュ大統領による指名と上院の承認によって米国平和研究所（USIP）の理事に就任したこともある。

Elizabeth Kolbert（エリザベス・コルバート）　1999年から『ザ・ニューヨーカー』誌の常勤ライター、以前は『ニューヨーク・タイムズ』紙に勤務。著作に2015年ピューリッツァー賞一般ノンフィクション部門受賞作品『The Sixth Extinction』（邦訳『六度目の大絶滅』NHK出版）などがある。

Cyril Kormos　ワイルド財団（Wild Foundation）の政策担当バイスプレジデントとして、原生自然の法律と政策、コンサベーション・ファイナンス（環境保全金融）、森林政策などの問題に関して研究、提唱している。世界的に原生林保護を推進するNGO連合、IntAct（International Action for Primary Forests）の運営にも関わっている。

Jules Kortenhorst　資源の効率性と再生利用を推進する無党派の独立系非営利組織、ロッキー・マウンテン研究所（RMI）のCEO。地球規模のエネルギー問題と気候変動に関する第一人者とされ、ビジネスから政府、起業、非営利まで幅広くリーダーシップを発揮してきたキャリアがある。

Larry Kraft　iMatterのエグゼクティブディレクター・チーフメンター。iMatterは、熱意ある若者層を気候アクションに向かわせること、気候変動に対する行動の有無に責任を負う地域社会にすることをめざしている。

Klaus Lackner（クラウス・ラックナー）　二酸化炭素の直接空気回収（DAC）技術を推進するアリゾナ州立大学センター・フォー・ネガティブ・カーボン・エミッションズのディレクター。1995年以来、特に炭素回収・貯留分野に多数の貢献をしてきた。

Osprey Orielle Lake　Women's Earth and Climate Action Network International（WECAN）創設者・エグゼクティブディレクター。草の根運動や先住民のリーダー、政策立案者、科学者と協力して国内外で活動し、気候正義（気候の公平性）、レジリエンスのあるコミュニティ、システムの変化、クリーンエネルギーの未来への公正な移行に女性の力を動員することに取り組んでいる。

John Lanier　祖父の故レイ・C・アンダーソンの功績を称える民間家族財団、レイ・C・アンダーソン財団（ジョージア州）のエグゼクティブディレクター。アンダーソンは世界的に認められた企業経営者であり、環境保護パイオニアだった。Lanierは、現世代と未来世代のためにより明るく、持続可能な世界をつくることをめざす財団プログラムを通じて祖父の仕事を今に引き継いでいる。

Alex Lau　カナダのバンクーバーで活動するクリーンテック起業家、エンジェル投資家、国際的な再生可能エネルギープロジェクトの投資家。バンクーバー市長の「Greenest City Action」チームと「Renewable City Action」チームに参画している。

Lyn Davis Lear　活動家、慈善家、あらゆる形態のメディアを通じて地球環境問題について人々をインスパイアし、教育し、アクティブにすることをめざすL&L Mediaのプレジデント。ロサンゼルス郡美術館（LACMA）とサンダンス・インスティテュートの理事を務め、いくつかの映画や実習の制作と支援に関わってきた。公民権と自由、芸術、環境の支援に特化したリア・ファミリー財団を設立した。

Colin le Duc　デイビッド・ブラッドおよびアル・ゴアと共同創業したGeneration Investment Managementのパートナーとして、同社のグロース・エクイティ・ファンド、Climate Solutionsを共同で指揮している。以前は、チューリッヒのSustainable Asset Management、ロンドンのアーサー・D・リトル、パリのトタルに在籍し、現在は世界各地のさまざまな「発電」会社の役員を務めている。

Jeremy Leggett（ジェレミー・レゲット）　起業家、作家、活動家。高く評価されている国際的な太陽光発電会社、Solarcenturyの創業ディレクター、同社年間利益の5%を資金にした社会貢献組織、SolarAidの創設者・会長。資本市場に対して炭素資産の座礁リスク、いわゆるカーボンバブルを警告する金融部門シンクタンク、カーボントラッカー（Carbon Tracker Initiative）の会長でもある。

Annie Leonard　グリーンピースUSAのエグゼクティブディレクター。20年以上、モノがどこから生まれ、どのように私たちのところに届き、私たちが捨てた後どこに行くのか、モノが環境や社会に及ぼす影響を調べ、説明することに携わってきた。手がけた『The Story of Stuff』という同名の動画と本は、Story of Stuff Projectというプロジェクトとして花開き、世界中の人々により持続可能で公正な未来を勝ち取る力を与えている。

Peggy Liu　2007年以来、中国屈指の環境保護団体、JUCCCEの会長を務めている。国際的なリーダーを招集し、エコシティ計画、クリーンエネルギー、スマートグリッド、食品教育、中国の持続可能性市場を通じてシステムの変化をめざしている。

Barry Lopez（バリー・ロペス） エッセイスト、作家、短編作家。辺境から人口密集地まで世界を広く旅してきた。著作に全米図書賞を受賞した『Arctic Dreams』（邦訳『極北の夢』草思社）、同賞最終選考に残った『Of Wolves and Men』（邦訳『オオカミと人間』草思社）ほか、フィクション8作がある。

Beatriz Luraschi チャールズ皇太子が運営する International Sustainable Unit（ISU）のシニアプログラムオフィサーとして、2013年以来、REDD+、商品サプライチェーンの森林破壊撲滅、気候政策と科学の接点など、熱帯林と気候変動の問題に取り組んできた。ISUに参加する前は、持続可能性に関するさまざまな問題を研究し、中米で異なる管理システムのコーヒー農場の生態系サービスを定量化するフィールドワークを完成させた。

Brendan Mackey オーストラリアのゴールドコーストにあるグリフィス大学の気候変動対応プログラムのディレクター。陸地の炭素ダイナミクス、気候変動・生物多様性・土地利用の相互作用、環境政策と環境法における科学の役割などが専門。現在は、太平洋沿岸域の適応策、適応とレジリエンスの計画立案に必要な情報と知識の管理、原生林の評価・査定を中心に研究している。

Joanna Macy（ジョアンナ・メイシー） 活動家、作家、仏教とシステム理論の学者、「つながりを取り戻すワーク」を生み出した指導者。『Coming Back to Life: The Updated Guide to the Work That Reconnects』（邦訳『カミング・バック・トゥ・ライフ―生命への回帰』サンガ）など著書12冊。

Joel Makower GreenBiz Groupの会長・編集長、受賞歴のあるジャーナリスト。『Strategies for the Green Economy』『The New Grand Strategy: Restoring America's Prosperity, Security, and Sustainability in the 21st Century』など、著書・共著書多数。

Michael Mann（マイケル・マン） ペンシルベニア州立大学の大気科学の特別教授（DP）。アメリカ地球物理学連合（AGU）、アメリカ気象学会（AMS）、アメリカ科学振興協会（AAAS）の特別会員。『Dire Predictions』『The Hockey Stick and the Climate Wars』（邦訳『地球温暖化論争―標的にされたホッケースティック曲線』化学同人）『The Madhouse Effect』など、200以上の出版物と3冊の本を執筆している。

Fernando Martirena キューバのラス・ビジャス中央大学「マルタ・アブレウ」で構造・材料研究開発センター（CIDEM）のディレクターを務める。

Mark S. McCaffrey ブダペスト（ハンガリー）にある国立公共サービス大学（NUPS）の上級研究員。アースチャイルド協会（ECI）の顧問。国連気候変動枠組条約に教育・コミュニケーション・アウトリーチNGOコミュニティを創設した。著作に『Climate Smart & Energy Wise』（2014年）がある。全米科学教育センター（NCSE）で気候プログラム・政策担当ディレクターを務め、CLEAN（気候リテラシーとエネルギー認識ネットワーク）を共同創設した。

David McConville バックミンスター・フラー研究所（BFI）の理事長。ストーリーテリングと科学の視覚化を融合して社会と自然環境の再生についての対話を促すアーティスト、科学者、教育者のコラボレーションであるWorldviews Networkのクリエイティブディレクター。

Craig McCaw 電気通信のパイオニア。McCaw CellularとClearwire Corporationの創業者。現在はベンチャーキャピタル会社、Eagle River Investments LLCの会長・CEO。教育の機会と進歩、国際的な経済発展、環境保護を支援する財団、Craig and Susan McCaw Foundationのプレジデントでもある。ザ・ネイチャー・コンサーバンシーの理事長を務めており、グラミン・テクノロジー・センターを設立した。

Andrew McKenna マッコーリー大学（シドニー）ビッグヒストリー研究所のエグゼクティブディレクター。この研究所は、ビッグヒストリー分野で秀でた研究をすることを専門にした革新的なセンターであり、宇宙、地球、生命、人類の歴史を統一された学際的な方法で理解しようとする試みである。

Bill McKibben（ビル・マッキベン） 作家、環境保護活動家。世界188カ国で活動する国際的な市民参加の気候キャンペーン、350.orgの共同創設者・顧問。1989年に出版され、気候変動について一般の人に向けて書いた最初の本とされる『The End of Nature』（邦訳『自然の終焉――環境破壊の現在と近未来』河出書房新社）を含め、15冊の本を書いている。

Jason F. McLennan（ジェイソン・F・マクレナン） 今日のグリーン・ビルディング運動で最も影響力のある1人とされる。自身の設計事務所、McLennan DesignのCEO。世界を社会的に公正で、文化的に豊かで、自然環境を再生するものに変えることをめざすNGO、国際リビング・フューチャー協会（ILFI）の創設者・会長。世界で最も進歩的で厳格なグリーン・ビルディング・プログラムであるリビング・ビルディング・チャレンジの創設者であり、クリエイター。権威あるバックミンスター・フラー・チャレンジとENRアワード・オブ・エクセレンスの受賞歴がある。

Erin Meezan インターフェイスの持続可能性担当バイスプレジデント。会社が道義的責任を果たしているか意見を表明し、会社の戦略と目標を20年近く前に定められた積極的な持続可能性ビジョンに調和させる任を担っている。経営陣、大学、成長するグリーンコンシューマー部門に向けて持続可能なビジネスについて頻繁に講演している。

David R. Montgomery（デイビッド・R・モントゴメリー） シアトルのワシントン大学地形学教授。マッカーサー・フェロー（天才助成金）に選ばれている。著書に『Dirt: The Erosion of Civilizations』（邦訳『土の文明史』築地書館）、『Growing a Revolution: Bringing Our Soil Back to Life』（邦訳『土・牛・微生物―文明の衰退を食い止める土の話』同）、アン・ビクレーとの共著に『The Hidden Half of Nature: The Microbial Roots of Life and Health』（邦訳『土と内臓―微生物がつくる世界』同）がある。

Pete Myers 作家、すぐれた科学とすぐれた政策のギャップを埋める活動をしている組織、Environmental Health SciencesのCEO・主席研究者。内分泌撹乱が人間の健康に及ぼす影響の一次研究に積極的に取り組んでいる。Science Communication Networkの

理事長を務めている。H.ジョン・ハインツ3世科学・経済・環境センターの理事長を務めたこともある。

Mark "Puck" Mykleby ケース・ウェスタン・リザーブ大学（オハイオ州）で繁栄と安全と持続可能性がそろった新時代を牽引できる米国の新しいグランドデザインの開発、テスト、実行を専門にした戦略イノベーション・ラボの創設共同ディレクターを務める。海兵隊の戦闘機パイロットと統合参謀本部議長の特別戦略補佐官だったこともある。

Karen O'Brien（カレン・オブライエン） ノルウェーのオスロ大学社会学・人文地理学部の教授として、気候変動の適応と持続可能性への転換に関する問題を研究している。気候変動に関する政府間パネル（IPCC）のいくつかの報告書の主執筆者。

Robyn McCord O'Brien 10年間、消費者、企業、政治指導者を食について啓発してきた。非営利組織と顧問会社の代表を務め、ベストセラー作家、講演者、戦略アドバイザーでもある。

Martin O'Malley メリーランド州の第61代知事。2016年米国大統領選に出馬した。気候変動と環境問題に取り組む必要性を率直に表明してきた。

David Orr オーバリン大学（オハイオ州）の名誉ポール・シアーズ特別教授（DP）と総長相談役。著作に本8冊と200以上の論文、レビュー、書籍の担当章ほか専門出版物がある。米国グリーン・ビルディング評議会（USGBC）とセカンド・ネイチャーから8つの名誉学位とリーダーシップ賞を受賞している。

Billy Parish 家庭エネルギー市場向けに消費者金融サービスを提供するMosaicの共同創業者・CEO。Energy Action Coalitionを創設し、世界最大の青少年クリーンエネルギー組織に成長させた。

Michael Pollan（マイケル・ポーラン） ベストセラー作家、ジャーナリスト、活動家、カリフォルニア大学バークレー校のジャーナリズム教授。特に食料、食生活、フードシステムの問題が専門、『The Omnivore's Dilemma』（邦訳『雑食動物のジレンマ』東洋経済新報社）など著書8冊。

Jonathon Porritt 持続可能な開発に関するライター、キャスター、コメンテーター。ビジネスや政府などとグローバルに連携して、よりよい未来を築くことをめざす持続可能性の非営利組織、Forum for the Futureを共同創設した。

Joylette Portlock 環境教育と環境運動に携わって10年。新しいメディアやプロジェクトベースのキャンペーンを手段に個人・コミュニティ・国レベルの気候ソリューションを特定、研究、支援し、一般市民に科学的情報を提供する非営利組織、Communitopiaの現代表。

Malcolm Potts ケンブリッジ大学卒の産科医・生殖医療研究者。女性に家族計画の選択肢を提供するために世界中で仕事をしてきた。1992年、カリフォルニア大学バークレー校ビクスビー・センターの初の人口問題・家族計画教授に任命され、現在はサヘルの人口増加と気候変動をテーマに活動している。

Chris Pyke GRESB.comのCOOとして、世界の不動産投資家に対して実践的な環境・社会・ガバナンス情報を提供している。米国グリーン・ビルディング評議会（USGBC）の研究担当バイスプレジデント。IPCCの第3作業部会に住宅と商業ビルに起因する温室効果ガス緩和問題で米国代表として参加した。米国環境保護庁（EPA）のチェサピーク湾プログラム科学技術諮問委員会の委員長も務めた。

Shana Rappaport 10年以上、コミュニティオーガナイザーや異業種のまとめ役とし持続可能策を積極的に推進してきた。現在、GreenBiz GroupのVERGEというプラットフォームのエンゲージメント担当ディレクターとして、クリーン経済の加速に焦点を当てた世界をリードするイベントシリーズの拡大に尽力している。

Andrew Revkin 30年近く気候変動について執筆、そのうち21年間は『ニューヨーク・タイムズ』紙の記者と同紙コラム「Dot Earth」の筆者を務めた。現在はProPublicaのライターとして、気候とエネルギーに関する長文のレポートに注力している。

Jonathan Rose 不動産の開発、プランニング、投資と多業種展開し、25億ドル以上の業績がある会社、ジョナサン・ローズ・カンパニーズ創業者。妻のDiana

とGarrison Instituteも共同設立した。

James Salzman カリフォルニア大学サンタバーバラ校と同ロサンゼルス校ロースクールの両方で環境法のドナルド・プレン特別教授（DP）に任命されている。環境法に関する著書8冊。国家飲料水諮問委員会（NDWAC）と貿易環境政策諮問委員会（TEPAC）の委員を務め、頻繁にメディアにコメンテーターとして登場しながらも、教室で教えることに打ち込んでいる。

Samer Salty Zouk Capitalの創業者・CEO。プライベートエクイティ、投資銀行、テクノロジーの分野で30年のキャリアがある。テクノロジー成長資本と再生可能エネルギーインフラで構成されるZouk独自のデュアルトラック戦略を立案し、実行した。

Astrid Scholz ベストソリューションと世界中の革新的な問題解決者をつないで社会変革を加速させることを目的にしたクラウドベースのソリューション共有プラットフォーム、Sphaeraの最高「全」責任者。1億ドル以上の資産を運用するハイブリッド非営利組織、Ecotrustの前プレジデント。

Ben Shapiro PureTech Healthの共同創業者・非執行役員。同社のVedantaプログラムは、ヒトマイクロバイオームと宿主免疫系との相互作用経路を調節する革新的な治療法を開発している。前職であるMerckの研究担当エグゼクティブバイスプレジデント時代には、約25の医薬品とワクチンがFDAに登録されるという成果を上げた研究プログラムを指揮した。

Michael Shuman 経済学者、弁護士、起業家、作家、Telesis Corporationの地域経済担当ディレクター。非常勤講師としてバンクーバー（カナダ）のサイモン・フレイザー大学で地域経済開発を、ニューヨーク市のバード大学で持続可能なビジネスを教えている。近著に『The Local Economy Solution』（2015年）がある。

Martin Siegert インペリアル・カレッジ・ロンドンの グランサム気候変動研究所の共同ディレクター。以前 は、ブリストル大学のブリストル雪氷学センターのディ レクターとエディンバラ大学地球科学科長を務めていた。 地球物理学の専門家として、2013年に南極に関する 研究と政策の功績が認められてマーサ・T・ミューズ賞 を受賞した。エディンバラ王立協会会員。

Mary Solecki 経済と環境の両面で利益のある政策 を支持する企業会員による非営利擁護組織、 Environmental Entrepreneurs（E2）を西側諸国か ら提唱している。

Gus Speth バーモント・ロースクールでニューエコノ ミー法律センターの共同創設者とネクスト・システム・ プロジェクトの共同議長を務めている。以前はイェール 大学林学環境大学院の学部長を務め、天然資源保護 協議会（NRDC）を共同創設し、世界資源研究所（WRI） の創設者・プレジデントだった。また、国連開発計画 （UNDP）の管理者、国連開発グループ（UNDG）の 議長を務めた経験がある。著書6冊。

Tom Steye ビジネスリーダー、篤志家。私たちには、 得たものを世の中に還元し、すべての家族が経済的機 会の恩恵を分かち合えるようにするモラルの責任がある と考えている。

Gunhild A. Stordalen EAT財団の創設者・会長。 夫のPeterと共同設立した財団、Stordalen Founda- tionでも会長を務める。

Terry Tamminen 現在はレオナルド・ディカプリオ 財団のCEOを務めている。カリフォルニア州知事アーノ ルド・シュワルツェネッガーの下では、カリフォルニア州 環境保護庁長官に任命され、後に同知事の首席政策 顧問に任命された。『Lives Per Gallon: The True Cost of Our Oil Addiction』『Cracking the Carbon Code: The Key to Sustainable Profits in the New Economy』などの著作がある。

Kat Taylor 夫のTom Steyerとトムキャット財団を設 立し、世界の気候安定や健康で公正なフードシステム、 そして広く繁栄する世界を実現する活動をしている組織 を支援している。持続可能なフードシステムの啓発活動

を目的にしたTomKat Ranch Educational Founda- tionの創設ディレクター、Beneficial State Bankの共 同創設者・共同CEOでもある。

Clayton Thomas-Muller Mathias Colomb Cree Nationのメンバー、ウィニペグを拠点とする先住民の権 利を訴える活動家。カナダや米国の何百もの先住民コ ミュニティで、化石燃料産業とその資金源である銀行に よる権利侵害に抵抗する運動を組織してきた。350.org と連携した先住民の急進的なエネルギー運動家として、 Defenders of the Land とIdle No Moreのオーガナイ ザーとして活動している。

Ivan Tse 社会的企業・社会貢献・ラグジュアリー 部門に新しい文化を創造するために活動する社会起業 家、篤志家。香港に拠点を置き、人類の統一、グロー バルな知識の普及、国境を超えた世界のインフラ構築 を推進する慈善団体、TSE財団の会長・プレジデント を務めている。

Mary Evelyn Tucker イェール大学で教鞭をとり、 同大学で夫のJohn GrimとForum on Religion and Ecology（宗教と生態学に関するフォーラム）を主催し ている。著作に夫と共著の『Ecology and Religion』 がある。ふたりは、エミー賞を受賞した映画『Journey of the Universe』の共同プロデューサーであり、 Coursera（コーセラ）に同映画に関する4つのオープ ンオンライン講座を開講している。

Paul Valva サンフランシスコ・ベイエリアの第三世 代不動産業者で、商業用と工業用、両方の不動産を 専門にしている。持続可能性と環境保護に積極的で、 北カリフォルニアでClimate Reality Projectのマネー ジャーを4年間務め、気候変動の危険性と解決策につ いて市民を教育した。

Brian Von Herzen（ブライアン・フォン・ヘルツェン） 陸と海でギガトン級の炭素バランス回復に取り組みなが ら、グローバルな食料・エネルギー安全保障の確立も めざす財団、Climate Foundationのエグゼクティブディ レクター。同財団の海洋パーマカルチャー技術は、大 気中の炭素を回収し、同時に持続可能な食料、飼料、 繊維、肥料、バイオ燃料を世界規模で提供できる潜在 力を秘めている。

Greg Watson　Schumacher Centerの政策・システム設計担当ディレクター。持続可能な農業、再生可能エネルギー、新しい通貨システム、公平な土地保有の取り決め、民主的なプロセスを通じた近隣計画、人間中心の開発を支持する政策に関して世論を代表して活動している。

Ted White　Tom Steyerの事業や政治・社会貢献活動を目的にした傘下組織、Fahrのマネージングパートナート。Fahrとその関連組織は、クリーンエネルギーの未来への移行を加速することを重要目標にしている。

John Wiok　研究牧場主、ベンチャー慈善活動家、Marin Carbon Projectの共同創設者。同プロジェクトは、健康的な食料や安全な繊維の生産によって永続性のある土壌炭素を増やせることを科学的に立証してきた。妻のPeggy Rathmannとともにカリフォルニア州マリン郡にあるNicasio Native Grass Ranchを所有している。

Dan Wieden　米国の広告業界エグゼクティブ。Wieden+Kennedyを共同創業し、ナイキのキャッチフレーズ「Just Do It」を考案した。オレゴン州シスターズにあるハイリスクの青少年に向けて芸術教育やキャンプを提供する非営利組織、Calderaの創設者でもある。

Morgan Williams　生態学者、持続可能な開発の研究者。1997年から2007年までニュージーランドの環境担当議会委員を務めた。現在は、WWFニュージーランド理事長、ニュージーランド最大の民間研究機関を支援する財団、Cawthron Foundationの理事長を務めている。

Allison Wolff　社会や環境のイノベーションをめざす企業や非営利組織に戦略、ストーリー、ムーブメント構築デザインを提供するVibrant PlanetのCEO。Chan Zuckerberg Initiativeと協力して、そのコンテンツとムーブメント構築戦略を開発した。また、FacebookとeBayに対してソーシャルグッドと持続可能性のストーリー、マーケティング、パブリックエンゲージメント戦略、Googleに対してGoogle Greenの構築、GlobalGivingに対してブランドアイデンティティとブランド戦略を支援した実績がある。Netflixではマーケティングのディレクターを務めた。

Graham Wynne　英国王立鳥類保護協会（RSPB）の元チーフエグゼクティブ・保全ディレクター。現在は、チャールズ皇太子が運営するInternational Sustainable Unit (ISU) の顧問、欧州環境政策研究所（IEEP）の理事、Green Allianceの理事を務めている。農業と食料の未来に関する政策委員会と持続可能な開発委員会のメンバーを務めたこともある。

謝辞　ACKNOWLEDGEMENTS

本プロジェクトを信じ、支えてくださったみなさんに
スタッフ一同たいへんお世話になりました。
お一人お一人への感謝はここには書き切れません。
なにぶん大勢の方にお力添えいただきましたので、
お会いしたときにお礼を言わせていただくことをお許しください。
本書は常に世界のより広い意味の「私たち」がテーマでした。
みなさんは人類に満ちあふれる善と博愛を象徴しています。
私たちは今、地球とそのあらゆる生き物に責任ある行動を求められています。
みなさんは、ご自分の仕事や生活でまさにその責任を果たされてきた方々です。
スタッフ一同、心から、すべての生き物を代表してお礼申し上げます。

Alec Webb － Alex Lau － Amanda Ravenhill － Andrew McElwaine － Andre Heinz － Barry Lopez － Betsy Taylor
Bob Fox － Byron Katie － Colin Le Duc － Cyril Kormos － Daniel Kammen － Daniel Katz － Daniel Lashof
David Addison － David Bronner － David Gensler － Edward Davey － Erin Eisenberg － Erin Meezan － Gregory Heming Guayaki － Harriet Langford － Ivan Tse － Jaime Lanier － James Boyle － Janine Benyus － Jasmine Hawken － Jay Gould
Jena King － Johanna Wolf － John Lanier － John Roulac － John Wells － John Wick － John Zimmer － Jon Foley Jonathan Rose － Jules Kortenhorst － Justin Rosenstein － Kat Taylor － Lisa and Patrice Gautier － Lyn Lear
Lynelle Cameron － Malcolm Handley － Malcolm Potts － Marianna Leuschel － Martin O'Malley － Mary Anne Lanier Matt James － Norman Lear － Organic Valley Cooperative － Paul Valva － Pedro Diniz － Peggy Liu － Peter Boyer Peter Byck － Peter Calthorpe － Phil Langford － Ray and Carla Kaliski － Rick Kot － Ron Seeley － Russ Munsell
Shana Rappaport － Stephen Mitchell － Suki Munsell － Ted White － Terry Boyer － Tom Doyle － Tom Steyer
Virgin Challenge － Will Parish

Adam Klauber － Andersen Corporation － Ben Holland － Ben Rappaport － Carbon Neutral Company － Chantel Lanier
Chris McClurg － Chris Nelder － Colin Murphy － Cyril Yee － Dan Wetzel － David Weiskopf － Deep Kolhatkar － Diego Nunez
Ellen Franconi － Frances Sawyer － Galen Hon － Gerry Anderson － George Polk － Jai Kumar Gaurav － Jamil Farbes － Jason Meyer Joel Makower － Johanna Wolf － Jonathan Walker － Joseph Goodman － Kate Hawley － Kendal Ernst － Leia Guccione

Lynn Daniels – Maggie Thomas – Mahmoud Abdelhamid – Malcolm Handley – Mark Dyson – Mike Bryan – Mike Henchen Mike Roeth – Mohammad Ahmadi Achachlouei – Organic Valley Cooperative – Nicola Peill-Molter – Nuna Teal – Robert Hutchison Sean Toroghi – Thomas Koch Blank – Udai Rohatgi – Vivian Hutchinson – William Huffman

Adam DeVito – Alicia Eerenstein – Alicia Montesa – Alisha Graves – Allyn McAuley – Anastasia Nicole – Andy Plumlee – Angela Mitcham Annika Nordlund-Swenson – Aparna Mahesh – Aseya Kakar – Aubrey McCormick – Babak Safa – Basil Twist – Ben Haggard – Betty Chong Bill and Lynne Twist – Bruce Hamilton – Caitlin Culp – Calla Rose Ostrander – Caroline Binkley – Carol Holst – Charles Knowlton – Cheryl Dorsey Cina Loarie – Claire Fitzgerald – Clinton Cleveland – Connie Horng – Daniel Kurzrock – Daniela Warman – Danielle Salah – Darin Bernstein David Lingren – David McConnville – David Allaway – Deborah Lindsay – Diana Chavez – Donny Homer – Dwight Collins – Eka Japaridize – Ella Lu – Emily Reisman – Eric Botcher – Farris Gaylon – Gabriel Krenza – Hannah Greinetz – Helaine Stanley – Henry Cundill – Jacob Bethem Jacquelyn Horton – Jamie Dwyer – Jaret Johnson – Jeff and Elena Jungsten – Jeremy Stover – Jodi Smits Anderson – Joe Cain – Jose Abad Joshua Morales – Joyce Joseph – Juliana Birnbaum Traffas – Katharine Vining – Katie Levine – Kenna Lee – Kristin Wegner – Kyle Weise – Leah Feor Lina Prada-Baez – Madeleine Koski – Matthew Emery – Matthew John – Meg Jordan – Megan Morrice – Michael Elliot – Michael Neward Michael Sexton – Michelle Farley – Molly Portillo – Nancy Hazard – Nick Hiebert – Nicole Koedyker – Olga Budu – Olivia Martin – Pablo Gabatto Ray Min – Robert Trescott – Ron Hightower – Rupert Hayward – Ryan Cabinte – Ryan Miller – Sam Irvine – Sara Glaser – Serj Oganesyan Sonja Ashmoore – Srdana Pokrajac – Sterling Hardaway – Susan McMullan – The North Face – Thomas Podge – Tim Shaw – Tyler Jackson Veena Patel – Vincent Ferro – Whitney Pollack – Yelena Danziger – Zach Carson – Zach Gold

さくいん　INDEX

斜体のページはキャプションを示しています。

【す】

写真クレジット　PHOTOGRAPH CREDITS

ALAMY STOCK PHOTO: p. 10-11 (Craig Lovell / Eagle Visions Photography); p. 43 (Bill Brooks); p.63 (Paul Glendell); pp. 74-75 (dpa picture alliance); p. 79 (Frank Bach); p. 89 (EnVogue_Photo); p. 104-105 (Bo Jansson); p. 124 (Design Pics Inc.); p. 128上 (GardenPhotos.com); p. 128下 (redsnapper); p. 132 (imageBROKER); p. 133 (AfriPics.com); p. 192 (Alan Curtis); p. 196 (Washington Imaging); p. 247 (Ariadne Van Zandbergen); pp. 238-239 (Alex van Hulsenbeek); p. 250 (incamerastock); p. 301 (GoSeeFoto); p. 327 (Jozef Klopacka); p. 370 (Martin Grace); p. 374 (Premium Stock Photography GmbH); p. 375 (YAY Media AS)

GETTY IMAGES: p. 15 (Juan Naharro Gimenez); pp. 26-27 (Mike Harrington); pp. 34-35 (Steve Proehl); pp. 42-43 (Josh Humbert); pp. 47 (Arterra); pp. 54 (Sean Gallup); p. 66 (Matthias Graben); pp. 78 (Hannah Peters); p. 84 (Imagno); p. 85 (Gideon Mendel); pp. 108–109 (TIM SLOAN); p. 117 (Andre Maslennikov); pp. 120–121 (Inga Spence); p. 136 (Christian Science Monitor); pp. 137, 287 (Bloomberg); p. 148 (Barcroft); pp. 156 (Said Khatib); p. 160 (Richard Stonehouse); p. 169 (Koren Su); p. 172-173 (Diane Cook and Len Jenshel); p. 176 (MPI); p. 180-181 (Dieter Nagl); p. 188 (Koen van Weel); p. 189 (Jim West); p. 193 (Emmanuel Dunand); pp. 200, 226 (Monty Rakusen); p. 208 (MCT); p. 213 (Mike Lanzetta); p. 224 (Philippe Marion); p. 230 (2c image); p. 242-243 (R A Kearton); p. 254 (Lonely Planet); p. 255 (cosmonaut); pp. 258–259 (Tomohiro Ohsumi); p. 263 (3alexd); p. 267 (Mahatta Multimedia Pvt. Ltd.); pp. 274–275 (Car Culture, Inc.); p. 286 (Rick Madonik); p. 293 (Eric Lafforgue); p. 300 (Olivier Morin); p. 306 (Hulton Archive); p. 307 (BSIP); p. 319 (W K Fletcher); p.331 (Brian Hagiwara); p. 334 (Justin Tallis); p. 335 (Serge Mouraret); pp. 354 355 (CAPMAN Vincent); pp. 367 (Sayid Budhi); pp. 362上 (Axel Gebauer/Nature Picture Library); pp. 385(Mitch Diamond)

NATIONAL GEOGRAPHIC CREATIVE: p. 31下 (Cyril Ruoso/Minden Pictures); p. 31上 (Robert B. Goodman); pp. 50–51 (Robert Madden); pp. 70–71, 112–113, 129下, 141, 221 (Jim Richardson); p. 88 (Macduff Everton); p. 129上 (Blow, Charles M.); p. 152 (Alex Treadway); p. 165(Michael S. Lewis); pp. 176–177 (Tyrone Turner); pp. 204–205 (Paul Nicklen); p. 209 (Design Pics Inc); p. 212 (Michael Nichols); p. 217 (Luis Marden); p. 227 (John Dawson); pp. 314–315 (Dean Conger); pp. 322–323, 326 (Brian J. Skerry); p. 331 (Deanne Fitzmaurice); p. 345 (Raymond Gehman); p. 362下 (Frans Lanting); p. 382 (Grant Dixon/ Hedgehog House/ Minden Pictures)

SHUTTERSTOCK: pp. 22–23 (Pakhnyushchy); p. 81 (oriontrail); p. 100–101 (SantiPhotoSS); p. 149 (MikeBiTa); p. 161 (designbydx); p. 185 (Constantine Pankin); p. 201 (Lindsay Snow); p. 251 (Dudarev Mikhail); p. 289 (Joule Sorubou); pp. 297 (Jamie Bennett); p. 311 (s_oleg); p. 315 (Makarova Viktoria)

STOCKSY: pp. 38, 157 (Hugh Sitton); pp. 270–271 (VEGTERFOTO); p. 296上 (Paul Edmondson); p. 388 (Christian Zielecki)

Others: pp. 2, 304 (Chris Jordan); p. 6 (Johnér/Offset); p. 10-11 (Dr. Jonathan Foley); pp. 27, 208下 (Stuart Franklin / Magnum Images); p. 14 (© Gary Braasch); p. 30 (Andrewglaser at English Wikipedia); p. 39 (Let It Shine: The 6,000-Year Story of Solar Energy); pp. 46 (Reuben Wu © 2016); p. 58 (V-Air Wind Technologies); p. 92 (Global Feedback Ltd.); p. 93 (Manpreet Romana for the Global Alliance for Clean Cookstoves); pp. 97 (Pedro Paulo F. S. Diniz); p. 125 (United Soybean Board); pp. 144–145 (Paul Brown / Browns Ranch); pp. 164 (Courtesy ZFG LLP; © Tim Griffiths); pp. 184 (Copyright View Inc.); pp. 231, 234–235 (© Neil Ever Osborne); p. 246 (Offset); pp. 262 (NCEAS / T. Hengl); p. 278–279 (© 2016 Aurora Flight Sciences Corporation. All rights reserved); p. 282–283 (© MAN SE); p. 296下 (Interface Inc.); p. 310 (Nebia, Inc.); p. 318 (courtesy Colin Seis); p. 337 (© Oscilla Power; image courtesy of Anne Theisen); pp. 340–341 (Prakash Patel, courtesy SmithGroupJJR); p. 349 (Global Thermostate Operations LLC); p. 352上 (© 2015 Tri Alpha Energy, Inc. All Rights Reserved); p. 352下 (Paul Hawken); pp. 358 (Delft Hyperloop); p. 366 (The Land Institute); pp. 378–379 (Big Wood © Michael Charters. eVolo Magazine)

DRAWDOWN
ドローダウン──地球温暖化を逆転させる100の方法

ポール・ホーケン・編著　江守正多・監訳　東出顕子・訳

2021年1月5日　初版第1刷発行
2022年9月30日　初版第7刷発行

発行人　　川崎深雪
発行所　　株式会社 山と溪谷社
　　　　　〒101-0051
　　　　　東京都千代田区神田神保町1丁目105番地
　　　　　https://www.yamakei.co.jp/

◉乱丁、落丁、及び内容に関するお問合せ先
　山と溪谷社自動応答サービス　Tel.03-6744-1900
　受付時間／11:00-16:00（土日、祝日を除く）
　メールもご利用ください。
　【乱丁・落丁】service@yamakei.co.jp　【内容】info@yamakei.co.jp
◉書店・取次様からのご注文先
　山と溪谷社受注センター　Tel.048-458-3455　Fax.048-421-0513
◉書店・取次様からのご注文以外のお問合せ先
　eigyo@yamakei.co.jp

印刷・製本　　　大日本印刷株式会社

日本語版編集　　　　　　岡山泰史・白須賀奈菜・平野健太
デザイン　　　　　　　　美柑和俊（MIKAN-DESIGN）
企画協力・資金協力　　　ドローダウン・ジャパン・コンソーシアム　https://drawdownjapan.org/
　　　　　　　　　　　　鮎川詢裕子・久保田あや・野崎安澄（共同代表）

翻訳協力　　　　　　　　梅村武之・大岩根 尚・草野洋美・杉原めぐみ・鈴木 核・関口寿子・関口 守・
　　　　　　　　　　　　二宮美鈴・長谷川 浩・福島由美・村瀬円華・山田篤子・山本麻子
クラウドファンディング協力　古岩井一彦・瀬下貴子

本書はドローダウン・ジャパン・コーンソーシアム（DDJC）を通じた資金協力・翻訳協力を得ています。
この本を翻訳出版することにご協力いただいた1200人の皆さんに深く感謝申し上げます。